高等学校"十三五"规划教材

材料力学

Mechanics of Materials

（第2版）

● 主　编　刘　钊　王秋生
● 副主编　赵俊青　关　威

哈爾濱工業大學出版社
HARBIN INSTITUTE OF TECHNOLOGY PRESS

内容简介

本书是高等学校教材，全书共有12章。主要内容有：绪论，内力及内力图，平面图形的几何性质，应力计算及强度条件，变形计算、刚度条件及超静定问题，能量法，应力状态分析，强度理论，组合变形，压杆稳定，动应力与交变应力，考虑材料塑性时杆件的承载能力。每章后面有习题，书后附有习题答案、型钢表及模拟试题。

本教材适用于大学本科土建类多学时各专业，也可作为土建类中少学时有关专业和成人教育相关专业的教材，并可供工程技术人员参考。

图书在版编目(CIP)数据

材料力学/刘钊，王秋生主编. —2版. —哈尔滨：哈尔滨工业大学出版社，2014.8(2017.7重印)

ISBN 978-7-5603-4768-4

Ⅰ.①材…　Ⅱ.①刘…　②王…　Ⅲ.①材料力学－高等学校－教材　Ⅳ.TB301

中国版本图书馆CIP数据核字(2014)第121512号

策划编辑　杜　燕　田　秋
责任编辑　范业婷
出版发行　哈尔滨工业大学出版社
社　　址　哈尔滨市南岗区复华四道街10号　邮编150006
传　　真　0451－86414749
网　　址　http://hitpress.hit.edu.cn
印　　刷　哈尔滨久利印刷有限公司
开　　本　787mm×1092mm　1/16　印张18　字数406千字
版　　次　2008年6月第1版　2014年8月第2版
　　　　　2017年7月第2次印刷
书　　号　ISBN 978-7-5603-4768-4
定　　价　30.00元

序

哈尔滨工业大学材料力学教研室建于1952年，是国内成立最早的材料力学教研室之一，从翻译前苏联的教材《材料力学》（别辽耶夫著）开始，哈尔滨工业大学老一代力学工作者在教材建设方面作出了重要的贡献。1959年哈尔滨工业大学材料力学教研室的部分教师调入新建的哈尔滨建筑工程学院。两校材料力学教研室的教师继承老一代的光荣传统，在力学课程建设方面做了大量的工作。从1979年到1999年，先后在高等教育出版社、中国建筑工业出版社等正式出版《材料力学》教材4部。1989年到1993年，由原哈尔滨建筑工程学院材料力学教研室牵头联合国内6所高校共同编撰《材料力学试题库》，并于1993年通过鉴定，为促进材料力学课程的教学改革作出了重要的贡献。刘钊、王秋生当时均为教研室的骨干教师，并积极参与教材编写及题库编撰工作。1996年，“材料力学”课程被评为建设部A类优秀课程。

进入新世纪以来，哈尔滨工业大学材料力学课程在首届国家教学名师奖获得者、国家精品课程负责人张少实教授的带领下，经过全体教师的努力，在教学改革及课程建设方面取得了很大的成绩。本书的几位主编也积极参与了其中的大量工作。

本次由刘钊、王秋生两位同志主编的《材料力学》是“哈尔滨工业大学‘十一五’规划教材”。刘钊从事力学教学工作多年，先后为本科生及研究生开设《建筑力学》、《材料力学》、《弹性力学》等多门力学课程，教学效果优秀，是一位深受学生欢迎的教师。多次获得黑龙江省及学校的教学成果奖，并于2007年荣获“全国力学教学优秀教师”光荣称号。王秋生曾为本科生及研究生开设《材料力学》、《弹性力学》、《板壳理论》等多门力学课程，并且在教学工作中取得了优异的成绩。多次获得教学优秀奖及原哈尔滨建筑大学首届“十佳青年教师”光荣称号。

教材中的内容已经在哈工大经历了多轮的试点教学并取得了很好的授课效果，在此基础上编写了本书。我深信，本书的出版，将为促进材料力学教学工作，提高材料力学课程的教学质量起到良好的作用。

王光远

2008年3月16日于哈尔滨工业大学

序

第 2 版前言

本书是《材料力学》第一版的修订版。第一版教材自从 2008 年 6 月出版以来，先后在哈尔滨工业大学等有关高校经过数轮的教学试点。在本次修订以前，编者多次征求使用本书的教师以及学生的意见并经过多次讨论，形成了第二版的修订提纲。在此基础上进行了修订。

本版教材与第一版教材相比：

1. 重新编写了第 1 章。

2. 将第一版教材中 3.4、3.5 独立成为第 3 章，并对有关内容及习题进行了充实。

3. 将第一版教材中的有关内容进行了局部修订，增加并删去了部分内容，同时对一些印刷错误进行了更正。

4. 为便于教学，增加了与本书内容配套的多媒体课件。

5. 为方便学生学习及复习，增加了模拟试题答案。

本教材适用于大学本科土木类多学时各专业，也可作为土木类中少学时有关专业的教材。对教材中的内容，不同专业可根据要求，灵活选用。

本书编写人员及其分工为：刘钊（主编及编写第 1、2、5、6 章），王秋生（主编及编写第 7、9、10 章），赵俊青（副主编及编写第 4、8 章），关威（副主编及编写第 11、12 章），王洪枢（编写第 3 章及第 2.2、2.3 节）。赵俊青、关威还参与了多媒体课件的研制工作。王洪枢完成了习题选编以及习题答案校对工作。

在本教材编写过程中，诸多同行以及学生对本教材的编写给与了一些有用的意见及建议，在此一并致谢。

限于编者的水平，书中不妥之处敬请广大教师和读者批评指正。

编者

2014 年 6 月

第1版前言

本书根据教育部高教司2004年颁发的“材料力学A类课程教学基本要求”编写而成。

本书有以下几个特点：

1. 在课程体系与教材编写结构上，本教材与传统材料力学教材相比，作了较大的改动。改变了按照基本变形分章叙述的传统模式，突出了内力、应力、应变等基本概念。强化材料力学解决问题的思想方法，为学生正确理解课程内容，进一步提高该课程的教学质量奠定了良好的基础。

2. 在内容选择上，本教材在保留传统材料力学教材内容的基础上，注重土建专业的特点及与后续课程如“结构力学”、“钢筋混凝土”等在内容上的联系与融会贯通。并且在例题与习题的选择上，精选有较强工程背景的内容，以增强学生的工程意识，为学生毕业后尽快胜任一线工作岗位打下坚实的理论基础。

3. 在内容表述上，本教材体现了重点突出、文字精练、语言流畅、难点分散、由浅入深的教学思想，融入了编者多年的教学改革与教学实践方面的经验。

全书共有11章，主要包括内力及内力图，应力、变形计算及强度、刚度条件，超静定问题，应力状态分析，材料失效及强度理论，组合变形，压杆稳定等内容。

我国著名结构力学和工程设计理论专家、哈尔滨工业大学王光远院士在百忙中为本书作序，并且对本书的编写提出了指导性的意见与建议，这对本书的定稿起到了重要的作用。首届国家教学名师奖获得者、国家精品课程“材料力学”负责人、哈尔滨工业大学张少实教授对本书的编写也给予了很大的帮助及指导。借本书出版之际，编者向尊敬的王光远院士及张少实教授表示崇高的敬意及衷心的感谢！

本书编写人员的分工为：刘钊(第1～5章)，王秋生(第6、8、9章)，樊久铭(第7、10、11章)。刘小玲参与了部分习题的选编及绘图工作。全书由刘钊审阅定稿。

本书系“哈尔滨工业大学‘十一五’规划教材”。在本书的编写过程中，得到了哈尔滨工业大学教务处、哈尔滨工业大学出版社的基金资助，哈尔滨工业大学材料力学课程组的许多同志也给予了支持与帮助，在此一并致谢。

本教材适用于大学本科土建类多学时各专业，也可作为土建类中少学时有关专业的教材，并可供工程技术人员参考。

限于编者的水平，书中恐有疏漏和欠妥之处，敬请广大教师与读者批评指正。

编者

2008年5月

目　录

第 1 章 绪 论

1.1 材料力学的任务

1.1.1 为什么要学习材料力学

在实际工程中，经常遇到计算构件在载荷作用下所受的力，此类问题通过理论力学静力学中的平衡方程可以解决，然而构件在载荷作用下能否正常工作？构件选用何种材料？选用何种截面形式？构件在载荷作用下产生多大变形？诸如此类问题是解决工程问题所必须面对的。而解决此类问题用理论力学的知识是无法完成的。因此，要学习材料力学。

1.1.2 材料力学的研究对象

结构物与机械通常由若干部件组成，如房屋的梁、板、柱，机器的轴、连杆、齿轮等，这些部件统称为构件。结构物或构件在正常工作的情况下，组成它们的各个构件一般都承受一定的力。例如房屋中的梁要承受楼板传给它的重力；机器中的螺钉被拧紧后也要受力。这些重力和其他的力通称作用在构件上的载荷。

为了保证结构物在载荷作用下能够正常使用，就必须保证组成它们的每个构件在载荷作用下能安全、正常地工作。因此，工程上对所设计的构件，在力学上有一定的要求。材料力学的主要研究对象就是组成结构物的构件。

1.1.3 工程上对构件的要求

1. 强度要求

强度是指材料或构件抵抗破坏的能力。强度要求是指构件或零部件在载荷作用下不发生破坏或过量的塑性变形。强度有高低之分：在一定载荷作用下，某种材料的强度高，是指这种材料比较坚固，不易破坏；某种材料强度低，是指这种材料不够坚固，较易破坏。例如，钢材与木材相比，钢材的强度高于木材。

任何构件都不允许在正常工作情况下破坏，这就要求构件必须具有足够的强度。近年来，随着科学技术的发展和社会的进步，新型的建筑物以及桥梁等不断涌现。图 1.1 为北京第 29 届夏季奥运会主会场；图 1.2 为位于北京的中央电视台总部 34 层大楼；图 1.3

为全长 36 km 的杭州湾跨海大桥;图 1.4 为位于美国亚利桑那州科罗拉多大峡谷国家公园内的悬空透明玻璃观景廊桥。上述这些建筑物或桥梁都由多个构件组成,要保证整体的安全性,每个构件的强度问题都是至关重要的。

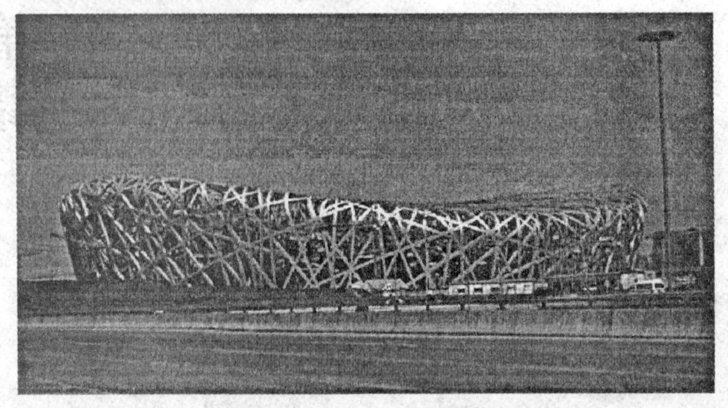

图 1.1

图 1.2

图 1.3

图 1.4

如果构件强度不足,它在载荷作用下就要发生破坏。近些年,有些建筑物出现倒塌事故,就是由于不按照设计要求施工导致构件强度不足造成的。这从反面说明了如果构件不满足强度要求,其后果是相当严重的。

2. 刚度要求

刚度是指构件抵抗变形的能力。刚度要求是要求构件在载荷作用下其弹性变形或位移不能过大,要在工程允许的范围之内。前面已经说明强度要求是对构件最基本的要求,但如果构件在载荷作用下弹性变形过大,即使尚未破坏,构件也不能正常工作。如图1.3所示的杭州湾跨海大桥,如果桥面的弹性变形过大,在车辆通过时要引起较大的振动,此时大桥就不能正常工作了。因此构件必须具有足够的刚度。

构件的刚度主要取决于构件的材料以及截面形式。关于此内容在后面的章节中会详细阐述。

3. 稳定性要求

稳定性主要是指受轴向压缩的构件保持原有平衡状态的能力。稳定性要求即要求受轴向压缩的构件必须保持原有的平衡状态,不能失去这种状态。

如直杆在轴向压力作用下当压力增大到一定程度之后,直杆会突然变弯,不再保持其原有的直线平衡状态,这种现象在工程中称为压杆丧失稳定。实际工程中承受轴向压缩的构件较多,如桥梁的桥墩、建筑物中的柱子等。此类压杆一旦失稳,整个桥梁或建筑物就会倒塌,其后果是相当严重的。如2007年8月13日,湖南省凤凰县至贵州省铜仁地区大兴机场的二级公路堤溪段在建沱江大桥发生垮塌事故。该事故造成64人死亡。堤溪段沱江大桥桥长320 m,桥宽12 m,为4跨型石拱桥,原计划于2007年8月底竣工通车。图1.5为大桥垮塌后的图片。显然,桥梁的倒塌主要是由于桥墩失稳造成的。因此,构件必须具有足够的稳定性。

图1.5

综上所述,构件的强度、刚度和稳定性是材料力学要研究的三大问题。

1.1.4 材料力学的任务及研究方法

要合理地设计构件,不仅应该满足强度、刚度和稳定性的要求以保证构件的安全可靠，还应该符合经济的原则。前者要求构件具有较大的截面尺寸或选用较好的材料；而后者则要求减少材料用量或采用廉价材料，两者之间是存在矛盾的。材料力学的任务，就是通过研究构件受力、变形的规律和材料的力学性质，建立构件满足强度、刚度和稳定性所需的条件，为既安全又经济地设计构件提供坚实的理论基础和科学的计算方法。

在材料力学中，理论分析与实验研究同等重要，都是完成材料力学任务所必需的手段。

1.1.5 材料力学的发展简史

恩格斯在《自然辩证法》一书中指出："科学的发生和发展一开始就是由生产决定的"。材料力学这门学科正是在人类劳动和生产的实践中发生和发展起来的。

在封建社会及其以前，由于生产力水平较低，人类建造的房屋、桥梁、车辆和船只等，所用材料多为砖石、木材和铸铁等。在这一时期，我国劳动人民通过生产实践，在结构的受力分析和正确使用材料方面积累了丰富的经验，取得了杰出的成就，处于世界的领先地位。例如，建于隋朝（公元 590～608）的赵州桥，是由杰出的工匠李春主持设计建造的，是世界首创的大型石拱桥，桥宽 9 m，跨长 371 m，拱半径为 25 m，桥两端设有附拱，不仅便于泄洪，还可减轻桥重，节省材料。用石块砌成的拱桥，充分发挥了石料抗压能力强的特性，至今保持完好。这种形式的拱桥，在欧洲直到 1912 年才出现。始建于宋朝以前的四川灌县的泯江竹索悬桥，长 300 多 m，最大跨达 60 m，充分发挥了竹索抗拉的性能。在宋朝（1103 年）李诫所著的《营造法式》中，总结了我国历代房屋建筑的经验，如柱以圆形截面为宜，梁以矩形截面为好，而且截面的高宽比应为 3∶2，它是世界上最早的一部较完整的建筑规范。

但是，由于封建制度的长期延续，束缚了生产力的进一步发展，限制了科学技术的成长，使之不能走上总结提高之路，力学还不能形成一门系统的科学。

14 世纪以后，随着欧洲封建社会的解体和资本主义大工业的发展，材料力学作为力学的一个分支，在解决大量的工程实际问题中，逐步发展成一门独立的科学。1638 年，意大利科学家伽俐略（G・Galileo，1564～1642）出版了《关于两种新科学的叙述及其证明》一书，这是世界上第一次提出关于强度计算概念的著作。1678 年，英国科学家胡克（R・Hooke，l635～1703）根据弹簧试验，发表了《关于弹簧》的论文，提出了力与变形成正比的结论，并在此基础上形成了胡克定律。从 17 世纪末到 18 世纪，材料力学的几个基础问题（强度、刚度、稳定性）都相继得到了正确的解答。不少学者，如欧拉、库仑、伯努利等都为材料力学的发展做出了贡献。

到 19 世纪以后，特别是最近几十年来，由于科学技术的飞速发展，极大地推动了材料力学的发展，并形成了很多新的学科，如计算结构力学、复合材料力学和断裂力学等。

由此可见，生产的发展推动了材料力学的发展，材料力学的发展又反过来促进了生产的发展。

1.2　变形固体的概念及理想模型

1.2.1　变形固体的概念

构件均由固体材料(如钢、混凝土等)制成。这些固体材料在外力作用下会产生变形,称为变形固体。

变形固体的微观结构极为复杂,对其进行研究的理论属微观理论,如金属物理学等。材料力学是从宏观的角度研究构件的强度、刚度和稳定性问题,属于宏观理论。

1.2.2　变形固体的理想模型

鉴于材料力学是以变形固体的宏观力学性质为基础,并不涉及其微观结构,我们有必要将具有多种复杂属性的变形固体模型化,建立一个作为材料力学研究对象的理想化模型。为此,对变形固体提出如下假设:

1.连续性假设

认为组成固体的物质毫无空隙地充满了固体的体积,即固体在其整个体积内是连续的。据此假设,当把某些力学量视为固体内点的坐标的函数时,对这些量就可以进行坐标增量为无限小的极限分析,并应用高等数学中如微分和积分等分析方法。

2.均匀性假设

认为固体内各点处的材料性质都是一样的,即材料的性质与固体内点的位置无关,也与所取材料的体积大小无关。

3.各向同性假设

认为在固体的任一点处,沿该点的各个方向都具有相同的力学性质,即材料的力学性质与方向无关。符合该假设的材料称为各向同性材料。

实际上,对任何材料的微观分析都是不连续的、不均匀的和各向异性的。例如,金属材料是由晶粒组成的,各个晶粒的性质是有差异和具有方向性的,并且各晶粒内部及晶粒之间是有空隙的。再如混凝土材料主要是由水泥、砂和碎石混合而成的,直观视觉就能观察到它的不均匀性。但是,一个构件尺寸要比金属的晶粒或混凝土的骨料尺寸大得多,对于整体无序排列的金属和搅拌很好的混凝土,宏观视为均匀、连续和各向同性的材料是完全合理的。

至此,材料力学研究的变形固体被抽象为均匀连续和各向同性的理想模型。该理想模型任一点处的力学性质,就是由材料的宏观试件所测定的力学性质。有人说“材料力学无材料”,此话不无道理。因为材料力学确实没有将具体的材料作为研究对象,而是将理想化的模型作为研究对象;然而,正是因为理想模型集中反映了具体材料的主要力学性质,所以更具有代表性。

1.3 内力的概念 截面法

1.3.1 内力的定义

一根两端受拉力而伸长的橡皮筋从中间剪断时,断开的两段将各自向两端弹缩,为了不使其弹缩,就必须在断口处分别施以拉力,使之对接到原拉长状态。作用于橡皮筋两端的拉力为外力,而存在于断口处的拉力是受拉橡皮筋的内力,它是由于橡皮筋在外力作用下产生拉伸变形所引起的。于是,内力的定义为:当杆件受到外力作用而发生变形时,杆件的任一部分与另一部分之间的相互作用力称为内力。

内力将随着外力的增加而增大,与此同时,杆件的变形也随之增大。当内力增大到一定限度时,杆件将发生破坏。这表明,内力与杆件的强度、刚度有着密切的关系。因此,研究杆件内力是材料力学的主要内容之一。

1.3.2 内力的计算方法——截面法

截面法是求出截面内力的基本方法,此法可以概括为“一切二代三平衡”。即欲求杆件某个截面上的内力,可用一假想平面将杆件沿截面切分为左、右两段,使内力暴露出来(图1.6),然后,以切断后的任一部分杆件为研究对象,利用其平衡条件,即可求得该截面上的内力。这种求内力的方法称为截面法。这里只对截面法做了简要介绍,该方法的具体应用,将在以后各章中结合具体变形问题加以讨论。

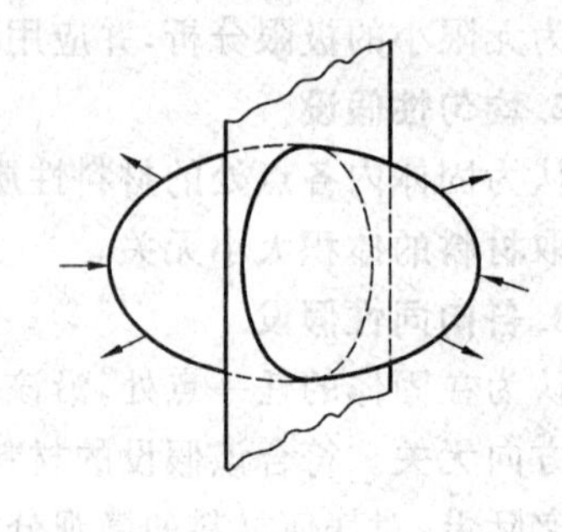

图1.6

应该指出,由于材料的连续性,截面上的内力也应是连续分布的。于是,上述内力实际上是截面上各点处分布内力的合力。同时,内力在不同的受力情况下,既可以是一个力,也可以是一个力偶,即内力是个广义力的概念。

1.3.3 内力的分类

一般情况下,在杆件的一个截面上,分布内力可以合成为一个合力(即主矢)和一个合力偶(即主矩)。若以杆的轴线为 x 轴,在横截面内取一对坐标轴 y 和 z,则在直角坐标系 $Oxyz$ 内,内力可以分解为沿三个坐标轴方向的力和绕三个坐标轴的力偶。于是,内力可有六个分量(图1.7),根据它们所对应的不同变形形式,六个内力分量可归纳成四种内力,即:

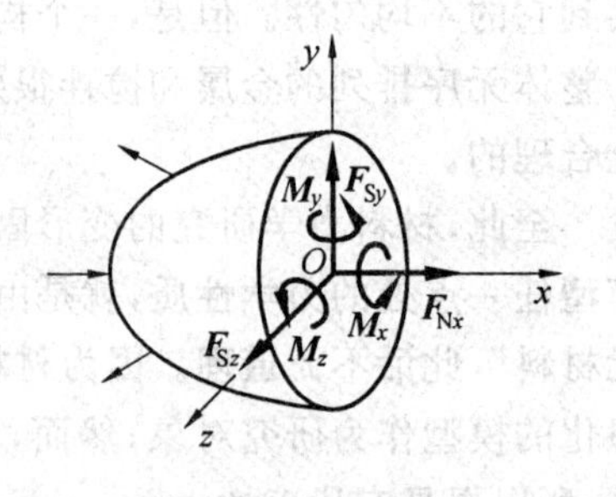

图1.7

(1) 沿 x 轴的内力分量 F_N,垂直于横截面作用,称为轴力,对应着轴向拉伸或压缩变形。

(2) 沿 y 轴与 z 轴的内力分量分别为 F_{Sy} 和 F_{Sz}，切于截面作用，称为剪力，对应着剪切变形。

(3) 绕 x 轴的内力分量为力偶 T，其力偶作用面为横截面，T 称为扭矩，对应着扭转变形。

(4) 绕 y 轴与 z 轴的内力分量分别为力偶 M_y 和 M_z，其作用面分别为 xOz 面和 xOy 面，称为弯矩，对应着弯曲变形。

1.4　应力与应变

1.4.1　应力的概念

用截面法求得的内力只是整个截面上分布内力的合力。截面法并不能给出内力在截面上的分布规律，也不能给出截面上各点处内力的集度。这些问题显然是研究杆件强度所必须解决的。为此，引入应力的概念。我们把截面的分布内力集度称为该点处的应力。为了定义图1.8(a)所示杆件某截面上 K 点处的应力，围绕 K 点取一微小面积 ΔA，作用在微面积 ΔA 上的微内力为 ΔF。于是，ΔA 上的分布内力

$$p_m = \frac{\Delta F}{\Delta A}$$

p_m 称为面积 ΔA 上的平均应力。在一般情况下，由于内力并非均匀分布，故平均应力 p_m 还不能真实地表示 K 点处的内力集度。为此，运用极限的概念，令 ΔA 无限地向 K 点缩小，使 ΔA 趋于零，从而得到比值 $\Delta F/\Delta A$ 的极限为

$$p = \lim_{\Delta A \to 0} \frac{\Delta F}{\Delta A} \tag{1.1}$$

式中　p—— 截面上 K 点的总应力。

通常，总应力 p 的方向既不与截面垂直，也不与截面相切。将应力 p 分解为垂直于截面和与截面相切的两个分量(图 1.8(b))，垂直于截面的应力分量称为正应力，用 σ 表示；与截面相切的应力分量称为切应力，用 τ 表示。σ 与 τ 分别称为 K 点的正应力与切应力。其表达式为

$$\begin{cases} \sigma = \lim\limits_{\Delta A \to 0} \dfrac{\Delta F_N}{\Delta A} \\ \tau = \lim\limits_{\Delta A \to 0} \dfrac{\Delta F_S}{\Delta A} \end{cases} \tag{1.2}$$

应力的量纲为[力]/[长度]^2，其国际单位制单位是帕斯卡(Pascal)，简称帕(Pa)。

1 帕 = 1 牛 / 米^2　(1 Pa = 1 N/m^2)

1 千帕 = 1 千牛 / 米^2　(1 kPa = 1 kN/m^2 = 1×10^3 Pa)

1 兆帕 = 1×10^6 牛 / 米^2　(1 MPa = 1×10^3 kPa = 1×10^6 Pa)

1 吉帕 = 1×10^9 牛 / 米^2　(1 GPa = 1×10^3 MPa = 1×10^6 kPa = 1×10^9 Pa)

因为帕斯卡(Pa)表示的应力值太小，所以工程上常用兆帕(MPa)为应力单位。应力的工程单位制单位是“千克 / 厘米^2”(kg/cm^2)，两种应力单位之间的换算关系为

$$1\ \mathrm{kg/cm^2}=\frac{9.81}{1\times 10^{-4}}\mathrm{N/m^2}=9.81\times 10^4\ \mathrm{Pa}\approx 1\times 10^5\ \mathrm{Pa}$$

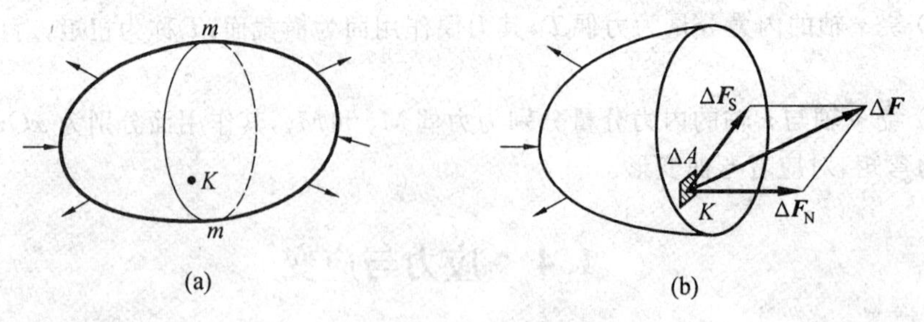

图 1.8

1.4.2 应变的概念

为研究整个杆件的变形，设想杆件由许多极微小的正六面体组成(图 1.9(a))。杆件在外力作用下发生变形(图 1.9(b))，这些变形可以看成是微小正六面体变形的宏观效果。一个微小正六面体的变形可以分解成边长的改变和各边夹角的改变两种形式。

在杆件 K 点处取一微小正六面体(图 1.9(a))，设其沿 x 轴方向的边原长为 Δx，变形后其长度改变了 Δu(图 1.9(b))，则 Δu 称为线段 Δx 的线变形。Δu 与原长 Δx 的比值 ε_{xm} 称为 沿 x 方向的平均线应变，即

$$\varepsilon_{xm}=\Delta u/\Delta x$$

显然，比值 $\Delta u/\Delta x$ 只是线段 Δx 的平均线应变。而 K 点处沿 x 方向的线应变，应取 ε_{xm} 的极限值，即

$$\varepsilon_x=\lim_{\Delta x\to 0}\frac{\Delta u}{\Delta x}$$

Δu 是伸长量时的线应变为拉应变，Δu 是缩短量时的线应变为压应变。按照上述办法，也可以确定图 1.9(a) 所示 K 点沿 y、z 两个方向的线应变。

微小正六面体各边互成直角，变形后直角的改变量 γ 称为切应变(图 1.9(c))。

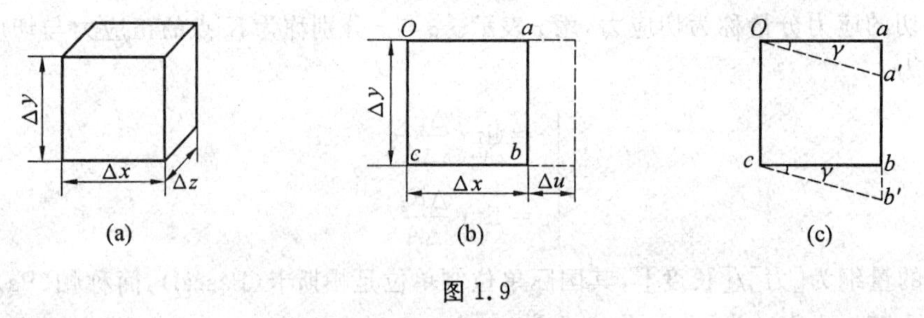

图 1.9

线应变 ε 和切应变 γ 都是无量纲的量。实际工程中测试线应变时，采用电阻应变仪。有关电阻应变仪的使用方法以及线应变的测量将在力学实验课中介绍，这里不再赘述。

1.4.3 应力与应变的对应关系

应力与应变之间存在着对应关系。正应力σ引起线应变ε;切应力τ引起切应变γ。实验证明,在弹性变形(见1.5.1小节)情况下,应力与应变(σ与ε,τ与γ)之间成正比关系。

在本课程后续内容中,推导构件在载荷作用下所产生的应力必须根据应力与应变之间的对应关系,若构件在载荷作用下观察到存在线应变,则一定有正应力;若构件在载荷作用下观察到存在切应变,则一定有切应力。有关内容将在本教材后续相关章节中详细介绍。

1.5 变形与位移

1.5.1 弹性变形与塑性变形

弹性变形和塑性变形是变形固体的两大宏观属性。它们在材料力学问题的研究中具有重要意义。变形固体在外力卸去后而消失的变形称为弹性变形;不能消失的变形称为塑性变形或残余变形。在材料力学中,主要研究构件在载荷作用下所产生的弹性变形。

在材料力学中,认为构件的弹性变形与构件的原始尺寸相比较是非常微小的。所以在研究构件平衡、运动等问题时,均采用构件变形前的原始尺寸进行计算。

1.5.2 线位移与角位移

由本节可知,材料力学研究构件的变形,即构件受到外力作用后,整个构件以及每个局部一般都要发生形状及尺寸的改变(图1.10),伴随着整个构件发生变形,构件内每个点及截面也要发生相应的位置改变,这种改变可用位移来描述。

1. 线位移

线位移是指构件内某点沿某方向所产生的位移。如图1.10所示,构件中的点A变形后移到了点A',AA'就称为点A的线位移。线位移的单位与长度单位相同。

2. 角位移

角位移是指某个截面所转过的角度。如图1.10所示,右端面$m—m$变形后移到了$m'—m'$的位置,其转过的角度θ就是$m—m$截面的角位移(或称为转角)。

不同点的线位移及不同截面的角位移一般都各不相同,它们都是位置的函数。

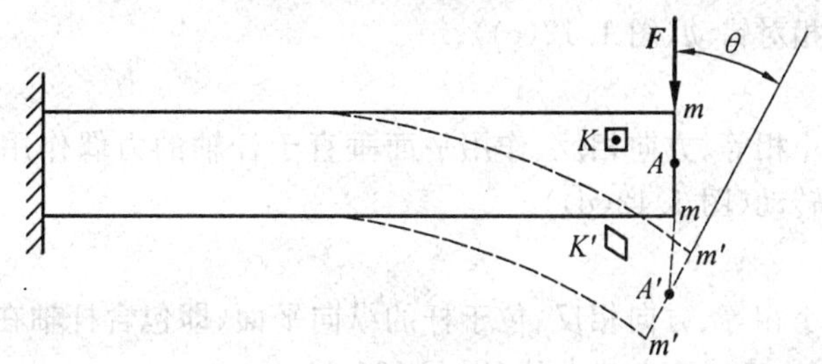

图1.10

1.6 杆件变形的基本形式

1.6.1 构件分类

在实际工程中,构件的类型多种多样,就其几何形状,可分为杆、板、壳、块体等。材料力学的主要研究对象是杆件(图 1.11)。杆件的特点是一个方向的尺寸远远大于另外两个方向的尺寸。

杆件的横截面和轴线是其两个主要几何特征。横截面是指垂直于杆件长度方向的截面,而轴线是各横截面形心的连线。轴线是直线的,称为直杆;轴线是曲线的,称为曲杆。横截面的大小或形状沿轴线不变的杆,称为等截面杆;而沿轴线变化的杆,称为变截面杆。材料力学的主要研究对象是等截面直杆,简称等直杆,如图 1.11(a)所示。

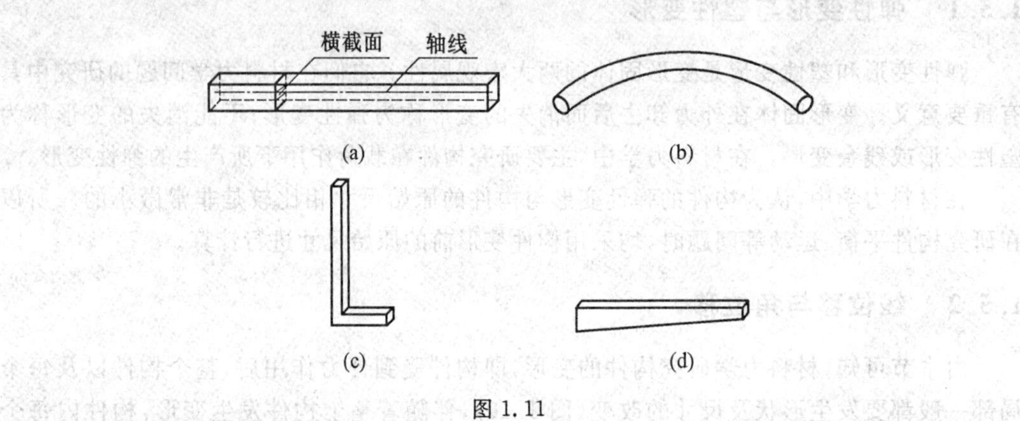

图 1.11

1.6.2 基本变形形式

杆件的受力方式不同,其变形形式也是多种多样的,其中基本变形形式有下列四种。

1. 轴向拉伸与压缩

外力沿杆件轴线作用,使杆件发生伸长或缩短变形,称为轴向拉伸或轴向压缩,简称拉伸或压缩(图 1.12(a)、(b))。

2. 剪切

杆件在一对相距很近、大小相等、方向相反垂直于杆件轴线的外力作用下,使两力之间的各横截面发生相对错动(图 1.12(c))。

3. 扭转

杆件在一对大小相等、方向相反、作用平面垂直于杆轴的力偶作用下,杆件的横截面发生绕轴线的相对转动(图 1.12(d))。

4. 弯曲

杆件在一对大小相等、方向相反、位于杆的纵向平面(即包含杆轴在内的平面)内的力偶作用下,杆的轴线由直线弯曲成曲线(图 1.12(e))。

上述四种变形称为基本变形。后面将针对每一种基本变形,讨论其强度问题。有些基本变形要讨论刚度问题，对于受轴向压缩的杆件，还要讨论稳定问题。

由两种或两种以上基本变形组成的复杂变形称为组合变形。有关组合变形的计算将在讨论基本变形以后再详细介绍。

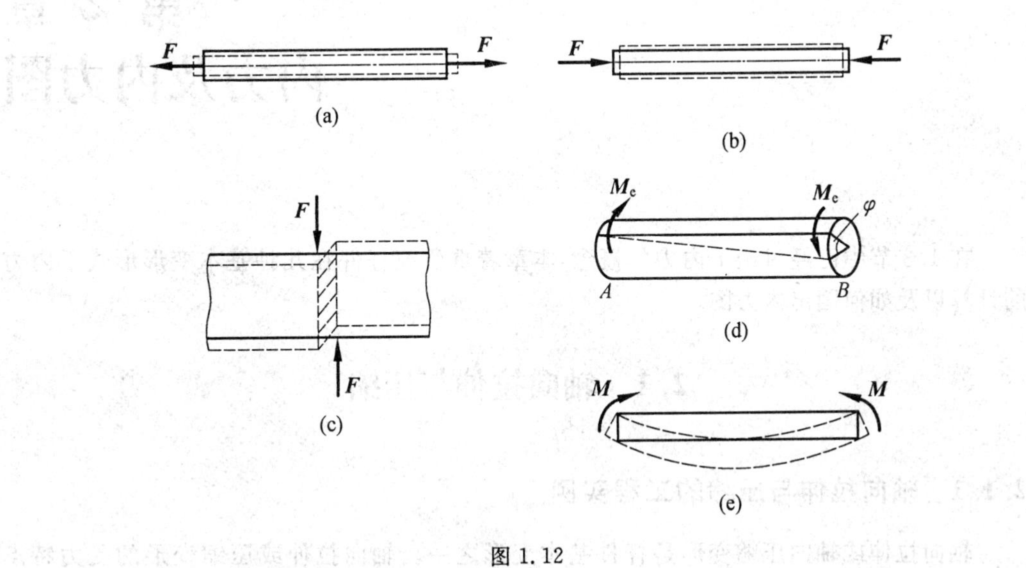

图 1.12

第 2 章 内力及内力图

在 1.3 节中已经讨论了内力的概念，本章着重研究杆件在几种基本变形形式下内力的计算以及如何画出内力图。

2.1 轴向拉伸与压缩

2.1.1 轴向拉伸与压缩的工程实例

轴向拉伸或轴向压缩变形是杆件基本变形之一。轴向拉伸或压缩变形的受力特点是：杆件受一对平衡力 F 的作用（图 2.1），它们的作用线与杆件的轴线重合。若作用力 F 为拉力（图 2.1），则为轴向拉伸，此时杆将拉长（图 2.1 中虚线）；若作用力 F 为压力（图 2.2），则为轴向压缩，此时杆将缩短（图 2.2 中虚线）。轴向拉伸或压缩也称简单拉伸或压缩，或简称为拉伸或压缩。

受轴向拉伸或压缩的杆件在工程中很常见。如起重机吊装重物 F 时（图 2.3(a)），吊索 AB 即受拉力 F 的作用（图 2.3(b)）；三角支架 ABC（图 2.4(a)）在节点 B 受重物 F 作用时，AB 杆将受到拉伸（图 2.4(b)），BC 杆将受到压缩（图 2.4(c)）；连接两块钢板用的螺栓（图 2.5(a)），当螺母拧紧时，螺栓杆将受到拉力的作用（图 2.5(b)）。

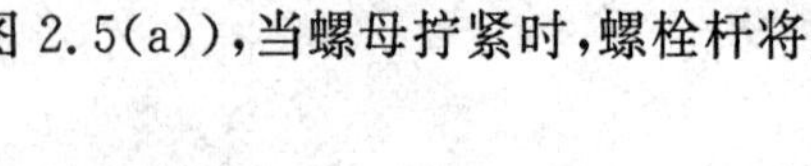

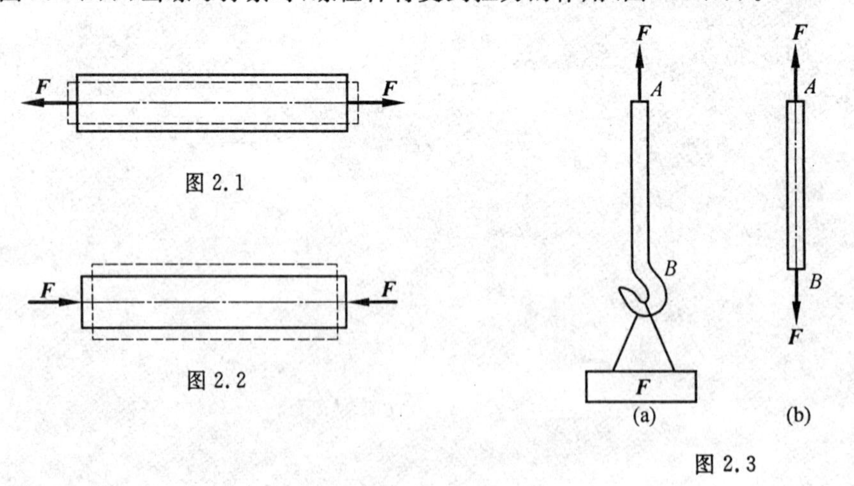

图 2.1

图 2.2

图 2.3

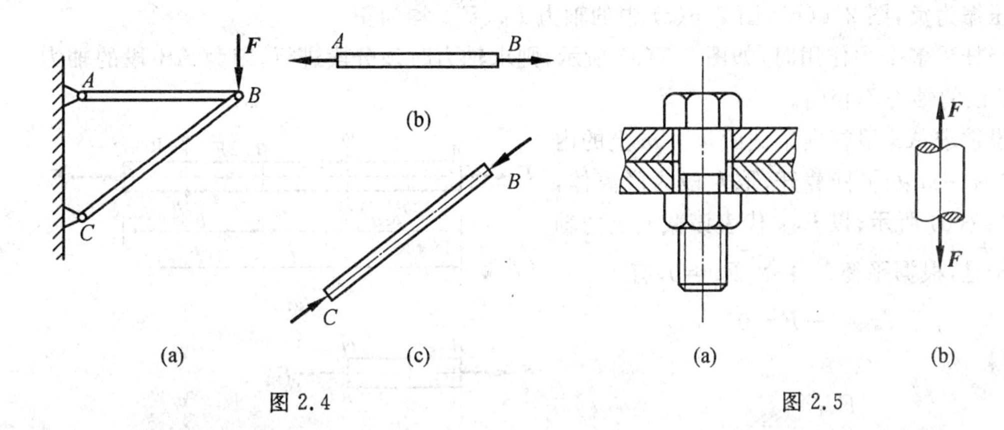

图 2.4　　　　图 2.5

所有上述杆件，虽然端部的连接情况和传力方式各不相同，但在讨论时，可以进行简化，它们均可抽象为一根等截面的直杆（简称等直杆），两端的力系用合力代替，其作用线沿杆轴方向，成为如图 2.1 或图 2.2 所示的形式。

2.1.2　轴力与轴力图

无论对受力杆件进行强度或刚度分析时，都需首先求出杆件的内力。如图 2.6(a) 所示，一杆受沿轴线的拉力 F 作用，求某横截面 $m-m$ 的内力。按照截面法，其步骤如下。

(1) 假想用一平面，在 $m-m$ 处将杆截开，使其成为两部分。

(2) 在这两部分中，留下任一部分作为脱离体进行分析（包括作用在该部分的外力），并将去掉部分对留下部分的作用以分布在截面 $m-m$ 上各点的力来代替，其合力 F_{N} 即为截面 $m-m$ 的内力，称为轴力。

(3) 考虑留下的一段杆在原有的外力及轴力 F_{N}（此时已处于外力的地位，如图 2.6(b)）共同作用下处于平衡，根据平衡条件

$$\sum F_x = 0, F_{\mathrm{N}} = F$$

即截面 $m-m$ 上的轴力为 F_{N}，其大小等于 F，方向与 F 相反，沿同一条作用线。用这样的方法，可求出任一截面上的内力。

若在分析时取右段为脱离体，如图 2.6(c) 所示，则该杆所受的力为外力 F 和截开截面上所暴露出来的分布内力，该内力即左段杆对右段杆的作用力，设其合力为 F'_{N}，与上面一样，根据平衡条件，可求得

$$F'_{\mathrm{N}} = F$$

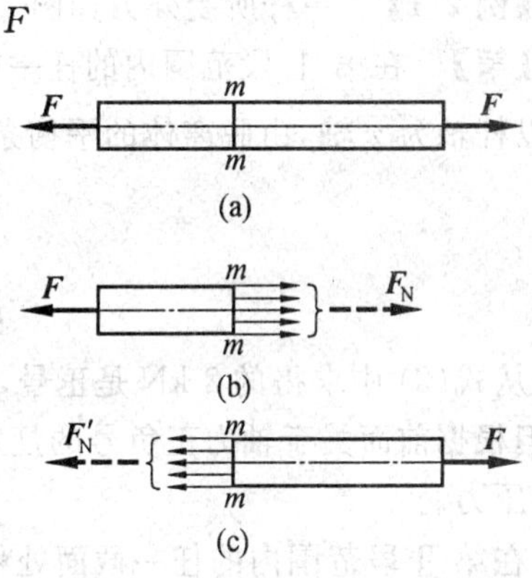

即轴力 F'_{N} 的大小也等于 F，方向与 F 相反，作用线沿杆轴。很显然，因为右段杆的轴力 F'_{N} 与左段杆的轴力 F_{N} 为两段杆在同一截面 $m-m$ 处的相互作用力，所以必定是大小相等，方向相反，沿同一条作用线。

F　m　F
m
(a)
F　m　F_{N}
m
(b)
F'_{N}　m
m
(c)

图 2.6

为了研究方便，给轴力 F_N 规定一个正负号：轴力的方向以使杆件拉伸为正，反之，使杆件压缩为负，图 2.6(b)、图 2.6(c) 中的轴力 F_N、F'_N 均为正。

当杆受多个力作用时，如图 2.7(a) 所示，则求轴力时须分段进行，因为 AB 段的轴力与 BC 段的轴力不相同。

设欲求 AB 段杆内某截面 $m-m$ 上的内力，在 $m-m$ 处将杆截开，取左段为脱离体，如图 2.7(b) 所示，以 $F_{N\mathrm{I}}$ 代表该截面上的轴力。于是，根据平衡条件 $\sum F_x=0$，有

$$F_{N\mathrm{I}}-F=0$$

由此得

$$F_{N\mathrm{I}}=F$$

欲求 BC 段内某截面 $n-n$ 的内力，则在 $n-n$ 处截开，仍取左段为脱离体，如图 2.7(c) 所示，以 $F_{N\mathrm{II}}$ 代表该截面上的轴力。于是，根据平衡条件 $\sum F_x=0$，有

$$F_{N\mathrm{II}}+2F-F=0$$

由此得

$$F_{N\mathrm{II}}=-F$$

负号表示 $F_{N\mathrm{II}}$ 的方向与图 2.7(c) 所设的方向相反，即为压缩轴力。

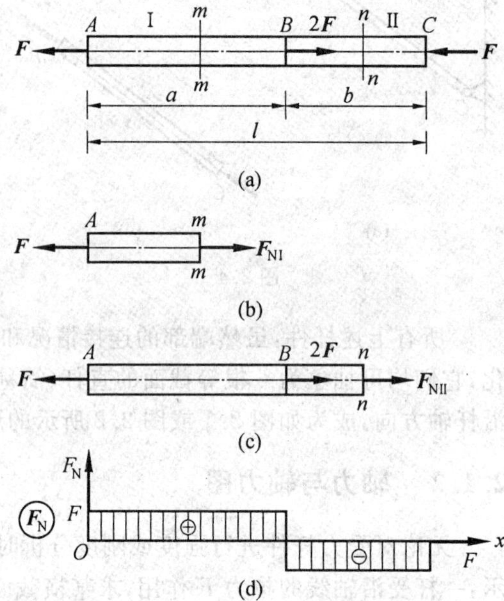

图 2.7

在多个力作用时，由于各段杆轴力的大小及正负号各异，所以为了形象地表明各截面轴力的变化情况，通常将其绘成轴力图(图 2.7(d))。作法是：以杆的左端为坐标原点，取 x 轴为横坐标轴，称为基线，其值代表截面位置，取 F_N 轴为纵坐标轴，其值代表对应截面的轴力值，正值绘在基线上方，负值绘在基线下方，如图 2.7(d) 所示。

【例 2.1】 一杆所受外力如图 2.8(a) 所示，试求各段内截面上的轴力。

【解】 在第Ⅰ段范围内的任一横截面处将杆截断，取左段为脱离体，如图 2.8(b) 所示，以杆轴为 x 轴，由脱离体的平衡条件 $\sum F_x=0$，有

$$2\ \mathrm{kN}-F_{N\mathrm{I}}=0 \tag{1}$$

得

$$F_{N\mathrm{I}}=2\ \mathrm{kN}(压) \tag{2}$$

从式(2) 中求得的 2 kN 是正号，这表明 $F_{N\mathrm{I}}$ 的方向与图 2.8(b) 所设的相同，即为压力，但根据前面关于轴力正负号的规定，易被误解为拉力，故在答数后注以(压) 字以表明其为压力。

在第Ⅱ段范围内的任一截面处将杆截断，取左段为脱离体，如图 2.8(c) 所示，以 $F_{N\mathrm{II}}$ 代表该截面的轴力，因不易立即判定 $F_{N\mathrm{II}}$ 是拉力还是压力，先设它为拉力(箭头方向背离截面)，若算得的答数为正，则表明所设方向是正确的，$F_{N\mathrm{II}}$ 即为拉力；若算得的答数为负，则表明假设拉力是不对的，$F_{N\mathrm{II}}$ 应为压力。由脱离体的平衡条件 $\sum F_x=0$，有

$$2\ \text{kN}-3\ \text{kN}+F_{\text{N}\text{II}}=0 \tag{3}$$

得

$$F_{\text{N}\text{II}}=1\ \text{kN} \tag{4}$$

结果为正，说明 $F_{\text{N}\text{II}}$ 为拉力。

在第 Ⅲ 段范围内的任一截面处将杆截开，取左段为脱离体，如图 2.8(d) 所示，设 $F_{\text{N}\text{III}}$ 为拉力，则由脱离体的平衡条件 $\sum F_x=0$，有

$$2\ \text{kN}-3\ \text{kN}+4\ \text{kN}+F_{\text{N}\text{III}}=0 \tag{5}$$

得

$$F_{\text{N}\text{III}}=-3\ \text{kN} \tag{6}$$

负号表明 $F_{\text{N}\text{III}}$ 为压力。

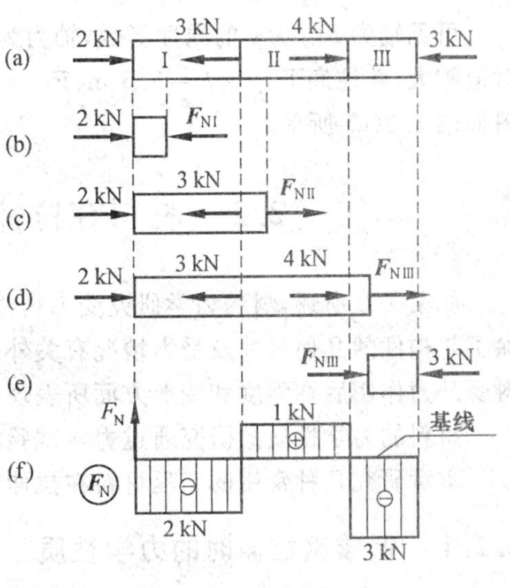

图 2.8

由上述计算可见，在求解轴力时，先假设未知轴力为拉力时，则答数前的正负号，既表明所设轴力的方向是否正确，也符合该轴力的实际正负号，因而不必在答数后面再注(压)或(拉)字。

由图 2.8(d) 可见，在求第 Ⅲ 段杆的轴力时，若取左段为脱离体，其上的作用力较多，计算较繁，而取右段为脱离体，如图 2.8(e) 所示，则受力情况简单，立可判定

$$F_{\text{N}\text{III}}=3\ \text{kN(压)}$$

当全杆的轴力都求出后，即可根据各截面上 F_{N} 的大小及正负号绘出轴力图，如图 2.8(f) 所示。

【例 2.2】 图 2.9(a) 所示的砖柱，高度 $h=3.5\ \text{m}$，横截面积 $A=370\ \text{mm}\times370\ \text{mm}$，砖砌体的容重 $\gamma=18\ \text{kN/m}^3$，柱顶有轴向压力 $F=50\ \text{kN}$，试作此砖柱的轴力图。

【解】 本题需要考虑砖柱的自重，对于等截面柱，由于自重可以看成沿柱高度为均匀分布的载荷，因而杆件各横截面上的轴力不同，并且越向下的截面上，其轴向压力越大，应该先运用截面法求出任意横截面上的轴力，然后再根据轴力沿柱截面的变化规律画出轴力图。

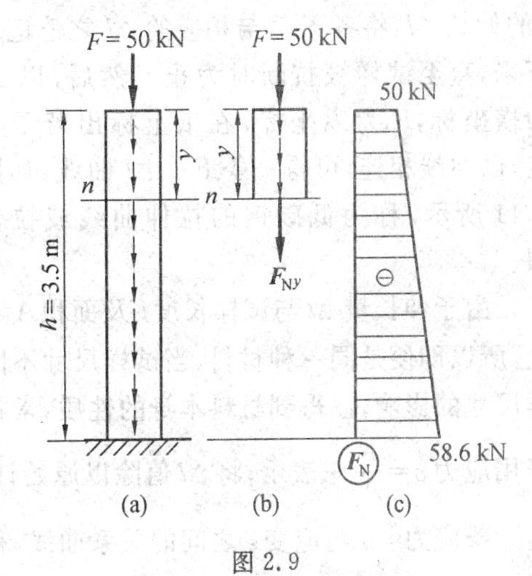

图 2.9

由截面法，取 $n-n$ 截面以上的柱段为脱离体，如图 2.9(b) 所示。$n-n$ 截面距柱顶距离为 y，在脱离体上作用有外力 $F=50\ \text{kN}$ 和脱离体自重 $G_y=\gamma Ay$，设截面轴力为 $F_{\text{N}y}$，由

脱离体平衡条件$\sum y=0$,有

$$F+\gamma Ay+F_{Ny}=0$$

可得

$$F_{Ny}=-F-\gamma Ay=-50-18\times(370\times370)\times10^{-6}\times y\approx-50-2.46y$$

可见轴力F_{Ny}为y的线性函数,轴力为负值,说明轴力为压力,显然,y越大,轴力的绝对值越大,砖柱底下,$y=h=3.5$ m,$F_{Ny}\approx-58.6$ kN,中间各截面轴力按直线变化,轴力图如图 2.9(c) 所示。

2.2 材料在拉伸、压缩时的力学行为

如第 1 章所述,材料力学研究受力构件的强度和刚度等问题,而构件的强度和刚度,除了与构件的几何尺寸及受力情况有关外,还与材料的力学性质(亦称力学行为)—— 材料受外力作用后在强度和变形方面所表现出来的性质有关。

材料的力学性质的研究通过力学试验的方式进行。

本章研究几种常用的工程材料在拉伸和压缩实验中所表现的力学性质。

2.2.1 低碳钢拉伸时的力学性质

把低碳钢制成一定尺寸的杆件,称为试样。常用的试样有圆截面和矩形截面两种,如图 2.10 所示。为了避开试样两端受力部分对测试结果的影响,取试样中间长为 l 的一段(应是等直杆) 作为测量变形的计算长度(或工作长度),称为标距。

把试样装到试验机上,开动试验机使试样两端受到轴向拉力 F 的作用。当力 F 由零逐渐增加时,试样逐渐伸长,用仪器测量标距 l 的伸长 Δl,将各 F 值与相应的 Δl 之值记录下来,直至试样被拉断时为止。然后,以 Δl 为横坐标,F 为纵坐标,在纸上标出若干个点,以曲线相连,可得一条 $F-\Delta l$ 曲线,如图 2.11 所示,称为低碳钢的拉伸曲线或拉伸图。

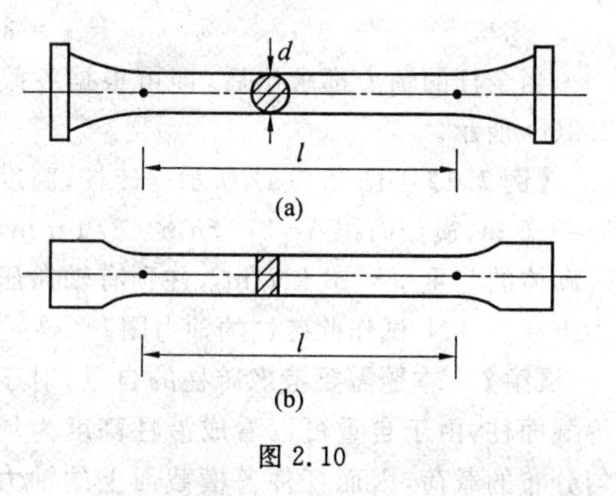

图 2.10

由于伸长量Δl与试样长度l及面积A有关,所以即便是同一种材料,当试样尺寸不同时,它们的拉伸图也不同。因此,为了消除试样尺寸的影响,以得到材料本身的性质,常将拉伸图中的 F 值除以试样的原始截面面积,即用应力$\sigma=\dfrac{F}{A}$来表示;将 Δl 值除以原始计算长度l,即用应变$\varepsilon=\dfrac{\Delta l}{l}$来表示。这样,就得到一条应力[①] σ 与应变ε 之间的关系曲线,称为应力-应变图,或$\sigma-\varepsilon$ 曲线,如图 2.12 所

① 有关轴向拉伸及压缩时应力的计算在第 4 章介绍。

示。此图反映材料在拉伸过程中所表现出的力学性质。

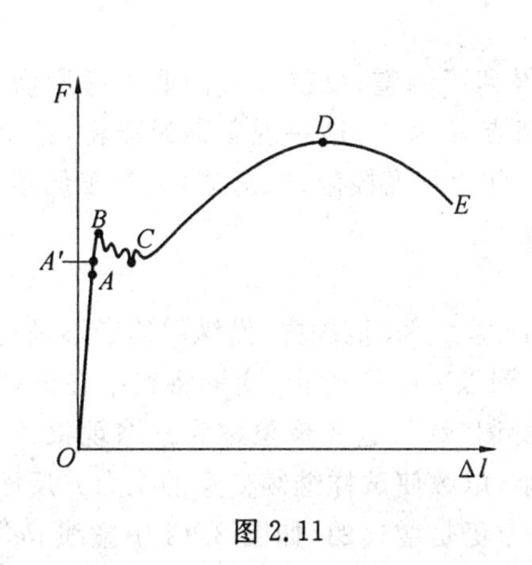

图 2.11

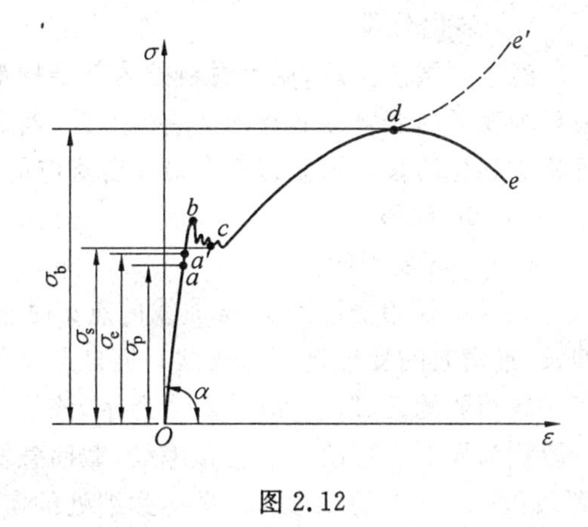

图 2.12

下面分析低碳钢的应力 — 应变图。

1. 强度性质

根据应力 — 应变图，σ 与 ε 之间的关系可分为 4 个阶段。

(1) 弹性阶段

图 2.12 中 Oa' 段即为弹性阶段。这段曲线的特点有：

①Oa 段是一条直线，它表明在这段范围内，应力 σ 与 ε 成正比，即

$$\sigma = E\varepsilon$$

式中　E—— 比例系数，即弹性模量。

此式所表明的关系即胡克定律。成正比关系的最高点 a 所对应的应力值 σ_p，称为比例极限。对于低碳钢，$\sigma_p = 200$ MPa。图 2.12 中的角度 α 是直线 Oa 与 ε 轴的夹角，α 角的正切值即弹性模量 E 的值。

②aa' 段是一段很短的微弯曲线，它表明应力与应变间成非线性关系。但根据试验，只要应力不超过 a' 点所对应的 σ_e，其变形是完全弹性的(包括 Oa 段)，即撤去外力 F 后，试样的伸长 Δl 可全部消失，称 σ_e 为弹性极限，对于低碳钢，其值也接近 200 MPa，即将 a'、a 两点视为一个点来考虑。

(2) 屈服阶段

当应力超过弹性极限 a' 后，变形将进入弹塑性阶段，其中一部分是弹性变形，另一部分是塑性变形，即外力撤除后不能消失的那部分变形。根据试验，不同阶段的弹塑性变形规律不一样，刚超过 a' 不久，图上出现一段接近于水平的锯齿形线段 $a'c$。锯齿形说明应力 — 应变关系有微小波动，水平表明在此阶段内，应力基本不变，而变形却继续增长，好像材料暂时失去了抵抗变形的能力，这种现象称为"屈服"或"流动"，这一过程也称为屈服阶段或流幅，这一阶段的应变值，约可达弹性变形阶段最大应变值的 10 倍左右。将此阶段的最低点所对应的应力定义为屈服极限或流动极限，以 σ_s 表示，对于低碳钢，$\sigma_s \approx$ 240 MPa。

材料"屈服"时，若试样表面磨光，则可见到一些与试样轴线约成 $\frac{\pi}{4}$ 角的条纹，如图

2.13 所示，称为滑移线。它是由塑性变形造成的。

(3) 强化阶段

经过屈服阶段后，认为材料的内部结构重新得到了调整，抵抗变形的能力有所恢复，表现为变形曲线自点 c 开始又继续上升，直到最高点 d 为止，这一现象称为强化，这个阶段称为强化阶段。该阶段最高点 d 所对应的应力，称为强度极限，以 σ_b 表示，对于低碳钢，σ_b 约为 400 MPa。

(4) 局部变形阶段

试样从开始变形到 $\sigma-\varepsilon$ 曲线的点 d 时止，在计算长度 l 范围内，沿纵向的变形是均匀伸长，沿横向的变形是均匀收缩。但自点 d 开始，到点 e 断裂时止，变形将集中在试样的某一较薄弱的区域内，如图 2.14 所示，该处形成所谓"颈"，这一现象称为颈缩现象，这一阶段称为局部变形阶段。在颈缩处，截面急剧缩小，以致使试样继续变形的拉力 F 反而下降，如图 2.12 中的 de 线段，虽然颈缩处的实际应力仍是增长的，如图 2.12 中虚线 de' 所示。

图 2.13

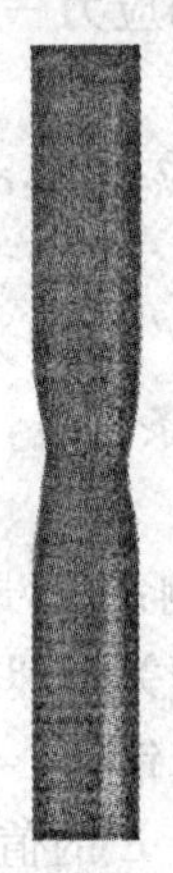

图 2.14

由上可见，在应力－应变图上的 a、a'、c 和 d 诸特征点所表示的应力值，代表材料在不同变形阶段的性质。其中，屈服极限表示材料将出现显著的塑性变形，这就是说，如果拉伸杆件的正应力达到了该材料的屈服极限时，即表明该杆件将发生显著的塑性变形，而不能正常使用。强度极限表示材料将发生破坏，显然，不能容许拉伸试件内的正应力达到该材料的强度极限。因此，σ_s 和 σ_b 是代表材料强度性质的两个重要指标。

2. 变形性质

(1) 弹性变形和塑性变形

根据试验，当施加的应力超过弹性极限时，例如达到点 m(图 2.15)，此时，得总应变 Ok，然后撤除应力，则变形曲线将由点 m 沿平行于 OA 的直线退到点 n，即总应变中相应于 nk 的部分消失了，即为弹性变形，而残留下相应于 On 的部分，即为塑性变形。

为了衡量材料塑性性质的好坏，通常以试样拉断时标距的伸长量 Δl(即塑性伸长)，与标距 l 的比值 δ(表示成百分数) 来表示

$$\delta=\frac{\Delta l}{l}\times 100\%$$

式中　δ—— 伸长率，对于低碳钢，$\delta = 20\% \sim 30\%$。

不同的材料，伸长率也不一样。伸长率大，表明塑性性质好；伸长率小，表明塑性性质差。钢材、铜、铝等伸长率较大，故塑性性质好，称为塑性材料；铸铁、混凝土、砖石等，伸长率很小，称为脆性材料。工程上，一般将 $\delta < 5\%$ 的材料定为脆性材料。

另一个衡量塑性性质好坏的指标是

$$\Psi = \frac{A - A_1}{A} \times 100\%$$

式中　A_1—— 拉断后颈缩处的截面面积；

A—— 变形前标距范围内的截面面积；

Ψ—— 断面收缩率，对于低碳钢，$\Psi = 60\% \sim 70\%$。

(2) 冷作硬化

上面已提到，当首次应力加到图 2.15 中的点 m，然后卸载时，则变形退到点 n。如果立即重新加载，则实验表明，变形将重新沿直线 nm 到达点 m，然后大致沿着曲线 mde 继续增加，直至拉断，如同没有经过 mnm 过程一样（图 2.15）。材料经过这样处理后，成了性质不同的另一种材料，它的屈服极限将提高到点 m 的应力值，而拉断时的塑性变形减少到 nl 所代表的应变值，即塑性降低了。这种通过卸载的方式而使材料的性质获得改变的做法称为冷作硬化。

若在第一次卸载后，让试样"休息"几天，则重新加载时，$\sigma - \varepsilon$ 曲线将是 $nmfgh$，材料获得更高的屈服极限 σ_s 及强度极限 σ_b，但塑性性质降低了，因为拉断时的点 h 的塑性变形比原来点 e 的塑性变形要小。这种现象称为冷拉时效。在土建工程中钢筋的冷拉就是利用这一性质。

钢筋冷拉后，其抗压的强度指标并不提高，所以在钢筋混凝土中，受压钢筋不用冷拉。

锰钢、铝合金、低碳钢、球墨铸铁等材料的应力－应变图如图 2.16 所示。

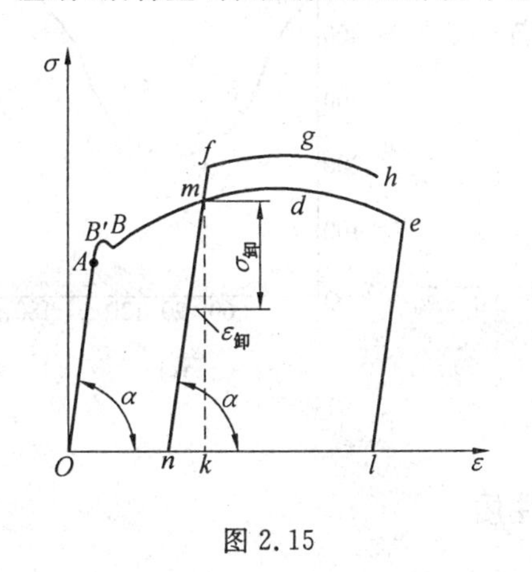

图 2.15

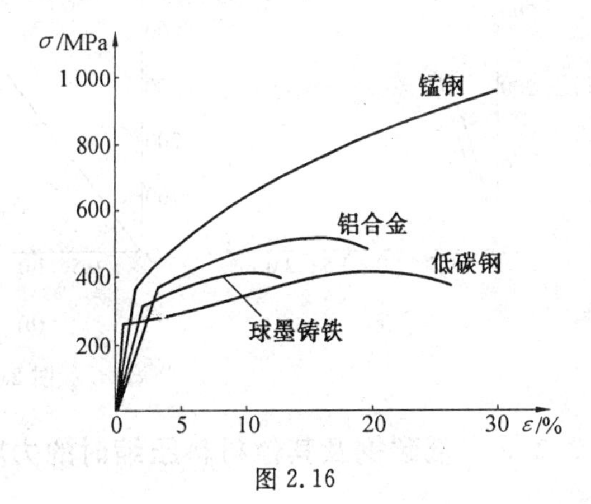

图 2.16

2.2.2 其他几种材料拉伸时的力学性质

对于没有明显屈服阶段的塑性材料，国家标准《金属拉伸实验方法》(GB/T 228—1987)规定，取塑性应变为0.2%时所对应的应力值作为名义屈服极限，以$\sigma_{p0.2}$表示，如图2.17所示。

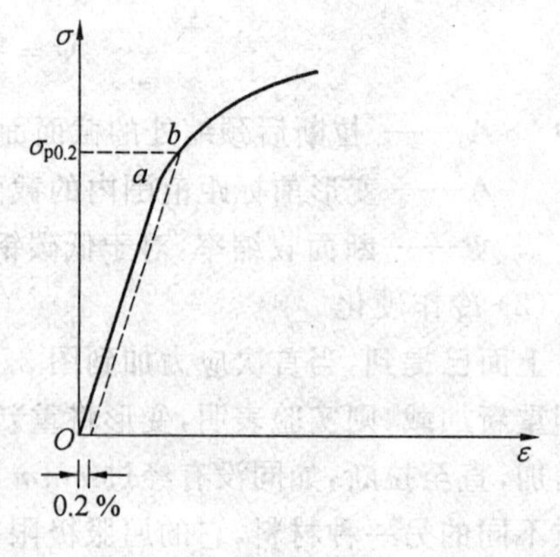

图2.17

图2.18(a)为典型脆性材料铸铁的$\sigma-\varepsilon$曲线。这是一条微弯曲线，即应力应变不成正比。实用上以割线(图中虚线)代替曲线，这样可将σ与ε的关系表示成胡克定律的形式，并以此来确定弹性模量。图中还表明没有屈服阶段，断裂时的残余变形很小，所以只能测得断裂时的强度极限σ_b。

目前在工程应用中复合材料发展得很快，其强度较高，但塑性性质较差，亦属于脆性材料。图2.18(b)为玻璃钢(增强塑料)在顺着玻璃纤维方向受拉时的$\sigma-\varepsilon$曲线。由于玻璃钢是各向异性材料，它的性质与受力方向有关，图2.18(c)为受力方向与玻璃纤维方向间的夹角α改变时，强度极限σ_b的变化曲线。

其他一些在土建工程中常用的脆性材料，如混凝土、砖、石等，它们的共同特点是，破坏时残余变形很小，只能测得强度极限；抗拉强度比抗压强度低得多，例如混凝土的抗拉强度只有抗压强度的$\frac{1}{10}$左右，所以在设计时均略去不计。

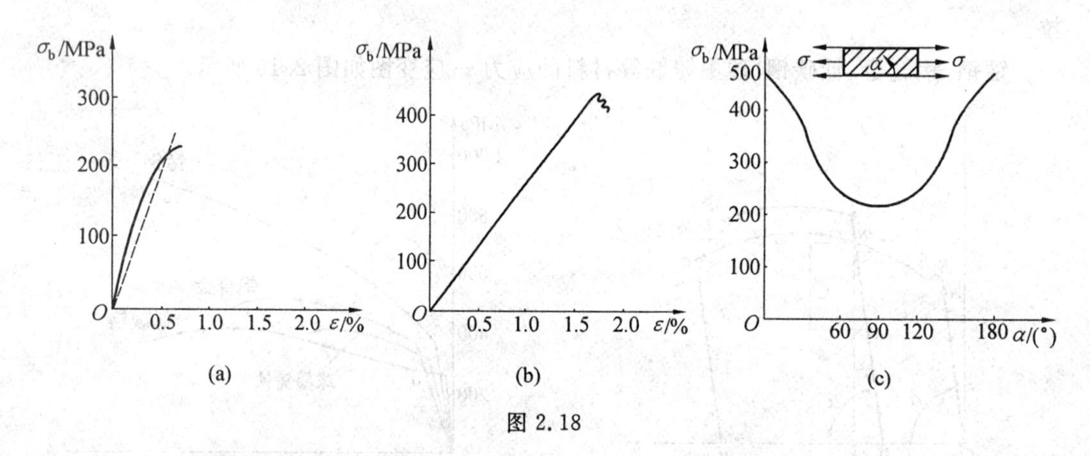

图2.18

2.2.3 低碳钢及其他材料压缩时的力学性质

用金属材料做压缩试验时，试样一般制成短圆柱形，长度l为直径的1.5～3倍，如图2.19(a)所示。图2.20为低碳钢压缩时的$\sigma-\varepsilon$曲线。图中虚线为拉伸时的$\sigma-\varepsilon$曲线。试验表明，其弹性模量、弹性极限及屈服极限等值与拉伸时基本相同，但流幅较短，所以在这段范围内，压缩的 $\sigma-\varepsilon$ 曲线与拉伸的 $\sigma-\varepsilon$ 曲线基本重合，但过了屈服极限后，曲线逐渐上升，这是因为在试验过程中，试样的长度不断缩短，横截面积不断增大，因而抗压能力也不断提高，所以没有颈缩现象，也测不到抗压强度极限。最后被压成薄饼，如图 2.19(b) 所示。

多数金属都有类似上述的性质，所以塑性材料压缩时，在屈服阶段以前的特征值，如弹性极限、屈服极限及弹性模量等，都可用拉伸时的特征值，只是把拉换成压而已。但也有一些金属，例如铬钼硅合金钢，在拉伸和压缩时的屈服极限并不相同，所以对这种材料就需要做压缩试验，以确定其压缩屈服极限。又如某种铜合金如铝青铜，它们在压缩时也能压断，其伸长率只有 13% ～ 14%。

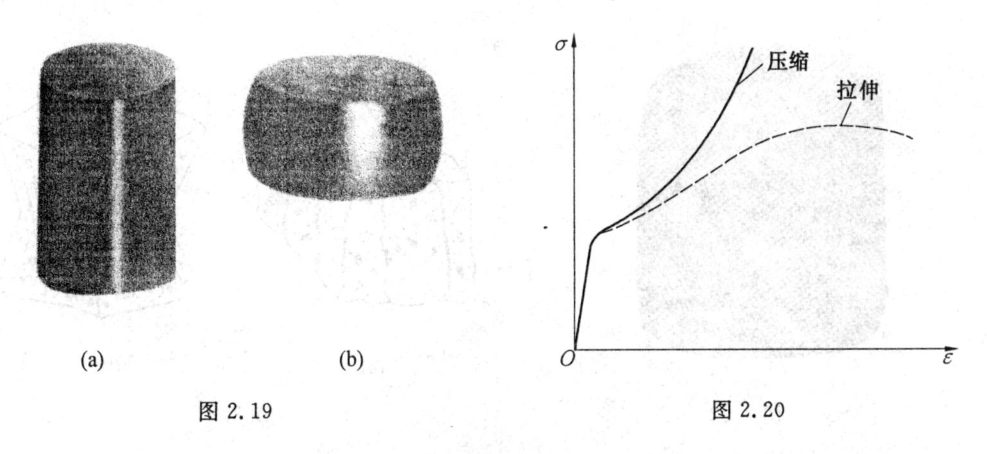

图 2.19　　　　图 2.20

图 2.21(a) 和图 2.21(b) 中绘出两种典型脆性材料——铸铁和混凝土压缩时的 $\sigma-\varepsilon$ 曲线。

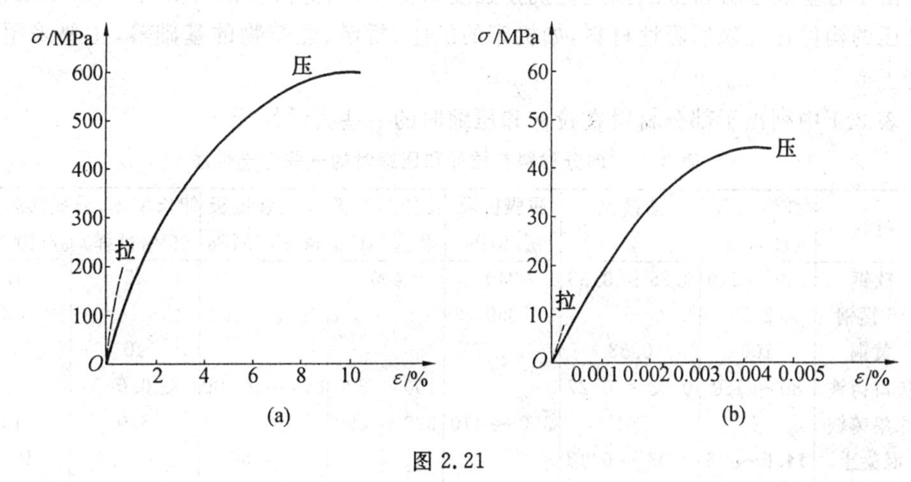

图 2.21

为了比较，图中还绘出了拉抻时的 $\sigma-\varepsilon$ 曲线（虚线）。由图可见，脆性材料压缩时的力学性质与拉伸时有较大区别，主要是它们的压缩强度极限要比拉伸强度极限高得多。

由图 2.21(a) 铸铁压缩时的 $\sigma-\varepsilon$ 曲线可以看出：

① 曲线没有明显的直线阶段，所以 $\sigma-\varepsilon$ 关系也只是近似地符合胡克定律；

② 压坏时塑性变形及强度极限比拉断时的大得多，如拉断时的 $\sigma_b \approx 200$ MPa，而压坏时的 $\sigma_{bc} \approx 600$ MPa，铸铁试样压坏时，其破坏面的方向与杆轴约成 35°，如图 2.22 所示。

由图 2.21(b) 混凝土压缩时的 $\sigma-\varepsilon$ 曲线可知，混凝土的抗压强度极限要比抗拉强度极限大 10 倍左右。

混凝土试样通常制成正立方体，两端由压板传递压力，压坏时有两种现象：一种是压板与试块端面间加润滑剂以减少摩擦力，压坏时，沿纵向开裂，如图 2.23(a) 所示；另一种是压板与试块端面间不加润滑剂，由于摩擦力大，压坏时，靠近中间剥落而形成两个锥截体，如图 2.23(b) 所示。

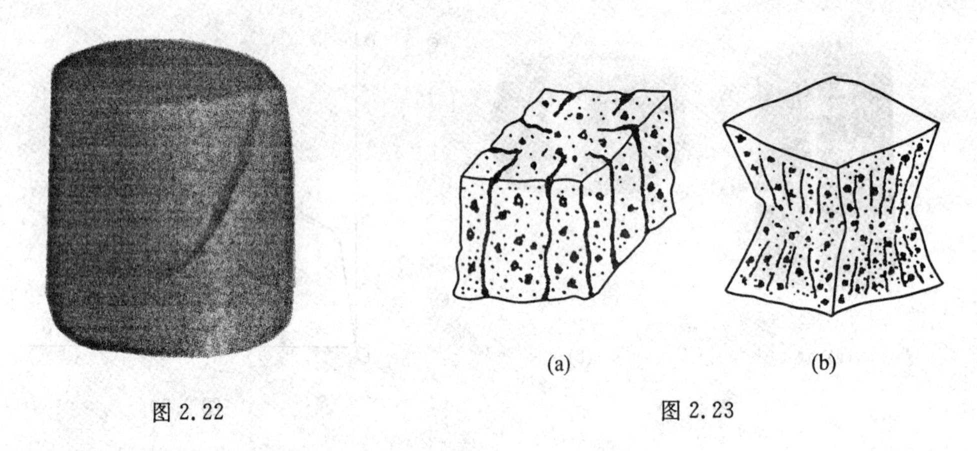
(a) (b)

图 2.22　　图 2.23

玻璃钢在压坏时的性质基本与拉伸时相同。

由于有些脆性材料抗压强度比抗拉强度高得多，且价格较钢材低得多，所以工程中长期受压的构件往往采用脆性材料，如机床的机座、桥墩、建筑物的基础等，主要采用铸铁、混凝土或石材。

表 2.1 中列出了部分材料在拉伸和压缩时的一些力学性质。

表 2.1　部分材料在拉伸和压缩时的一些力学性质

材料	弹性模量 E/GPa	泊松比 μ	屈服极限 σ_s/MPa	拉伸强度极限 σ_b/MPa	压缩强度极限 σ_{bc}/MPa	伸长率 δ_5/%（5 倍试样）	线膨胀系数 α/(10^6 ℃$^{-1}$)
软钢	200 ~ 210	0.25 ~ 0.33	240	400		45	12
16 锰钢	210		350				12
黄铜	100	0.33				40	18.5
灰口铸铁	80 ~ 150	0.23 ~ 0.27		100 ~ 300	640 ~ 1 100	0.6	12
球墨铸铁			300 ~ 410	390 ~ 590		3.0	12
混凝土	14.6 ~ 36	0.08 ~ 0.18			7 ~ 50		10.8
砖					8 ~ 300		
木材	8.5 ~ 12			100	32		
有机玻璃	40		76				
尼龙	30		80			100	
聚氯乙烯			55			50	

2.2.4　塑性材料和脆性材料的主要区别

综合上述关于塑性材料和脆性材料的力学性质，归纳起来主要有：

(1) 多数塑性材料在弹性变形范围内，应力与应变成正比关系，符合胡克定律。多数脆性材料在拉伸或压缩时 $\sigma-\varepsilon$ 曲线一开始就是一条微弯曲线，即应力与应变不成正比关系，不符合胡克定律，但是由于 $\sigma-\varepsilon$ 曲线的曲率较小，所以在应用上假设它们成正比关系。

(2) 塑性材料断裂时伸长率大，塑性性质好；脆性材料断裂时伸长率很小，塑性性质很差，所以塑性材料可压成薄片或抽成细丝，而脆性材料则不能。

(3) 多数塑性材料在屈服阶段以前，抗压和抗拉的性能基本相同，所以应用范围广；多数脆性材料抗压性能远大于抗拉性能，且价格低廉又便于就地取材，所以主要用于制作受压构件。

(4) 表征塑性材料力学性质的指标有弹性极限、屈服极限、强度极限、弹性模量、伸长率和断面收缩率等。表征脆性材料力学性质的只有弹性模量和强度极限。

(5) 塑性材料承受动载荷的能力强，脆性材料承受动载荷的能力很差，所以承受动载荷作用的构件应用塑性材料制作。

最后应指出，本节介绍的材料的力学性质，都是在常温、静载荷(加载速度缓慢) 下测定的，当温度及载荷作用方式等因素改变时，将影响材料的力学性质。

2.3　扭矩及扭矩图

扭转变形是杆件的基本变形之一，图 2.24 中圆形截面杆受外力偶作用，外力偶位于垂直杆件轴线的平面内，此时，杆件的各横截面将绕杆件轴线发生相对转动，此种变形称为扭转，各横截面间的相对角位移称为扭转角。

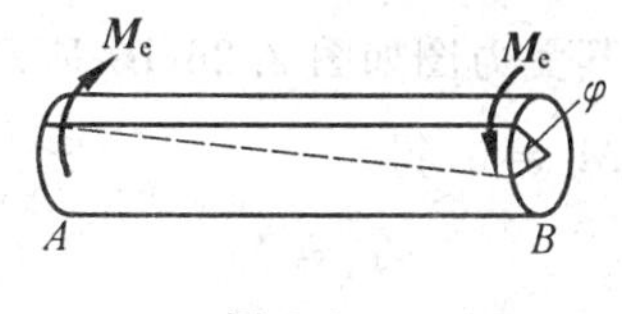

图 2.24

工程中受扭杆件很多，如机械中的各类传动轴、钻杆及汽车的方向盘等，它们工作时都会发生扭转变形。

下面讨论杆件扭转时横截面上的内力。

求受扭杆件的内力仍用截面法。例如求图 2.25 所示的圆截面杆 $a-a$ 截面上的内力，可用假想平面将杆截开，任取其中之一为脱离体，例如取左侧为脱离体，如图 2.25(b) 所示。由于脱离体上的外力为力偶，故 $a-a$ 截面上的内力也是力偶。若分别用 M_e 和 T 表示外力偶和内力偶的力偶矩，由 $\sum M_x=0$，得

$$T=M_e$$

T 即为 $a-a$ 截面上的内力，称为扭矩。

$a-a$ 截面上的扭矩也可通过取右侧为脱离体(图 2.25(c)) 求得。为了使由左、右脱离体求得的同一截面上扭矩的正负号一致，对扭矩的正负号作如下规定：采用右手法则，

以右手四指表示扭矩的转向，拇指指向截面外法线方向时，扭矩为正；反之，拇指指向截面时为负。按此规定，图 2.25(b)、图 2.25(c) 中扭矩均为正值。

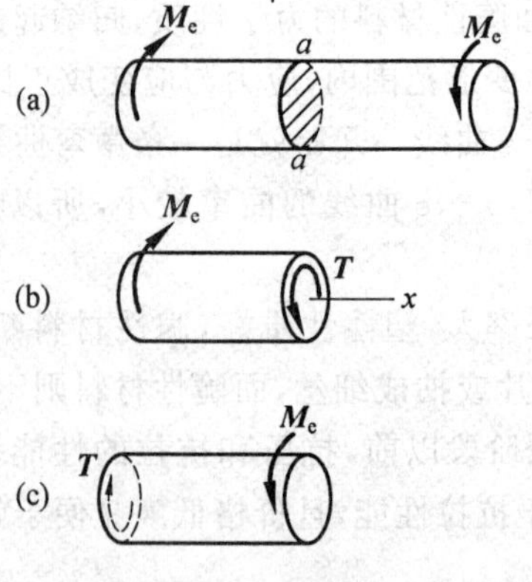

图 2.25

当杆件上作用有多个外力偶时，杆件不同横截面上的扭矩也各不相同，为了直观地看到杆件各段扭矩的变化规律，可用类似画轴力图的方法画出杆件的扭矩图。扭矩图也是画在基线的两侧，其垂直杆轴线方向的坐标代表相应截面的扭矩，正、负扭矩分别画于基线两侧，并标出 ⊕、⊖ 号。下面举例说明。

【例 2.3】 试求图 2.26(a) 中杆件 1—1、2—2、3—3 截面上的扭矩，并画出杆件的扭矩图。

【解】 (1)1—1 截面

在 1—1 处截开，取左侧为脱离体。1—1 截面上的扭矩按扭矩正负号规定中的正号方向标出，其受力图如图 2.26(b) 所示，由平衡方程 $\sum M_x=0$，得

$$T_1=M_e$$

(2)2—2 截面

在 2—2 处截开，仍取左侧为脱离体，其受力图如图 2.26(c) 所示（T_2 仍按正号方向标出），由平衡方程 $\sum M_x=0$，得

$$T_2=-2M_e$$

(3)3—3 截面

在 3—3 处截开，取右侧为脱离体，其受力图如图 2.26(d) 所示（T_3 仍按正号方向标出），由平衡方程 $\sum M_x=0$，得

$$T_3=2M_e$$

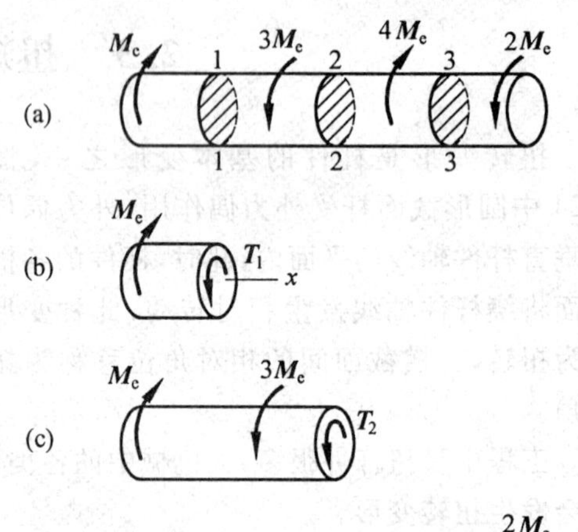

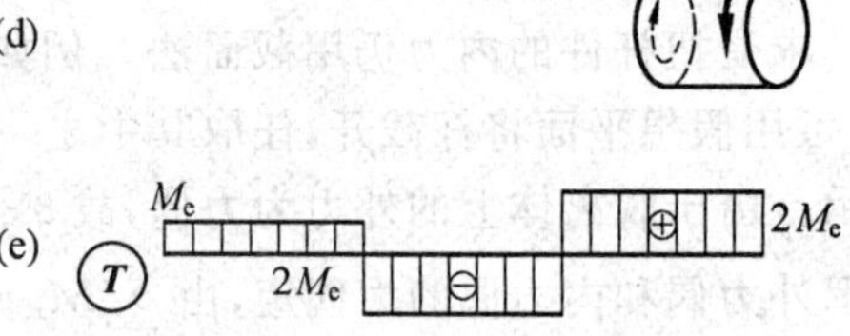

图 2.26

杆件的扭矩图如图 2.26(e) 所示。

由上面求扭矩的方法和结果可看到：受扭杆件任一横截面上的扭矩，就等于该截面一

侧(左侧或右侧)所有外力偶矩的代数和。

【**例 2.4**】　试画图 2.27(a) 中杆的扭矩图。

【**解**】　画此杆的扭矩图需分 3 段,按照“任一横截面上的扭矩等于该截面一侧所有外力偶矩的代数和”可得:*AB* 段各截面上的扭矩为 −2 kN·m,*BC* 段各截面上的扭矩为 4 kN·m,*CD* 段各截面的扭矩为 3 kN·m。杆件的扭矩图如图 2.27(b) 所示。

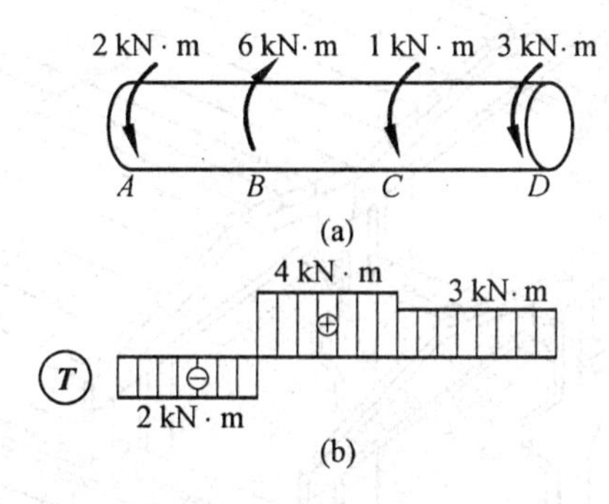

图 2.27

对工程中的传动轴来说,通常不是直接给出作用在轴上的外力偶的力偶矩,而是给出轴所传递的功率和轴的转速,需通过功率、转速与力偶矩间的关系算出外力偶矩。

若轴传递的功率为 P,单位为 kW,则每分钟做的功为

$$W = P \times 10^3 \times 60$$

从力偶做功来看,若轴的转速为 n,单位为 r/min,力偶矩 M_e 每分钟在其相应角位移上做的功应为

$$W' = M_e \cdot \omega = M_e \cdot 2\pi n$$

由 $W = W'$,即

$$P \times 10^3 \times 60 = M_e \cdot 2\pi n$$

则得

$$M_e \approx 9\ 554\ \frac{P}{n}$$

2.4　梁的平面弯曲及其计算简图

当作用在杆件上的外力(包括力及力偶)与杆件的轴线垂直时,如图 2.28 所示,杆的轴线变为曲线,这种变形称为弯曲。以弯曲变形为主要变形的杆件通常称为梁,梁的弯曲是材料力学的重要内容之一。其中,梁的内力计算与内力图是强度与刚度计算的基础。

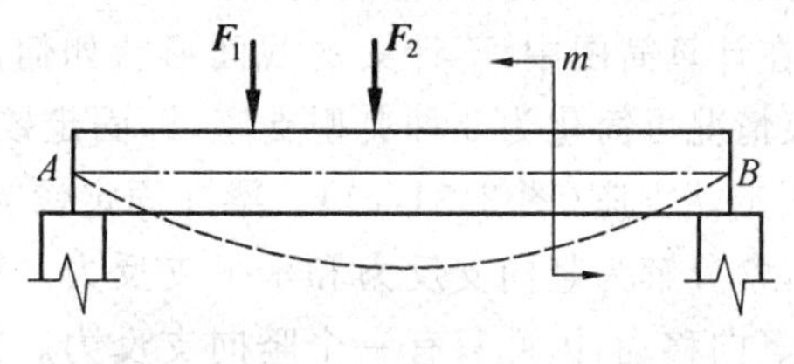

图 2.28

梁是工程中常见的构件，如单层厂房的屋面大梁、吊车梁、基础梁、连系梁和屋面板等，如图 2.29 所示。

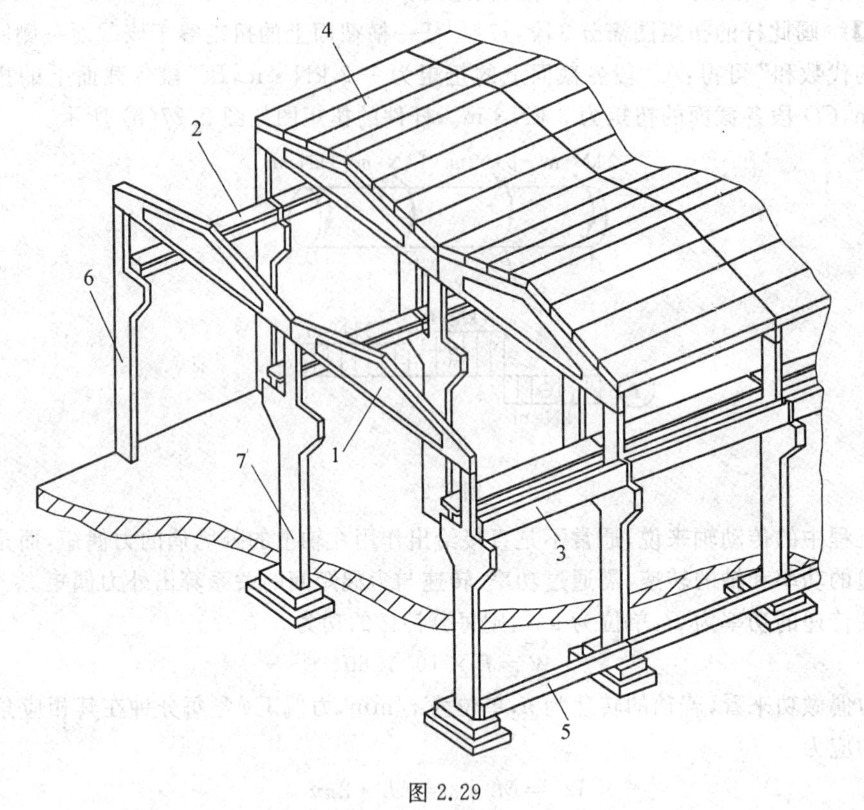

图 2.29

1— 屋面大梁；2— 吊车梁；3— 连系梁；4— 屋面板；5— 基础梁；6— 边列柱；7— 中列柱

工程中常用的梁，其横截面多具有对称轴，全梁有对称面。如图 2.30(b) 所示的矩形、工字形、T 形和圆形截面等，其中的 y 轴均为纵向对称轴。如图 2.30(a) 所示，由纵向对称轴和梁的轴线所组成的平面称为纵向对称面。如果梁上的所有外力(包括载荷和支座反力) 均作用在纵向对称面内时，梁的轴线将在纵向对称面内弯曲成一条平面曲线，这种弯曲称为平面弯曲。平面弯曲时，梁变形后的轴线所在平面与外力作用是同一个平面。平面弯曲问题是最简单、最常见的弯曲问题，本章及第 4、5 章讨论的弯曲问题都将限于平面弯曲。

为计算梁的内力，首先要知道作用在梁上的外力。外力包括载荷及支座反力(简称支反力)，其中的支反力与梁的支座形式及梁的长度有关，为此，应该先对实际的梁进行简化，得到梁的计算简图。在计算简图中，不计梁的截面形状如何，均以梁的轴线代表梁。根据支座对梁的不同约束情况可简化为 3 种典型支座，即固定铰支座(图 2.31(a))、可动铰支座(图 2.31(b)) 和固定端支座(图 2.31(c))。梁在固定铰支座处，可以转动，但不能移动，其支反力通过铰心，常分解为竖向支反力和水平支反力。梁在可动铰支座处，可以转动和水平移动，但不能竖向移动，因此只有一个竖向支反力。梁在固定端处，既不能转动，也不能移动，其反力为 3 个，即竖向支反力、水平支反力和支反力偶。

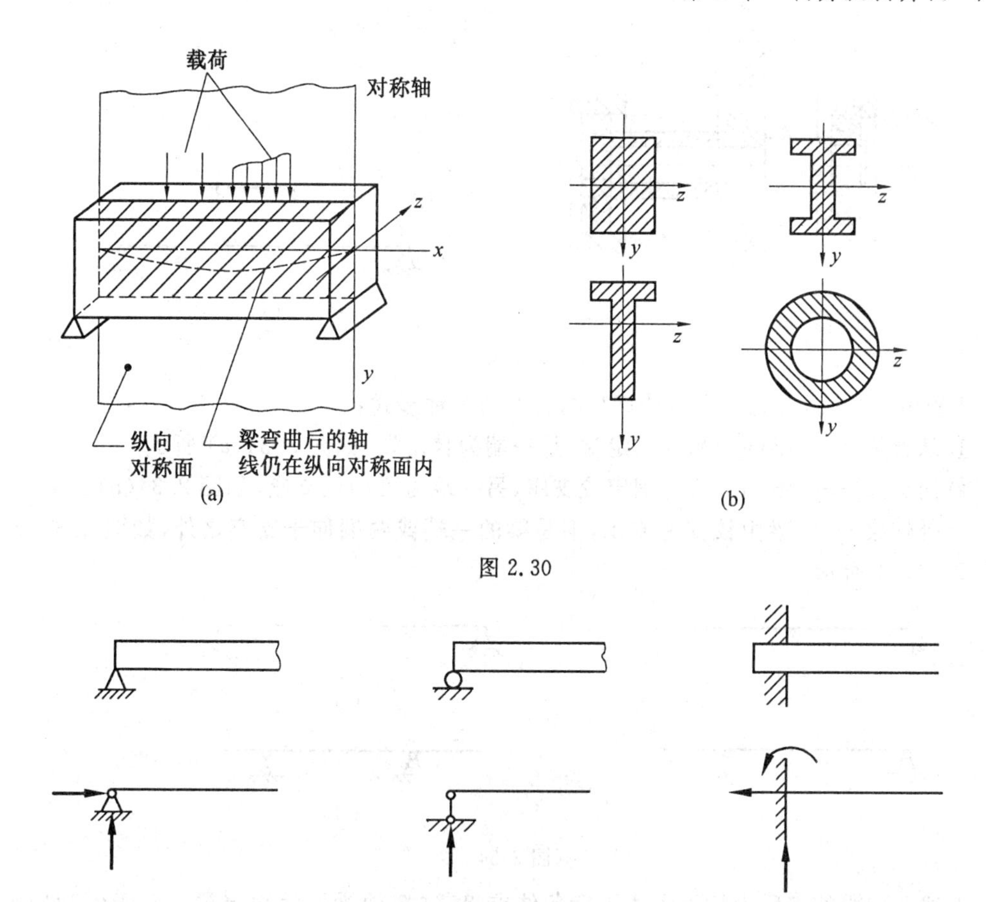

图 2.30

图 2.31

下面简单说明实际的梁是怎样简化为计算简图的。

楼板梁的两端虽然嵌入墙内，如图 2.32(a) 所示，但因嵌入长度很小，梁受力后端部可能产生微小转动，这样两端不应视为固定端，而应简化为铰支座。又因为梁的整体不能水平移动，而弯曲变形时又可以引起端部微小的伸缩，所以应简化成一端为固定铰支座，另一端为可动铰支座的梁，如图 2.32(b) 所示。

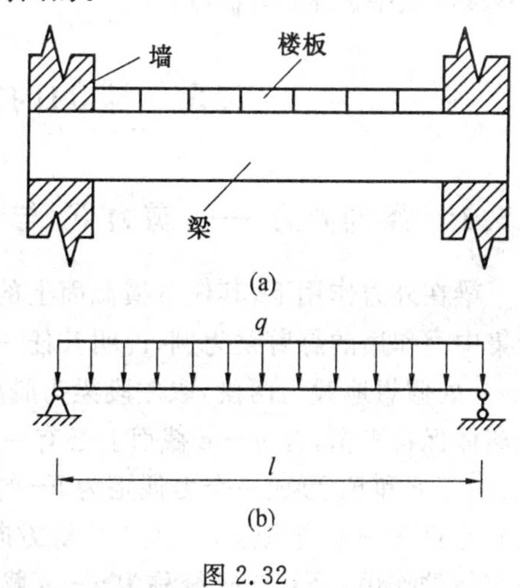

图 2.32

又如，一端装有止推轴承和另一端装有径向轴承的传动轴，如图 2.33(a) 所示，其中止推轴承在径向和轴向均有约束作用，因而可视为固定铰支座；而径向轴承仅有径向约束作用，故相当于可动铰支座。因此，该传动轴也简化为一端是固定铰支座，另一端是可动铰支座的梁，如图 2.33(b) 所示。

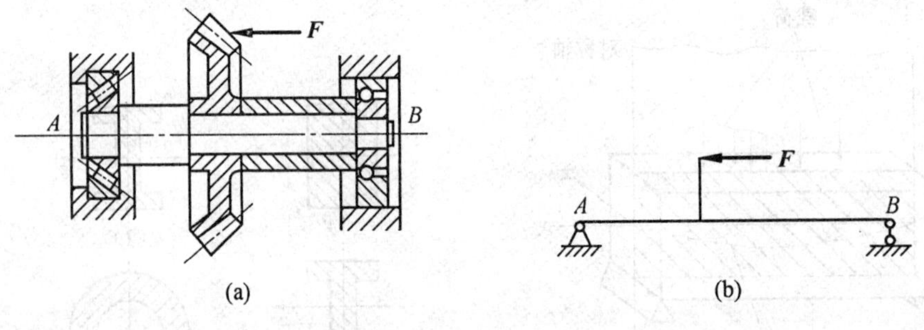

图 2.33

工程中,简单而常见的梁的计算简图有下列 3 种形式:

① 悬臂梁 —— 梁的一端为固定端,另一端为自由端,如图 2.34(a) 所示;

② 简支梁 —— 梁的一端为固定铰支座,另一端为可动铰支座,如图 2.34(b) 所示;

③ 外伸梁 —— 梁由铰支座支承,但是梁的一端或两端伸于支座之外,如图 2.34(c) 和图 2.34(d) 所示。

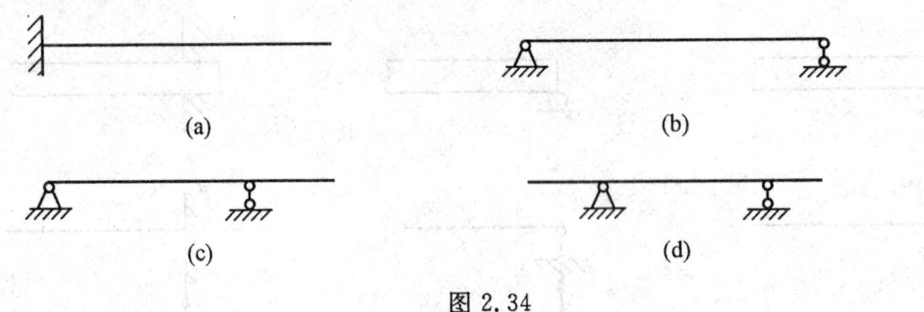

图 2.34

上述 3 种梁的支反力均可利用平衡条件求出,这 3 种梁均为静定梁。对于仅利用平衡条件不能求出全部未知力的梁,称为超静定梁,关于超静定梁将在第 5 章讨论。

作用在梁上的载荷通常有集中力 F,集中力偶 M,分布载荷集度 q(单位为千牛 / 米(kN/m) 或牛 / 米(N/m))。

2.5 梁的内力 —— 剪力与弯矩

2.5.1 梁的内力 —— 剪力 F_S 与弯矩 M

梁在外力作用下,其任意横截面上的内力可通过截面法求得。以如图 2.35(a) 所示受集中力作用的悬臂梁为例,说明其任一截面 $n-n$ 上的内力及求法。用截面法,将梁在 $n-n$ 处假想地截为两段,取左段梁为脱离体,如图 2.35(b) 所示。欲使作用有外力 F 的脱离体保持平衡,在 $n-n$ 截面上必有一个与 F 大小相等,方向相反的力 F_S 存在;与此同时,由于 F 和 F_S 形成一个力偶矩为 Fx 的力偶,因此,为使脱离体满足力矩平衡条件,截面上必然存在一个与力偶 Fx 大小相等方向相反的力偶 M。实际上 F_S 与 M 就是右段梁对脱离体的作用。F_S 与 M 统称为 $n-n$ 截面上的内力,其中 F_S 称为剪力,力偶矩 M 称为弯矩。

根据脱离体的平衡条件

$$\sum y=0, F-F_S=0$$

得

$$F_S=F$$

$$\sum M_C=0, M-Fx=0$$

得

$$M=Fx$$

若取梁的右段为脱离体，同样可以求得与左段的大小相等而方向相反的剪力 F_S 与弯矩 M，如图 2.35(c) 所示。

剪力的单位为牛顿(N) 或千牛(kN)，弯矩的单位为牛顿米(N · m) 或千牛米(kN · m)。

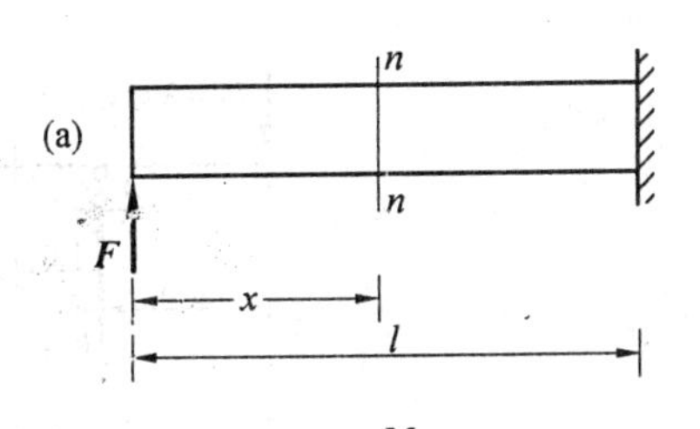

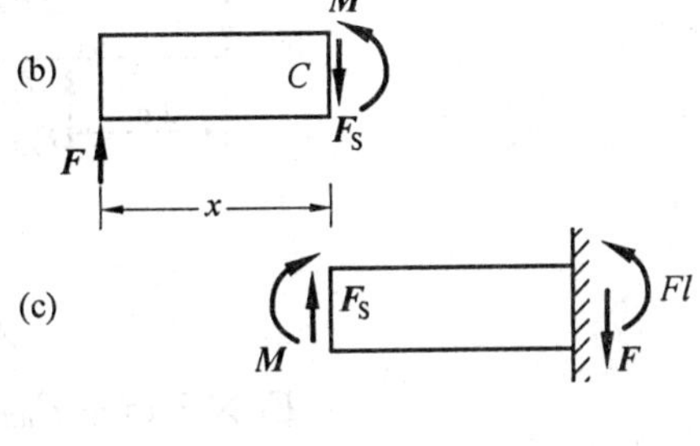

图 2.35

为了用正负号表示剪力和弯矩的方向，其正负号规则如下：

① 使微段梁发生左上右下错动的剪力 F_S 为正；反之，发生左下右上错动的剪力为负，如图 2.36(a) 所示。

② 使微段梁发生凹向上弯曲的弯矩 M 为正；反之，发生凹向下弯曲的 M 为负，如图 2.36(b) 所示。

应用上述正负号规则求内力时，不论保留截面左侧还是右侧，所得剪力或弯矩的正负号都一样。

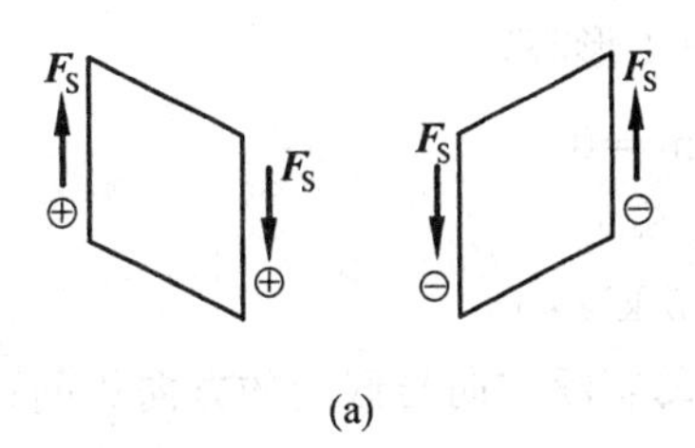

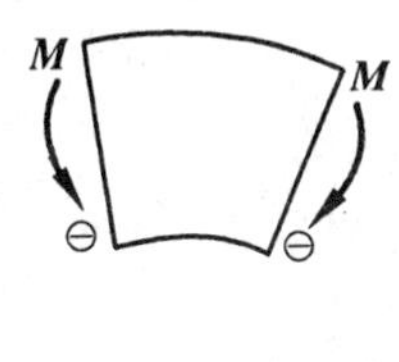

图 2.36

2.5.2　用截面法求梁在指定截面上的内力

梁在指定截面上的内力，可用截面法求得，举例说明如下。

【例 2.5】　一外伸梁，尺寸及梁上载荷如图 2.37(a) 所示，试求截面 1－1、2－2 上的剪力和弯矩。

【解】　首先求出支座反力。考虑梁的整体平衡

$$\sum M_B=0$$

$$F_1\times 8\ \text{m}+F_2\times 3\ \text{m}-F_{RA}\times 6\ \text{m}=0$$

得

$$F_{RA}=14\ \text{kN}$$

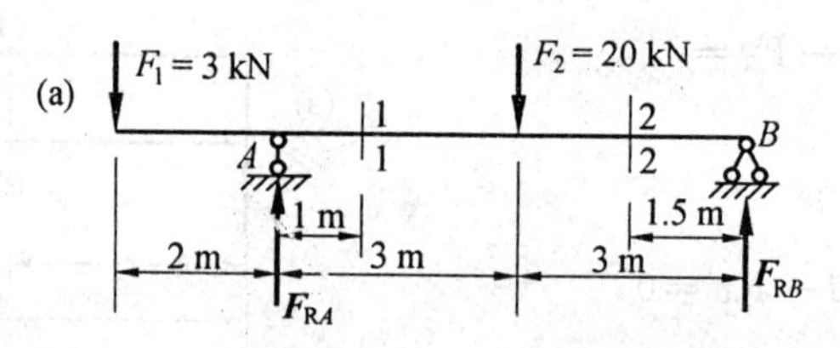

图 2.37

由
$$\sum M_A=0$$
$$F_1\times 2\ \mathrm{m}+F_{RB}\times 6\ \mathrm{m}-F_2\times 3\ \mathrm{m}=0$$
得
$$F_{RB}=9\ \mathrm{kN}$$

(1) 求截面 1－1 上的内力

在截面 1－1 处将梁截开，取左段脱离体并在脱离体上标明未知内力 F_{S1} 和 M_1，内力的方向均按符号规定的正号方向标出，如图 2.37(b) 所示。考虑脱离体平衡
$$\sum F_y=0,F_{RA}-F_1-F_{S1}=0$$
得
$$F_{S1}=F_{RA}-F_1=11\ \mathrm{kN}$$
由
$$\sum M_C=0,(\text{矩心 } C \text{ 是截面 } 1-1 \text{ 形心})$$
$$F_1\times 3\ \mathrm{m}+M_1-F_{RA}\times 1\ \mathrm{m}=0$$
得
$$M_1=F_{RA}\times 1\ \mathrm{m}-F_1\times 3\ \mathrm{m}=5\ \mathrm{kN\cdot m}$$

求得的 F_{S1} 和 M_1 均为正值，表示截面 1－1 上内力的实际方向与假定的方向相同；按内力的符号规定，它们都是正值。

(2) 求截面 2－2 上的内力

在 2－2 处将梁截开并取右段脱离体（右段梁上外力少，计算简便），内力 F_{S2}、M_2 的方向仍按正号方向标出，如图 2.37(c) 所示。考虑脱离体平衡
$$\sum F_y=0,F_{S2}+F_{RB}=0$$
得
$$F_{S2}=-F_{RB}=-9\ \mathrm{kN}$$
由
$$\sum M_C=0,(\text{矩心 } C \text{ 是截面 } 2-2 \text{ 的形心})$$
$$F_{RB}\times 1.5\ \mathrm{m}-M_2=0$$
得
$$M_2=13.5\ \mathrm{kN\cdot m}$$

这里求得的 F_{S2} 为负值，表明 F_{S2} 的实际方向与假定的方向相反，F_{S2} 的方向应向下；它使所在的脱离体有逆时针转趋势，按剪力符号规则，F_{S2} 为负剪力。

【例 2.6】 一悬臂梁，其尺寸及梁上载荷如图 2.38(a) 所示，求截面 1—1 上的剪力和弯矩。

【解】 此题不需求固定支座处的反力，可取右段为脱离体。右段的受力图如图 2.38(b) 所示，列平衡方程时，分布载荷可用合力来代替。

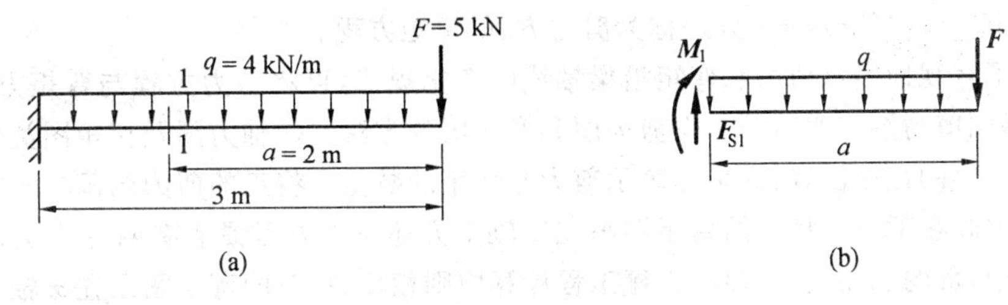

图 2.38

由

$$\sum F_y = F_{S1} - F - qa = 0$$

得

$$F_{S1} = F + qa = 13\ \text{kN}$$

由

$$\sum M_C = 0, -M_1 - Fa - qa \cdot \frac{a}{2} = 0$$

得

$$M_1 = -Fa - \frac{1}{2}qa^2 = -18\ \text{kN} \cdot \text{m}$$

求得的 M_1 为负值，表明 M_1 的实际方向与假定的方向相反；按弯矩的符号规定，M_1 也是负的。

此题取左段脱离体时，应先求出固定支座处的反力。

通过上述两个例题可以得出不列平衡方程而由外力直接写出截面内力算式的所谓直接计算法：

梁在某横截面上的剪力，其数值等于该截面一侧(左侧或右侧) 所有外力在铅垂方向投影的代数和。若取左侧，上正下负，若取右侧，下正上负。

梁在某横截面上的弯矩，其数值等于该截面一侧(左侧或右侧) 所有外力对该截面形心取矩的代数和，在集中力及分布载荷作用下，不分左右，上正下负；在集中力偶作用下，若取左侧，顺正逆负，若取右侧，逆正顺负。

利用上述规律可以根据梁上作用的载荷，直接求出截面内力。

注意，在例 2.5 中，由于 A 支座处存在支反力 F_{RA} 这个集中力，使得从支座的左侧截面到右侧截面，剪力由 −3 kN 突变到 11 kN，突变值为 14 kN，刚好等于集中力 F_{RA} 的数值。因此在集中力作用处的截面，不能含糊地说该截面上的剪力是多大，而应该说“集中力作用处的左邻截面和右邻截面上的剪力各为多大”。

2.6 内力图——剪力图与弯矩图

一般情况下，梁横截面上的剪力和弯矩随截面位置而变化，若横截面的位置用梁的轴线坐标 x 表示，则各横截面上的剪力和弯矩就可表示成 x 的函数

$$F_S = F_S(x), M = M(x)$$

式中 $F_S(x)$、$M(x)$——分别称为剪力方程、弯矩方程。

为了直观地表示剪力和弯矩沿梁轴线的变化规律，可将剪力方程与弯矩方程用图形表示，得到剪力图与弯矩图。作剪力图和弯矩图的方法与作轴力图及扭矩图类似，以横坐标 x 表示梁的截面位置，纵坐标表示剪力与弯矩的数值。将正的剪力图画在 x 轴上方，负的剪力图画在下方。将正的弯矩图画在 x 轴上方还是下方习惯上有两种作法，在土建工程计算中，负的画在上方；而在机械工程计算中则相反，将正的弯矩图画在 x 轴上方，负的画在下方。为了全书的统一性，本书采用将正弯矩图画在 x 轴下方的作法。

下面举例说明怎样列出梁的剪力方程与弯矩方程，并作剪力图与弯矩图。

【例 2.7】 试列出图 2.39(a) 所示梁的剪力方程与弯矩方程，并作剪力图与弯矩图。

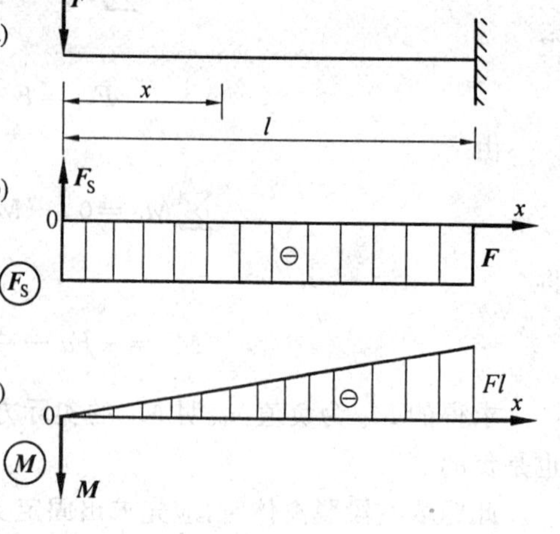

图 2.39

【解】 (1) 建立剪力方程与弯矩方程

以梁的左端为坐标的原点，并在 x 截面处取左段为脱离体，如图 2.39(a) 所示，根据求内力的直接计算法，得

$$F_S(x) = -F \tag{1}$$

$$M(x) = -Fx \tag{2}$$

由于截面位置 x 的任意性，因此，式(1)与式(2) 分别为剪力方程与弯矩方程。

(2) 作剪力图与弯矩图

由剪力方程(1) 可知，不论 x 为何值，剪力均为 $-F$，各截面的剪力为一常数，剪力图如图 2.39(b) 所示。

弯矩方程(2) 为 x 的一次函数，即弯矩沿 x 轴按直线规律变化，只需确定两个截面上的弯矩值便可作出弯矩图。在 $x=0$ 处，$M=0$；在 $x=l$ 处，$M=-Fl$，弯矩图如图 2.39(c) 所示。正负号标志符为⊖，内力图标志符为 F_S 与 M。

【例 2.8】 作图 2.40(a) 所示梁的剪力图与弯矩图。

【解】 由对称性，支反力 $F_{RA} = F_{RB} = \dfrac{ql}{2}$

剪力方程为

$$F_S(x) = \frac{1}{2}ql - qx \tag{1}$$

弯矩方程为

$$M(x)=\frac{1}{2}qlx-\frac{1}{2}qx^2 \qquad (2)$$

剪力方程(1)是 x 的一次函数，说明剪力图是一条斜直线。在 $x=0$ 处，$F_S=ql/2$，在 $x=l$ 处，$F_S=-ql/2$，剪力图如图 2.40(b) 所示。

弯矩方程(2)是 x 的二次函数，至少应计算 3 个控制点的弯矩值：$x=0$，$M=0$；$x=l/2$，$M=ql^2/8$；$x=l$，$M=0$；作弯矩图如图 2.40(c) 所示。

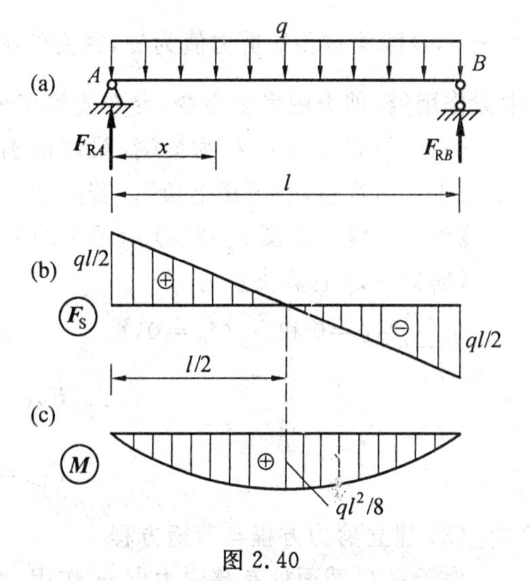

图 2.40

画剪力图与弯矩图时，为使图形简明，通常不标出坐标系，但剪力与弯矩的各特征值必须标明。

【例 2.9】　作图 2.41(a) 所示梁的剪力图与弯矩图。

【解】　(1) 计算支反力

由 $\sum M_C=0$ 和 $\sum M_B=0$，解得

$$F_{RB}=\frac{3}{2}F(\uparrow)$$

$$F_{RC}=\frac{F}{2}(\downarrow)$$

(2) 建立剪力方程与弯矩方程

由于点 B 处受集中力 F_{RB} 作用，AB 段和 BC 段的弯曲内力不可能用同一方程表示，因此必须分段建立剪力方程与弯矩方程。

AB 段

$$F_S(x)=-F \qquad (1)$$

$$M(x)=-Fx \qquad (2)$$

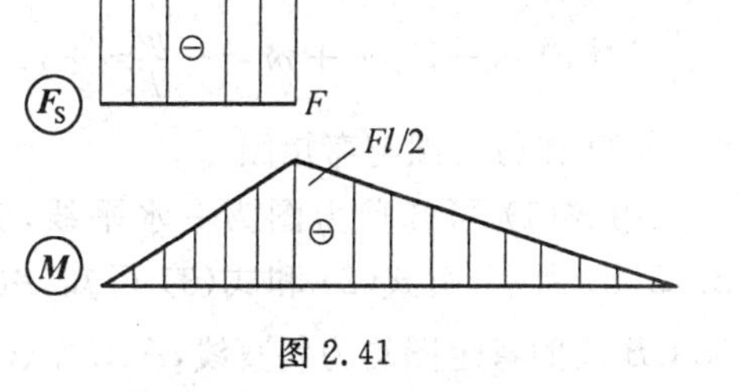

图 2.41

BC 段

$$F(x)=-F+F_{RB}=\frac{F}{2} \qquad (3)$$

$$M(x)=-Fx+F_{RB}\left(x-\frac{l}{2}\right)=\frac{1}{2}Fx-\frac{3}{4}Fl \qquad (4)$$

(3) 作剪力图与弯矩图

由式(1) 和式(3) 可知 AB 段与 BC 段剪力为常数，剪力图为两段水平直线，如图 2.41(b) 所示。由式(2) 和式(4) 可知，AB 段和 BC 段梁的弯矩图是两条斜直线，A、B、C 三点的弯矩值分别为 0、$-\frac{Fl}{2}$ 和 0，得弯矩图如图 2.41(c) 所示。

从剪力图可见，剪力在集中力 F_{RB} 作用处(B 截面)是不连续的，B 截面左侧的剪力值

为$-F$，B截面右侧的剪力值为$\frac{F}{2}$，突变的绝对值等于集中力F_{RB}。由此可得出结论：在集中力作用处，剪力图发生突变，突变值等于该集中力的大小；而弯矩图在该处发生转折。

另外，可以看出A、C为梁端，梁端的剪力分别等于这两个截面集中力的值，在左端"上正下负"，在右端"下正上负"。若梁端没有集中力，剪力一定为零。

【例 2.10】 作图 2.42(a) 所示梁的剪力图与弯矩图。

【解】 (1) 计算支反力

由$\sum M_B=0$和$\sum M_A=0$，得

$$F_{RA}=\frac{m}{l}(\downarrow)$$

$$F_{RB}=\frac{m}{l}(\uparrow)$$

(2) 建立剪力方程与弯矩方程

由于在C截面处有集中力偶m作用，由内力的直接计算法可知，剪力方程不必分段建立，而弯矩方程应分段建立。

全梁的剪力方程为

$$F_S(x)=-F_{RB}=-\frac{m}{l} \tag{1}$$

AC段的弯矩方程为

$$M(x)=-F_{RA}x=-\frac{m}{l}x \tag{2}$$

CB段的弯矩方程为

$$M(x)=-F_{RA}x+m=-\frac{m}{l}x+m \tag{3}$$

(3) 作剪力图与弯矩图

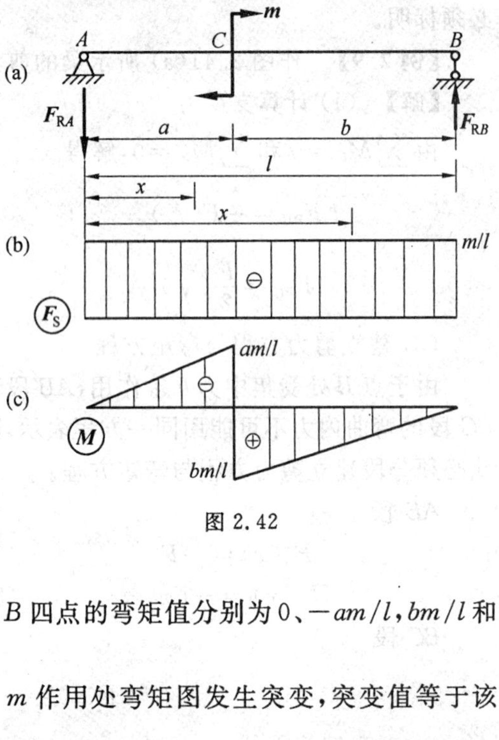

图 2.42

由式(1)可知剪力图为一水平线，如图 2.42(b) 所示；由式(2)和式(3)可知，AC段和CB段的弯矩图均为斜直线，A、C左、C右和B四点的弯矩值分别为0、$-am/l$，bm/l和0，作弯矩图如图 2.42(c) 所示。

从剪力图与弯矩图可以看出，在集中力偶m作用处弯矩图发生突变，突变值等于该力偶矩；而剪力图无变化。

另外，在梁的两端弯矩值等于梁端的集中力偶的力偶矩值。左端"顺正逆负"，右端与之相反。若梁端无集中力偶，弯矩一定为零(上题中A、B端)。

2.7 弯矩、剪力与载荷集度之间的微分关系

设梁上作用有任意的分布载荷，载荷集度为$q(x)$，如图 2.43(a) 所示。$q(x)$以向上为正，向下为负。用x和$x+\mathrm{d}x$两个相邻截面从梁上截取长为$\mathrm{d}x$的微段，如图 2.43(b)

所示。分布载荷 $q(x)$ 在微段梁上可视为常量，$F_S(x)$ 和 $M(x)$ 为左截面上的内力，而右截面上的内力应有微小的增量，即分别为 $F_S(x)+dF_S(x)$ 和 $M(x)+dM(x)$。考虑微段梁的平衡

由

$$\sum F_y = 0$$

$$F_S(x)+q(x)dx-[F_S(x)+dF_S(x)]=0$$

得

$$\frac{dF_S(x)}{dx}=q(x) \tag{2.1}$$

即剪力函数的一阶导数等于分布载荷集度。

由

$$\sum M_C = 0$$

$$-M(x)-F_S(x)dx-q(x)dx\,\frac{dx}{2}+[M(x)+dM(x)]=0$$

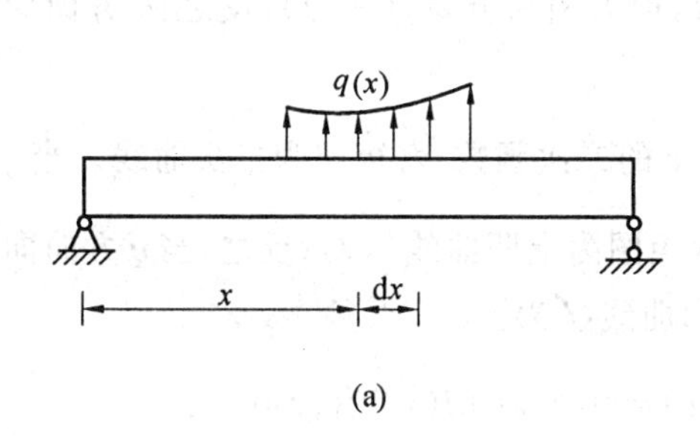

(a)

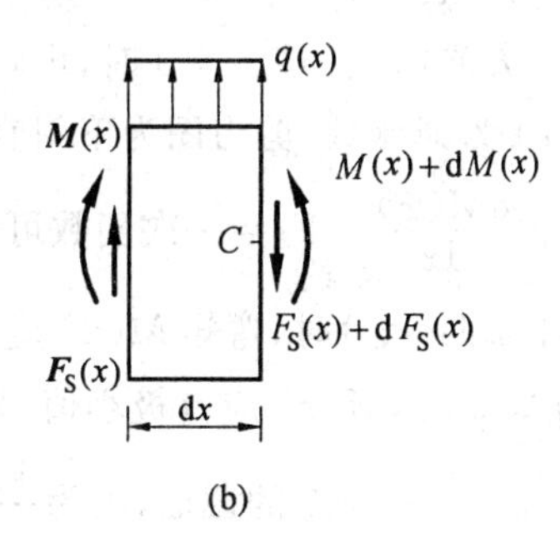

(b)

图 2.43

略去高阶微量，得

$$\frac{dM(x)}{dx}=F_S(x) \tag{2.2}$$

即弯矩函数的一阶导数等于剪力函数。再将式(2.2) 对 x 求一阶导数，并考虑式(2.1)，可得

$$\frac{d^2M(x)}{dx^2}=\frac{dF_S(x)}{dx}=q(x) \tag{2.3}$$

即弯矩函数的二阶导数等于载荷集度。

以上 3 式就是弯矩 $M(x)$，剪力 $F_S(x)$ 和分布载荷集度 $q(x)$ 之间的微分关系式。

根据导数的几何意义，函数的一阶导数表示函数图形在该点处切线的斜率。于是，式(2.1) 的几何意义为：剪力图上某点处切线的斜率等于梁上该点处的分布载荷集度 $q(x)$；式(2.2) 的几何意义为：弯矩图上某点切线的斜率等于梁上该点处截面上的剪力。由于函数图像的凹向可由函数二阶导数的正负确定，因此，由式(2.3) 可知，弯矩图的凹向取决于分布载荷集度 $q(x)$ 的正负。

根据式(2.1) ～ (2.3)，并考虑导数的几何意义，即可得出分布载荷 q、剪力图和弯矩

图之间存在下述规律。

(1) 在没有分布载荷的梁段上，即 $q(x)=0$ 时：

① 由 $\frac{\mathrm{d}F_S(x)}{\mathrm{d}x}=q(x)=0$ 可知，剪力图上各点的切线斜率为零，剪力图必为一条平行于梁轴的直线，梁在各横截面上的剪力为常数。

② 由 $\frac{\mathrm{d}M(x)}{\mathrm{d}x}=F_S=$ 常数可知，弯矩图的斜率为常数，即弯矩图为斜直线。当剪力 $F_S>0$ 时，由 $\frac{\mathrm{d}M(x)}{\mathrm{d}x}=F_S(x)>0$，可见 $M(x)$ 为增函数，因此弯矩图为下斜直线(╲)，因为弯矩图的坐标取为(╒)；反之，$F_S<0$ 时，$M(x)$ 为减函数，弯矩图必为上斜直线(/)。

由上述分析可知，若梁上没有分布载荷而只有集中力或集中力偶时，剪力图与弯矩图不可能出现曲线图形。

(2) 在有均布载荷作用的梁段上，即当 $q(x)=$ 常量，且 $q(x)\neq 0$ 时：

① 由 $\frac{\mathrm{d}F_S(x)}{\mathrm{d}x}=q(x)=$ 常数可知，该梁段上剪力图的斜率为常数，则剪力图应为斜直线。当 q 方向向上，即 $q>0$ 时，$F_S(x)$ 为增函数，剪力图为上斜直线(/)；反之，q 方向向下，$F_S(x)$ 为减函数，剪力图为下斜直线(╲)。

② 由 $\frac{\mathrm{d}M(x)}{\mathrm{d}x}=F_S=$ 一次函数可知，$M(x)$ 为 x 的二次函数，弯矩图为二次曲线。当 q 方向向下，即 $q<0$ 时，弯矩 $M(x)$ 应有极大值，弯矩图为上凹曲线(∪)；反之，当 q 方向向上，即 $q>0$ 时，$M(x)$ 应有极小值，弯矩图为下凹曲线(∩)。

③ 在 $F_S(x)=0$ 的截面，因为 $\frac{\mathrm{d}M(x)}{\mathrm{d}x}=F_S(x)=0$，所以 $M(x)$ 有极值。

(3) 在有线性分布载荷作用的梁段上，即 $q(x)$ 为 x 的一次函数时，$F_S(x)$ 为 x 的二次函数，而 $M(x)$ 应为 x 的三次函数，所以，剪力图为二次曲线，而弯矩图应为三次曲线。

另外，在 2.6 节的例 2.9 和例 2.10 还证实了如下两点：

(1) 梁在集中力作用处剪力图发生突变，弯矩图出现转折；

(2) 梁在集中力偶作用处，剪力图不变，弯矩图发生突变。

利用上述规律，可以对剪力图和弯矩图进行校核，读者可就 2.6 节中各例验证上述规律。

2.8 利用 M、F_S 与 q 的微分关系作剪力图与弯矩图

利用微分关系绘出梁在载荷作用下的剪力图与弯矩图是本章同时也是材料力学课程的重要内容之一，其步骤如下：

(1) 计算支反力，并在梁上标出支反力的实际方向；

(2) 确定控制截面的个数，根据控制截面的个数将梁分段。控制截面包括：集中力、集中力偶作用的截面，支座处、梁端、分布载荷的起点、终点以及剪力为零即弯矩取得极值的截面；

(3) 根据微分关系确定各段剪力图、弯矩图的形状；

(4) 计算若干个控制截面的剪力值及弯矩值，按照确定的形状连线，即可绘出梁的剪力图及弯矩图。

另外，在绘制梁的剪力图及弯矩图时，应注意以下要点：

(1) 梁端剪力值及弯矩值的确定；

(2) 在集中力作用的截面，剪力图产生“突变”，突变量等于集中力的值，突变的方向是：从左向右绘剪力图时，突变方向与集中力作用的方向相同；而当自右向左绘剪力图时，突变方向与集中力作用的方向相反。弯矩值不变，弯矩图产生转折。

(3) 在集中力偶作用的截面，剪力图不变，弯矩图产生“突变”，突变量等于力偶矩值。突变的方向是：当自左向右绘弯矩图时，顺时针的力偶向下突变，，逆时针的力偶向上突变。而当自右向左绘弯矩图时，突变方向与上述规律相反。

(4) 在剪力为零的截面，弯矩取得极值，弯矩图有水平切线。

【例 2.11】 作出如图 2.44(a) 所示梁的剪力图及弯矩图。

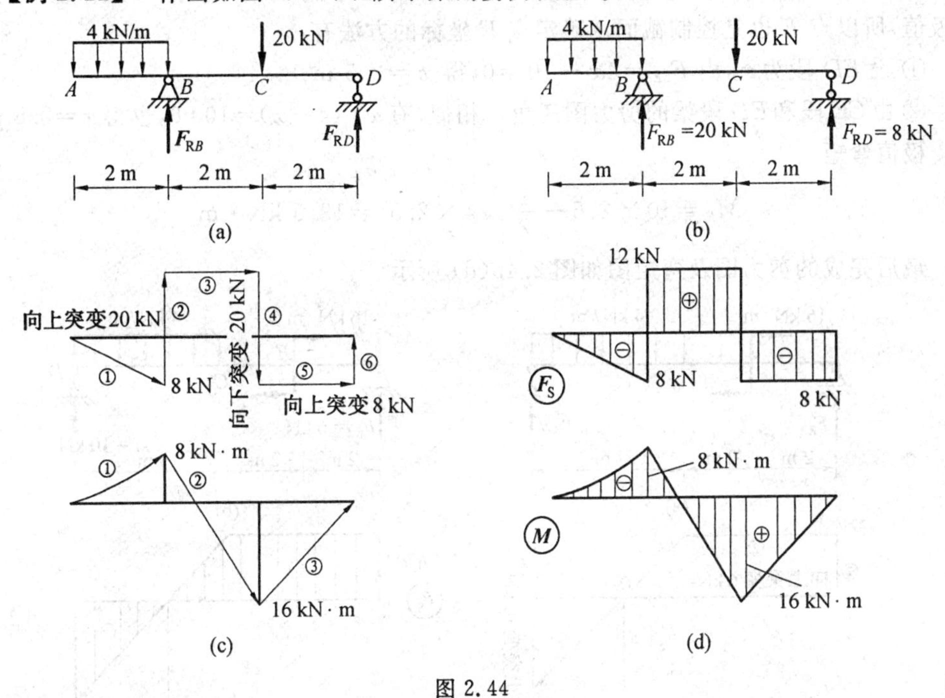

图 2.44

【解】 (1) 计算支反力。

$$F_{RB}=20\ \text{kN}(\uparrow),F_{RD}=8\ \text{kN}(\uparrow)$$

在图 2.44(b) 中标出。

(2) 判断剪力图与弯矩图的形状。

AB 段梁有均布载荷，剪力图为斜直线，弯矩图为二次曲线；BC 段和 CD 段梁上无分布载荷，剪力图为水平线，弯矩图为斜直线。

(3) 计算控制截面的 F_S、M 值。

$F_{SA}=0$，$F_{SB左}=-8$ kN（$F_{SB左}$ 表示点 B 左邻截面上的剪力），$F_{SB右}=12$ kN；$F_{SC左}=$

12 kN；$F_{SC右}=-8$ kN；$M_A=0$，$M_B=-8$ kN·m，$M_C=16$ kN·m，$M_D=0$。

(4) 作剪力图及弯矩图。

图 2.44(c)中的每个箭头及数字标号①、②、…等表示剪力图及弯矩图的作图步骤及次序。最后完成的剪力图及弯矩图如图 2.44(d) 所示。

【例 2.12】 作如图 2.45(a) 所示梁的剪力图及弯矩图。

【解】 (1) 计算支反力

$$F_{RA}=6\ \text{kN}(\uparrow),F_{RD}=10\ \text{kN}(\uparrow)$$

(2)AC 段梁上无分布载荷，剪力图为水平线，弯矩图为斜直线；CD 段梁上有均布载荷，剪力图为斜直线，弯矩图为二次曲线。

(3) 控制截面的 F_S、M 值。

$$F_{SA}=6\ \text{kN},M_A=0,M_{B左}=12\ \text{kN}\cdot\text{m},$$

$$M_{B右}=-4\ \text{kN}\cdot\text{m},M_C=6\times4-16=8\ \text{kN}\cdot\text{m},M_D=0。$$

(4) 图 2.45(c) 给出剪力图及弯矩图的作图步骤及次序。在梁上点 E 处，$F_{SE}=0$，M_E 为极值，所以点 E 也是控制截面。确定点 E 坐标的方法有：

① 设 ED 段为 x，由 $F_{SE}=4x-10=0$，得 $x=2.5$ m；

② 由 CE 段和 ED 段梁的剪力图三角形相似，有 $x:(4-x)=10:6$，也得 $x=2.5$ m。

极值弯矩

$$M_E=10\times2.5-\frac{1}{2}\times4\times2.5^2=12.5\ \text{kN}\cdot\text{m}$$

最后完成的剪力图及弯矩图如图 2.45(d) 所示。

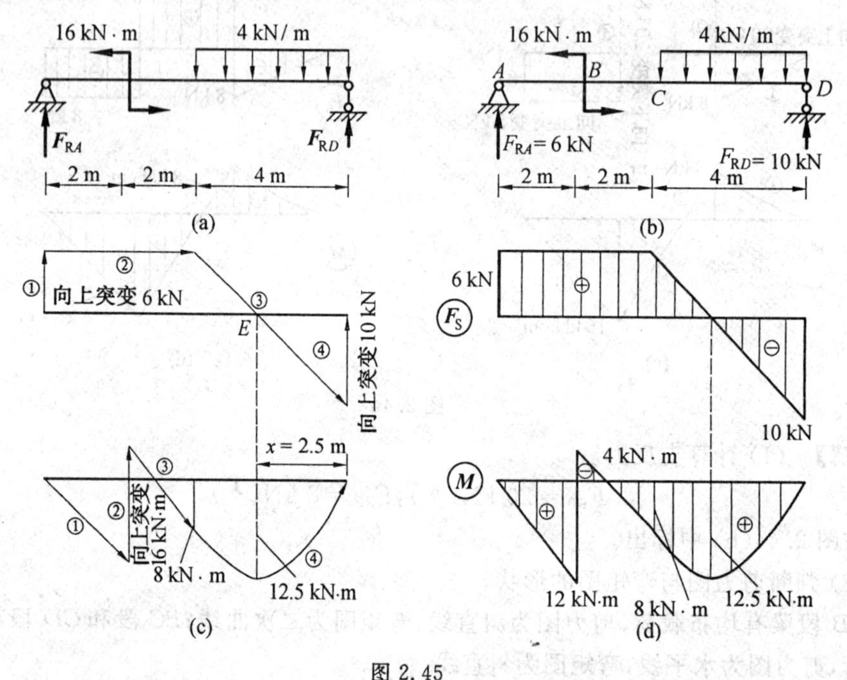

图 2.45

【例 2.13】 作如图 2.46(a) 所示梁的剪力图及弯矩图。

【解】 (1) 计算支反力

$$F_{RA}=\frac{1}{3}\times\frac{1}{2}q_0 l=\frac{1}{6}q_0 l(\uparrow)$$

$$F_{RB}=\frac{2}{3}\times\frac{1}{2}q_0 l=\frac{1}{3}q_0 l(\uparrow)$$

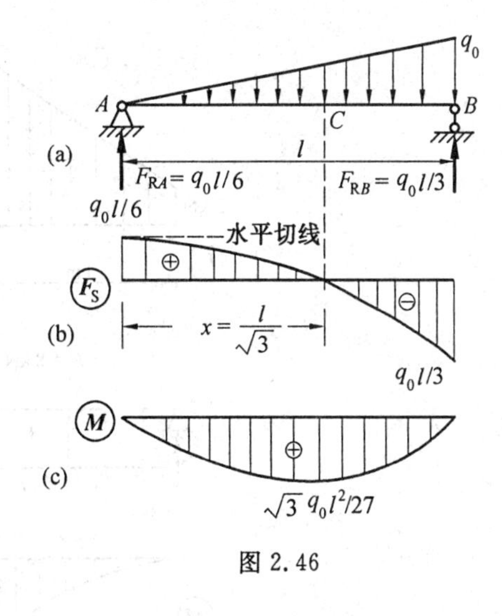

图 2.46

(2) 梁上有线性分布载荷，剪力图应为二次曲线，弯矩图应为三次曲线；且因 $q_A=0$，故剪力图在点 A 处的斜率为零，即剪力图曲线在点 A 处的切线应为水平线。

剪力图在点 C 处为零，则 M_C 为极值。设 AC 段为 x，由

$$F_{Sx}=F_{SC}=q_0 l/6-\frac{1}{2}q(x)x=$$

$$\frac{q_0 l}{6}-\frac{1}{2}\frac{q_0}{l}x^2=0$$

得

$$x=l/\sqrt{3}$$

于是

$$M_x=\frac{q_0 l}{6}\times\frac{l}{\sqrt{3}}-\frac{1}{2}q(x)x\cdot\frac{x}{3}$$

当 $x=\frac{l}{\sqrt{3}}$ 时

$$M_C=\sqrt{3}q_0 l^2/27$$

剪力图及弯矩图如图 2.46(b) 和图 2.46(c) 所示。

【例 2.14】 已知简支梁的剪力图(图2.47(a))，试作梁的载荷图与弯矩图。

【解】 (1) 根据剪力图的形状，利用剪力图与均布荷载的关系(即 F_S 与 q 的微分关系) 推断梁上的载荷情况。剪力图 AB 段为上斜直线。BC 段为下斜直线，且 B 截面剪力图产生突变，故 AB 段必作用有向上的均布载荷，BC 段作用有向下的均布载荷，同时 B 截面有一向下的集中力 F。

(2) 确定均布载荷及集中力 F 的数值

设 AB、BC 段均布载荷分别为 q_1、q_2，则

$$q_1=\frac{F_{SB左}-F_{SA}}{3}=\frac{14-2}{3}=4\ \text{kN/m}$$

$$q_2=\frac{|F_{SC}-F_{SB右}|}{3}=\frac{|0-6|}{3}=2\ \text{kN/m}$$

B 截面处的集中力 $F=F_{SB左}-F_{SB右}=8$ kN，支反力 $F_{RA}=2$ kN$(\uparrow)$，$F_{RC}=0$

(3) 验算平衡条件

$$\sum F_y=0$$

$$F_{RA}+q_1\times 3-F-q_2\times 3=0$$

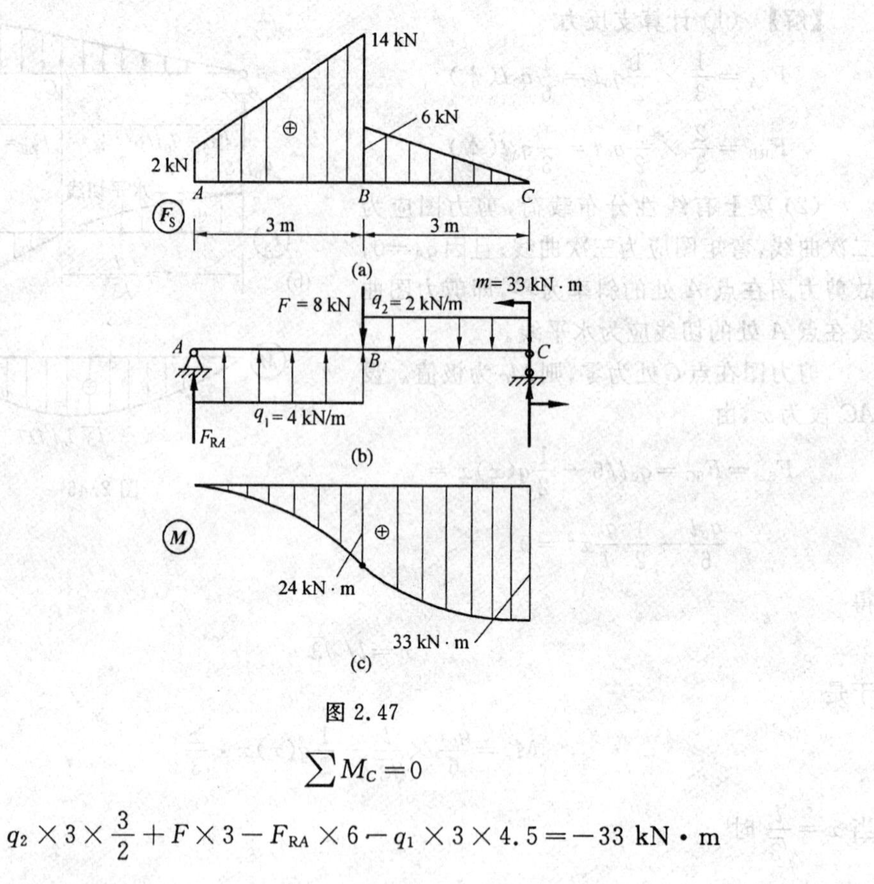

图 2.47

$$\sum M_C = 0$$

$$q_2 \times 3 \times \frac{3}{2} + F \times 3 - F_{RA} \times 6 - q_1 \times 3 \times 4.5 = -33\ \text{kN} \cdot \text{m}$$

由于 $\sum M_C = 0$ 不能满足，因此梁上必有一逆时针力偶 $m = 33\ \text{kN} \cdot \text{m}$，设该力偶作用在 C 支座处。得载荷如图 2.47(b) 所示。

图 2.47(b) 为梁的载荷图，与该图对应的梁的弯矩图如图 2.47(c) 所示。由于力偶可设其作用在梁的任意截面处，因此本题的答案并不唯一。

习　题

2.1　试求如图 2.48 所示各杆 1－1 和 2－2 截面上的轴力，并画出轴力图。

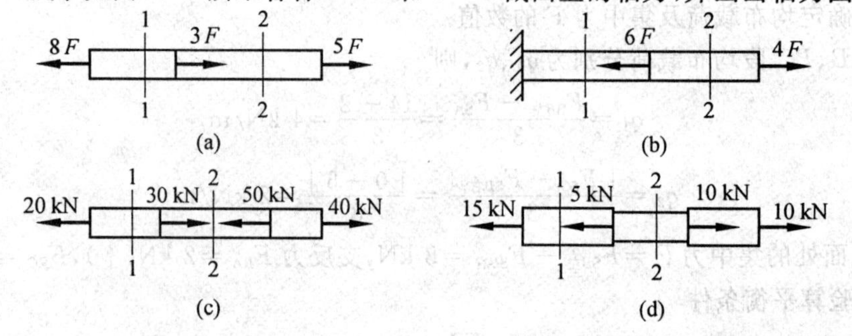

图 2.48

2.2　试画出如图 2.49 所示各杆的轴力图。

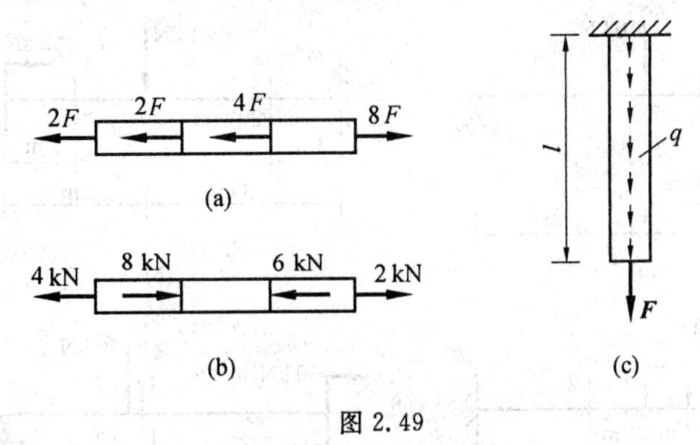

图 2.49

2.3　作如图 2.50 所示各杆件的轴力图。

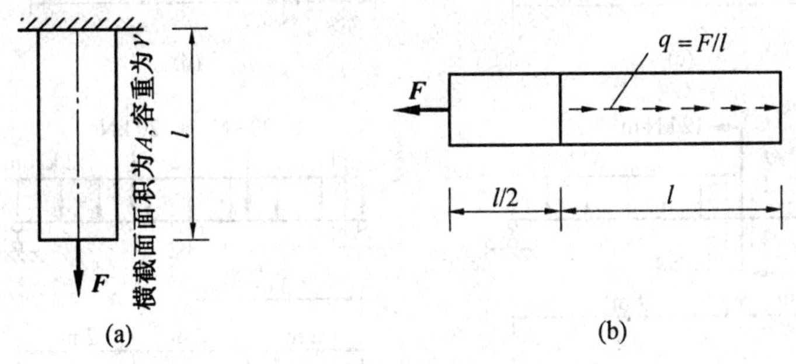

图 2.50

2.4　作如图 2.51 所示各杆的扭矩图。

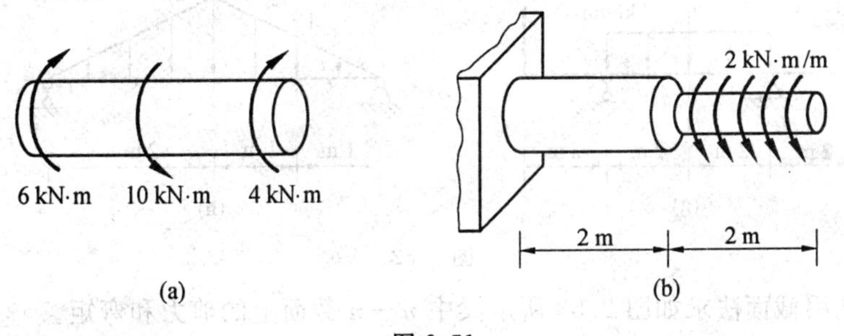

图 2.51

2.5　求如图 2.52 所示各梁指定截面的内力。

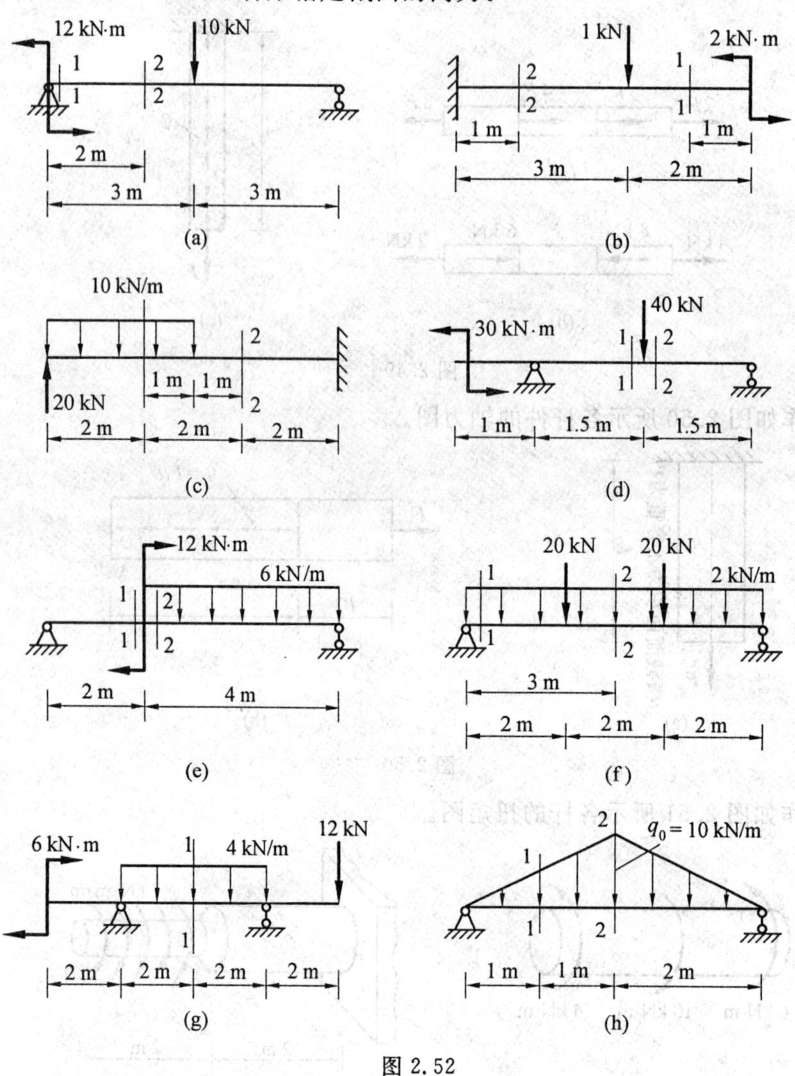

图 2.52

2.6　试用截面法求如图 2.53 所示梁中 $n-n$ 截面上的剪力和弯矩。

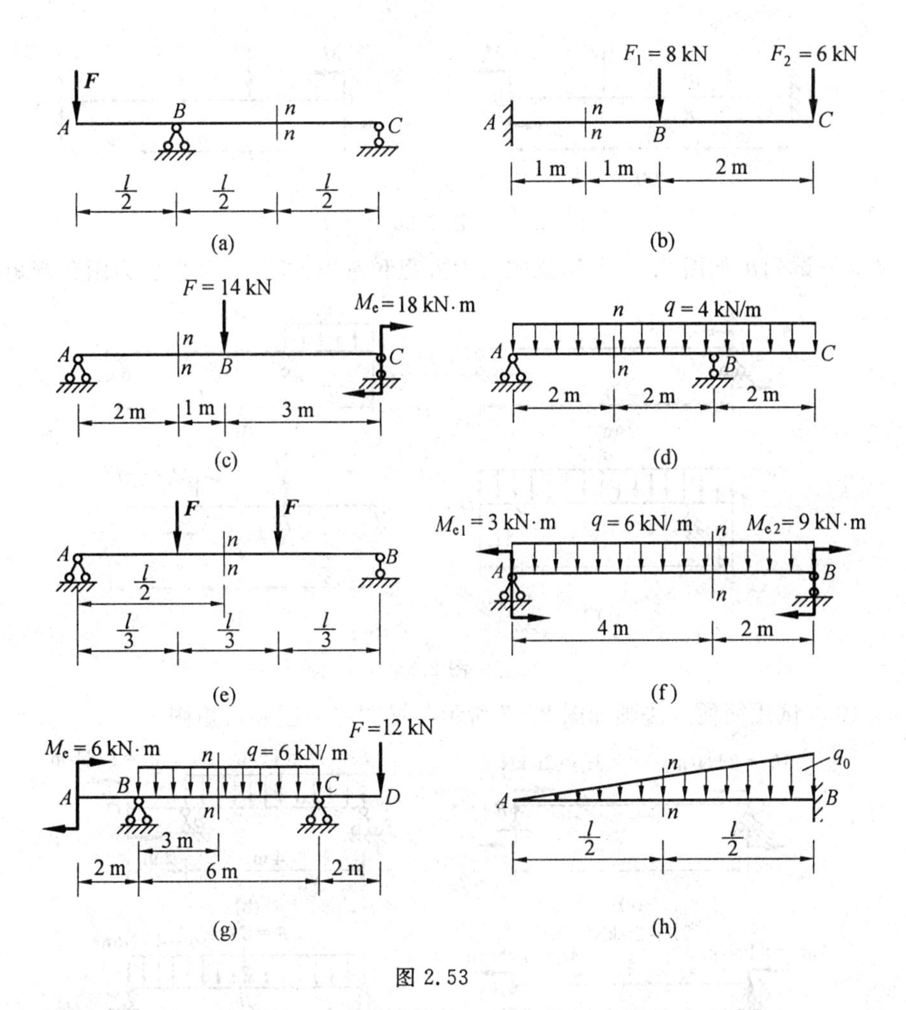

图 2.53

2.7　试用简便方法求如图 2.54 所示梁中 $n-n$ 截面上的剪力和弯矩。

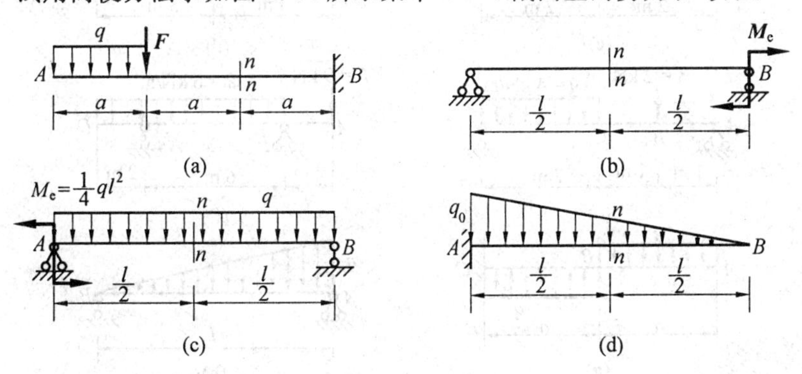

图 2.54

2.8　试求如图 2.55 所示两梁中 $n-n$ 截面上的剪力和弯矩。

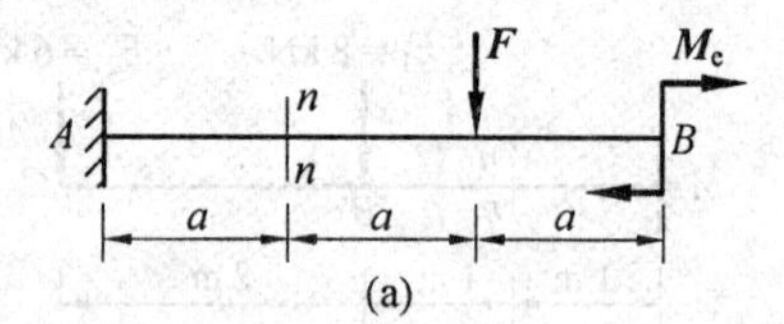

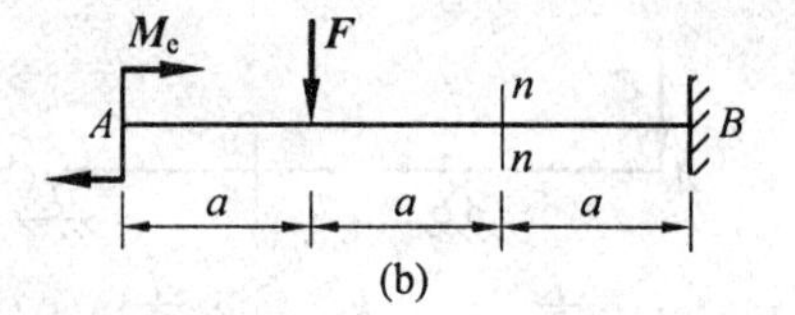

图 2.55

2.9　试列出如图 2.56 所示梁的剪力方程和弯矩方程，并画出剪力图和弯矩图。

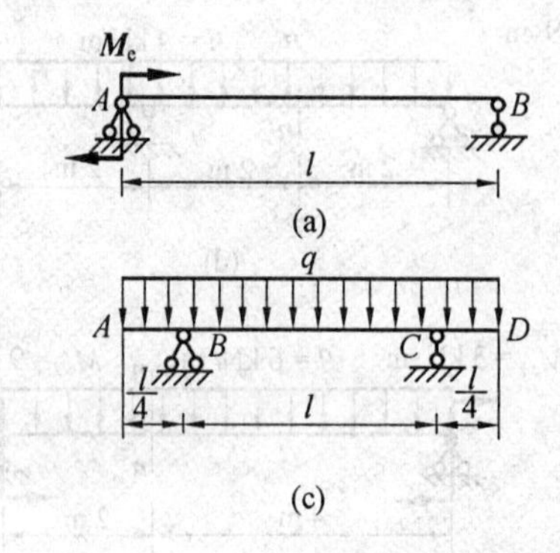

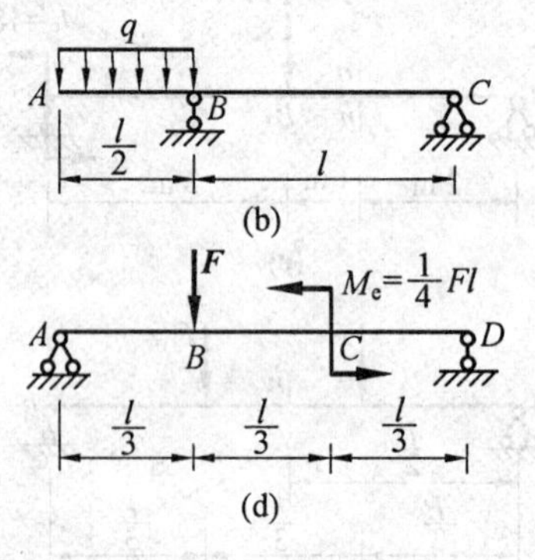

图 2.56

2.10　试用简便方法画如图 2.57 所示各梁的剪力图和弯矩图。

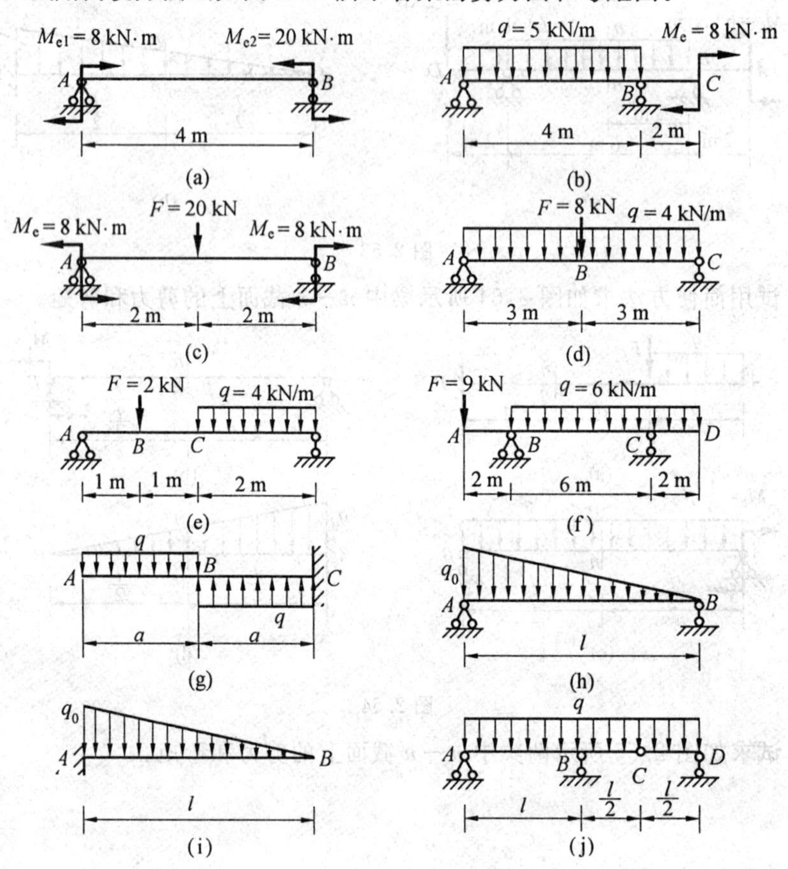

图 2.57

2.11　如图 2.58 所示，起吊一根单位长度重量为 q（单位为 kN/m）的等截面钢筋混凝土梁，要想在起吊中使梁内产生的最大正弯矩与最大负弯矩的绝对值相等。试问应将起吊点 A、B 放在何处（即求 a 的值）？

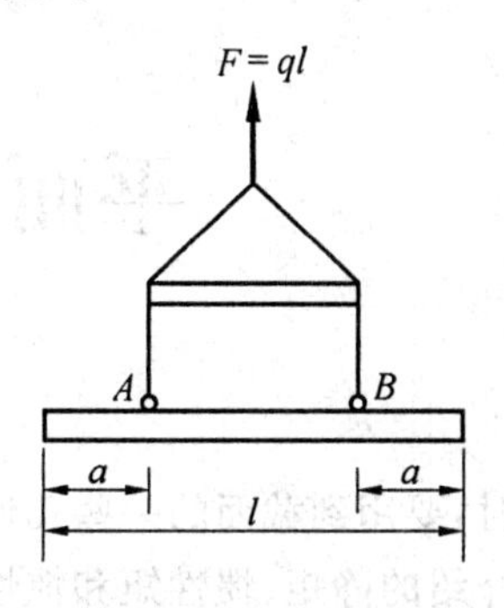

图 2.58

2.12　已知简支梁的剪力图如图 2.59 所示，作梁的载荷图与弯矩图。

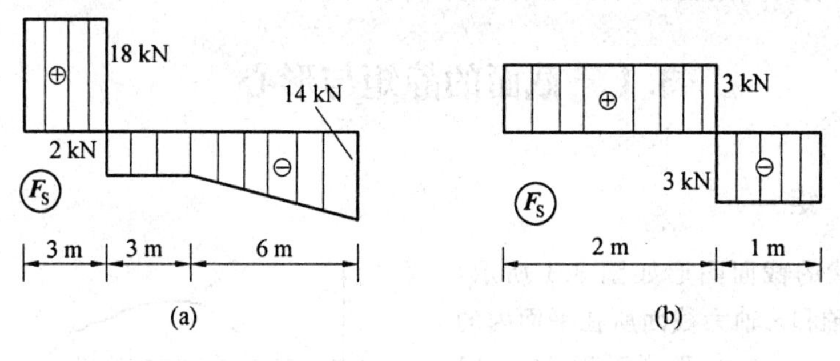

图 2.59

2.13　作如图 2.60 所示折杆 ABC 的剪力图、弯矩图及轴力图。

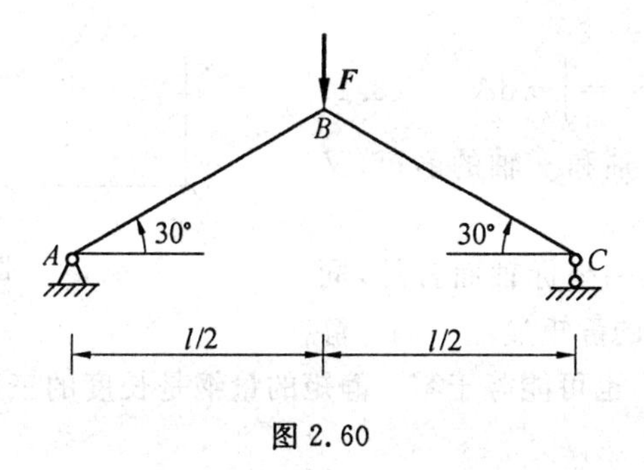

图 2.60

第 3 章 平面图形的几何性质

在计算杆件的应力和变形时，要用到截面的一些几何量和几何性质。如截面面积 A，截面的形心位置以及本节将要介绍的静矩、惯性矩和惯性积等。它们都是纯几何量，与材料的力学性质无关。这些几何量从不同的角度反映了截面的几何特征，因此，称为截面的几何性质。本章将介绍这些几何性质的定义和计算方法。

3.1 截面的静矩与形心

3.1.1 静　　矩

设任意形状的截面图形如图 3.1 所示，其面积为 A，y 轴和 z 轴为截面所在平面内的坐标轴。在坐标 (z,y) 处，取微面积 $\mathrm{d}A$，$y\mathrm{d}A$ 和 $z\mathrm{d}A$ 分别为 $\mathrm{d}A$ 对 z 轴和 y 轴的静矩，遍及整个截面积 A 的积分

$$S_z = \int_A y\,\mathrm{d}A, S_y = \int_A z\,\mathrm{d}A \qquad (3.1)$$

分别定义为该截面对 z 轴和 y 轴的静矩，又称为面积矩。

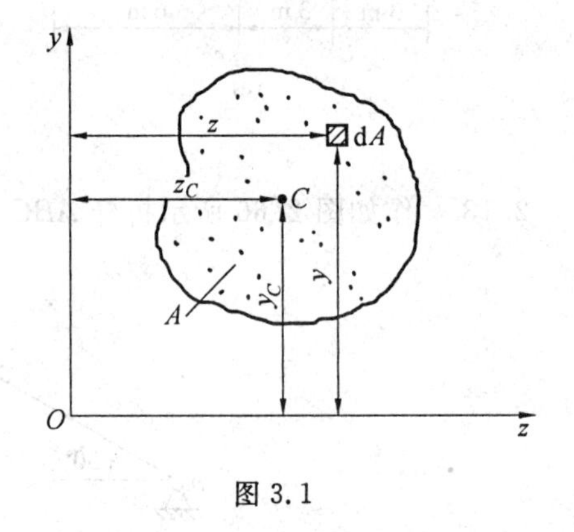

图 3.1

截面的静矩是对某一坐标轴而言的，同一截面对于不同坐标轴的静矩显然不同。静矩的数值可能为正或负，也可能等于零。静矩的量纲是长度的三次方，常用单位为 m^3 和 mm^3。

3.1.2 静矩与形心坐标的关系

点 C 为截面的形心，其坐标为 (z_C, y_C)，如图 3.1 所示。根据理论力学的合力矩定理，可以建立截面的静矩与形心坐标的关系。将截面视为等厚度的均质薄板，其重心与截面形心重合，则薄板重心（即截面形心）的坐标公式为

$$y_C=\frac{\int_A y\mathrm{d}A}{A}\quad,\quad z_C=\frac{\int_A z\mathrm{d}A}{A} \tag{3.2a}$$

即

$$y_C=\frac{S_z}{A}\quad,\quad z_C=\frac{S_y}{A} \tag{3.2b}$$

或写成

$$S_z=Ay_C,S_y=Az_C \tag{3.2c}$$

式(3.2c) 表明截面对 z 轴和 y 轴的静矩分别等于截面面积 A 乘以形心坐标 y_C 和 z_C。

由式(3.2) 可知：

① 若某轴过截面形心，截面对该轴静矩必为零；

② 若截面对某轴静矩为零，该轴必通过截面形心。

3.1.3　组合截面的静矩与形心

由若干个简单图形(如矩形、圆形和三角形等) 组合而成的截面称为组合截面。如图 3.2(a)、图 3.2(b) 和图 3.2(c) 所示的工字形、T 形和槽形截面均可视为由几个矩形组合而成。

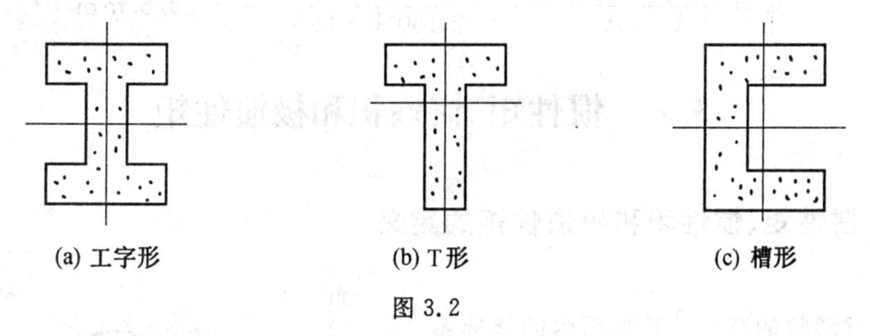

(a) 工字形　(b) T形　(c) 槽形

图 3.2

由于简单图形的面积及其形心位置均为已知，且由静矩定义可知，组合截面对某轴的静矩等于各组成部分对该轴静矩的代数和，因此，计算组合截面的静矩时，可将整个截面分割成几个简单图形，由公式(3.2c) 计算每个简单图形的静矩，再求其代数和，就可得出组合截面的静矩，即

$$S_z=\sum_{i=1}^{n}A_iy_i,S_y=\sum_{i=1}^{n}A_iz_i \tag{3.3}$$

式中　A_i、y_i、z_i—— 分别为第 i 个简单图形的面积及形心坐标，n 为简单图形的个数。

将式(3.3) 代入式(3.2b)，则得计算组合截面形心坐标的公式为

$$z_C=\frac{\sum_{i=1}^{n}A_iz_i}{\sum_{i=1}^{n}A_i}\quad,\quad y_C=\frac{\sum_{i=1}^{n}A_iy_i}{\sum_{i=1}^{n}A_i} \tag{3.4}$$

式中　$\sum_{i=1}^{n}A_i$—— 整个组合截面的面积 A。

【例 3.1】 试确定图 3.3 所示截面形心 C 的位置。

【解】 (1) 建立参考坐标系

为计算方便，取 z 轴、y 轴分别与截面的边线重合，如图 3.3 所示。

(2) 将组合截面分割为几个简单图形

将截面分为 Ⅰ、Ⅱ 两个矩形，其形心分别为 C_1 和 C_2。

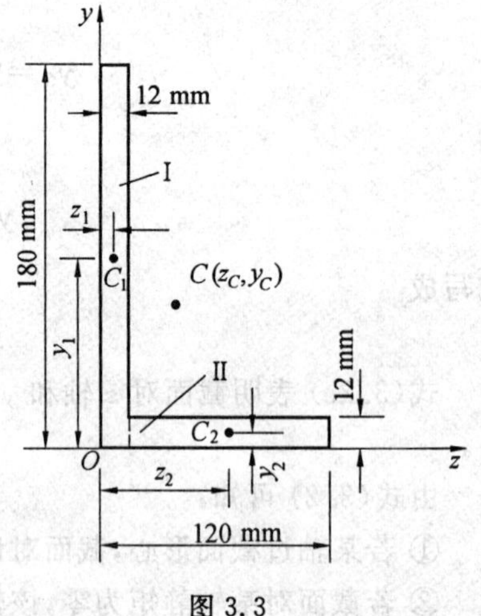

图 3.3

矩形 Ⅰ：

$$A_1 = 180 \times 12 = 2\ 160\ \text{mm}^2$$

$$z_1 = 6\ \text{mm}, y_1 = 90\ \text{mm}$$

矩形 Ⅱ：

$$A_2 = 108 \times 12 = 1\ 296\ \text{mm}^2$$

$$z_2 = 66\ \text{mm}, y_2 = 6\ \text{mm}$$

(3) 由式(3.4) 计算形心坐标

$$z_C = \frac{A_1 z_1 + A_2 z_2}{A_1 + A_2} = \frac{2\ 160 \times 6 + 1\ 296 \times 66}{2\ 160 + 1\ 296} = 28.5\ \text{mm}$$

$$y_C = \frac{A_1 y_1 + A_2 y_2}{A_1 + A_2} = \frac{2\ 160 \times 90 + 1\ 296 \times 6}{2\ 160 + 1\ 296} = 58.5\ \text{mm}$$

3.2 惯性矩、惯性积和极惯性矩

3.2.1 惯性矩、惯性积和极惯性矩的定义

1. 惯性矩

设任意形状的截面及其平面内的坐标系 yOz 如图 3.4 所示，在截面上坐标为 $(z、y)$ 的任一点处取微面积 dA，则称 $y^2 dA$ 和 $z^2 dA$ 分别为 dA 对 z 轴和 y 轴的惯性矩，其两个积分式

$$I_z = \int_A y^2 dA, I_y = \int_A z^2 dA \tag{3.5}$$

分别定义为截面对 z 轴和 y 轴的惯性矩。

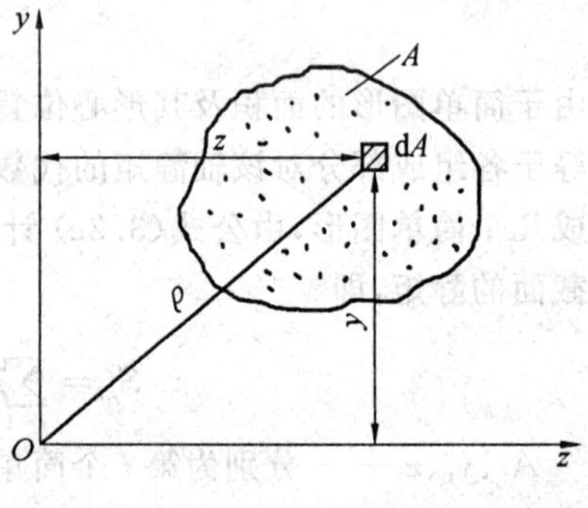

图 3.4

2. 惯性积

在图 3.4 所示的截面上，微面积 dA 与其坐标 z、y 的乘积 $yz dA$ 称为微面积 dA 对 y 轴和 z 轴的惯性积，其积分式

$$I_{yz} = \int_A yz dA \tag{3.6}$$

定义为截面对 y、z 轴的惯性积。

3. 极惯性矩

对于图 3.4 所示的截面，微面积 dA 到坐标原点的距离为 ρ，则将积分式

$$I_P = \int_A \rho^2 dA \tag{3.7}$$

定义为截面对坐标原点的极惯性矩。

3.2.2　惯性矩、惯性积和极惯性矩的性质

(1) 惯性矩和惯性积都是对坐标轴而言的，同一截面对于不同的坐标轴，将有不同的惯性矩和惯性积；极惯性矩是对坐标原点而言的，坐标原点若取在不同的位置，其极惯性矩不同。

(2) 从式(3.5) 和式(3.7) 可以看出，惯性矩和极惯性矩恒为正值。

(3) 从式(3.6) 可知，惯性积可能为正、可能为负、也可能为零。

(4) 若截面具有对称轴，则截面对于包括对称轴在内的任意一对正交坐标轴的惯性积必等于零(或简言之，截面对于对称轴的惯性积等于零)。

(5) 惯性矩、惯性积和极惯性矩的量纲为[长度]^4，其单位是 mm^4 或 m^4。

(6) 对于面积相等的截面，截面相对于坐标轴分布得越远，其惯性矩就越大。

(7) 由图 3.4 可知，$\rho^2 = y^2 + z^2$，将其代入式(3.7)，有

$$I_P = \int_A \rho^2 dA = \int_A (y^2 + z^2) dA = \int_A y^2 dA + \int_A z^2 dA = I_z + I_y$$

即

$$I_P = I_z + I_y \tag{3.8}$$

式(3.8) 表明，截面对于任意一对正交坐标轴的惯性矩之和等于该截面对于坐标原点的极惯性矩。

3.2.3　简单截面图形的惯性矩

1. 矩形截面

如图 3.5 所示的矩形截面，高为 h，宽为 b，z 轴和 y 轴为对称轴。

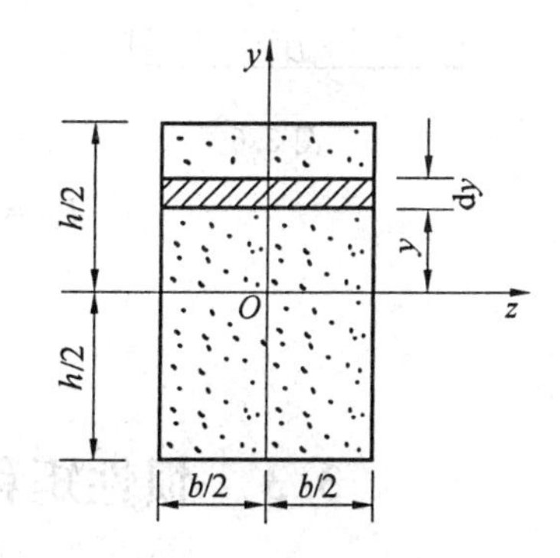

图 3.5

① 求惯性矩 I_z 和 I_y

取平行于 z 轴的微面积 $dA = b dy$，由式(3.5)，有

$$I_z = \int_A y^2 dA = \int_{-\frac{h}{2}}^{\frac{h}{2}} y^2 b dy = \frac{bh^3}{12}$$

同理

$$I_y = \frac{hb^3}{12}$$

② 求惯性积 I_{yz}

因为截面对于对称轴的惯性积等于零，本题 y 轴、z 轴均为对称轴，所以 $I_{yz} = 0$。

2. 圆形截面

如图 3.6 所示的圆形截面，直径为 D，求截面对 z 轴、y 轴的惯性矩 I_z、I_y 及对圆心的极惯性矩 I_P。

取平行于 z 轴的微面积 $\mathrm{d}A=2z\mathrm{d}y$，由式(3.5)有

$$I_z=\int_A y^2\mathrm{d}A=\int_{-\frac{D}{2}}^{\frac{D}{2}} y^2 2z\mathrm{d}y \tag{a}$$

因为 $y^2+z^2=\left(\frac{D}{2}\right)^2$，所以

$$z=\sqrt{\left(\frac{D}{2}\right)^2-y^2} \tag{b}$$

将式(b)代入式(a)，得

$$I_z=2\int_{-\frac{D}{2}}^{\frac{D}{2}} y^2\sqrt{\left(\frac{D}{2}\right)^2-y^2}\,\mathrm{d}y=$$

$$4\int_0^{\frac{D}{2}} y^2\sqrt{\left(\frac{D}{2}\right)^2-y^2}\,\mathrm{d}y=\frac{\pi D^4}{64}$$

考虑到圆形截面的中心对称性，$I_y=I_z=\frac{\pi D^4}{64}$，由公式(3.8)得

$$I_{\mathrm{p}}=I_z+I_y=\frac{\pi D^4}{32}$$

在第4.3节中要用到上面 I_{p} 的计算结果。同理可求得圆环截面(图3.7)的惯性矩为

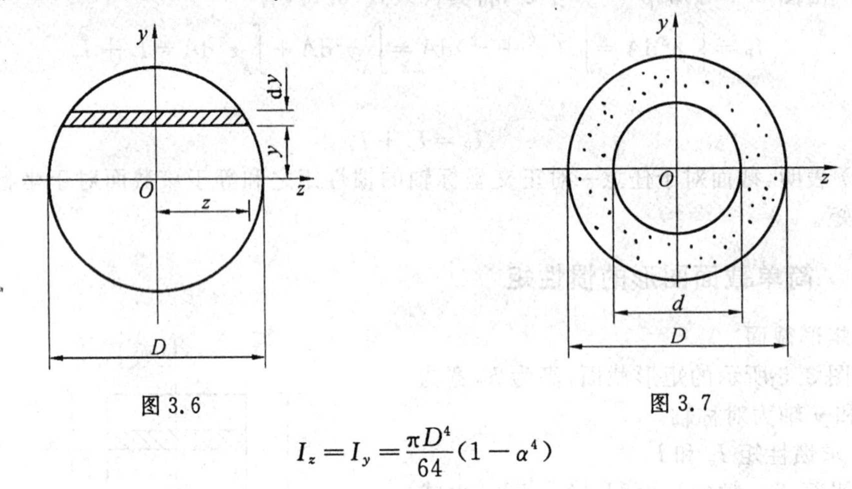

图3.6　　图3.7

$$I_z=I_y=\frac{\pi D^4}{64}(1-\alpha^4)$$

其中

$$\alpha=\frac{d}{D}$$

3.3 惯性矩和惯性积的平行移轴公式

同一截面对于两对不同坐标轴的惯性矩或惯性积虽然各不相同，但它们之间却存在着一定的关系。平行移轴公式给出了坐标轴平移之后各惯性矩、惯性积之间的关系。

如图3.8所示面积为 A 的任意截面，其形心为点 C，y_C 轴与 z_C 轴为形心轴；y 轴和 z 轴分别与 y_C 轴和 z_C 轴平行，b 与 a 分别是两对平行轴的间距。截面上任一微面积 $\mathrm{d}A$ 在 y_CCz_C 坐标系中的坐标为(z_C、y_C)，而在 yOz 坐标系中的坐标为(z、y)。

显然，$y=y_C+a$，$z=z_C+b$，则截面对 z 轴的惯性矩为

$$I_z=\int_A y^2\mathrm{d}A=\int_A(y_C+a)^2\mathrm{d}A=\int_A y_C^2\mathrm{d}A+2a\int_A y_C\mathrm{d}A+\int_A a^2\mathrm{d}A \tag{1}$$

式中各项分别为

$$\int_A y_C^2\mathrm{d}A=I_{z_C}$$

$$\int_A y_C\mathrm{d}A=S_{z_C}=0$$

$$\int_A a^2\mathrm{d}A=a^2A$$

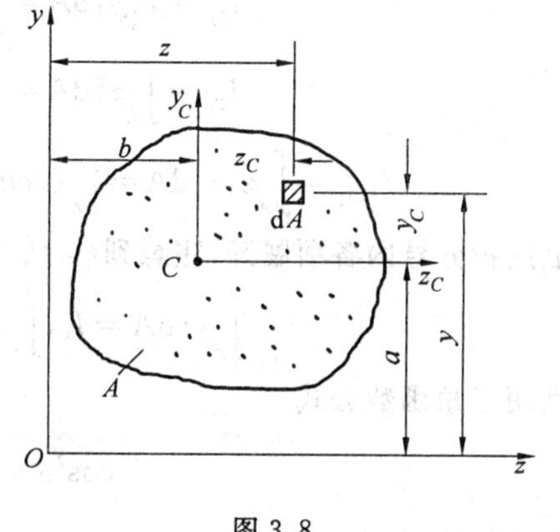

图 3.8

代入式(1) 得

$$I_z=I_{z_C}+a^2A$$

同理可得

$$I_y=I_{y_C}+b^2A$$

按同样方法,可求出

$$I_{zy}=I_{z_Cy_C}+abA$$

即

$$\left.\begin{aligned}I_z&=I_{z_C}+a^2A\\I_y&=I_{y_C}+b^2A\\I_{zy}&=I_{z_Cy_C}+abA\end{aligned}\right\} \tag{3.9}$$

式(3.9) 称为惯性矩与惯性积的平行移轴公式。利用平行移轴公式,在已知截面对于形心轴的惯性矩或惯性积时,可以求出截面对与形心轴平行的任意轴的惯性矩或惯性积;或进行相反的运算。

由式(3.9) 不难看出,因为 a^2A 和 b^2A 恒为正,所以在截面对所有平行轴的惯性矩中,以对形心轴的惯性矩为最小。

3.4　惯性矩和惯性积的转轴公式

3.4.1　转轴公式

图 3.9 所示截面对 z 轴、y 轴的惯性矩和惯性积为 I_z、I_y 和 I_{zy},当坐标轴绕原点 O 旋转 α 角(规定逆时针旋转时为正) 之后,截面对新坐标轴 z_1、y_1 的惯性矩和惯性积为 I_{z_1}、I_{y_1} 和 $I_{z_1y_1}$。

截面上微面积 $\mathrm{d}A$ 在新旧两坐标系中的坐标分别为(z_1、y_1) 和(z、y),它们之间的关系为

$$z_1=z\cos\alpha+y\sin\alpha$$

$$y_1=y\cos\alpha-z\sin\alpha$$

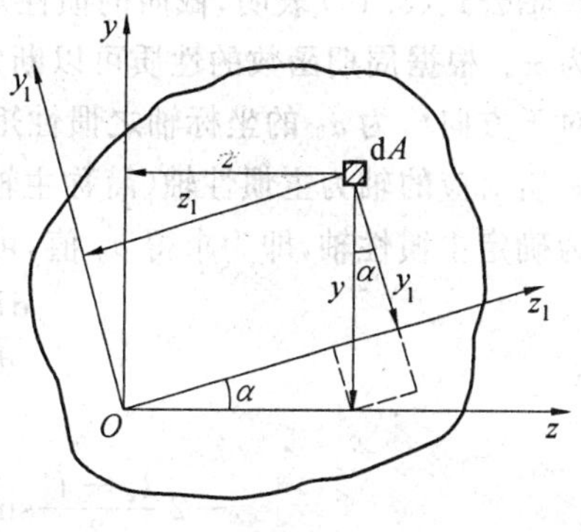

图 3.9

于是

$$I_{z_1}=\int_A y_1^2\,\mathrm{d}A=\int_A(y\cos\alpha-z\sin\alpha)^2\,\mathrm{d}A$$

$$I_{y_1}=\int_A z_1^2\,\mathrm{d}A=\int_A(z\cos\alpha+y\sin\alpha)^2\,\mathrm{d}A$$

$$I_{z_1y_1}=\int_A z_1y_1\,\mathrm{d}A=\int_A(z\cos\alpha+y\sin\alpha)(y\cos\alpha-z\sin\alpha)\,\mathrm{d}A$$

将上述积分号内各项展开,注意到

$$\int_A y^2\,\mathrm{d}A=I_z,\int_A z^2\,\mathrm{d}A=I_y,\int_A zy\,\mathrm{d}A=I_{zy}$$

并利用三角函数公式

$$\cos^2\alpha=\frac{1}{2}(1+\cos 2\alpha)$$

$$\sin^2\alpha=\frac{1}{2}(1-\cos 2\alpha)$$

$$2\sin\alpha\cos\alpha=\sin 2\alpha$$

整理可得

$$\left.\begin{aligned}I_{z_1}&=\frac{I_z+I_y}{2}+\frac{I_z-I_y}{2}\cos 2\alpha-I_{zy}\sin 2\alpha\\I_{y_1}&=\frac{I_z+I_y}{2}-\frac{I_z-I_y}{2}\cos 2\alpha+I_{zy}\sin 2\alpha\\I_{z_1y_1}&=\frac{I_z-I_y}{2}\sin 2\alpha+I_{zy}\cos 2\alpha\end{aligned}\right\}\tag{3.10}$$

式(3.10)称为惯性矩和惯性积的转轴公式。显然,I_{z_1}、I_{y_1} 和 $I_{z_1y_1}$ 均为 α 的函数。

将式(3.10)中的 I_{z_1}、I_{y_1} 相加,可得

$$I_{z_1}+I_{y_1}=I_z+I_y\tag{3.11}$$

这说明,截面对于通过同一点的任意一对正交轴的惯性矩虽然随 α 而变,但它们的和却恒为常数。

3.4.2 主惯性矩与主惯性轴

转轴公式(3.10)表明,截面的惯性矩和惯性积是坐标轴方向角 α 的连续周期函数,其周期为 π。根据周期函数的性质可以断定:在一个周期内,必然至少存在两个 α_0 值,使得截面对于方向角为 α_0 的坐标轴之惯性矩取得极值。我们称惯性矩的极值为主惯性矩;主惯性矩所对应的轴为主惯性轴(简称主轴)。

为确定主惯性轴,即为求得 α_0 值,可令

$$\left.\frac{\mathrm{d}I_{z_1}}{\mathrm{d}\alpha}\right|_{\alpha=\alpha_0}=0$$

得

$$-2\,\frac{I_z-I_y}{2}\sin 2\alpha_0-2I_{zy}\cos 2\alpha_0=0$$

即

$$\frac{I_z - I_y}{2}\sin 2\alpha_0 + I_{zy}\cos 2\alpha_0 = 0 \tag{1}$$

由此可得

$$\tan 2\alpha_0 = -\frac{2I_{zy}}{I_z - I_y} \tag{3.12}$$

由式(3.12)求得 α_0 与 $\alpha_0 + 90°$ 两个角度，从而可确定主惯性轴的位置。α_0 角以逆时针方向为正(图 3.10)。z_0 轴与 y_0 轴为主惯性轴，I_{z_0} 与 I_{y_0} 为主惯性矩，其中之一为 I_{max}，另一个为 I_{min}。

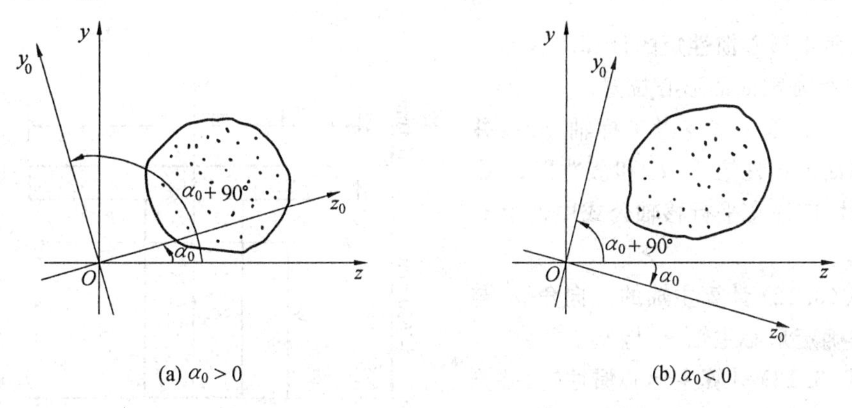

图 3.10

将式(1) 与转轴公式(3.10) 的第三式比较可知，截面对于主惯性矩所对应的一对坐标轴的惯性积必为零，即 $I_{z_0y_0}=0$。于是，可以换一种方式定义主惯性轴和主惯性矩，即截面对某一对正交轴的惯性积为零时，则这对正交轴称为主惯性轴，以 z_0、y_0 表示；截面对主惯性轴的惯性矩 I_{z_0} 与 I_{y_0} 称为主惯性矩。

将 $\cos 2\alpha_0$ 与 $\sin 2\alpha_0$ 用式(3.12) 的 $\tan 2\alpha_0$ 表示之后，代入式(3.10) 的第一、第二式，整理可得

$$(I_{z_0}, I_{y_0}) = \frac{I_{max}}{I_{min}} = \frac{I_z + I_y}{2} \pm \frac{1}{2}\sqrt{(I_z - I_y)^2 + 4I_{zy}^2} \tag{3.13}$$

式(3.13) 为主惯性矩计算公式。该式并未给出 I_{z_0} 或 I_{y_0} 与 I_{max} 或 I_{min} 的对应关系，为解决这一问题，通常采用如下 3 种判别方法：

(1) 观察法

从截面面积相对于主惯性轴的分布情况看，若分布得比较远离的轴，则为最大主惯性矩 I_{max} 所对应的轴。

(2) 惯性积法

对于常规直角坐标(└)，若 $I_{zy} < 0$，则 I_{max} 所对应的主轴必通过 Ⅰ、Ⅲ 象限；若 $I_{zy} > 0$，则 I_{max} 所对应的主轴必通过 Ⅱ、Ⅳ 象限(证明从略)。

(3)α_0 代入法

将式(3.12) 确定的 α_0 值代入转轴公式(3.10) 中的 I_{z_1} 或 I_{y_1} 即可作出判别。

3.4.3 主形心惯性轴和主形心惯性矩

通过截面形心的主惯性轴称为主形心惯性轴(简称为形心主轴)。截面对形心主轴的惯性矩称为主形心惯性矩(简称形心主矩)。

由于截面对含有对称轴的一对正交坐标轴的惯性积等于零,因此,含有对称轴的一对坐标轴一定是主轴;在形心坐标轴中,含有对称轴的一对正交坐标轴一定是形心主轴。

3.4.4 组合截面主形心惯性矩的计算

组合截面主形心惯性矩的计算步骤为:

① 确定组合截面的形心位置。

② 过形心选取一对参考坐标轴 yOz,并计算组合截面的惯性矩 I_z、I_y 和惯性积 I_{zy}。在计算 I_{zy} 时,应注意平行移轴公式中轴距 a、b 的正负号。

③ 由式(3.12)计算主轴的方向角 α_0 与 $\alpha_0+90°$,并确定形心主轴 z_0 与 y_0。

④ 由式(3.13)计算主形心惯性矩,并判别 I_{max} 与 I_{min} 所对应的形心主轴。

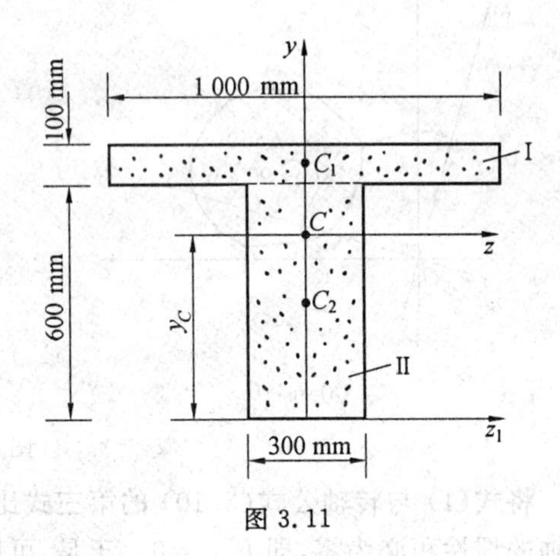

图 3.11

【例 3.2】 试计算如图 3.11 所示 T 形截面对于对称轴 y 的惯性矩 I_y 和对于垂直于 y 轴的形心轴 z 的惯性矩 I_z。

【解】 图 3.11 所示截面具有对称轴,则包括此轴在内的一对互相垂直的形心轴即为主形心惯性轴。此时,只要确定形心位置,即可找到形心主轴,再利用平行移轴公式即可求出主形心惯性矩。

T 形截面可视为由两个矩形组成的组合截面。

(1) 确定形心位置

取 z_1 轴为参考轴,C_1 与 C_2 分别为矩形 Ⅰ 和 Ⅱ 的形心。由式(3.4),有

$$y_C=\frac{A_1y_1+A_2y_2}{A_1+A_2}=\frac{1\,000\times100\times650+300\times600\times300}{1\,000\times100+300\times600}=425\ \text{mm}$$

则形心点 C 坐标为(0,425),画出形心轴 y 与 z。

(2) 计算惯性矩 I_y 与 I_z

$$I_y=I_y^{\mathrm{I}}+I_y^{\mathrm{II}}=\frac{100\times1\,000^3}{12}+\frac{600\times300^3}{12}=968\times10^8\ \text{mm}^4=9.68\times10^{-2}\,\text{m}^4$$

$$I_z=I_z^{\mathrm{I}}+I_z^{\mathrm{II}}$$

计算 I_z^{I} 和 I_z^{II} 时需利用平行移轴公式。于是

$$I_z=\frac{1}{12}\times1\,000\times100^3+1\,000\times100\times(650-425)^2+\frac{1}{12}\times300\times600^3+300\times600\times(425-300)^2=134\times10^8\ \text{mm}^4=1.34\times10^{-2}\,\text{m}^4$$

习 题

3.1 在如图3.12所示的倒T形截面中，$b_1=0.3$ m，$b_2=0.6$ m，$h_1=0.5$ m，$h_2=0.14$ m。试求：

(1) 形心C的位置；

(2) 阴影部分对z_0轴的静矩；

(3) 问z_0轴以上部分的面积对z_0轴的静矩与阴影部分对z_0轴的静矩有何关系？

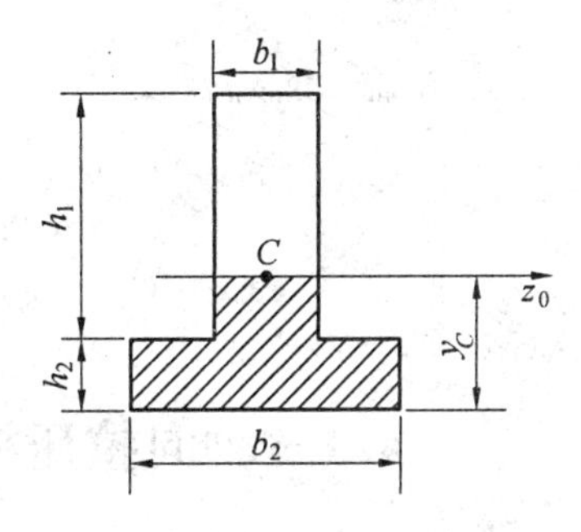

图3.12

3.2 试求上题截面对z_0轴的惯性矩。

3.3 试求如图3.13所示三角形截面对过形心的z_0轴(z_0轴平行于底边)与z_1轴的惯性矩。

3.4 求如图3.14所示截面的I_z及I_{z_1}。

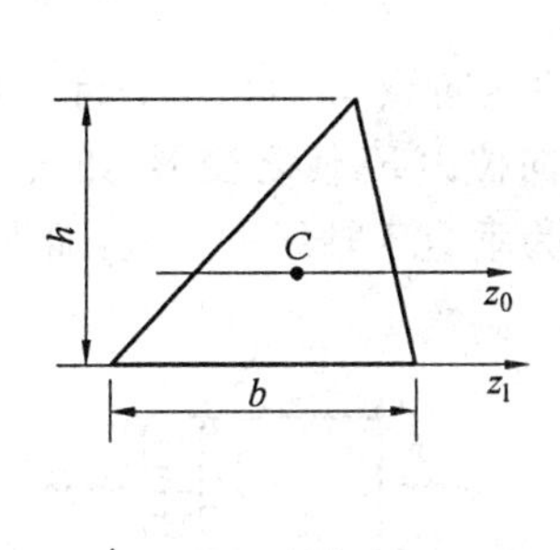

图3.13

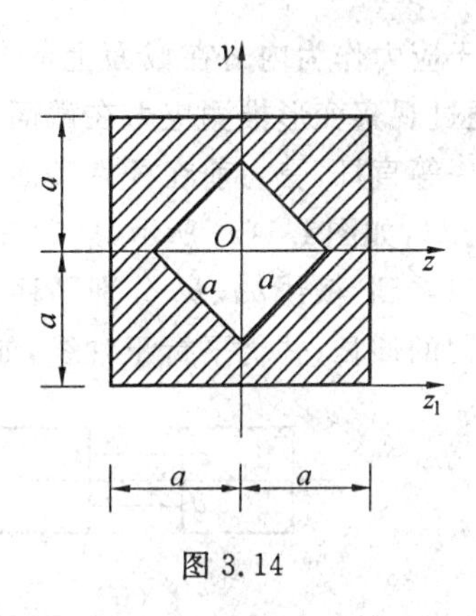

图3.14

3.5 图3.15所示矩形截面z轴与底边重合，z_1轴与z轴平行，试求I_z，I_{z_1}。

3.6 图3.16所示截面由两个18号槽钢组成，若使此截面对两个对称轴的惯性矩I_z、I_y相等，两槽钢的间距a应为多大？

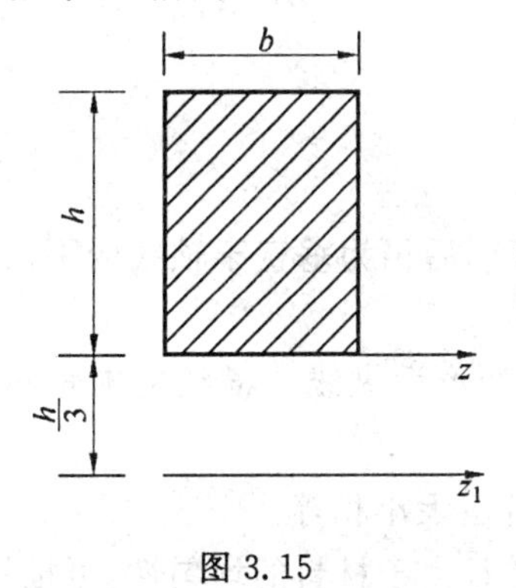

图3.15

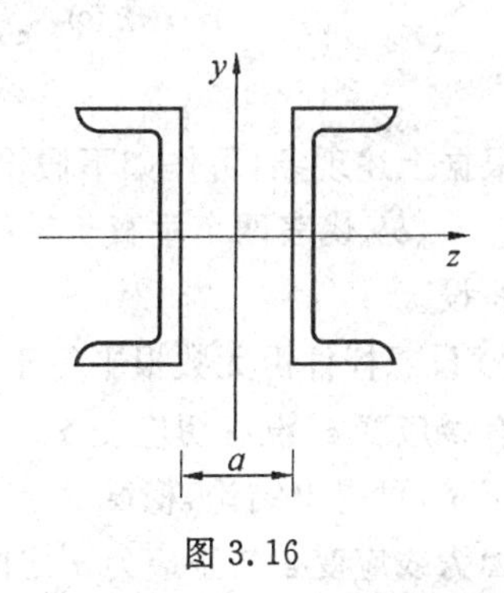

图3.16

第 4 章 应力计算及强度条件

4.1 轴向拉压杆横截面及斜截面上的应力

4.1.1 横截面上的应力

由于应力作为内力在截面上的分布集度不能直接观察到，但是内力与变形有关，因此，可通过观察变形推测应力在截面上的分布规律。

取一等直杆，受力前在杆件表面画出垂直于轴线的横向线 aa、bb 和平行于轴线的纵向线 cc、dd，如图 4.1(a) 所示，然后在杆端施加一对轴向拉力 F，使之变形，如图 4.1(b) 所示。可以看到，横线 aa、bb 分别平移到 $a'a'$、$b'b'$，但仍为垂直于轴线的直线，而纵线 cc、dd 都有相同的伸长，并仍平行于轴线，如图 4.1(c) 所示。

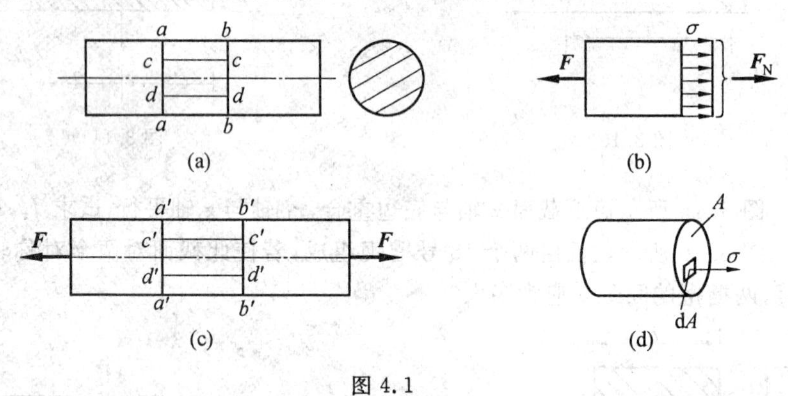

图 4.1

根据上述现象，可作如下假设：

①aa、bb 代表两个垂直于轴线的平面（横截面），变形后仍为垂直于轴线的平面，称为平面假设。

② 设想杆件由无数根平行于轴线的纤维所组成，变形后纵线与横线的夹角不变，说明只有线应变 ε，没有切应变 γ。

于是，可得出结论：横截面上的各点只有线应变，并且大小相等。

因为线应变 ε 与正应力 σ 之间存在着对应关系，并且由于材料的均匀性，可推知横截

面上各点的正应力 σ 大小相等，如图 4.1(b) 所示。

在横截面上取微面积 dA，如图 4.1(d) 所示，作用在 dA 上的微内力为 $dF_N=\sigma dA$。由静力学条件，整个横截面 A 上微内力的总和应为轴力 F_N，即

$$F_N=\int_A dF_N=\int_A \sigma dA=\sigma\int_A dA=\sigma A$$

得

$$\sigma=\frac{F_N}{A} \tag{4.1}$$

对于轴向压缩的杆，上式同样适用。与轴力的正负号规定相同，正应力 σ 的正负号也规定为：拉应力为正，压应力为负。

式(4.1) 是拉压杆横截面上正应力 σ 的计算公式。

上述应力计算公式的推导过程包含了变形几何条件（ε 为常数）、物理条件（σ 与 ε 的关系）和静力学条件等 3 个方面，这是材料力学研究各种基本变形应力计算公式的共同方法。

【例 4.1】　如图 4.2(a) 所示变截面杆，已知 $F=20$ kN，横截面积 $A_1=1\ 000$ mm^2，$A_2=2\ 000$ mm^2，试作轴力图，并计算各段横截面上的正应力。

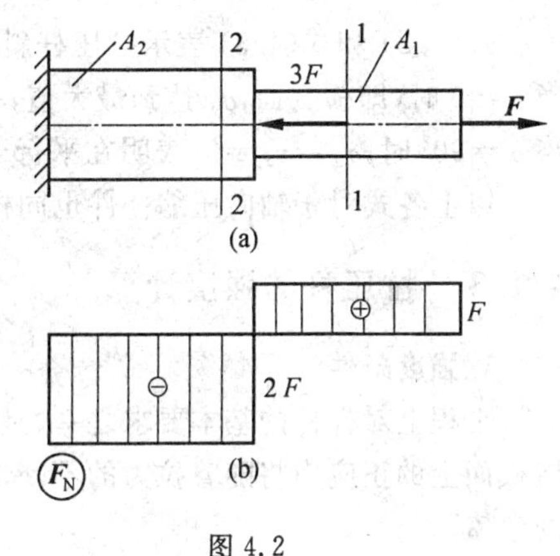

图 4.2

【解】　由截面法求得 1—1 和 2—2 截面的轴力分别为

$$F_{N1}=20\ \text{kN}(\text{拉})$$

$$F_{N2}=-40\ \text{kN}(\text{压})$$

作轴力图如图 4.2(b) 所示。

由式(4.1) 得

$$\sigma_1=\frac{F_{N1}}{A_1}=\frac{20\times10^3}{1\ 000\times10^{-6}}=20\times10^6\ \text{Pa}=20\ \text{MPa}(\text{拉})$$

$$\sigma_2=\frac{F_{N2}}{A_2}=\frac{-40\times10^3}{2\ 000\times10^{-6}}=-20\times10^6\ \text{Pa}=-20\ \text{MPa}(\text{压})$$

4.1.2　斜截面上的应力

为了研究拉压杆斜截面上的应力，仍以拉杆为例。

对于如图 4.3(a) 所示拉杆，用一个与横截面成 α 角的斜截面 $m-m$，假想地将拉杆截分为二，并以左侧杆为脱离体，如图 4.3(b) 所示。

由平衡条件，得该截面上的轴力为

$$F_N=F$$

仿照得出横截面上正应力分布规律的过程，也可得出斜截面上各点的总应力 p_α 为均匀分布的结论。于是有

$$p_{\alpha}=\frac{F_{\mathrm{N}}}{A_{\alpha}}=\frac{F}{A_{\alpha}} \tag{1}$$

式中　A_{α}——斜截面面积。

设横截面积为A，则有$A_{\alpha}=A/\cos\alpha$。将其代入式(1)，并由式(4.1)，可得

$$p_{\alpha}=\sigma\cos\alpha \tag{2}$$

式中　σ——横截面上的正应力。

将斜截面上任一点处的总应力p_{α}分解为斜截面上的正应力σ_{α}和切应力τ_{α}，如图4.3(c)所示，并由式(2)，得

$$\sigma_{\alpha}=p_{\alpha}\cos\alpha=\sigma\cos^{2}\alpha \tag{4.2}$$

$$\tau_{\alpha}=p_{\alpha}\sin\alpha=\sigma\cos\alpha\cdot\sin\alpha=\frac{\sigma}{2}\sin 2\alpha \tag{4.3}$$

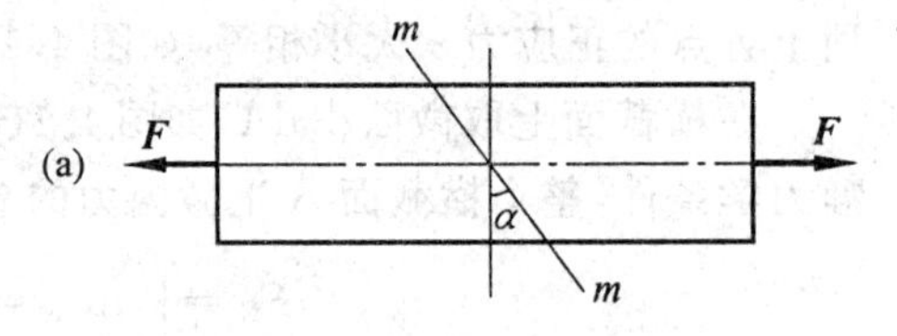

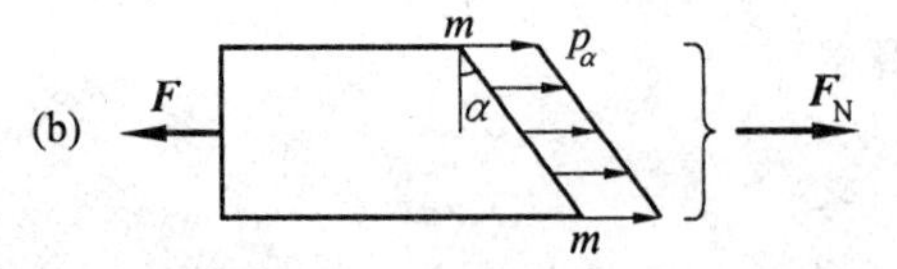

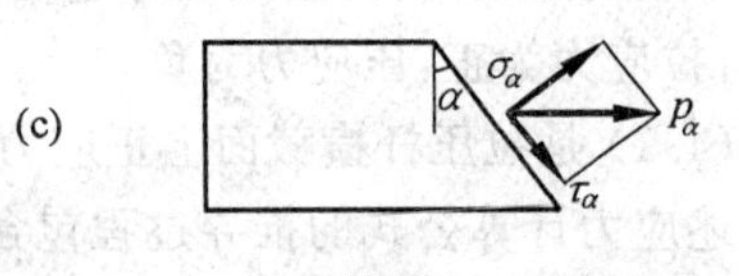

图4.3

式(4.2)和式(4.3)表示拉压杆斜截面上正应力σ_{α}与切应力τ_{α}随α角的变化规律。当$\alpha=0$时，即横截面，σ_{α}达到最大值，$\sigma_{\alpha\max}=\sigma$；当$\alpha=45^{\circ}$时，$\tau_{\alpha}$达到最大值，$\tau_{\alpha\max}=\sigma/2$；当$\alpha=90^{\circ}$时，$\sigma_{\alpha}=\tau_{\alpha}=0$，表明在平行于杆件轴线的纵向截面上无任何应力。

以上各式对于轴向压缩杆件也同样适用。

4.1.3　拉压杆的强度计算

1. 强度条件

工程上对杆件的基本要求之一，是其必须具有足够的强度。例如，一根受拉钢杆，其横截面上的正应力将随着拉力的不断增加而增大，为使钢杆不被拉断就必须限制正应力的数值。

材料所能承受的应力值有限，它所能承受的最大应力称为该材料的极限应力，用σ_{u}表示。材料在拉压时的极限应力由试验确定。为了使材料具有一定的安全储备，将极限应力除以大于1的系数n，作为材料允许承受的最大应力值，称为材料的许用应力，以符号$[\sigma]$表示，即

$$[\sigma]=\frac{\sigma_{\mathrm{u}}}{n} \tag{4.4}$$

式中n称为安全因数。关于极限应力的概念，在前面2.2中已讨论过，这里不再阐述。

为了确保拉压杆不致因强度不足而破坏，应使其最大工作应力$\sigma_{\max}$不超过材料的许用应力，即

$$\sigma_{\max}=\frac{F_{\mathrm{N}}}{A}\leqslant[\sigma] \tag{4.5}$$

式(4.5)为拉压杆的强度条件。对于等截面杆，式(4.5)中的F_{N}应取最大轴力F_{Nmax}。

2. 强度条件的三方面应用

根据强度条件，可以解决有关强度计算的3类问题。

(1) 强度校核

杆件的最大工作应力不应超过许用应力，即

$$\sigma_{max}=\frac{F_N}{A}\leqslant[\sigma] \tag{1}$$

在强度校核时，若σ_{max}值稍许超过许用应力$[\sigma]$值，只要超出量在$[\sigma]$值的5%以内也是可以的。

(2) 选择截面尺寸

由强度条件式(4.5)，可得

$$A\geqslant\frac{F_N}{[\sigma]} \tag{2}$$

式中A为实际选用的横截面积，当取等号时，是在满足强度条件的前提下所需的最小面积。

(3) 确定许用载荷

由强度条件可知，杆件允许承受的最大轴力$[F_N]$为

$$F_N\leqslant[\sigma]A \tag{3}$$

再根据轴力与外力的关系计算出杆件的许用载荷$[F]$。

【例 4.2】 如图 4.4(a) 所示的支架中斜杆 BC 为正方形截面的木杆，边长 $a=100$ mm，水平杆 AB 为圆截面的钢杆，直径 $d=25$ mm。已知木杆的许用压应力$[\sigma_1]=10$ MPa，钢杆的许用应力$[\sigma_2]=160$ MPa，载荷 $F=50$ kN，试校核支架强度。

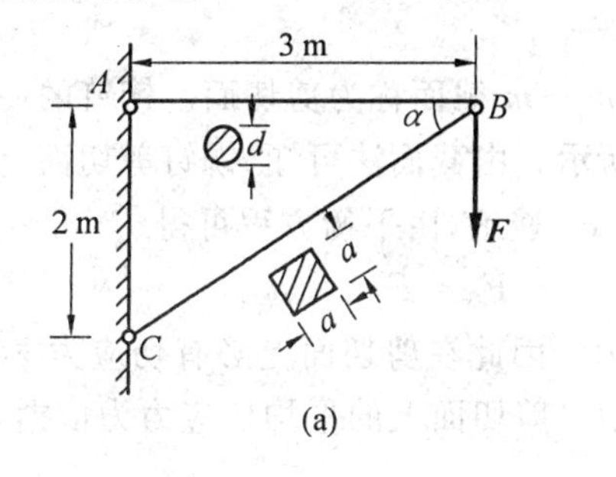

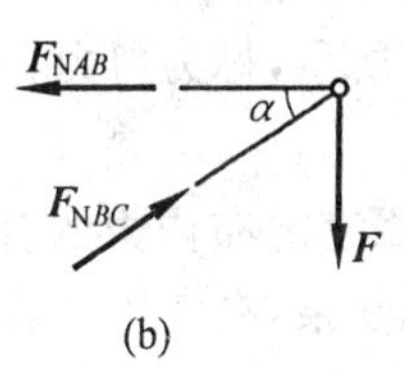

图 4.4

【解】 取脱离体如图 4.4(b) 所示，由平衡方程

$$F_{NBC}\sin\alpha-F=0$$

$$F_{NAB}-F_{NBC}\cos\alpha=0$$

解得

$$F_{NBC}=\frac{F}{\sin\alpha}=\frac{\sqrt{3^2+2^2}}{2}\times 50=90.1\ \text{kN}$$

$$F_{NAB}=F_{NBC}\cos\alpha=\frac{3}{\sqrt{3^2+2^2}}\times 90.1=75\ \text{kN}$$

于是，由式(4.5)得

$$\sigma_{BC}=\frac{F_{NBC}}{a^2}=\frac{90.1\times 10^3}{100^2\times 10^{-6}}=9.01\times 10^6\ \text{Pa}=9.01\ \text{MPa}<[\sigma_1]$$

$$\sigma_{AB}=\frac{F_{NAB}}{\pi d^2/4}=\frac{4\times 75\times 10^3}{\pi\times 25^2\times 10^{-6}}=152.8\times 10^6\ \text{Pa}=152.8\ \text{MPa}<[\sigma_2]$$

钢杆和木杆均满足强度要求。

4.2 剪　切

工程中的连接件，如铆钉、销钉、螺栓和键等，它们主要是承受剪切变形的构件。下面以铆接头为例，如图 4.5(a) 所示，说明连接件的强度计算方法。

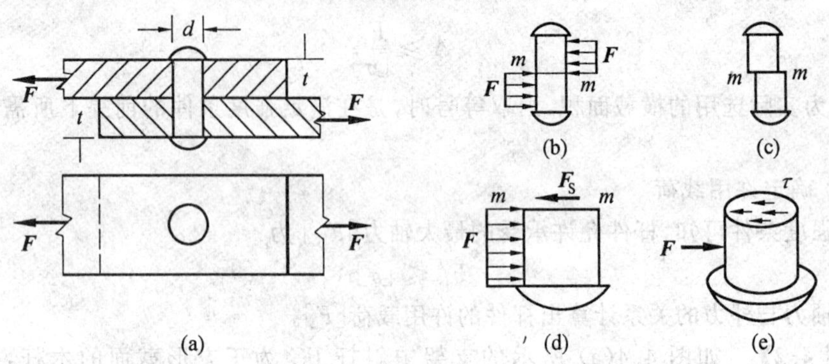

图 4.5

4.2.1 剪切的实用计算

铆钉的受力如图 4.5(b) 所示，$m-m$ 截面称为剪切面。铆钉的一种可能的破坏状态是沿 $m-m$ 截面剪断，如图 4.5(c) 所示。由截面法可知，铆钉剪切面上有与截面相切的内力，如图 4.5(d) 所示，称为剪力，用 F_S 表示，由平衡方程可得

$$F_S=F$$

剪力 F_S 是剪切面上分布内力的合力。因此在剪切面上必有切应力 τ，如图 4.5(e) 所示，而 τ 的分布情况复杂，在实用计算中以剪切面上的平均切应力为依据，即得

$$\tau=\frac{F_S}{A} \tag{4.6}$$

式中　A—— 一个剪切面的面积。

按式(4.6) 计算的 τ 并非剪切面上的真实应力，称为计算切应力(或名义切应力)。

剪切强度条件为

$$\tau=\frac{F_S}{A}\leqslant[\tau] \tag{4.7}$$

式中　$[\tau]$—— 铆钉材料的许用切应力，它是通过材料的剪切破坏实验，将测得的极限切应力除以安全因数而得到的。

4.2.2 挤压的实用计算

铆接件除了剪切破坏，还可能发生挤压破坏。所谓挤压，是指发生在铆钉与连接板的孔壁之间相互接触面上的压紧现象。其相互接触面称为挤压面，由挤压面传递的压力称

为挤压力。若挤压力过大,将使铆钉或铆钉孔产生显著的局部塑性变形,造成铆接件松动而丧失承载能力,发生挤压破坏。

挤压强度计算,需求出挤压面上的挤压应力。铆钉受挤压时,挤压面为半圆柱面,如图 4.6(b) 所示,其上挤压应力的分布比较复杂,如图 4.6(c) 所示,点 B 处的挤压应力最大,两侧为零。在实际计算中,以实际挤压面的正投影面积(或称直径面积) 作为计算挤压面面积,如图 4.6(d) 所示,即

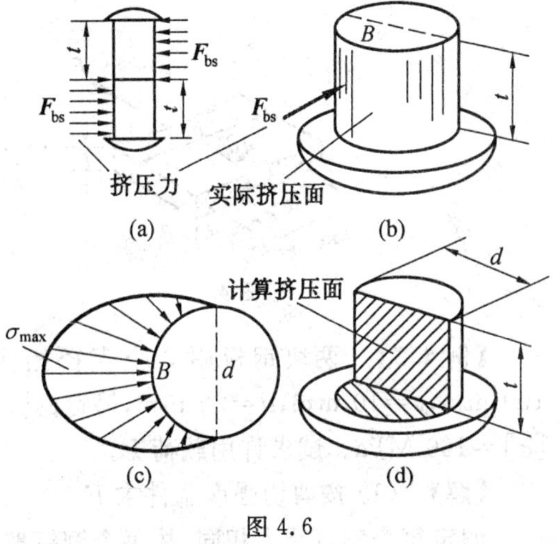

图 4.6

$$A_{bs}=td$$

以挤压力 F_{bs} 除以计算挤压面面积 A_{bs},所得的平均值作为计算挤压应力,即

$$\sigma_{bs}=\frac{F_{bs}}{A_{bs}}$$

挤压强度条件为

$$\sigma_{bs}=\frac{F_{bs}}{A_{bs}}\leqslant[\sigma_{bs}] \tag{4.8}$$

式中　$[\sigma_{bs}]$—— 材料的许用挤压应力,由材料的挤压破坏试验并考虑安全因数后得到。

4.2.3　板的抗拉强度计算

对于图 4.5 所示的铆钉,当满足了铆钉的剪切与挤压条件后,铆钉是安全的。但是由于连接件是由铆钉与板组成的,板的抗拉强度问题也应考虑。

对于图 4.5 所示的连接件,若想将铆钉与板连接起来,需要在板上打孔,这样若取上板计算,在打孔处,应力分布如图 4.7 所示,由于板上打孔,截面变小,在孔边处的拉应力远大于平均应力。这种由于杆件形状或截面尺寸改变所引起的应力急剧增大的现象,称为应力集中。

应力集中处的应力值虽然比平均应力要大得多,但对于塑性材料(例如钢材),由于具有屈服阶段,所以当应力集中处的最大应力 σ_{max} 达到屈服极限时,应力不再升高(图 4.8 中的虚线),只引起该处的塑性变形。继续增加的载荷,由尚未达到屈服极限的各点材料承担,一直到整个横截面的应力都达到屈服极限时,杆件的承载能力才达到极限。所以,由塑性材料制成的构件,受静载荷作用时,可以不考虑应力集中这一因素。仍按平均应力计算,只是采用减少后的面积,称为净面积。以图 4.7 的孔口截面 1－1 为例,该处净面积为

$$A_{net}=bt-dt=(b-d)t$$

式中　b—— 板的宽度;

t—— 板的厚度;

d—— 铆钉直径。

构件受某些类型的动载荷作用时,例如受交变(周期性变化) 应力作用时,不论是塑

性材料还是脆性材料，都必须考虑应力集中的影响，这将在第 11 章讨论。

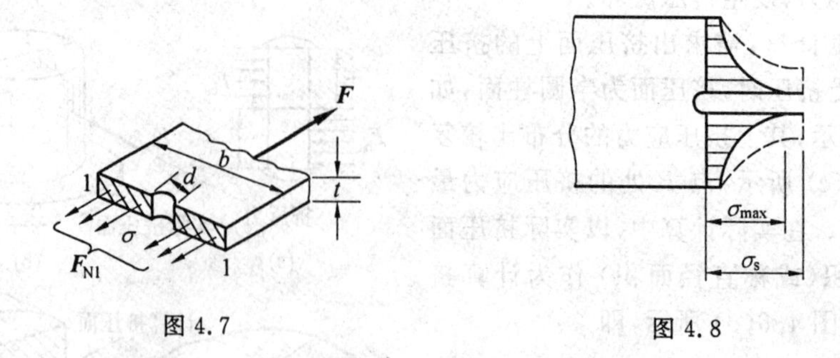

图 4.7　　图 4.8

【例 4.3】 两块钢板用 3 个直径相同的铆钉连接，如图 4.9(a) 所示。已知 $b=100$ mm，$t=10$ mm，$d=20$ mm，铆钉的$[\tau]=100$ MPa，钢板的$[\sigma_{bs}]=300$ MPa，钢板的$[\sigma]=160$ MPa。试求许用载荷 F。

【解】 (1) 按剪切强度条件求 F

假定每个铆钉受力相同，故每个铆钉剪切面上的剪力 $F_S=F/3$，由式(4.7) 有

$$\tau=\frac{F_S}{A}=\frac{F/3}{\pi d^2/4}\leqslant[\tau]$$

即

$$F\leqslant\frac{3}{4}[\tau]\pi d^2=\frac{3\pi}{4}\times100\times10^3\times20^2\times10^{-6}=94.2\ \text{kN}$$

(2) 按挤压强度条件求 F

上述假定可知挤压力 $F_{bs}=F/3$，由式(4.8) 有

$$\sigma_{bs}=\frac{F_{bs}}{A_{bs}}=\frac{F/3}{td}\leqslant[\sigma_{bs}]$$

即 $F\leqslant3[\sigma_{bs}]td=3\times300\times10^3\times10\times20\times10^{-6}=180$ kN

(3) 按钢板抗拉强度条件求 F

若取上边钢板进行计算，钢板的受力图及其轴力图如图 4.9(b) 所示。由于钢板的强度被钉孔削弱，因此需要根据板的强度求得载荷 F。1－1 截面为危险截面，其强度条件为

$$\sigma=\frac{F_{N1-1}}{A_{1-1}}=\frac{F}{(b-d)t}\leqslant[\sigma]$$

即

$$F\leqslant[\sigma](b-d)t=160\times10^3(100-20)\times10\times10^{-6}=128\ \text{kN}$$

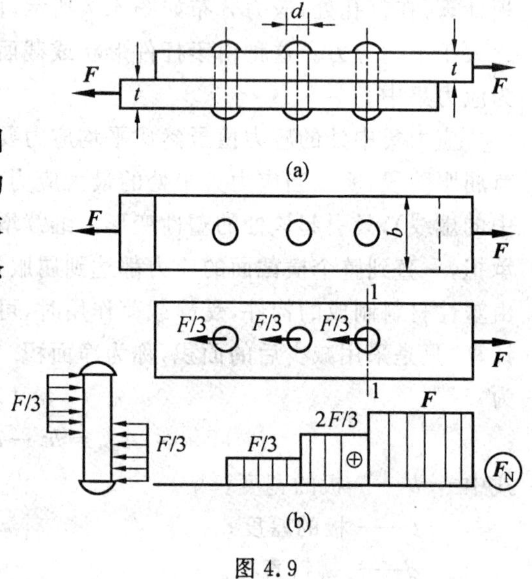

图 4.9

应取上述 3 个 F 值中的最小值为许用载荷，即$[F]=94.2\ \text{kN}$。

4.3　扭　　转

4.3.1　薄壁圆筒的扭转

研究薄壁圆筒的扭转，可以得到两个重要的规律 —— 切应力互等定理和剪切胡克定律。

1. 切应力互等定理

如图 4.10(a) 所示的薄壁圆筒壁厚为 t，内长为 $2R$，两端受转矩 m 作用，用假想平面将圆筒沿任一横截面截开，取左段为脱离体(图 4.10(b))。根据截面法，可求出横截面上的扭矩 $T=m$。T 为横截面上的内力，显然内力 T 以切应力 τ 的形式分布在横截面上，切应力的方向与径向(半径方向) 垂直，并且由于是薄壁圆筒(即 $t \ll R$)，可以近似认为切应力沿壁厚是均匀分布的，如图 4.10(c) 所示。从而，在整个薄壁截面上有均匀分布的切应力 τ。由于横截面上各点无线应变 ε，可知在横截面上不存在正应力 σ。

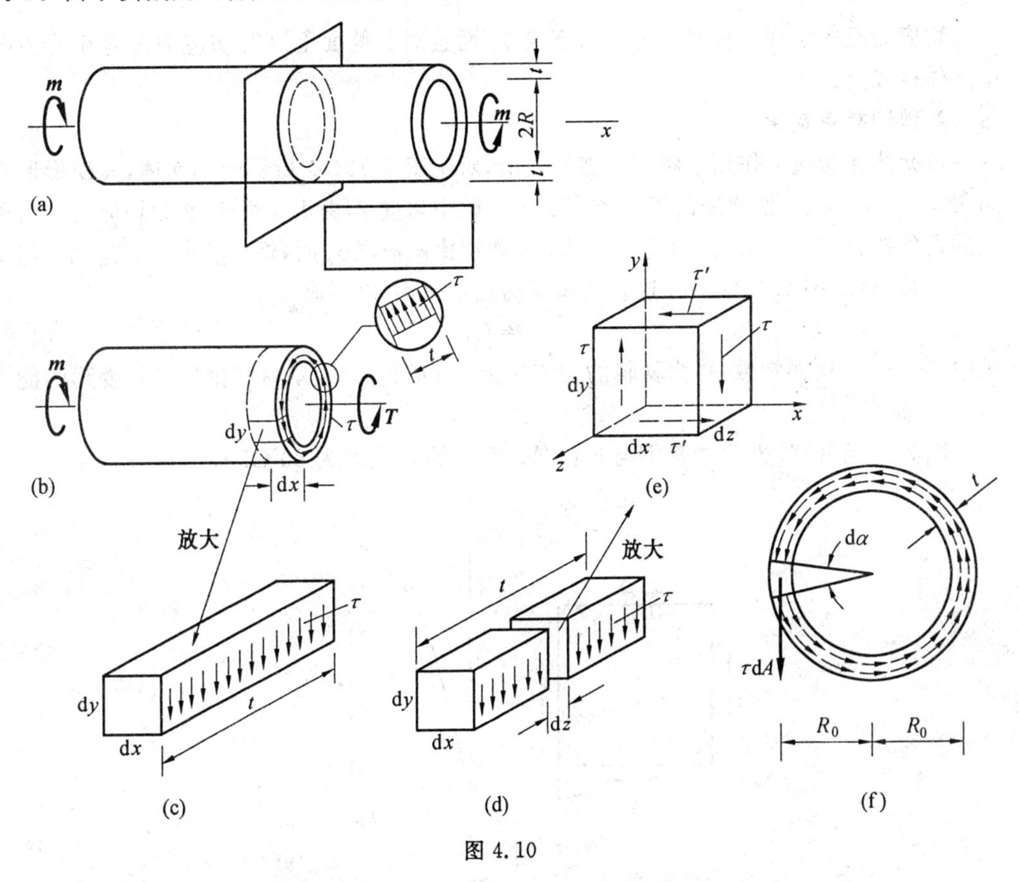

图 4.10

设想从薄壁圆筒中截取高为 $\mathrm{d}y$，宽为 $\mathrm{d}x$，长为 t 的小长柱体如图 4.10(b) 和图 4.10(c) 所示，再从这个小长柱体中截取出厚为 $\mathrm{d}z$ 的一片如图 4.10(d) 和图 4.10(e) 所示。这是一个在3个方向上的尺寸分别为 dx、dy、dz 的无穷小的直角六面体，称为单元体。前面已经指出，在该单元体的右侧面上存在切应力 τ，根据平衡条件，可知在左侧面上也必定有切应力，且两者的大小相等，方向相反。这样，在单元体左右两个侧面上的切应力的合力必然组成一个力偶，其力偶矩为 $(\tau dydz)dx$，为了平衡这个力偶，在单元体的上、下两个侧面上必然存在切应力 τ'，其合力组成一个与其方向相反的力偶，其力偶矩为 $(\tau' dxdz)dy$，由平衡方程 $\sum M_z=0$，可得

$$(\tau dydz)dx=(\tau' dxdz)dy$$

$$\tau=\tau'$$

从如图4.10(e)所示的单元体图上可以看出，切应力 τ 与 τ' 的作用面是互相垂直的，τ 与 τ' 的方向与两作用面的交线垂直，而 τ 与 τ' 的指向则同时指向交线，或同时背离交线。归纳起来，在单元体中互相垂直的两个面上，垂直于该两面交线的切应力必然成对存在，这对切应力数值相等，方向是或者同时指向交线，或者同时背离交线。将这一关系称为切应力互等定理。

如图4.10(e)所示的单元体4个侧面上只有切应力，没有正应力，这种情况称为纯剪切。

切应力互等定理不仅对纯剪切状态成立，而且对各侧面上既有切应力又有正应力的单元体也成立。

2. 剪切胡克定律

单元体在切应力作用下将产生剪切变形，对于图4.10(e)所示的单元体，其变形形式如图4.11(a)所示，使原来的直角改变了一个微小角度 γ，由1.4可知，γ 为切应变。由薄壁圆筒的扭转实验表明，当切应力 τ 不超过剪切比例极限 τ_p 时(即 $\tau\leqslant\tau_p$)，切应力 τ 与切应变 γ 成正比(图4.11(b))。这就是剪切胡克定律，可以写成

$$\tau=G\gamma \tag{4.9}$$

式中　G——比例常数，称为材料的切变模量。G 值越大，表示材料抵抗剪切变形的能力越强。

因为 γ 无量纲，故 G 的量纲与 τ 相同。钢材的 G 值约为80 GPa。

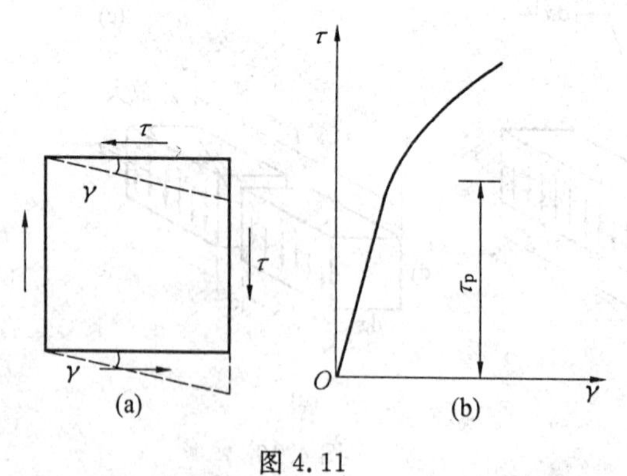

图4.11

3. 横截面上切应力计算公式

现在推导薄壁圆筒扭转时横截面上的切应力计算公式。图4.10(b)为圆筒的任一横

截面，该截面上的扭矩为 T，它以切应力 τ 的形式分布在整个截面上，方向与半径垂直。由本节 1 可知，切应力 τ 沿壁厚是均匀分布的，于是写出下列静力条件：

$$\int_A \tau \mathrm{d}A \cdot R_0 = T \tag{1}$$

式中　$\mathrm{d}A$—— 微面积；

$\tau \mathrm{d}A$—— 微剪力；

R_0—— 平均半径；

$\tau \mathrm{d}A \cdot R_0$—— 微剪力对圆筒截面形心的力矩；

积分号下的 A—— 圆筒横截面积。

上式表示全部微内力矩之和应等于扭矩 T。

由图 4.10(f) 可看出，$\mathrm{d}A = tR_0\mathrm{d}\alpha$，将 $\mathrm{d}A = tR_0\mathrm{d}\alpha$ 代入式(1)，有

$$\int_0^{2\pi} \tau t R_0 \mathrm{d}\alpha \cdot R_0 = T$$

积分后，得

$$\tau = \frac{T}{2tR_0^2\pi} = \frac{T}{2A_0 t} \tag{2}$$

式中　A_0—— 平均半径 R_0 所围成的圆的面积。

式(2) 即计算薄壁圆筒横截面上切应力的计算公式。

4.3.2　圆轴横截面上的切应力

现在将研究圆轴扭转时横截面上应力的分布规律及计算公式。在本节中，曾假定薄壁圆筒扭转时横截面上的切应力沿壁厚是均匀分布的，对于实心圆轴，这一假定已不能成立。因此，要导出圆轴扭转时横截面上的切应力计算公式，需要综合考虑变形、物理和静力学 3 方面条件，即通过观察圆轴变形的现象，作出推论并提出假设，进而得出圆轴的变形几何关系，再利用物理关系得出应力的分布规律，最后利用静力学关系导出应力计算公式。

1. 观察变形现象并提出假设

如图 4.12(a) 和图 4.12(b) 所示，在圆轴表面画出一组环向线和纵向线，然后施加转矩，使之产生扭转变形，其变形现象为：

① 各环向线的形状、大小和间距均不变，只是分别绕轴线旋转一个角度。

② 各纵向线都倾斜一个相同的角度 γ，原来由纵向线和环向线正交而成的矩形格子变成平行四边形。根据圆轴变形后的表面现象，推断圆轴的横截面在扭转后仍保持为平面，其半径仍保持为直线，各横截面如同刚性平面绕轴线作相对转动。这一假设称为平面假设。

2. 推导切应力计算公式

(1) 变形几何条件

从受扭圆轴中用两个相邻横截面截取 $\mathrm{d}x$ 微段，如图 4.12(c) 所示。根据平面假设，该微段的左右侧面为变形后的横截面，两截面的相对扭转角为 $\mathrm{d}\varphi$。再用夹角为无穷小的两个径向截面从微段中截出一楔形体 O_1ABCDO_2。距轴线 O_1O_2 为 ρ 的 $abcd$ 变为平行

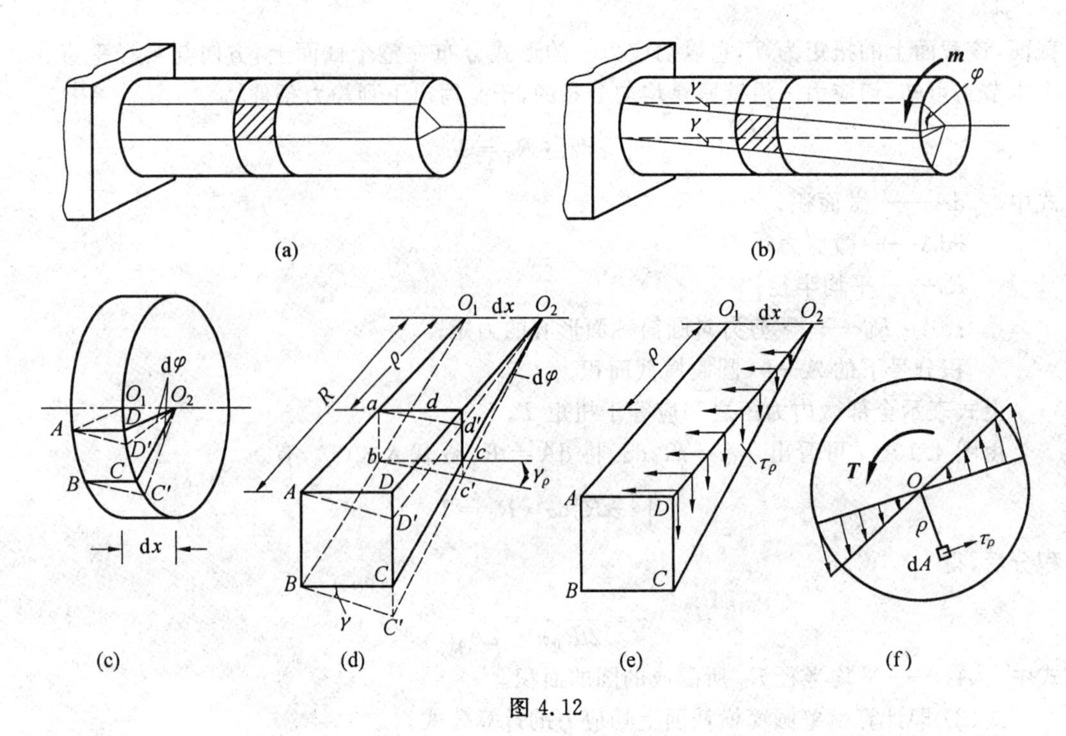

图 4.12

四边形 $abc'd'$,其切应变为 γ_ρ,由图 4.12(d) 可得

$$\overline{cc'} = \gamma_\rho \mathrm{d}x = \rho \mathrm{d}\varphi$$

即

$$\gamma_\rho = \rho \frac{\mathrm{d}\varphi}{\mathrm{d}x} \tag{1}$$

式(1) 为圆轴扭转的变形几何条件。对 $\mathrm{d}x$ 微段而言,$\mathrm{d}\varphi/\mathrm{d}x$ 是常量,式(1) 表明,横截面上任意点的切应变 γ_ρ 与该点到圆心的距离 ρ 成正比。

(2) 物理条件

以 τ_ρ 表示横截面上距圆心为 ρ 处的切应力,由剪切胡克定律知

$$\tau_\rho = G\gamma_\rho \tag{2}$$

将式(1) 代入式(2),得

$$\tau_\rho = G \frac{\mathrm{d}\varphi}{\mathrm{d}x}\rho \tag{3}$$

式(3) 表明,横截面上任意点处的切应力 τ_ρ 与该点到圆心的距离 ρ 成正比。因为 γ_ρ 发生在垂直于半径的平面内,所以 τ_ρ 也与半径垂直。实心圆轴的切应力分布如图 4.12(e) 和图4.12(f) 所示。

(3) 静力学条件

距圆心为 ρ 的微面积 $\mathrm{d}A$ 上有切应力 τ_ρ(图 4.12(f)),则 τ_ρ 与该截面上扭矩 T 有如下静力学关系

$$\int_A \rho \tau_\rho \mathrm{d}A = T \tag{4}$$

式中 A—— 横截面积。

将式(3) 代入式(4),可得

$$G\frac{d\varphi}{dx}\int_A \rho^2 dA = T$$

令

$$I_P = \int_A \rho^2 dA$$

则

$$\frac{d\varphi}{dx} = \frac{T}{GI_P} \tag{4.10}$$

式(4.10)为圆轴扭转变形的基本公式。将其代入式(3)，得切应力计算公式为

$$\tau_\rho = \frac{T}{I_P}\rho \tag{4.11}$$

式中　T—— 横截面上的扭矩；

ρ—— 所求切应力的点到圆心的距离；

I_P—— 圆截面的极惯性矩，是一个与圆截面尺寸有关的几何量。

由弹性力学更精确的理论分析和圆轴扭转实验证明，式(4.11)是精确的。该公式适用于最大切应力不超过剪切比例极限的实心圆轴和截面为环形的空心圆轴。

2. 圆截面极惯性矩 I_P 的计算

对于如图 4.13(a)所示圆截面，在距圆心为 ρ 处，取微面积 $dA = 2\pi d\rho$，则有

$$I_P = \int_A \rho^2 dA = \int_0^{D/2} 2\pi\rho^3 d\rho = \frac{\pi D^4}{32}$$

对于空心圆轴(图 4.13(b))，按同样方法可得

$$I_P = \frac{\pi}{32}(D^4 - d^4) = \frac{\pi D^4}{32}(1-\alpha^4)$$

式中　$\alpha = d/D$—— 空心圆截面内、外径的比值。

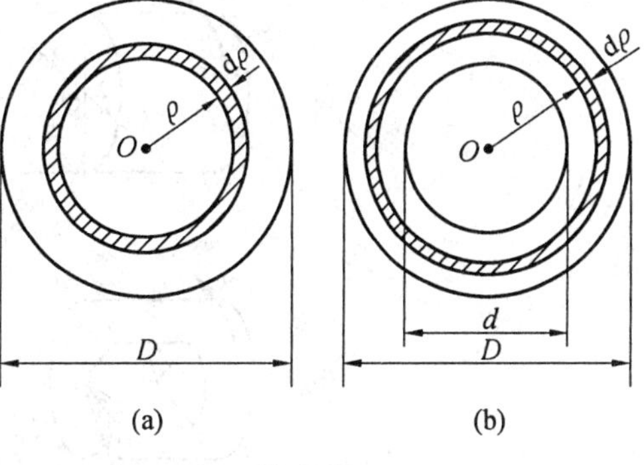

图 4.13

由式(4.11)可知，$\rho = D/2$ 时，切应力最大，即

$$\tau_{max} = \frac{TD/2}{I_P}$$

令

$$W_t = \frac{I_P}{D/2}$$

则最大切应力为

$$\tau_{max} = \frac{T}{W_t}$$

式中　W_t—— 抗扭截面模量。

对于实心圆截面，则有

$$W_t = \frac{I_P}{D/2} = \frac{\pi D^4/32}{D/2} = \frac{\pi D^3}{16}$$

对于空心圆截面，则有

$$W_t=\frac{I_P}{D/2}=\frac{\pi D^4(1-\alpha^4)/32}{D/2}=\frac{\pi D^3}{16}(1-\alpha^4)$$

【例 4.4】 已知图 4.14(a) 所示圆轴的 $D=100$ mm，$m=14$ kN·m。试求：

(1)1－1 截面上 B、C 两点的切应力 τ_B 与 τ_C；

(2) 画出如图 4.14(b) 所示的横截面及纵向截面 $Oacb$ 上切应力沿半径 Oa 的分布规律。

【解】 (1) 由式(4.11)，并由 $T=m$，可得

$$\tau_B=\frac{T\rho_B}{I_P}=\frac{mD/4}{\pi D^4/32}=\frac{8\times 14\times 10^3}{\pi(100\times 10^{-3})^3}=35.7\ \text{MPa}$$

$$\tau_C=\tau_{\max}=\frac{T}{W_t}=\frac{m}{\pi D^3/16}=2\tau_B=71.4\ \text{MPa}$$

(2) 由式(4.11) 可知，切应力沿半径按线性分布，且各点切应力方向均与半径垂直，再考虑到切应力互等定理，即可画出横截面上及 $Oacb$ 上切应力沿 Oa 的分布规律，如图 4.14(b) 所示。

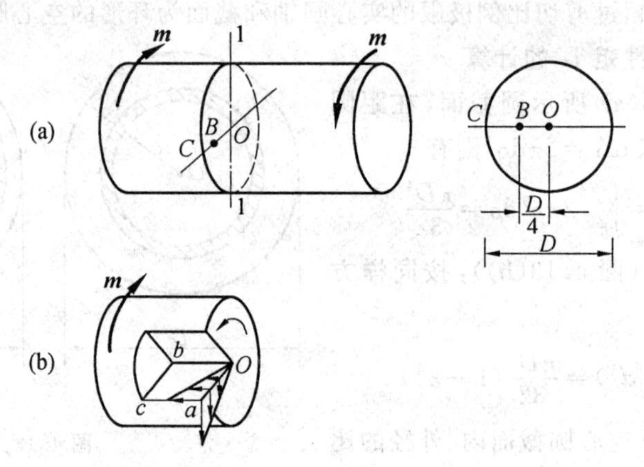

图 4.14

4.3.3 扭转切应力强度条件

为保证圆轴扭转时具有足够的强度，必须使其最大切应力不超过材料的许用切应力。于是，圆轴扭转时的强度条件为

$$\tau_{\max}=\frac{T}{W_t}\leqslant[\tau] \tag{4.12}$$

式中 $[\tau]$—— 许用切应力，由扭转实验测出极限切应力 τ_u，再除以安全因数得到。

与拉压杆的强度计算类似，对于受扭圆轴，也可以用式(4.12) 解决强度校核、选择截面和确定许用载荷等 3 种强度计算问题。

4.4　非圆截面杆的自由扭转

4.4.1　矩形截面杆的自由扭转

实验表明，矩形截面杆扭转时，其横截面将由平面变为曲面(图 4.15(a)、(b))，称为截面翘曲，它是区别于圆截面杆扭转的重要特征。扭转时发生截面翘曲现象，是所有非圆截面杆的特征。平面假设已不成立。根据平面假设建立的圆轴扭转的应力和变形公式对于非圆截面杆已不适用。

图 4.15(a) 所示的矩形截面杆，扭转时各截面可以自由翘曲，并且各相邻截面翘曲的程度完全一样，即相邻各截面之间的距离既不拉长也不缩短，横截面上只有切应力而无正应力，这种扭转称为自由扭转。

对于轴向有约束的矩形截面杆，扭转时各截面的翘曲在轴向将受到限制，使得横截面上不仅有切应力，还有正应力，这种扭转称为约束扭转。对于实体截面杆而言，由约束扭转引起的正应力数值很小，可以忽略不计，因此仍可按自由扭转计算；对于薄壁截面杆(如工字形截面杆和槽形截面杆等) 约束扭转引起的正应力则不能忽略。

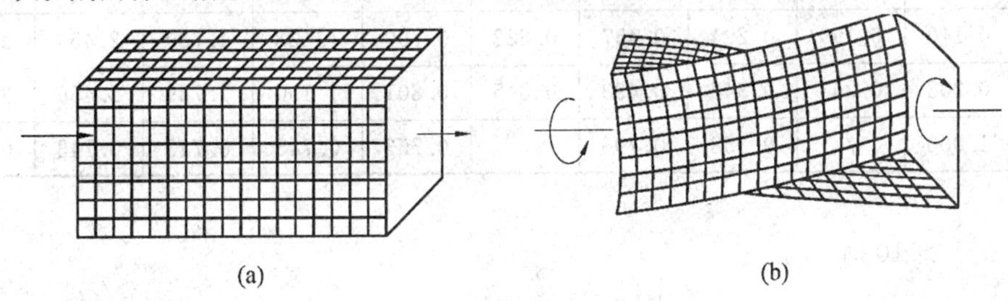

(a)　　　　(b)

图 4.15

4.4.2　矩形截面杆自由扭转时应力与变形的计算

矩形截面杆的扭转问题需要用弹性力学的方法研究，这里只给出其主要结论。

设矩形截面的长边为 h，短边为 b ($h > b$)，横截面上切应力的分布规律如下(图4.16)。

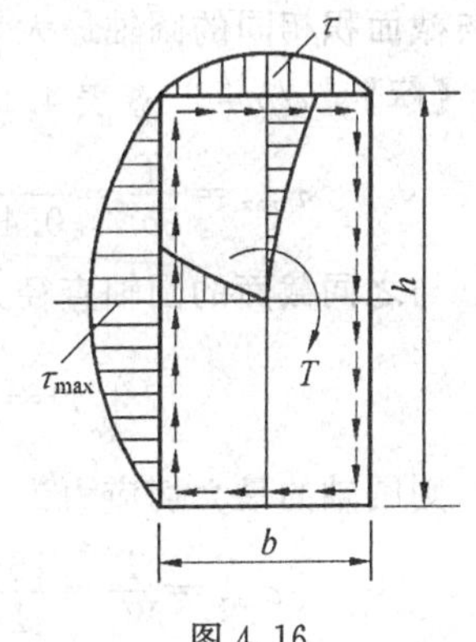

图 4.16

(1) 截面周边各点处切应力的方向一定与周边相切。设截面周边上 k 点处的切应力为 τ_k(图 4.17)，若其方向不与周边相切，则必有垂直于周边的分量，但根据切应力互等定理可判定该分量必为零，这是因为与截面垂直的杆件表面上 k 点处并无切应力 τ 存在，从而得出 τ_k 必与周边相切的结论。

(2) 在截面的四个角点处，切应力为零。利用剪应力互等定理，同样可以证明该结论的正确性(图 4.17)。

(3) 最大切应力 τ_{max} 发生在截面的长边中点处，并且短边中点处的切应力也是该边各点处切应力中的最大者。

切应力与扭转角的计算公式如下

截面上的最大切应力为

$$\tau_{\max}=\frac{T}{W_t}=\frac{T}{\beta b^3} \tag{4.13}$$

截面上短边中点处的最大切应力为

$$\tau=\gamma\tau_{\max} \tag{4.14}$$

单位长度的扭转角为

$$\theta=\frac{T}{GI_t}=\frac{T}{G\alpha b^4} \tag{4.15}$$

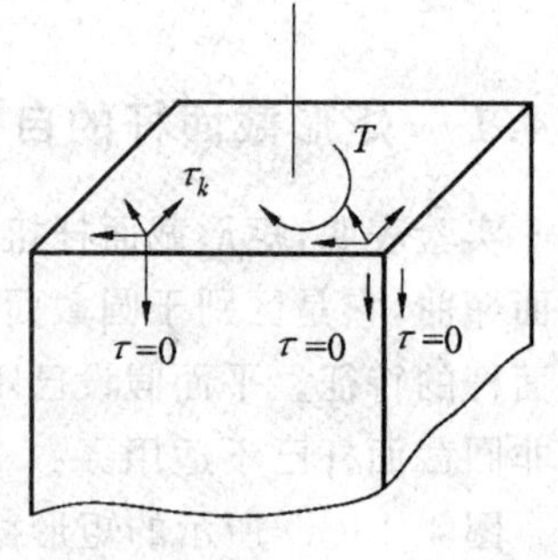

图 4.17

式中,$W_t=\beta b^3$ 称为抗扭截面模量;$I_t=\alpha b^4$,称为截面的相当极惯性矩。

W_t 和 I_t 除了在量纲上与圆截面的 W_t 与 I_p 相同外,并无相同的几何含义。

α、β、γ 是与截面的边长之比 h/b 有关的系数,已列入表 4.1 中。

表 4.1 矩形截面杆扭转时的系数 α、β 和 γ

h/b	1.0	1.2	1.5	2.0	2.5	3.0	4.0	6.0	8.0	10.0
α	0.140	0.199	0.294	0.457	0.622	0.790	1.123	1.789	2.456	3.123
β	0.208	0.263	0.346	0.493	0.645	0.801	1.150	1.789	2.456	3.123
γ	1.000	/	0.858	0.796	/	0.753	0.745	0.743	0.743	0.743

当 $h/b>10$ 时,

$$I_t\approx\frac{hb^3}{3}$$

$$W_t\approx\frac{hb^2}{3}$$

【例 4.5】 一矩形截面杆,$h=120$ mm,$b=60$ mm,扭转矩 $T=4$ kN·m。试求 $\tau_{\max}$,并与截面积相同的圆轴最大切应力比较。

【解】 $h/b=2$,查表 4.1 得 $\beta=0.493$,由式(4.13)得

$$\tau_{\max}=\frac{T}{\beta b^3}=\frac{4\times10^3}{0.493\times(60\times10^{-3})^3}=37.6\times10^6\ \text{Pa}=37.6\ \text{MPa}$$

与之同截面的圆轴直径为

$$D=\sqrt{\frac{4hb}{\pi}}=\sqrt{\frac{4\times120\times60}{\pi}}=0.096\ \text{m}$$

则圆轴的最大切应力为

$$\tau_{\max}=\frac{T}{W_t}=\frac{16T}{\pi D^3}=\frac{16\times4\times10^3}{\pi\times0.096^3}=23.2\times10^6\ \text{Pa}=23.2\ \text{MPa}$$

可见在截面面积相等的情况下,矩形截面杆扭转时的最大切应力比圆截面杆的大。所以若杆件受扭,采用圆截面是合适的。

4.4.3　薄壁杆件的自由扭转

工程中经常采用各种薄壁杆件(图 4.18),其几何特征是壁厚远小于其他方向的尺寸。按截面中线是否为闭合曲线,可分为开口薄壁杆件(图 4.18(a)、(b))和闭合薄壁杆件(图 4.18(c)、(d))。其中图 4.18(c) 为单闭截面薄壁杆件,图 4.18(d) 为多闭截面薄壁杆件。本节主要介绍开口薄壁杆件自由扭转时的应力与变形的计算。

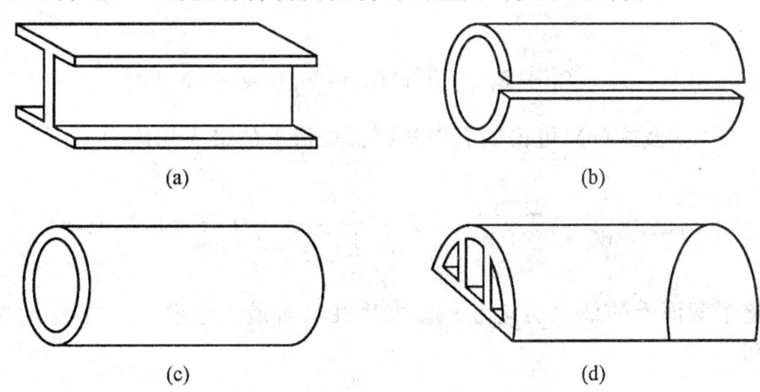

图 4.18

如图 4.19 所示,开口薄壁杆件的截面由若干狭长矩形组合而成,实验表明,杆件受扭后,其截面虽然翘曲,但是截面周边在原平面上投影的几何形状仍保持不变,此假设称为刚周边假设。根据刚周边假设,可以认为组成截面的狭长矩形具有相同的单位扭转角,即

$$\theta_1=\theta_2=\cdots=\theta_i=\cdots=\theta_n=\theta \tag{a}$$

式中 $\theta_i(i=1,2,\cdots,n)$ 为第 i 个狭长矩形的单位扭转角。由式(4.15),式(a) 可写成

$$\frac{T_1}{GI_{t1}}=\frac{T_2}{GI_{t2}}=\cdots=\frac{T_i}{GI_{ti}}=\cdots=\frac{T_n}{GI_{tn}}=\frac{T}{GI_t} \tag{b}$$

由式(b) 得

$$T_i=T\frac{GI_{ti}}{GI_t}=T\frac{I_{ti}}{I_t} \tag{c}$$

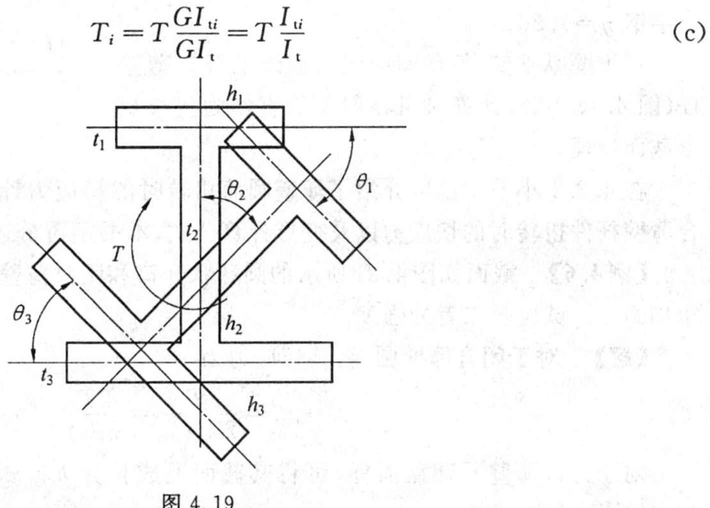

图 4.19

式中 T_1、T_2,…,T_i,…,T_n 为各狭长矩形所承受的扭矩。由静力学条件,有

$$T = T_1 + T_2 + \cdots + T_i + \cdots + T_n \tag{d}$$

式(c)表明,截面上各狭长矩形所承担的扭矩按其抗扭刚度分配。

由等比定理,并根据式(d),式(b)可写成

$$\frac{T}{GI_t} = \frac{T_1 + T_2 + \cdots + T_n}{GI_{t1} + GI_{t2} + \cdots + GI_{tn}} = \frac{T}{G(I_{t1} + I_{t2} + \cdots + I_{tn})} \tag{e}$$

于是,有

$$I_t = I_{t1} + I_{t2} + \cdots + I_{tn} = \sum_{i=1}^{n} I_{ti} = \frac{1}{3}\sum_{i=1}^{n} h_i t_i^3 \tag{f}$$

根据式(4.13)及式(c),可得截面中各狭长矩形上的最大切应力为

$$\tau_{\max i} = \frac{T_i}{W_{ti}} = T\frac{I_{ti}}{I_t W_{ti}} = T\frac{\frac{1}{3}h_i t_i^3}{I_t \frac{1}{3}h_i t_i^2} = \frac{T}{I_t}t_i (i = 1,2,\cdots,n) \tag{g}$$

显然,整个截面上的最大切应力 $\tau_{\max}$ 发生在具有最大厚度 $t_{\max}$ 的那个狭长矩形的长边中点处,即

$$\tau_{\max} = \frac{T}{I_t}t_{\max} \tag{4.16}$$

图 4.20 示出切应力的方向及其沿壁厚的分布规律。

对于型钢薄壁杆件,由于截面的各狭长矩形之间有圆角过渡,且翼缘内侧有斜率,从而增加了杆件的抗扭刚度。截面的相当极惯性矩的修正公式为

$$I_t = \eta \cdot \frac{1}{3}\sum_{i=1}^{n} h_i t_i^3$$

式中,η 为修正系数,角钢 $\eta = 1.00$,槽钢 $\eta = 1.12$,工字钢 $\eta = 1.20$。

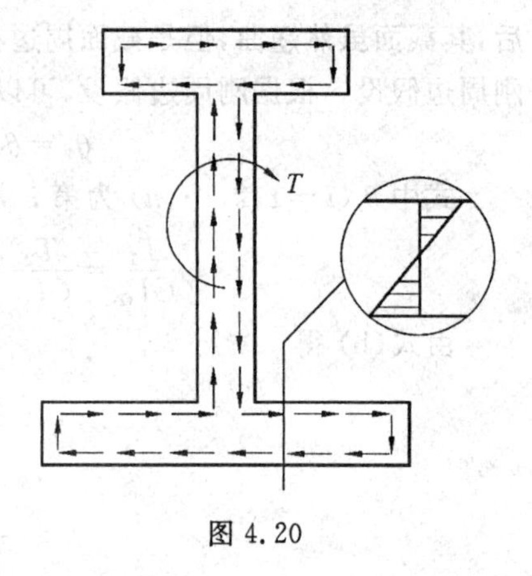

图 4.20

对于壁厚不变,但截面中线为曲线的开口薄壁杆(图 4.18(b)),计算时可将截面展直作为狭长矩形截面处理。

在 4.3.1 小节中已经介绍了薄壁圆筒扭转时的切应力计算公式,其他截面形状的闭合薄壁杆件扭转时的切应力以及变形计算公式,本书不再赘述。

【例 4.6】 截面如图 4.21 所示的圆环状开口和闭口薄壁杆,切变模量为 G,承受的扭矩均为 T。试比较二者的强度。

【解】 对于闭合薄壁圆筒,其切应力为

$$\tau_{\max} = \frac{T}{2A_0 t_{\min}} = \frac{2T}{\pi d^2 t}$$

对于开口薄壁圆环截面杆,可将其截面展成长为 $h = \pi d$,宽为 t 的狭长矩形,由式(4.13)得

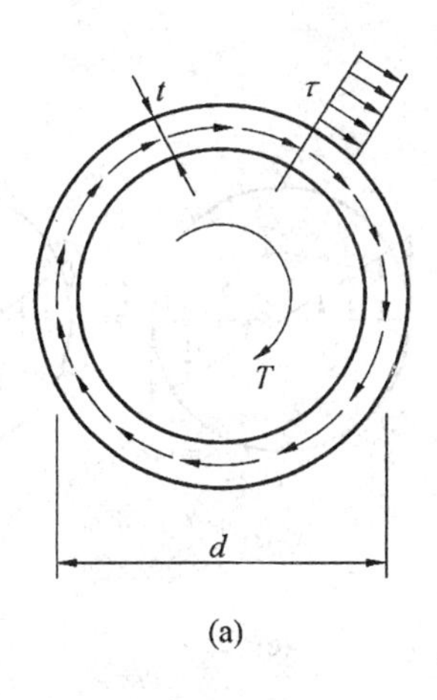

(a)

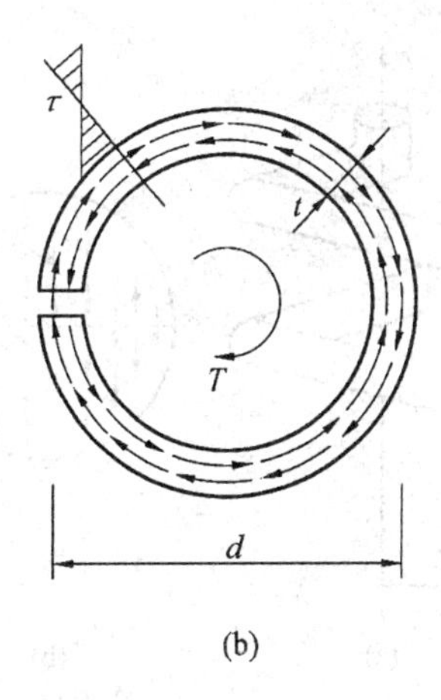

(b)

图 4.21

$$\tau_{\max}=\frac{T}{W_t}=\frac{3T}{\pi dt^2}$$

于是，两种情况的最大切应力之比为

$$\frac{\tau_b}{\tau_a}=\frac{3d}{2t}$$

由于 d 远大于 t，因此开口薄壁杆件的应力远大于同样情况下的闭合薄壁杆件，所以对于扭转杆件，采用开口薄壁杆件是不合适的。

4.5　密圈螺旋弹簧

密圈螺旋弹簧作为常见的构件被广泛用于减振，控制运动(如气阀弹簧) 和测量力的大小(如弹簧秤) 等。圆柱形密圈螺旋弹簧的控制参数为(图 4.22)：平均直径 D，簧杆直径 d，螺旋角 α 和有效圈数 n。

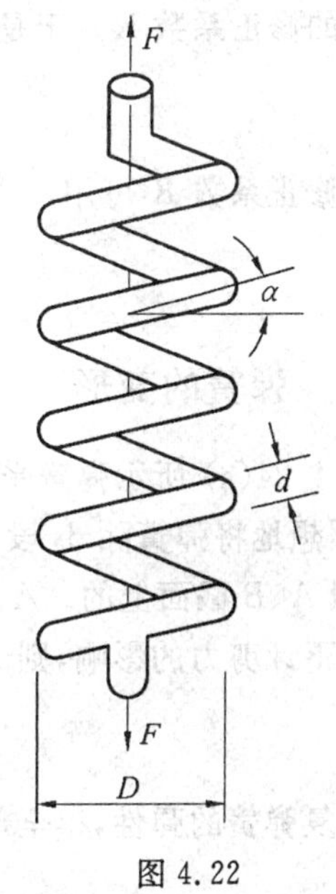

图 4.22

由于精确分析螺旋弹簧的应力与变形比较复杂，因此用材料力学方法计算，需进行简化。一般将 $\alpha<5°$ 的弹簧称为密圈螺旋弹簧，可不考虑螺旋角 α 的影响，简化为 $\alpha=5°$。同时由于平均直径 D 比簧杆直径 d 大得多，故可略去簧圈曲率的影响，将簧杆按等直杆计算。

4.5.1　簧杆横截面上的应力

用截面法，以簧杆的任意横截面取出上面部分为脱离体(图 4.23(a))。由平衡条件可知，簧杆横截面上的剪力 $F_S=F$，扭矩 $T=\frac{1}{2}FD$。

F_S 与 T 都将产生切应力，与剪力 F_S 对应的切应力为 τ'，按实用方法计算，可认为 τ' 均匀分布(图 4.23(b))，与扭矩对应的切应力为 τ''(图

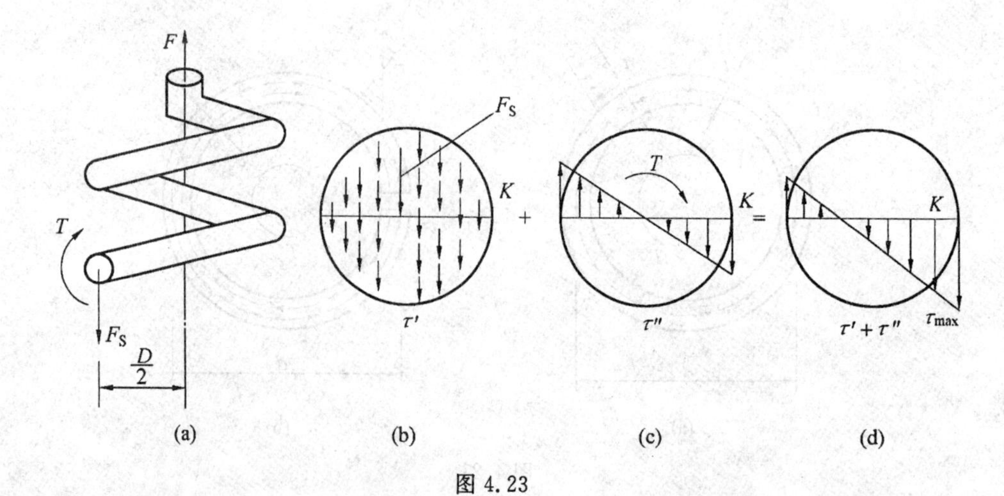

图 4.23

4.23(c))。横截面上任一点的总应力应是剪切和扭转两种切应力的矢量和。其最大切应力发生在截面内侧边缘的 K 点处(图 4.23(d)),其值为

$$\tau_{\max}=\tau'+\tau''=\frac{F_S}{A}+\frac{T}{W_t}=\frac{4F}{\pi d^2}+\frac{8FD}{\pi d^3}=\frac{8FD}{\pi d^3}\left(1+\frac{d}{2D}\right) \tag{a}$$

式中第二项为剪切的影响,当$\frac{D}{d}\geqslant 10$时,$\frac{d}{2D}$与1相比不超过5%,显然可以忽略。只考虑扭转的影响时,式(a) 可简化为

$$\tau_{\max}=\frac{8FD}{\pi d^3} \tag{b}$$

按式(b) 求得的$\tau_{\max}$值偏低(因为略去了剪力F_S,并且忽略簧杆曲率的影响),需乘以大于1的修正系数K。于是,弹簧的强度条件为

$$\tau_{\max}=K\frac{8FD}{\pi d^3}\leqslant[\tau] \tag{4.17}$$

式中的修正系数K可用经验公式确定

$$K=\frac{4c+2}{4c-3},\quad c=\frac{D}{d} \tag{c}$$

4.5.2 弹簧的变形

图 4.24(a) 所示弹簧受拉力 F 后,伸长量为 Δ。为计算 Δ,可在弹簧内取一微段簧杆 $\mathrm{d}s$,并假想地将弹簧除 $\mathrm{d}s$ 段外全部视为刚体(4.24(b)),力 F 可以认为是通过两个刚臂加到 $\mathrm{d}s$ 段 A、B 截面上的。A、B 面的位移只能在各自的横截面平面内进行。若只考虑扭转变形而不计剪力的影响,则 B 面相对 A 面的扭转角 $\mathrm{d}\varphi$ 使刚臂间产生的竖向位移 $\mathrm{d}\Delta$ 为

$$\mathrm{d}\Delta=\frac{D}{2}\mathrm{d}\varphi=\frac{D}{2}\frac{T\mathrm{d}s}{GI_p}=\frac{8FD^2}{G\pi d^4}\mathrm{d}s$$

恢复弹簧的弹性,得全部位移 Δ 为

$$\Delta=\int_0^l \mathrm{d}\Delta=\frac{8FD^2}{G\pi d^4}\int_0^{n\pi D}\mathrm{d}s=\frac{8FD^3 n}{Gd^4} \tag{d}$$

式中,l 为弹簧的簧杆全长,即 $l=n\pi D$。

式(d) 可改写为

$$F=\frac{Gd^4}{8nD^3}\Delta=c\Delta \tag{e}$$

式中

$$c=\frac{Gd^4}{8nD^3}$$

c 称为弹簧刚度，是使弹簧产生单位位移所要的力。由式(e) 可以看出，弹簧的刚度是由弹簧的材料，簧杆直径，圈数及弹簧的平均直径所决定的。c 值越大，弹簧越硬，其单位为 N/m 或 kN/m。

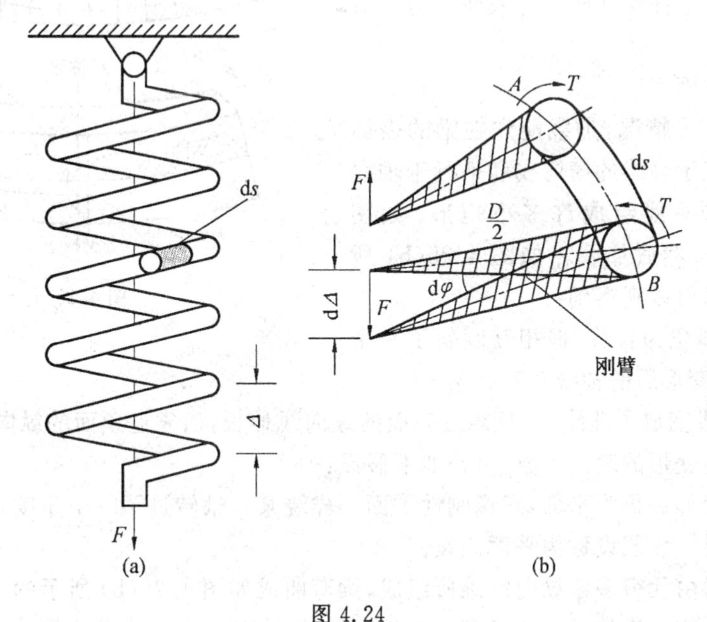

图 4.24

【例 4.7】　一密圈螺旋弹簧的圈数 $n=10$，$D=70$ mm，$d=10$ mm，$[\tau]=300$ MPa，$G=8\times10^4$MPa，拉力 $F=1.2$ kN。试校核弹簧强度。

解　由式(4.17) 和式(c) 得

$$c=\frac{D}{d}=7,\quad K=\frac{4c+2}{4c-3}=\frac{4\times7+2}{4\times7-3}=1.2$$

$$\tau_{\max}=K\frac{8FD}{\pi d^3}=1.2\times\frac{8\times1.2\times10^3\times70\times10^{-3}}{3.14\times(10\times10^{-3})^3}=257\text{ MPa}<[\tau]$$

满足强度条件。

4.6　梁横截面上的正应力

本节研究梁在平面弯曲时横截面上的正应力。先取横截面上只有弯矩而无剪力的梁来研究。梁在此情况下的弯曲称为纯弯曲。梁的纯弯曲是弯曲理论中最基本的问题。

4.6.1　纯弯曲时梁横截面上的正应力

图 4.25(a) 为一矩形截面等直梁，该梁有一纵向对称面，外力偶 m 作用在此面内，如

图 4.25(a) 和图 4.25(b) 所示。梁的任一横截面上只有弯矩 m，推导此梁横截面上的正应力公式，和推导拉压杆与圆轴扭转时的应力公式相类似，需综合考虑几何、物理和静力学 3 方面条件。即先研究截面上各点纵向线应变的变化规律，然后通过应力与应变间的物理关系找到应力在截面上的分布规律，最后利用静力学条件建立应力与截面内力的关系式。

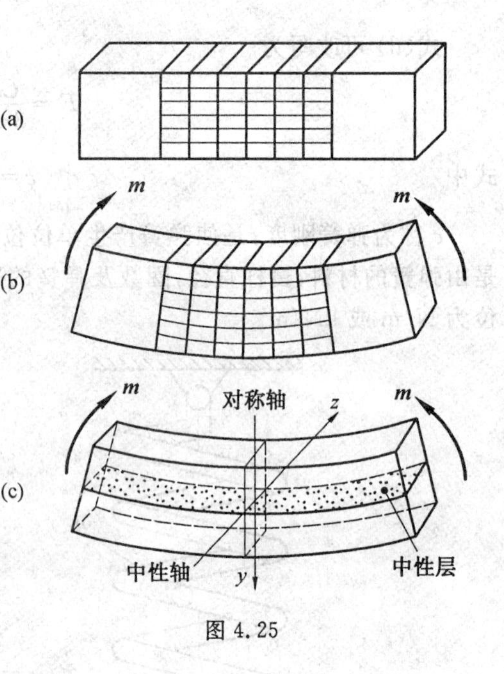

图 4.25

1. 几何方面

为观察变形情况，加载前先在梁的表面上画一些垂直于轴线的横向线和平行于轴线的纵向线，这些线组成许多小矩形，如图 4.25(a) 所示，然后加载。如图 4.25(b) 所示，梁弯曲后，可以观察到：

① 横向线仍为直线，但相互倾斜了一个角度，并仍与变形后的轴线垂直。

② 纵向线变成了曲线，并且靠近底面的纵向线伸长，而靠近顶面的纵向线缩短。

根据上述变形的表面现象，可作如下假设：

横截面变形后仍为平面，它像刚性平面一样绕某一轴转过了一个角度，并仍垂直于梁变形后的轴线。该假设称为平面假设。

若设想梁由无穷多条纵向纤维所组成，梁弯曲成如图 4.25(b) 所示的情况时，则上部纤维缩短而下部纤维伸长。考虑到变形的连续性，中间必有一层既不伸长，也不缩短的纤维层，称为中性层。中性层与横截面的交线，称为中性轴，如图 4.25(c) 所示。在平面弯曲时，梁的变形对称于纵向对称面，因此，中性轴应与横截面的对称轴垂直。变形时，横截面绕中性轴转动。这里只说明了中性轴存在的必然性，但其具体位置尚未得出。

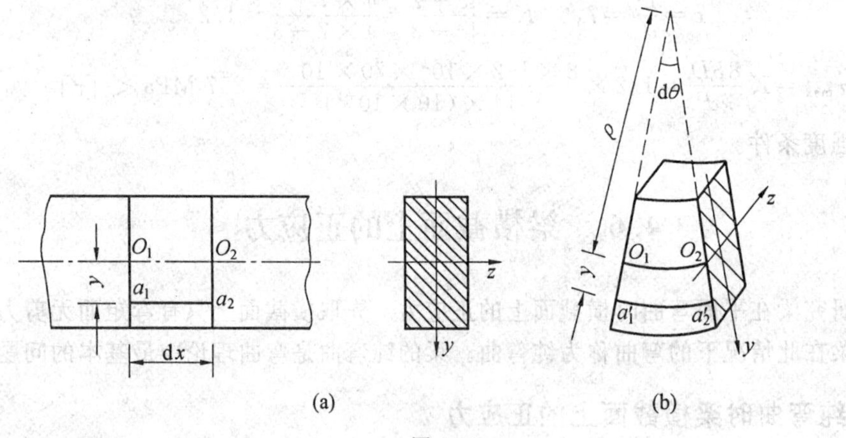

图 4.26

根据平面假设,可找出横截面上各点纵向线应变沿高度的变化规律。为此,用两个相距为 dx 的横截面从梁内假想地截取一微段,如图 4.26(a) 所示。现研究横截面上距中性轴为 y 处的纵向线应变。图 4.26(a) 中线段$\overline{O_1O_2}$ 在中性层上,线段$\overline{a_1a_2}$ 到中性层的距离为 y。微段变形后,如图 4.27(b) 所示,$d\theta$ 为两截面相对转角,ρ 为中性层上的纤维$\overline{O_1O_2}$段弯曲后的曲率半径。从而得到横截面上距中性轴为 y 的各点处的纵向线应变为

$$\varepsilon=\frac{\overline{a_1'a_2'}-\overline{O_1O_2}}{\overline{a_1a_2}}=\frac{\overline{a_1'a_2'}-\overline{O_1O_2}}{\overline{O_1O_2}}$$

因中性层弯曲变形后长度不变,所以

$$\overline{O_1O_2}=dx=\rho d\theta$$

于是

$$\varepsilon=\frac{(\rho+y)d\theta-dx}{dx}=\frac{(\rho+y)d\theta-\rho d\theta}{\rho d\theta}=\frac{y}{\rho} \tag{1}$$

由于对微段梁 dx,ρ 是常数,因此,式(1) 说明 ε 与 y 成正比。这一点,显然是平面假设的必然结果。

2. 物理方面

若设各纵向纤维之间没有因纯弯曲而引起相互挤压,则各纵向纤维只处于轴向拉压状态。当应力不超过材料的比例极限时,根据 2.2 节,此时正应力与线应变的关系为

$$\sigma=E\varepsilon=E\frac{y}{\rho} \tag{2}$$

式(2) 给出了横截面上正应力的变化规律,它表明,横截面上任意一点处的正应力与该点到中性轴的距离成正比。正应力在横截面上的分布规律如图 4.27(b) 所示。

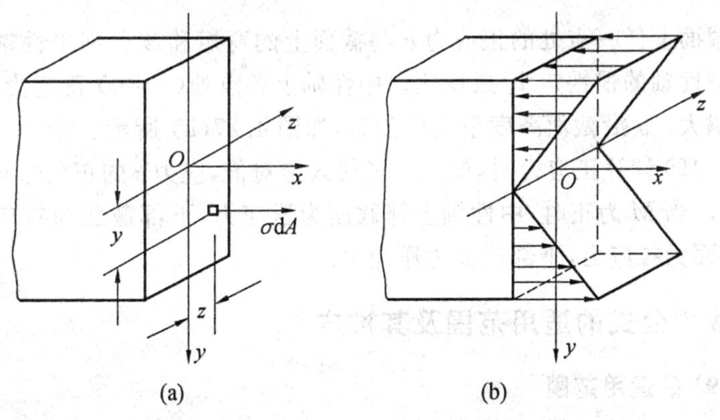

图 4.27

3. 静力学条件

式(2) 中 ρ 值还未知,并且中性轴位置还未定,即 y 值尚无法定出。所以,式(2) 还不能用来计算应力。要确定 ρ 及中性轴的位置,还需利用静力学条件。为此,在横截面上取微面积 dA,其坐标为(z,y),其上微内力为 σdA,如图 4.27(a) 所示,由静力学可知整个截面上的内力为

$$F_N=\int_A\sigma dA=0 \tag{3}$$

$$M_y = \int_A z\sigma \mathrm{d}A = 0 \tag{4}$$

$$M_z = \int_A y\sigma \mathrm{d}A = M \tag{5}$$

将式(2) 代入上面 3 式,并根据截面几何性质中有关几何量定义,可得

$$F_{\mathrm{N}} = \frac{E}{\rho}\int_A y \mathrm{d}A = \frac{E}{\rho}S_z = 0 \tag{6}$$

$$M_y = \frac{E}{\rho}\int_A yz \mathrm{d}A = \frac{E}{\rho}I_{yz} = 0 \tag{7}$$

$$M_z = \frac{E}{\rho}\int_A y^2 \mathrm{d}A = \frac{E}{\rho}I_z = M \tag{8}$$

由式(6) 与式(7) 可知,因 $E/\rho \neq 0$,所以必有 $S_z = 0$ 和 $I_{yz} = 0$。静矩 $S_z = 0$,表明中性轴 z 必过截面形心,从而确定了中性轴的位置。惯性积 $I_{yz} = 0$,说明中性轴为形心主轴。

由式(8) 得出中性层曲率 $1/\rho$ 的表达式为

$$\frac{1}{\rho} = \frac{M}{EI_z} \tag{4.18}$$

式(4.18) 是研究弯曲问题的一个基本公式。该式表明:中性层曲率与弯矩 M 成正比,与 EI_z 成反比。EI_z 值越大,曲率越小,即梁的弯曲程度越小,称 EI_z 为梁的抗弯刚度。

将式(4.18) 代入式(2) 得梁在纯弯曲时横截面上正应力的计算公式为

$$\sigma = \frac{M}{I_z}y \tag{4.19}$$

该式表明,横截面上任一点处的正应力 σ 与截面上的弯矩和该点到中性轴的距离 y 成正比,与截面对中性轴的惯性矩 I_z 成反比。中性轴上各点处($y = 0$) 正应力为零,离中性轴越远,正应力越大。σ 沿截面高度呈线性分布,如图 4.27(b) 所示。

运用式(4.19) 计算正应力时,M 与 y 可代入绝对值,应力 σ 的正负号可直接由弯矩 M 的正负来判断。当 M 为正时,中性轴上部截面为压应力,下部截面为拉应力;M 为负时,中性轴上部截面为拉应力,下部截面为压应力。

4.6.2 正应力公式的适用范围及其推广

1. 式(4.19) 的适用范围

在推导式(4.19) 的过程中,综合考虑了几何、物理和静力学 3 方面条件。几何方面主要是平面假设,物理方面则有各纵向纤维无挤压假设,材料在线弹性范围内工作,以及材料在拉伸和压缩时弹性模量相等这些条件。所有这些都是推导式(4.18) 与式(4.19) 的依据,因此,也是应用公式时的限制条件。这两个公式虽然是以矩形截面梁为例导出的,但是用了具有纵向对称面这一特征。因此,凡是具有纵向对称面的梁,如圆形、工字形、T 形等截面梁,式(4.19) 也都适用。

弯曲正应力公式虽由直梁导出,但也可用它计算小曲率杆($\rho/h \geqslant 5$) 的弯曲正应力问题。

2. 式(4.19) 在横力弯曲中的推广

梁在横力弯曲时，横截面上既有弯矩，又有剪力，即横截面上不仅有正应力，还有切应力。由于切应力的存在，横截面将产生翘曲；同时，由于横向力的存在，纵向纤维之间也将产生挤压。因此，梁在纯弯曲时所作的平面假设和纵向纤维互不挤压假设均不能成立。但是，弹性力学的分析结果表明，对均布载荷作用下的矩形截面简支梁，当跨高比 $l/h=5$ 时，按式(4.19) 计算的最大应力，其误差不到 1%。因此，对于工程中常见的梁，只要跨高比 $l/h \geqslant 5$，纯弯曲时的正应力公式(4.19) 可以足够精确地用来计算横力弯曲时的正应力。

4.6.3　最大正应力

由式(4.19) 可知，最大正应力发生在距中性轴最远的各点处，以 $y_{\max}$ 表示这些点到中性轴的距离，则横截面上的最大正应力为

$$\sigma_{\max}=\frac{M}{I_z}y_{\max}$$

令

$$W_z=\frac{I_z}{y_{\max}}$$

则

$$\sigma_{\max}=\frac{M}{W_z} \tag{4.20}$$

式中　W_z——抗弯截面模量。它是截面的几何性质之一，其单位为 mm^3 或 m^3。

若截面是高为 h、宽为 b 的矩形，则

$$W_z=\frac{I_z}{h/2}=\frac{bh^3/12}{h/2}=\frac{bh^2}{6}$$

如果中性轴不是截面对称轴，则最大拉、压应力不相等，应按式(4.19) 分别计算。

【例 4.8】　求如图 4.28 所示梁 I－I 截面上 a、b、c、d 四点的正应力及全梁横截面上的最大正应力 $\sigma_{\max}$。

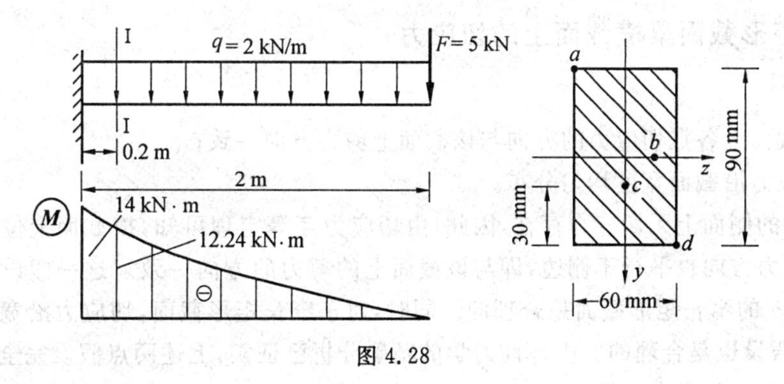

图 4.28

【解】　(1) 求 I－I 截面上四点的正应力

由式(4.19) 可知，其中 M 为 I－I 截面弯矩，即

$$M_{\text{I-I}}=5\times(2-0.2)+\frac{1}{2}\times 2\times(2-0.2)^2=12.24\ \mathrm{kN\cdot m}$$

其他各量分别为

$$I_z = \frac{1}{12} \times 60 \times 90^3 = 364\ 500\ \text{mm}^4 = 3.645 \times 10^{-6}\ \text{m}^4$$

$$y_a = y_d = y_{\max} = 45\ \text{mm}, y_b = 0, y_c = 15\ \text{mm}$$

$$W_z = \frac{I_z}{y_{\max}} = \frac{1}{6} \times 60 \times 90^2 = 81\ 000\ \text{mm}^3 = 8.1 \times 10^{-5}\ \text{m}^3$$

于是

$$\sigma_a = \sigma_d = (\sigma_{\max})_{\text{I-I}} = \frac{M_{\text{I-I}}}{W_z} = \frac{12.24 \times 10^3}{8.1 \times 10^{-5}} = 151\ \text{MPa}$$

由于I－I截面的弯矩为负，因此，点 a 为拉应力，点 d 为压应力。

$$\sigma_c = \frac{M_{\text{I-I}}}{I_z} y_c = \frac{12.24 \times 10^3}{3.645 \times 10^{-6}} \times 0.015 = 50.4\ \text{MPa}$$

$$\sigma_b = 0$$

(2) 全梁横截面的最大正应力为

$$\sigma_{\max} = \frac{M_{\max}}{W_z} = \frac{(5 \times 2 + \frac{1}{2} \times 2 \times 2^2) \times 10^3}{8.1 \times 10^{-5}} = 172\ \text{MPa}$$

发生在固定端截面的上下边缘处。上边缘处为最大拉应力，下边缘处为最大压应力。

4.7 梁横截面上的切应力

梁在横力弯曲时，由于存在切应力，使截面发生翘曲，平面假设已不成立，从而使变形的几何关系十分复杂。若继续用几何物理和静力学3方面条件研究切应力的分布规律和计算公式，材料力学受其研究手段与方法的限制，已不胜任。因此，材料力学研究梁在横截面上的切应力，是在讨论了正应力的基础上，对切应力的分布规律作出适当简化和假设的条件下，利用静力平衡条件完成的。

4.7.1 矩形截面梁横截面上的切应力

假设：

① 横截面上各点切应力的方向与该截面上剪力方向一致；

② 切应力沿截面宽度均匀分布。

由于梁的侧面上无切应力存在，因此，由切应力互等定理可知，横截面上位于侧边处各点的切应力方向也平行于侧边，即与该截面上的剪力的方向一致。这一假设对于高度 h 大于宽度 b 的窄长矩形截面是合理的。同时，对于窄长矩形截面，切应力沿宽度变化不大，第二个假设也是合理的。由弹性力学的精确分析已证实，上述两点假设完全可用于窄长矩形截面梁的切应力计算。

如图4.29(a)所示受横力弯曲的矩形截面梁，用 $m-m$、$n-n$ 两个相邻横截面从梁上截取 dx 微段(图4.29(a)、图4.29(c))。$m-m$ 截面上的内力为 M、F_S，$n-n$ 截面上的内力为 $M+dM$、F_S。设 M、F_S 均为正(图4.29(c))，两截面上的应力情况如图4.29(d)所示,在中性轴以上的正应力为压应力,在中性轴以下的正应力为拉应力。由于 $n-n$ 截面的弯矩 $M+\mathrm{d}M$ 相对于 $m-m$ 截面的弯矩 M 有一增量 $\mathrm{d}M$,因此,$n-n$ 截面的正应力 $\sigma+\mathrm{d}\sigma$ 也相对 $m-m$ 截面的正应力 σ 有一增量 $\mathrm{d}\sigma$。切应力 τ 的方向与剪力 F_S 一致(图上仅示意 τ 的存在,其大小与分布情况尚属未知)。

欲求得 $n-n$ 截面上距中性轴为 y 的 aa 线上各点的切应力 τ(图 4.29(b)),可用距中性层为 y 的水平截面将 $\mathrm{d}x$ 微段截开,取截面以下部分为脱离体(图 4.29(e))。在脱离体上,aa 线上各点在横截面上的切应力为 τ,由切应力互等定理可知:其在纵截面上必有切应力 τ' 存在,且 $\tau=\tau'$。利用脱离体 $\sum F_x=0$ 的平衡条件,即可求出 τ',从而求得 τ。

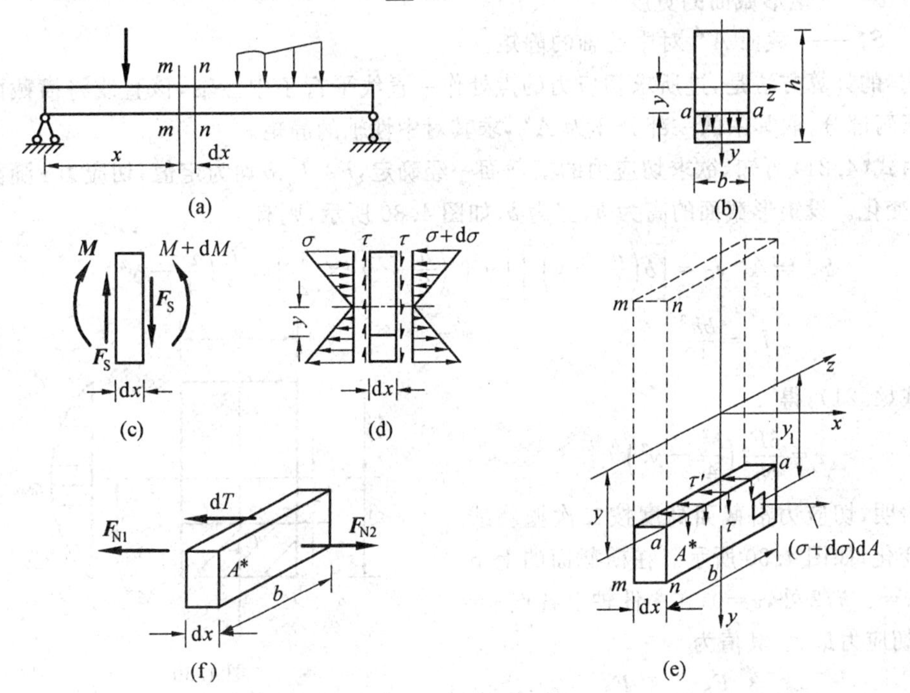

图 4.29

脱离体左右两侧横截面上由正应力形成的法向内力分别为 F_{N1} 与 F_{N2},其纵截面上的切应力 τ' 形成的切向内力为 $\mathrm{d}T$,则有

$$F_{N1}=\int_{A^*}\sigma\mathrm{d}A=\int_{A^*}\frac{M}{I_z}y_1\mathrm{d}A=\frac{M}{I_z}\int_{A^*}y_1\mathrm{d}A=\frac{M}{I_z}S_z^* \tag{1}$$

$$F_{N2}=\int_{A^*}(\sigma+\mathrm{d}\sigma)\mathrm{d}A=\int_{A^*}\frac{M+\mathrm{d}M}{I_z}y_1\mathrm{d}A=\frac{M+\mathrm{d}M}{I_z}\int_{A^*}y_1\mathrm{d}A=\frac{M+\mathrm{d}M}{I_z}S_z^* \tag{2}$$

$$\mathrm{d}T=\tau' b\mathrm{d}x \tag{3}$$

式中　$S_z^*=\int_{A^*}y_1\mathrm{d}A$——截面 A^* 对横截面中性轴的静矩(图 4.30(e)),而 A^* 是距中性轴为 y 的 aa 横线以下的横截面积。

由平衡条件 $\sum F_x=0$,得

$$F_{N1}+\mathrm{d}T-F_{N2}=0$$

将式(1) ～ 式(3) 代入后，整理可得

$$\tau' = \frac{\mathrm{d}M}{\mathrm{d}x}\frac{S_z^*}{I_z b}$$

而 $\mathrm{d}M/\mathrm{d}x = F_S$，且 $\tau = \tau'$，则得矩形截面梁横截面上任一点处的切应力计算公式为

$$\tau = \frac{F_S S_z^*}{I_z b} \tag{4.21}$$

式中　F_S—— 横截面上的剪力；

I_z—— 整个横截面对截面中性轴的惯性矩；

b—— 矩形截面的宽度；

S_z^*—— 截面 A^* 对中性轴的静矩。

S_z^* 的计算方法是，过所求切应力的点处作一直线平行于中性轴，该直线将横截面分成上下两部分，取其中的一部分作为 A^*，求其对中性轴的静矩。

由式(4.21)可知，欲求切应力的横截面一经确定，F_S、I_z、b 均为定值，切应力 τ 随静矩 S_z^* 而变化。设矩形截面的高为 h，宽为 b，如图 4.30 所示，则有

$$S_z^* = A^* y_C = \left[b\left(\frac{h}{2} - y\right)\right]\left[y + \left(\frac{h}{2} - y\right) \times \frac{1}{2}\right] = \frac{b}{2}\left(\frac{h^2}{4} - y^2\right)$$

$$I_z = \frac{bh^3}{12}$$

代入式(4.21)，得

$$\tau = \frac{6F_S}{bh^3}\left(\frac{h^2}{4} - y^2\right)$$

该式表明，切应力沿截面高度按二次抛物线规律变化，如图 4.30 所示。在横截面的上下边缘 $y = \pm h/2$ 处，$\tau = 0$；在中性轴上各点 $y = 0$ 处，切应力最大，其值为

$$\tau_{\max} = \frac{3}{2}\frac{F_S}{bh} = \frac{3}{2}\frac{F_S}{A}$$

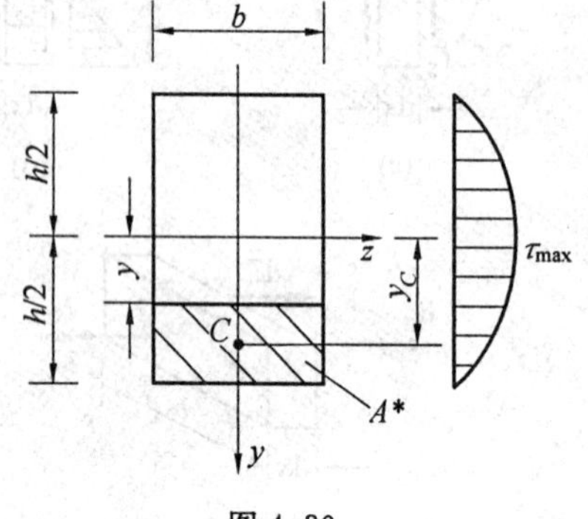

图 4.30

式中的 F_S/A 是横截面的平均切应力值。可见矩形截面的最大切应力为平均切应力的 1.5 倍。

【例 4.9】 如图 4.31 所示矩形截面梁，$l = 2$ m，$q = 3$ kN/m。试求：

(1) 截面 B 点 a 处的切应力 τ_a 及 $\tau_{\max}$；

(2) 全梁横截面的最大切应力。

【解】 (1) 截面 B 上的切应力

过点 a 作 z 轴的平行线 $n-n$，取 $n-n$ 以上的截面为 A^*，则

$$S_z^* = 12 \times 4 \times (9 - 2) = 336 \text{ cm}^3$$

$$F_S = \frac{ql}{2} = \frac{1}{2} \times 3 \times 2 = 3 \text{ kN}$$

代入式(4.21)，得

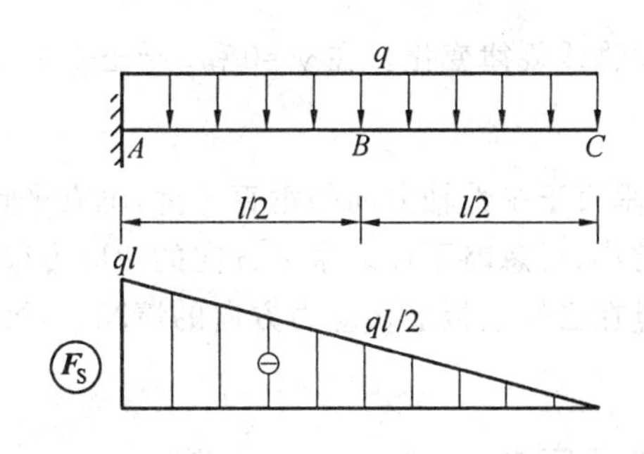

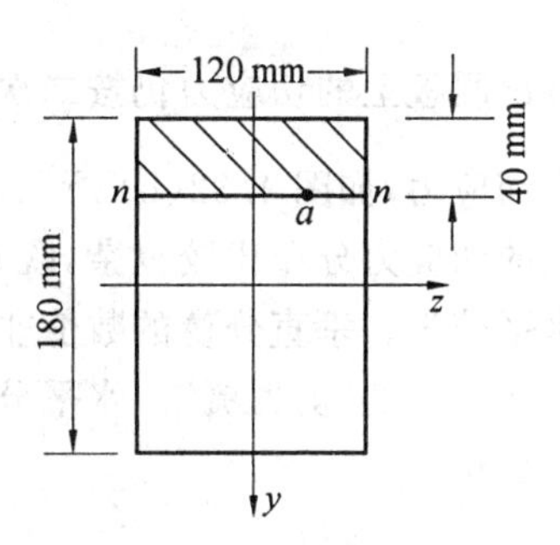

图 4.31

$$\tau_a=\frac{F_S S_z^*}{I_z b}=\frac{3\times10^3\times336\times10^{-6}}{\frac{0.12}{12}\times0.18^3\times0.12}=144\times10^3\,\text{Pa}=0.144\ \text{MPa}$$

截面 B 上的最大切应力为

$$(\tau_{\max})_B=1.5\frac{F_S}{A}=1.5\times\frac{3\times10^3}{0.12\times0.18}=208\times10^3\,\text{Pa}=0.208\ \text{MPa}$$

(2) 全梁横截面上的最大切应力

此梁为等直梁，最大切应力 $\tau_{\max}$ 发生在最大剪力 $F_{S\max}$ 所在横截面的中性轴上。由本节 $\tau_{\max}$ 计算公式，得

$$\tau_{\max}=\frac{3}{2}\frac{F_S}{A}=1.5\times\frac{3\times2\times10^3}{0.12\times0.18}=417\times10^3\,\text{Pa}=0.417\ \text{MPa}$$

4.7.2　工字形截面梁的切应力

工字形截面是由中间腹板和上下翼缘等窄长矩形构成的组合截面，分别讨论其切应力计算问题。

由于腹板是窄长矩形，前述关于矩形截面切应力的两个假设显然成立，因此腹板的切应力可按矩形截面的切应力公式计算，即

$$\tau=\frac{F_S S_z^*}{I_z d}$$

式中　I_z、F_S—— 含意与式(4.21)的相同；

d—— 腹板的宽度(不是翼缘宽度 b)。

欲求如图 4.32(a) 所示截面腹板上距中性轴为 y 各点处的切应力时，S_z^* 为图中阴影部分截面对中性轴的静矩，其值为

$$S_z^*=b\left(\frac{H}{2}-\frac{h}{2}\right)\left[\frac{h}{2}+\frac{1}{2}\left(\frac{H}{2}-\frac{h}{2}\right)\right]+d\left(\frac{h}{2}-y\right)\left[y+\frac{1}{2}\left(\frac{h}{2}-y\right)\right]=\frac{b}{8}(H^2-h^2)+\frac{d}{2}\left(\frac{h^2}{4}-y^2\right)$$

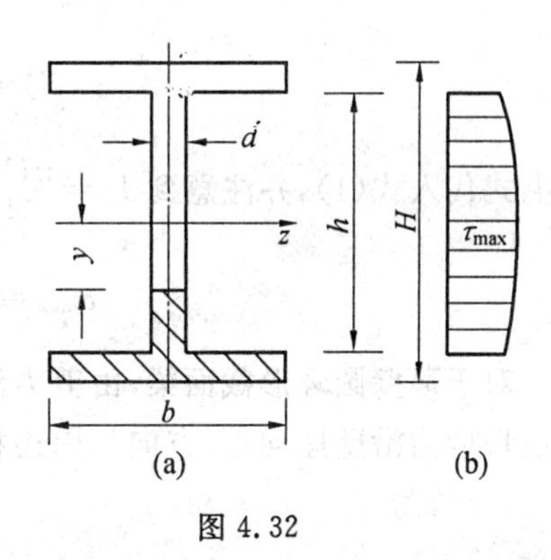

图 4.32

可以看出腹板上的切应力仍按二次抛物线规律变化。在$y=0$和$y=\pm\frac{h}{2}$处各点上有最大和最小切应力，如图 4.32(b) 所示。

翼缘上的切应力分布比较复杂，既有垂直于中性轴方向的垂直分量，也有平行于中性轴方向的水平分量。垂直分量的数值非常小，可忽略不计。水平方向的切应力很有规律，形成类似水流一样的“剪力流”。水平分量在已知腹板上切应力方向的情况下，可按“剪力流”的规律画出。

4.7.3　圆形截面和圆环形截面梁的切应力

圆形截面不能采用推导矩形截面切应力公式时的假设。由切应力互等定理不难推出周边上任一点 K 处的切应力不平行于剪力而与周边相切，如图 4.33(a) 所示。最大切应力仍在中性轴上各点处，其方向与剪力 F_S 平行，并假设沿中性轴均布。

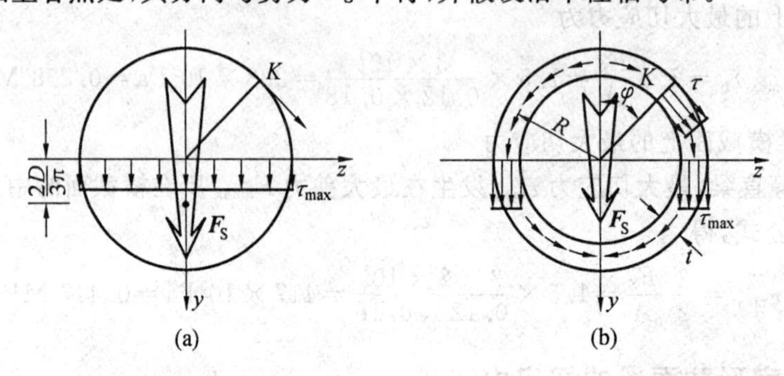

图 4.33

于是，可类似于矩形截面切应力的计算公式，推出圆形截面最大切应力的近似公式为

$$\tau_{\max}=\frac{F_S S_z^*}{I_z D} \tag{1}$$

式中　F_S、I_z—— 含意与式(4.21) 的相同；

D—— 圆截面直径；

S_z^* —— 半圆面积对中性轴的静矩。

即

$$S_z^*=\frac{1}{2}\ \frac{\pi D^2}{4}\ \frac{2D}{3\pi}=\frac{D^3}{12}$$

将上式代入式(1)，并注意到 $I_z=\frac{\pi D^4}{64}$，得

$$\tau_{\max}=\frac{4}{3}\times\frac{F_S}{\pi D^2/4}=\frac{4}{3}\ \frac{F_S}{A} \tag{2}$$

对于薄壁圆环形截面梁，由剪力流的概念和剪力 F_S 的方向可定出切应力的方向，并假设切应力沿壁厚均布、方向与周边相切，如图 4.33(b) 所示。最大切应力仍发生在中性轴上，其值为

$$\tau_{\max}=\frac{F_S S_z^*}{I_z 2t}$$

式中　S_z^*—— 半圆环面积对中性轴的静矩,其值可由两半圆面静矩之差求得。

即

$$S_z^* = \frac{2}{3}\left(R+\frac{t}{2}\right)^3 - \frac{2}{3}\left(R-\frac{t}{2}\right)^3 \approx 2R^2 t$$

式中　R—— 平均半径。

I_z 为圆环截面对中性轴的惯性矩,其值为

$$I_z = \frac{\pi}{4}\left(R+\frac{t}{2}\right)^4 - \frac{\pi}{4}\left(R-\frac{t}{2}\right)^4 \approx \pi R^3 t$$

于是

$$\tau_{\max} \approx \frac{F_S \cdot 2R^2 t}{\pi R^3 t \cdot 2t} = 2\,\frac{F_S}{2\pi R t}$$

即

$$\tau_{\max} = 2\,\frac{F_S}{A}$$

式中　A—— 圆环截面面积。

4.8　梁的强度计算

4.8.1　梁的正应力和切应力强度条件

梁的最大正应力和最大切应力均不得超过材料的许用应力。对于等直梁,最大正应力发生在最大弯矩所在横截面上距中性轴最远的各点处,而这些点处的切应力为零。它们就像轴向拉压时横截面上的各点一样,都是单向受力状态。因此,梁的正应力强度条件为

$$\sigma_{\max} = \frac{M_{\max}}{W_z} \leqslant [\sigma] \tag{4.22}$$

式中　$[\sigma]$—— 弯曲许用正应力,可近似地采用拉压时材料的许用正应力。

如果材料的抗拉压性能不同,要分别计算梁的最大拉应力和最大压应力,使它们分别小于各自的许用应力。

最大切应力发生在最大剪力所在横截面的中性轴上各点处,而这些点处的正应力为零。它们就像圆轴扭转时横截面上的各点一样,都是纯剪切受力状态。因此,梁的切应力强度条件为

$$\tau_{\max} = \frac{F_S S_{z\max}^*}{I_z b} \leqslant [\tau] \tag{4.23}$$

梁的强度计算必须同时满足上述两种强度条件。一般情况下,梁的强度由正应力控制,只要正应力强度条件满足,切应力强度条件通常必然满足。但是对于一些特殊情况,梁的切应力也可能起控制作用,如:

① 当梁的跨高比较小,或载荷作用点靠近支座时,梁的切应力相对较大。

② 用焊接或铆接方式制成的组合截面梁,如工字梁,由于腹板的宽度较窄,腹板上的

切应力可能较大。

③ 对于木梁，其顺纹方向的抗剪强度较差。在横力弯曲时，可能因中性层上的切应力过大而发生剪切破坏。

4.8.2 梁的强度计算

根据梁的强度条件，可解决 3 类强度计算问题：校核强度、设计截面尺寸和计算许用载荷。

【例 4.10】 如图 4.34 所示倒 T 形截面梁，已知许用拉应力$[\sigma_t]=30$ MPa，许用压应力$[\sigma_c]=90$ MPa，$I_z=573$ cm^4，试校核该梁的强度。

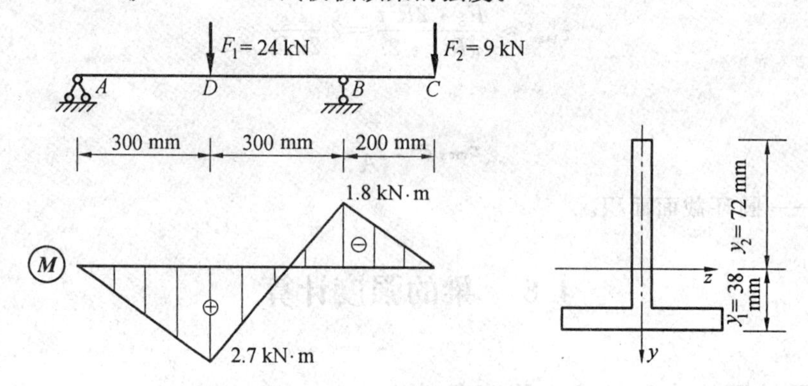

图 4.34

【解】 由于此梁材料的抗拉压性能不同，而且中性轴又不是对称轴，弯矩有正负两个极值，因此，需分别求出梁的最大拉应力和最大压应力。

(1) 截面 D 与截面 B 上，$M_D>M_B$，$y_2>y_1$，因此，最大压应力发生在截面 D 上边缘，其值为

$$\sigma_{\max}=\frac{M_D}{I_z}y_2=\frac{2.7\times10^3}{573\times10^{-8}}\times0.072=33.9\ \text{MPa}<[\sigma_c]$$

(2) 截面 D 上的最大拉应力发生在截面下边缘，截面 B 上的最大拉应力发生在截面 B 上边缘，而 $M_By_2>M_Dy_1$，所以梁的最大拉应力发生在截面 B 上边缘，其值为

$$\sigma_{\max}=\frac{M_B}{I_z}y_2=\frac{1.8\times10^3}{573\times10^{-8}}\times0.072=22.6\ \text{MPa}<[\sigma_t]$$

满足强度条件。

【例 4.11】 如图 4.35 所示工字形截面梁，已知$[\sigma]=170$ MPa，$[\tau]=100$ MPa，试选择工字钢型号。

【解】 (1) 作出剪力图和弯矩图

$$M_{\max}=39\ \text{kN}\cdot\text{m},F_{S\max}=17\ \text{kN}$$

(2) 根据正应力强度条件选择工字钢型号，由式(4.22) 得

$$W_z\geqslant\frac{M_{\max}}{[\sigma]}=\frac{39\times10^3}{170\times10^6}\times10^6=229\ \text{cm}^3$$

查型钢表，取工字钢 20a，$W_z=237$ cm^3，$d=7$ mm，$I_z/S_{z\max}=17.2$ cm。

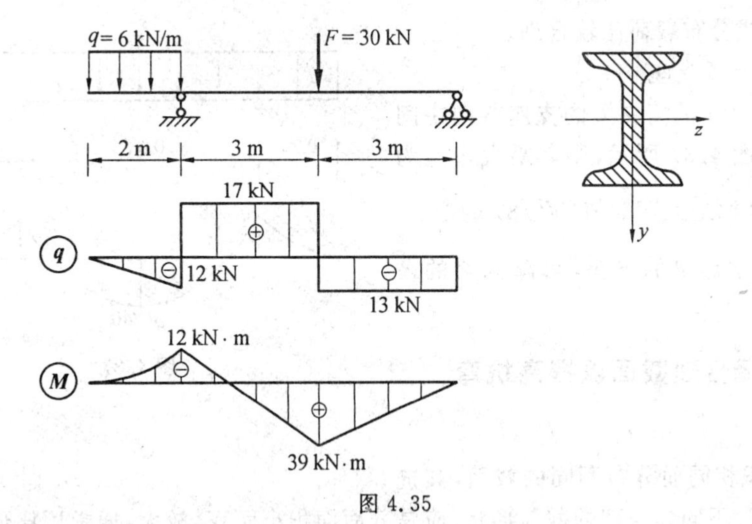

图 4.35

(3) 验算切应力强度

$$\tau_{\max}=\frac{F_{S}}{I_z/S_{z\max}d}=\frac{17\times10^{3}}{17.2\times10^{-2}\times7\times10^{-3}}=14\ \mathrm{MPa}<[\tau]$$

满足强度条件、安全。

4.9　提高梁抗弯强度的主要途径

梁的强度主要由最大正应力控制。由正应力强度条件

$$\sigma_{\max}=\frac{M_{\max}}{W_z}\leqslant[\sigma]$$

可以看出，要提高梁的承载能力，可以从降低最大弯矩 $M_{\max}$ 和提高抗弯截面模量 W_z 两方面入手。

4.9.1　合理安排受力情况以降低最大弯矩

(1) 改变载荷分布情况

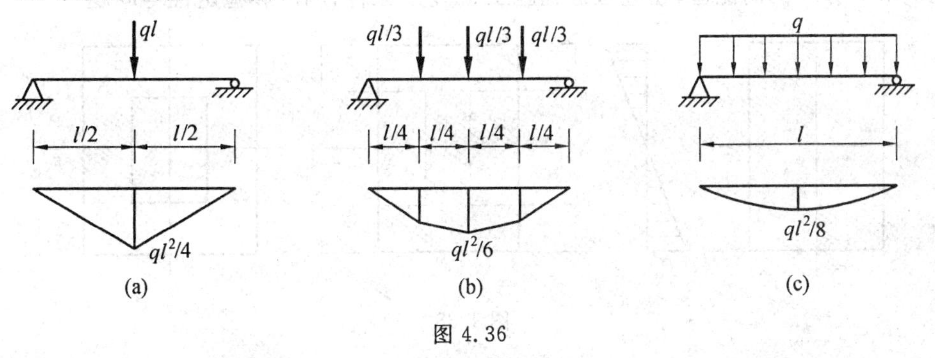

图 4.36

图 4.36 所示 3 个相同跨长的简支梁所受载荷的总量相同，但分布不同。图 4.36(a) 的弯矩最大，图 4.36(c) 的弯矩最小。这说明在可能条件下，把集中力分散成若干个小集

中力，甚至改成分布载荷比较合理。

(2) 合理布置支座

若将跨长为 l 的简支梁的支座各向中间移动 $0.2l$，如图 4.37 所示，则其最大弯矩为 $ql^2/40$，减少到原最大弯矩值($ql^2/8$) 的$\frac{1}{5}$。

(3) 适当增加梁的支座，可降低梁的最大弯矩。

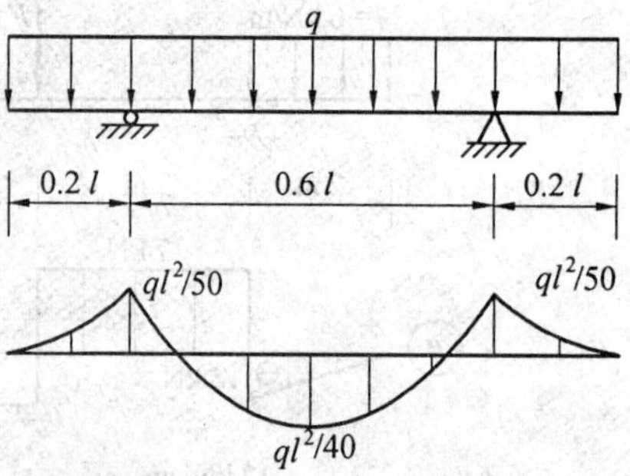

图 4.37

4.9.2 选择合理截面以提高抗弯截面模量

对于面积相同而分布不同的截面，其抗弯截面模量 W_z 不同。合理的截面形状，应是截面面积小而 W_z 较大，通常用比值 W_z/A 衡量截面形状的合理性。比值越大，表示这种截面在相同截面面积时其承受弯矩的能力越大。例如，高为 h，宽为 b 的矩形截面

$$W_z/A=\frac{bh^2/6}{bh}=\frac{h}{6}=0.167h$$

直径为 d 的圆形截面

$$W_z/A=\frac{\pi d^3/32}{\pi d^2/4}=\frac{d}{8}=0.125d$$

高为 h 的工字形截面(型钢)

$$W_z/A=(0.27\sim 0.31)h$$

可见工字形截面比圆形截面和矩形截面合理。

从正应力分布规律看，这种选择也合理。因为弯曲时，截面中性轴附近的正应力很小。为充分利用材料，在可能的条件下，可将中性轴附近的部分材料转移到距中性轴较远的边缘处。例如将矩形截面中性轴附近的材料移置到上下边缘处，形成工字形、箱形等截面形状，如图 4.38 所示。当然，梁的合理截面形状不能全由正应力强度条件决定，不能片面地追求 W_z/A 的高比值，还应考虑到施工(工艺) 条件，刚度和稳定性等问题。

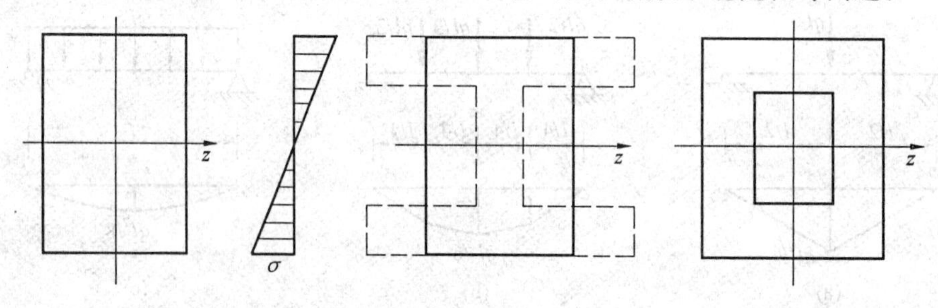

图 4.38

4.9.3　根据材料性质合理设计截面

对于抗拉压强度相同的材料，应设计成具有水平对称轴的截面，以使截面上下边缘处的最大拉压应力相等，材料的抗拉抗压强度得到均衡发挥。

对于抗拉抗压性能不同的脆性材料，应采用上下不对称的截面（无水平对称轴），并使中性轴靠近强度较小的一侧，如图 4.39 所示的几种截面。对于这类截面，若使 y_1 和 y_2 之比接近于下列关系

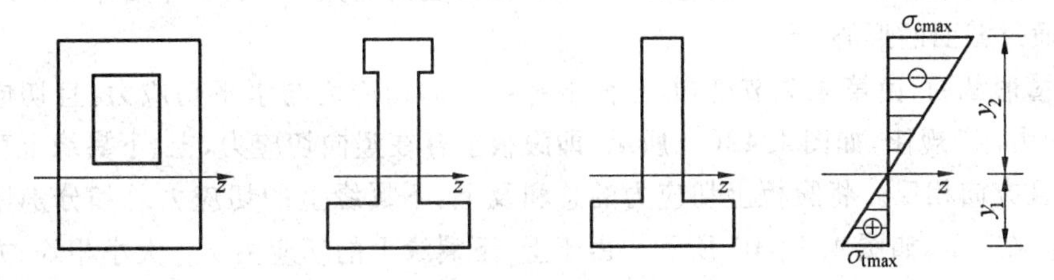

图 4.39

$$\frac{\sigma_{tmax}}{\sigma_{cmax}}=\frac{y_1}{y_2}=\frac{[\sigma_t]}{[\sigma_c]}$$

则材料的抗拉和抗压强度便可得到均衡发挥。

4.9.4　选用变截面梁或等强度梁

等截面梁的截面尺寸是以最大弯矩 M_{max} 所在的危险截面确定的。当危险截面上正应力达到许用值时，其他截面上的最大应力必定不会超过许用值。为节省材料，可采取弯矩大的截面用较大的截面尺寸，弯矩小的截面用较小的截面尺寸。这种截面尺寸沿轴线变化的梁，称为变截面梁，如图 4.40 所示。

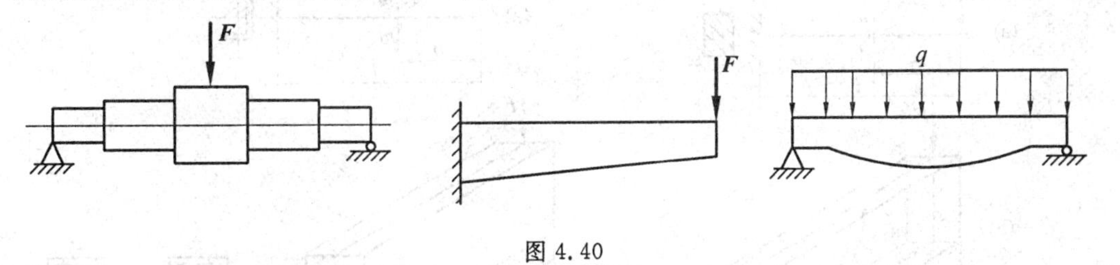

图 4.40

理想的变截面梁，可设计成每个横截面上的最大正应力均等于许用应力。这种梁称为等强度梁。即

$$\sigma_{max}=\frac{M(x)}{W(x)}=[\sigma]$$

$$W(x)=M(x)/[\sigma]$$

该式说明等强度梁的抗弯截面模量随截面弯矩而变化。等强度梁常因制造上的困难，而被接近于等强度梁的变截面梁所代替。

4.10　截面的弯曲中心

本节介绍弯曲中心的概念。

图 4.41 和图 4.42 所示二梁，一为矩形截面，一为槽形截面，二梁承受相同的外力 F，F 的作用面均通过截面的形心主轴，现研究二者 $m-m$ 截面上的剪力 F_S 有何特点。

对矩形截面梁来说，梁为平面弯曲，$m-m$ 截面上的剪力 F_S 位于外力作用的对称平面内，F_S 通过截面的形心。

对于槽形截面，由第 4.7 节已知，截面上存在竖向切应力与水平切应力，且切应力方向遵循"剪力流"规律，如图 4.42(c) 所示，即腹板上存在竖向切应力，上、下翼缘上存在水平切应力且方向相反。将腹板上切应力的总和及上、下翼缘上的切应力总和分别用合力 F'_S 及 F_{S1} 来表示，如图 4.42(d) 所示。由于上、下翼缘上的切应力 F_{S1} 大小相等、方向相反，因而形成一力偶矩 $F_{S1}h_1$，这样，横截面上就存在力 F'_S 和力偶矩 $F_{S1}h_1$，二者可用位于横截面平面内另一位置的合力 F_S(等效力系) 来代替，F_S 就是横截面上剪力的合力。这说明：对槽形截面梁来说，横截面上剪力的合力将不像矩形截面那样通过截面的形心，而是通过另一点 A。从图 4.42(b) 看到，此时剪力 F_S 与外力 F 不在同一纵向平面内，由脱离体的平衡条件可知，在 $m-m$ 截面上必然存在一扭矩(否则不能满足平衡条件 $\sum M_x=0$)。因此，对梁来说，除产生弯曲还产生扭转。欲使梁不产生扭转，就必须使外力 F 作用在过点 A 纵向平面内，点 A 就称为弯曲中心。也就是说，只有当横向力 F 作用在通过弯曲中心的纵向平面内时，梁才只产生弯曲而不产生扭转。

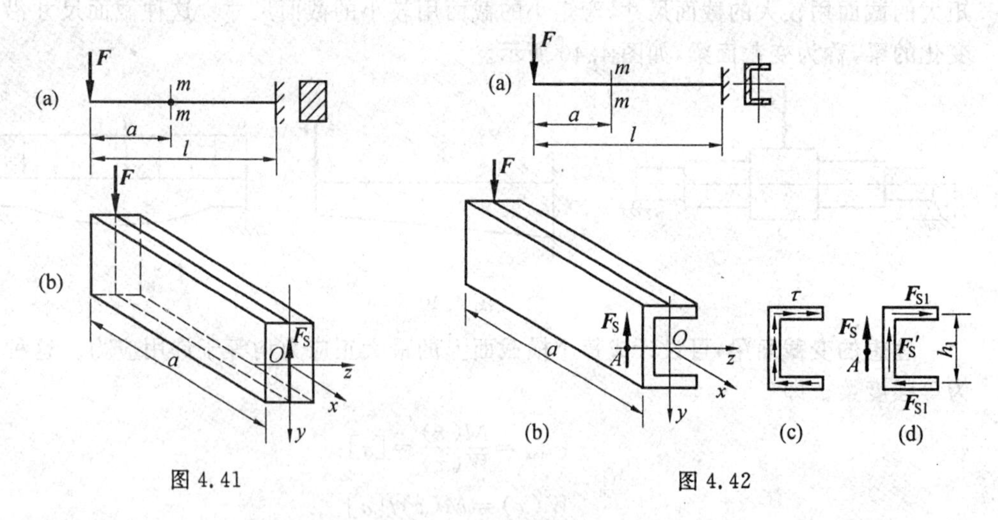

图 4.41　　　　图 4.42

对薄壁截面梁来说，其抗扭能力很弱，当受扭时，横截面上将产生很大的扭转切应力，这对梁十分不利。因此，在工程中，应尽量避免薄壁截面梁受扭。

上面结合槽形薄壁截面梁介绍了弯曲中心的概念。但应指出：任何形状截面，不论是薄壁还是实心的，均存在弯曲中心；而弯曲中心的位置只决定于截面的几何特征(截面的形状与尺寸)。

确定弯曲中心的位置，常是比较复杂的，但存在下列规律：

(1) 具有两个对称轴的截面，二对称轴的交点就是弯曲中心，如图 4.43(a) 所示。

(2) 具有一个对称轴的截面，弯曲中心一定位于对称轴上，图 4.43(b) 所示。

(3) 开口薄壁截面当其中线交于一点时，该交点即为弯曲中心，如图 4.43(c) 所示。

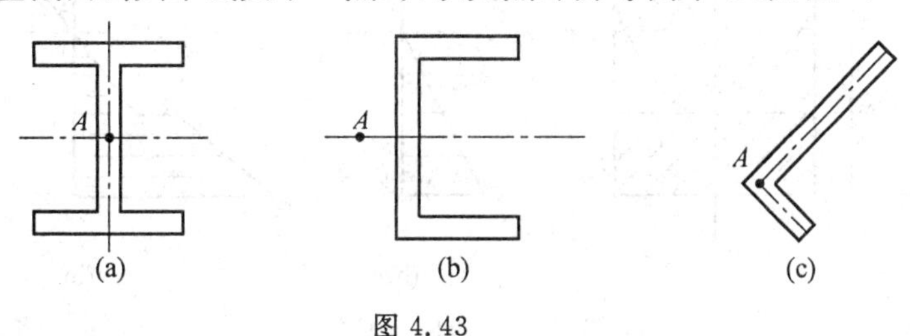

图 4.43

表 4.2 中给出了几种常见截面弯曲中心的位置。

表 4.2　常见截面弯曲中心的位置

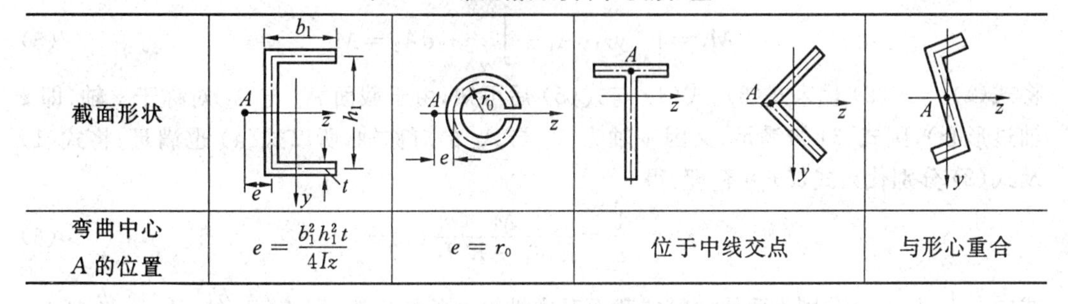

截面形状				
弯曲中心 A 的位置	$e=\frac{b_1^2h_1^2t}{4Iz}$	$e=r_0$	位于中线交点	与形心重合

4.11　组合梁

由两种或两种以上不同材料组成的梁称为组合梁。例如钢木组合梁及钢筋混凝土梁等。假定组合梁的整体性良好，在变形过程中，梁的各组成部分之间连接紧密而无相对错动，因此，可以认为平面假设仍然成立。但是，由于不同材料具有不同的弹性模量，它们在相同应变时，具有不同的应力。现举例说明组合梁的应力计算问题。

如图 4.44(a) 所示钢木组合梁的矩形截面，截面弯矩为 M，试导出其应力计算公式。

梁弯曲后，由平面假设可知，应变的分布规律如图 4.44(b) 所示。根据胡克定律，并由公式(4.19) 得两种材料的应力表达式分别为

$$\sigma_1=E_1\frac{y}{\rho}\quad(0\leqslant|y|\leqslant h/2)\tag{1}$$

$$\sigma_2=E_2\frac{y}{\rho}\quad(h/2<|y|\leqslant H/2)\tag{2}$$

式中　ρ—— 曲率半径；

E_1、E_2—— 分别为木和钢的弹性模量。

仿照第 4.6 节的方法，由静力学条件可得

$$F_N=\int_{A_1}\sigma_1\mathrm{d}A_1+\int_{A_2}\sigma_2\mathrm{d}A_2=0\tag{3}$$

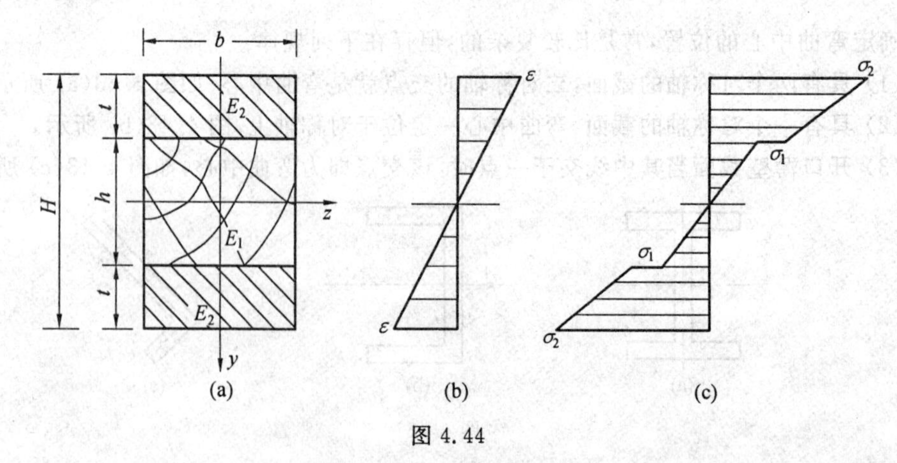

图 4.44

$$M_y=\int_{A_1} z\sigma_1 \mathrm{d}A_1+\int_{A_2} z\sigma_2 \mathrm{d}A_2=0 \tag{4}$$

$$M_z=\int_{A_1} y\sigma_1 \mathrm{d}A_1+\int_{A_2} y\sigma_2 \mathrm{d}A_2=M \tag{5}$$

将式(1) 与式(2) 代入式(3)、式(4) 与式(5) 后可知，由于截面 A_1 与 A_2 对称于 z 轴(即 z 轴过形心)，则式(3) 被满足；又因 y 轴为 A_1 与 A_2 的对称轴，所以式(4) 也满足；将式(1) 及式(2) 分别代入式(5) 并整理，得

$$\frac{1}{\rho}=\frac{M}{E_1I_1+E_2I_2} \tag{6}$$

式中　I_1、I_2—— 分别为两种材料的截面对中性轴 z 的惯性矩，即 $I_1=\dfrac{bh^3}{12}$、$I_2=\dfrac{b}{12}(H^3-h^3)$。

再将式(6) 代回式(1) 和式(2)，可得

$$\sigma_1=\frac{ME_1y}{E_1I_1+E_2I_2} \tag{7}$$

$$\sigma_2=\frac{ME_2y}{E_1I_1+E_2I_2} \tag{8}$$

σ_1 与 σ_2 沿截面高度的分布规律如图 4.44(c) 所示。

习　题

4.1　如图 4.45 所示，$A_1=400\ \mathrm{mm}^2$、$A_2=300\ \mathrm{mm}^2$。试求 1－1 和 2－2 截面的应力。

4.2　如图 4.46 所示，钢板受 14 kN 的纵向力而拉伸，板上有 3 个铆钉圆孔，孔的直径为 20 mm，板厚 10 mm，宽 200 mm。试求危险截面上的平均应力。

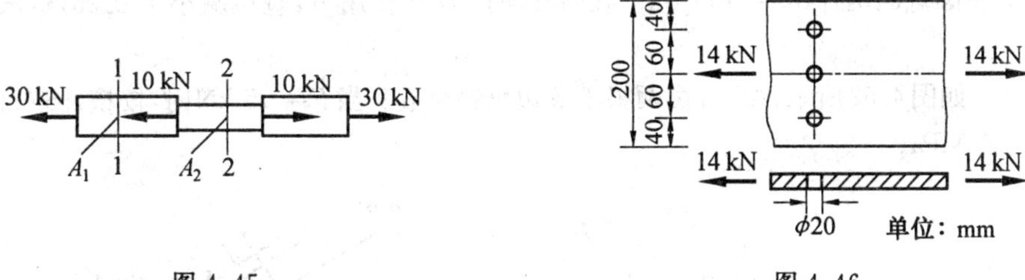

图 4.45　　　　图 4.46

4.3　如图 4.47 所示结构中，AB 为刚性杆，CD 为圆形截面木杆，其直径 $d=120$ mm，已知 $F=8$ kN。试求 CD 杆横截面上的应力。

4.4　如图 4.48 所示一面积为 100 mm×200 mm 的矩形截面杆，受拉力 $F=20$ kN 的作用。试求：

(1)$\theta=\frac{\pi}{6}$ 的斜面 $m-m$ 上的应力；

(2) 最大正应力 $\sigma_{\max}$ 和最大切应力 $\tau_{\max}$ 的大小及其作用面的方位角。

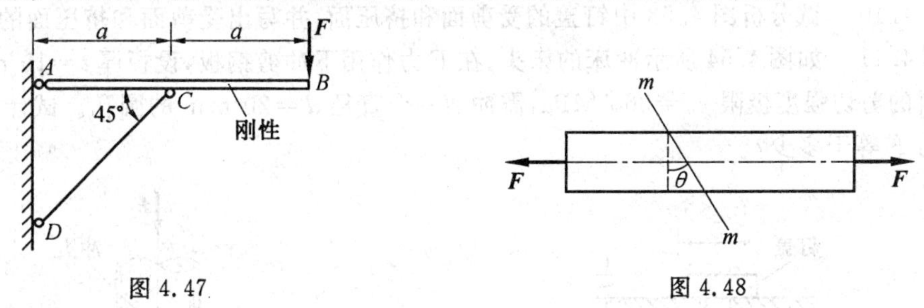

图 4.47　　　　图 4.48

4.5　如图 4.49 所示结构中，杆 ① 和杆 ② 均为圆截面钢杆，其直径分别为 $d_1=16$ mm、$d_2=20$ mm，已知 $F=40$ kN，钢材的许用应力$[\sigma]=160$ MPa。试分别校核二杆的强度。

4.6　如图 4.50 所示结构图中，AB 和 BC 均为直径 $d=20$ mm 的钢杆，钢材许用应力$[\sigma]=160$ MPa。试求该结构的许用载荷$[F]$。

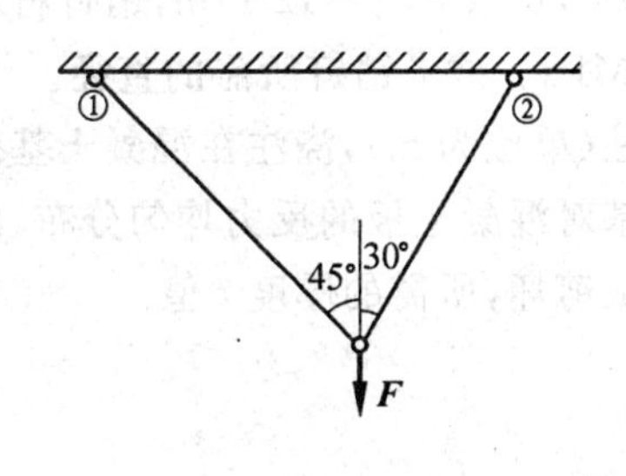

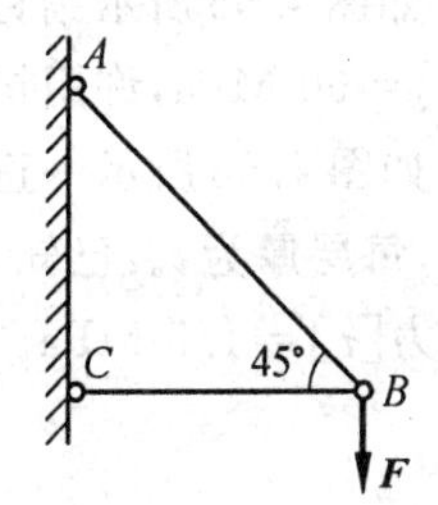

图 4.49　　　　图 4.50

4.7　如图 4.51 所示，杆 ① 横截面积 $A_1=600$ mm^2，容许应力$[\sigma_1]=160$ MPa，杆 ② 横截面积 $A_2=900$ mm^2，容许应力$[\sigma_2]=100$ MPa。试求许用载荷$[F]$。

4.8　(1) 试证明轴向拉(压) 的圆截面杆横截面沿圆周方向的线应变 ε_S 等于直径方向的线应变 ε_d。

(2) 一圆截面钢杆，$d=100$ mm，在两轴向拉力 F 作用下，直径减小了 0.25%，试求拉力 F。

4.9 如图4.52所示，AB 杆由两根不等边角钢组成。当 $F=15$ kN时，校核 AB 杆的强度，$[\sigma]=160$ MPa。

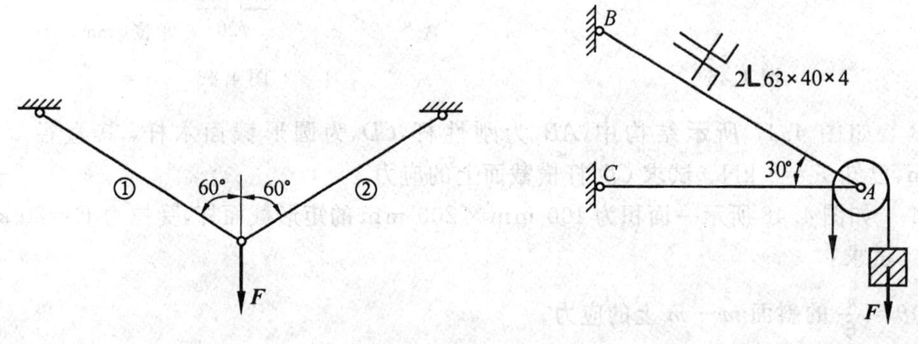

图 4.51

图 4.52

4.10 试分析图 4.53 中钉盖的受剪面和挤压面，并写出受剪面和挤压面的面积。

4.11 如图 4.54 所示冲床的床头，在 F 力作用下冲剪钢板，设板厚 $t=10$ mm，钢板材料的剪切强度极限 $\tau_b=360$ MPa，需冲剪一个直径 $d=20$ mm 的圆孔。试计算所需的冲力 F 等于多少？

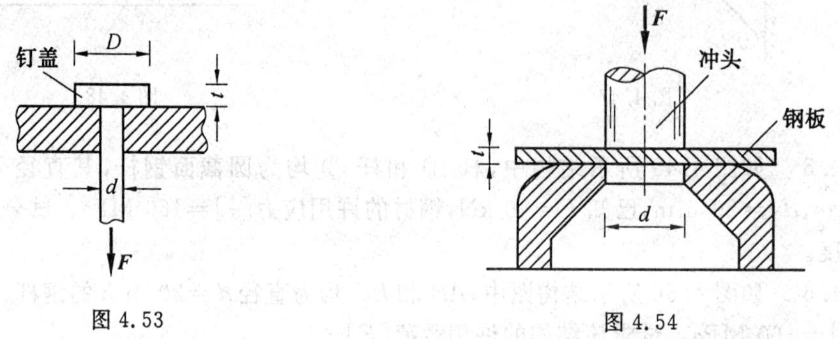

图 4.53

图 4.54

4.12 如图 4.55 所示销钉连接中，$F=40$ kN，$t=20$ mm，$t_1=12$ mm，销钉材料的许用切应力 $[\tau]=60$ MPa，许用挤压应力 $[\sigma_{bs}]=120$ MPa。试求销钉所需的直径。

4.13 如图 4.56 所示一正方形截面的混凝土柱(单位为 m)，浇注在混凝土基础上。基础分两层，每层厚为 t。已知 $F=200$ kN，假定地基对混凝土板的反力均匀分布，混凝土的许用切应力 $[\tau]=1.5$ MPa。试计算为使基础不被剪坏，所需的厚度 t 值。

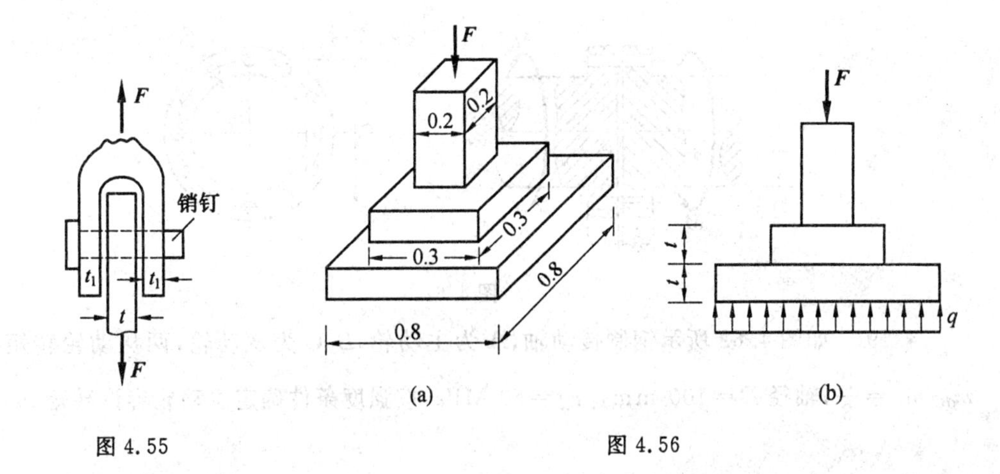

图 4.55　　　　图 4.56

4.14　试分析如图 4.57 所示铆接接头中铆钉和板的受力，并分别画出铆钉、主板和盖板的受力图。

4.15　如图 4.58 所示薄壁圆管，受力偶矩 $M_e=1\ 000\ \mathrm{N\cdot m}$。已知：圆管外径 $D=80\ \mathrm{mm}$，内径 $d=72\ \mathrm{mm}$。试求横截面上的切应力。

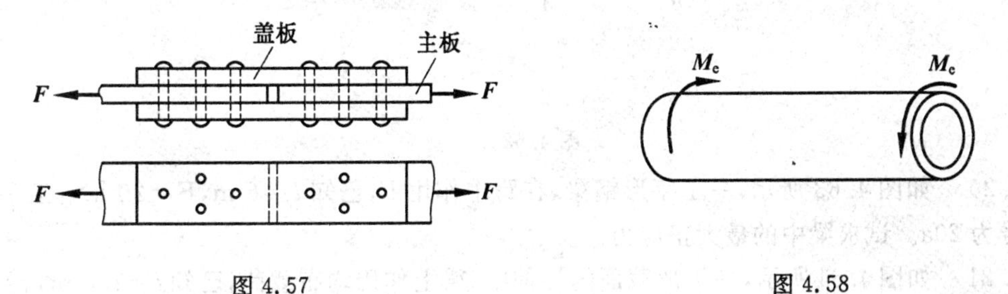

图 4.57　　　　图 4.58

4.16　如图 4.59 所示一齿轮传动轴，传递力偶矩 $M_e=10\ \mathrm{kN\cdot m}$，轴的直径 $d=80\ \mathrm{mm}$。试求轴的最大切应力。

4.17　如图 4.60 所示受扭圆杆中，$d=100\ \mathrm{mm}$，材料的许用切应力 $[\tau]=40\ \mathrm{MPa}$。试校核圆轴强度。

图 4.59　　　　图 4.60

4.18　如图 4.61 所示两圆轴由法兰上的 12 个螺栓连接。已知轴传递扭矩 $50\ \mathrm{kN\cdot m}$，法兰盘厚 $t=20\ \mathrm{mm}$，平均直径 $D=300\ \mathrm{mm}$，轴的 $[\tau]=60\ \mathrm{MPa}$，螺栓的许用切应力 $[\tau]=100\ \mathrm{MPa}$，许用挤压应力 $[\sigma_{bs}]=120\ \mathrm{MPa}$。试求轴的直径 d 和螺栓直径 d_1。

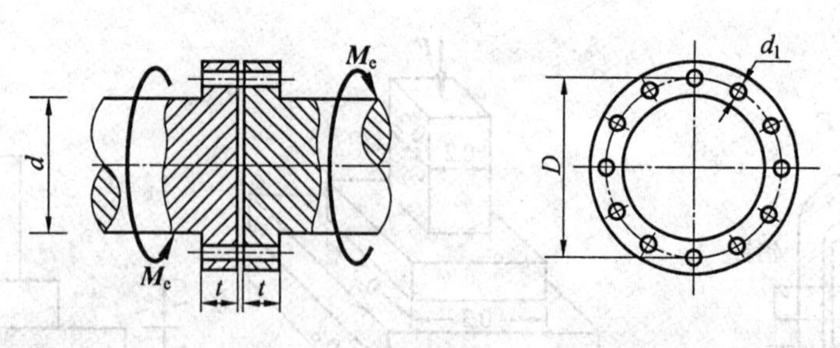

图 4.61

4.19 如图 4.62 所示钢制传动轴，A 为主动轮，B、C 为从动轮，两从动轮转矩之比 $m_B/m_C=\frac{2}{3}$，轴径 $D=100$ mm，$[\tau]=60$ MPa，按强度条件确定主动轮容许转矩 m_A。

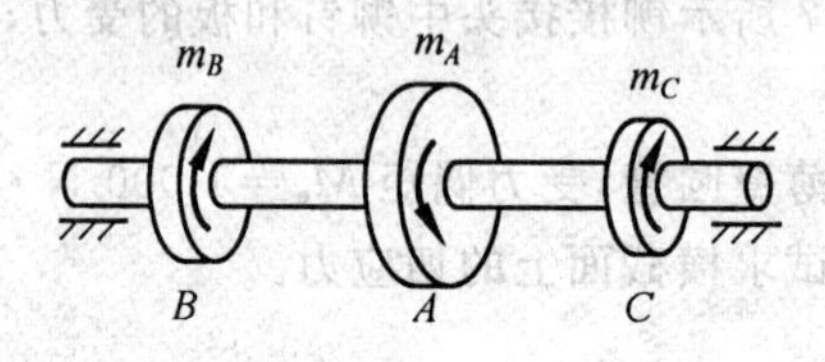

图 4.62

4.20 如图 4.63 所示，一工字形钢梁，在跨中作用 F，已知 $l=6$ m，$F=20$ kN，工字钢型号为 20a。试求梁中的最大正应力。

4.21 如图 4.64 所示，一 T 形截面的外伸梁，梁上作用均布载荷，已知 $l=1.5$ m，$q=8$ kN/m。试求梁中横截面上的最大拉应力和最大压应力。

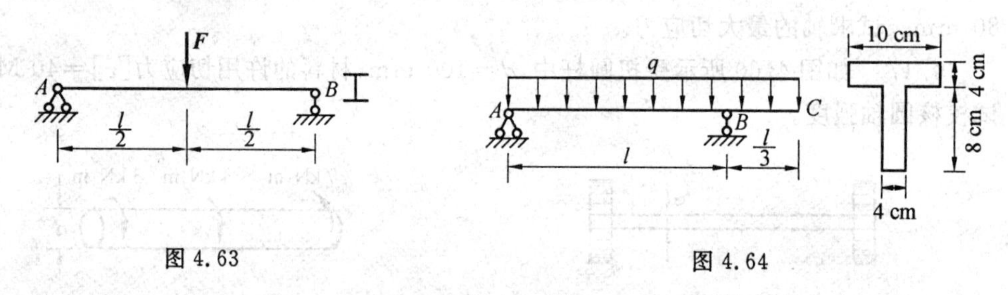

图 4.63

图 4.64

4.22 由两个 16a 号槽钢组成的外伸梁，梁上载荷如图 4.65 所示，已知 $l=6$ m，钢材的许用应力 $[\sigma]=170$ MPa。试求梁能承受的最大载荷 F_{max}。

4.23 试选择如图 4.66 所示梁的槽钢型号，并校核强度，$[\sigma]=160$ MPa。

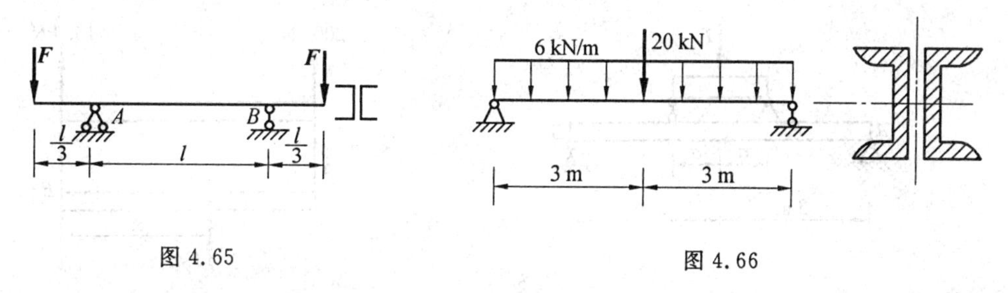

图 4.65　　　　图 4.66

4.24　铸铁梁如图 4.67 所示，根据合理截面的要求，确定截面尺寸 δ，并校核梁的强度，$[\sigma_t]=40$ MPa，$[\sigma_c]=120$ MPa。

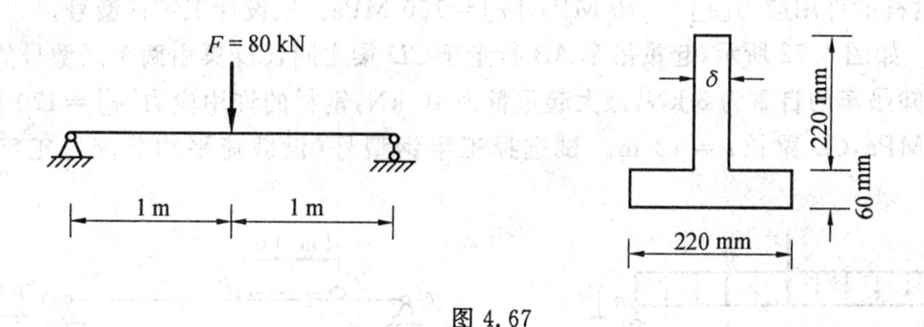

图 4.67

4.25　如图 4.68 所示 20 号槽钢纯弯曲时，测出 A、B 两点间长度的改变 $\Delta l=-27\times 10^{-3}$ mm，$E=2\times 10^5$ MPa，试求弯矩 M。

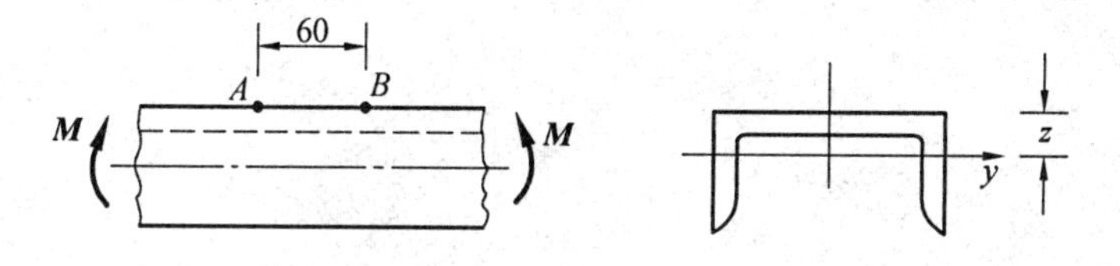

图 4.68

4.26　载荷 F 直接作用在 AB 梁的中点时，梁内最大正应力超过许用值的 30%，为了消除此过载现象，配置了如图 4.69 所示的辅助梁 CD。试求辅助梁所需的跨长 $2a$。

4.27　如图 4.70 所示，为起吊重量 $F=300$ kN 的设备，采用一台 150 kN 吊车和一台 200 kN 的吊车，并加一根辅助工字钢梁 AB，若梁跨度 $l=4$ m。试求：

(1) 保证两台吊车都不超载时的 x；

(2) 若许用正应力 $[\sigma]=170$ MPa，选择辅助梁的工字钢型号。

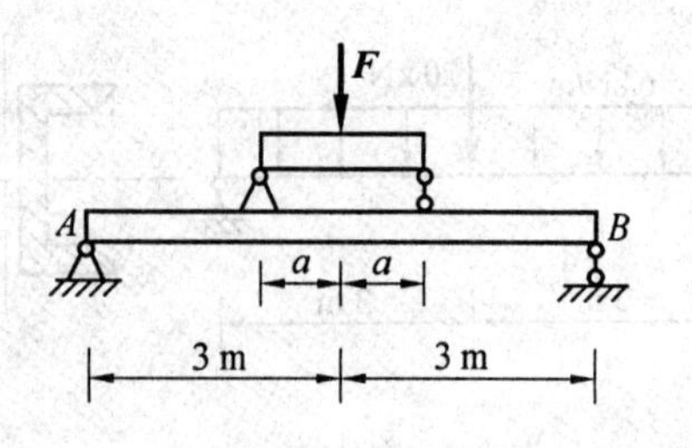

图 4.69

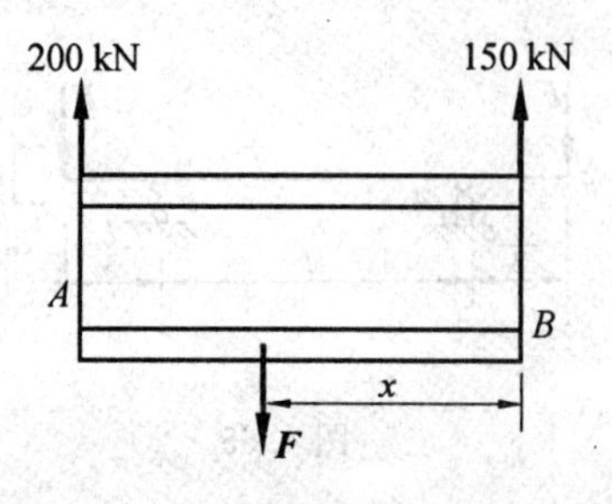

图 4.70

4.28 一简支工字形钢梁，梁上载荷如图 4.71 所示，已知 $l=6$ m，$F=40$ kN，$q=6$ kN/m，钢材的许用应力$[\sigma]=170$ MPa，$[\tau]=100$ MPa。试设计工字钢型号。

4.29 如图 4.72 所示，起重吊车 AB 行走于 CD 梁之间，CD 梁由两个同型号的工字钢组成，已知吊车的自重为 5 kN，最大起重量为 10 kN，钢材的许用应力$[\sigma]=170$ MPa，$[\tau]=100$ MPa，CD 梁长 $l=12$ m。试选择工字钢型号（设载荷平均分配二工字钢梁上）。

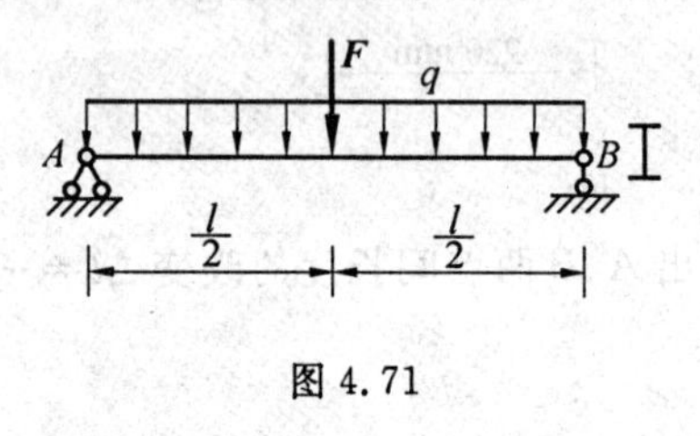

图 4.71

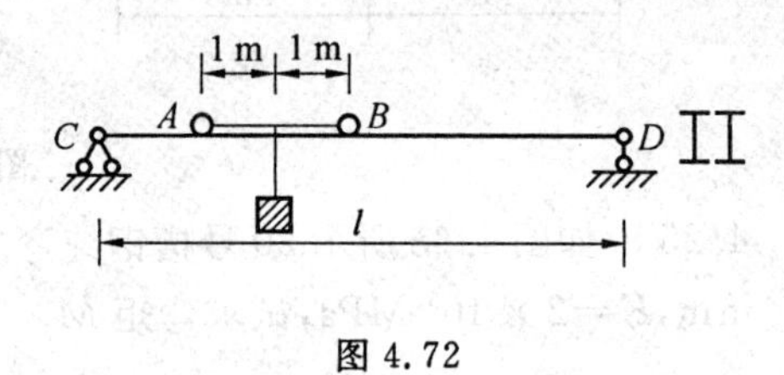

图 4.72

第 5 章 变形计算、刚度条件及超静定问题

5.1　轴向拉压杆的变形及胡克定律

以图 5.1 所示拉杆为例，在轴向拉力作用下，讨论杆件的轴向变形及横向尺寸的变化。

杆的原长为 l，横向尺寸为 d。在轴向拉力作用下，杆长变为 l_1，横向尺寸变为 d_1。则杆的绝对伸长为

$$\Delta l = l_1 - l$$

实验表明，在弹性范围内，杆的变形 Δl 与所加的拉力 F 成正比，与杆长 l 成正比，而与横截面积 A 成反比，即

$$\Delta l \propto \frac{Fl}{A}$$

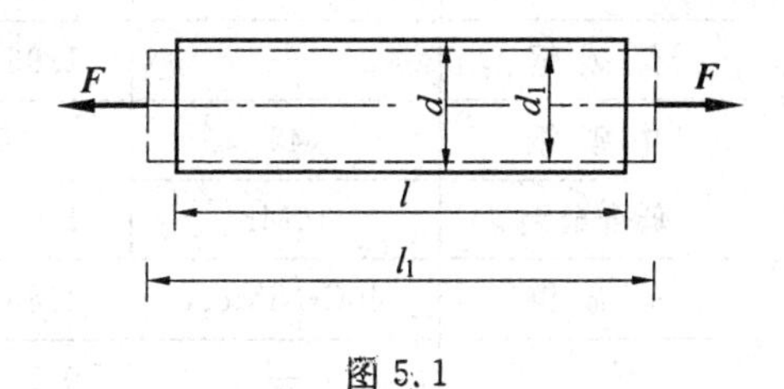

图 5.1

由于 $F=F_N$，并引入比例常数 E，上式可改写为

$$\Delta l = \frac{F_N l}{EA} \tag{5.1}$$

式(5.1) 是拉压杆的轴向变形公式，其中 E 称为材料的弹性模量，其数值随材料而异，可由试验测定。见表 5.1。

由式(5.1) 可见，对于长度相同，受力相等的杆件，EA 值愈大，则变形 Δl 愈小。EA 称为抗拉刚度，它反映了杆件抵抗拉伸(或压缩) 变形的能力。

将绝对伸长 Δl 除以原长 l，得

$$\varepsilon = \frac{\Delta l}{l}$$

ε 称为轴向线应变(见第 1.4 节)。规定杆件伸长时，Δl 与 ε 为正；缩短时，Δl 与 ε 为负。称正的 ε 为拉应变，负的 ε 为压应变。

将 $\varepsilon = \dfrac{\Delta l}{l}$ 和 $\sigma = \dfrac{F_N}{A}$ 代入式(5.1)，得

$$\varepsilon = \frac{\sigma}{E} \quad 或 \quad \sigma = E\varepsilon \tag{5.2}$$

式(5.2)表明,在弹性变形范围内,应力与应变成正比,式(5.1)与式(5.2)称为胡克定律。

拉杆的横向缩短量(图5.1)为

$$\Delta d = d_1 - d$$

其横向线应变为 $\varepsilon' = \Delta d / d$。

实验表明,杆在弹性范围内,其横向应变与轴向应变之比的绝对值为一常数,即

$$\mu = \left| \frac{\varepsilon'}{\varepsilon} \right|$$

μ 称为泊松比(或横向变形系数),是量纲为1的量,其值随材料而异,可由试验测定。

考虑到 ε 与 ε' 这两个应变的正负号恒相反,即轴向若为伸长变形(ε 为正),则横向必为缩短变形(ε' 为负),故有

$$\varepsilon' = -\mu\varepsilon \tag{5.3}$$

弹性模量 E 和泊松比 μ 都是材料的弹性常数。表5.1给出了一些常用材料的 E 和 μ 值。

表5.1 常用材料的 E、μ 值

材料名称	牌号	E		μ
		10^5 MPa	10^6 kg/cm^2	
低碳钢	—	1.96～2.16	2.0～2.2	0.24～0.28
中碳钢	45	2.05	2.09	0.24～0.28
低合金钢	16Mn	1.96～2.16	2.0～2.2	0.25～0.30
合金钢	40CrNiMoA	1.86～2.16	1.9～2.2	0.25～0.30
铸铁	—	0.59～1.62	0.6～1.65	0.23～0.27
铝合金	Ly12	0.71	0.72	0.32～0.36
混凝土	—	0.147～0.35	0.15～0.36	0.16～0.18
木材(顺纹)	—	0.098～0.117	0.1～0.12	—

【例5.1】 如图5.2(a)所示的拉压杆,$A_1 = 1\ 000\ \text{mm}^2$,$A_2 = 500\ \text{mm}^2$,$E = 2 \times 10^5$ MPa。试求杆的总伸长 Δl。

【解】 (1) 运用截面法计算轴力,并作出轴力图,如图5.2(b)所示。

(2) 计算变形

由于杆的 AC 段和 CD 段的轴力不同,并且 AB 段与 BC 段具有不同的截面面积,因此,应分别计算 AB、BC 和 CD 三段的变形,其代数和为杆的总伸长,即

$$\Delta l = \Delta l_{AB} + \Delta l_{BC} + \Delta l_{CD} = \frac{F_{NAB} l_{AB}}{EA_1} + \frac{F_{NBC} l_{BC}}{EA_2} + \frac{F_{NCD} l_{CD}}{EA_2} =$$

$$\frac{10^3 \times 0.5}{2 \times 10^5 \times 10^6 \times 10^{-6} \times 500} \times \left[\frac{-30}{2} + (-30) + 20 \right] =$$

$$-1.25 \times 10^{-4}\,\text{m} = -0.125\ \text{mm}$$

负号表示缩短，即杆件的总长度缩短了 0.125 mm。

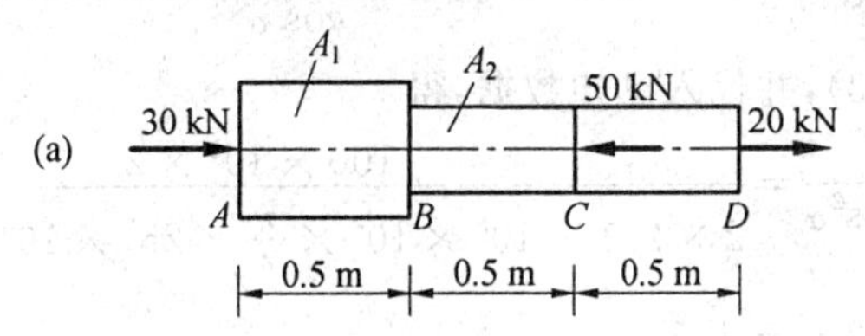

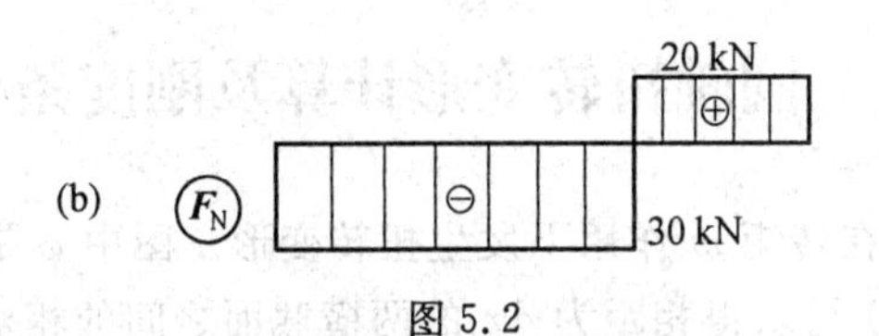

图 5.2

【例 5.2】　如图 5.3(a) 所示杆系由两根圆截面钢杆铰接而成。已知 $\alpha=30°$，杆长 $l=2$ m，直径 $d=25$ mm，$E=2.1\times10^5$ MPa，$F=100$ kN。试求节点 A 的位移 δ_A。

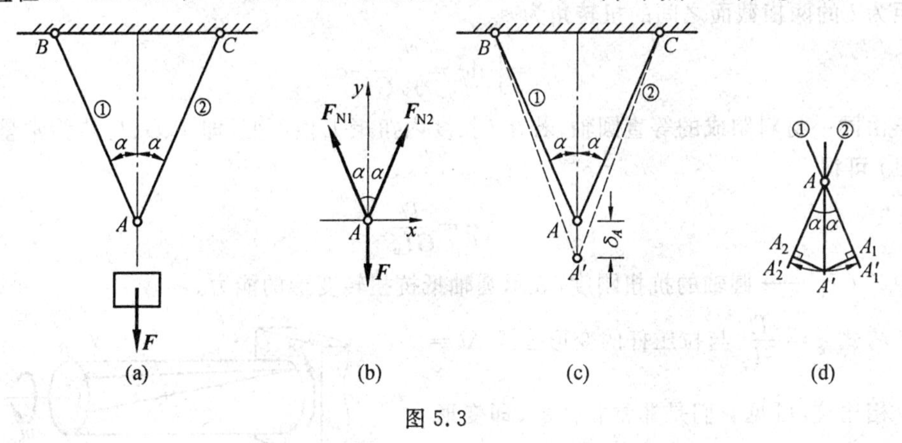

图 5.3

【解】　取脱离体如图 5.3(b) 所示，由平衡方程

$$F_{N1}\sin\alpha-F_{N2}\sin\alpha=0$$

$$F_{N1}\cos\alpha+F_{N2}\cos\alpha-F=0$$

解得

$$F_{N1}=F_{N2}=\frac{F}{2\cos\alpha} \tag{1}$$

由变形公式(5.1)，求得每个杆的伸长为

$$\Delta l_1=\Delta l_2=\frac{F_{N1}l}{EA}=\frac{Fl}{2EA\cos\alpha} \tag{2}$$

由于结构的对称性，节点 A 必然只产生铅垂向下的位移 δ_A。设点 A 位移到点 A'，即 $\overline{AA'}=\delta_A$，如图 5.3(c) 所示。分别以点 B 和点 C 为圆心，以 BA' 和 CA' 为半径作圆弧，如图5.3(d) 所示，分别交于杆 ① 和杆 ② 的延长线于点 A'_1 和点 A'_2，则 $\overline{AA'}_1=\Delta l_1$，$\overline{AA'}_2=\Delta l_2$。因为变形非常微小，所以可由点 A' 向两杆延长线分别作垂线以代替圆弧。两垂线的交点分别为 A_1 和 A_2，可以认为 $\overline{AA}_1=\overline{AA'}_1=\Delta l_1$，$\overline{AA}_2=\overline{AA'}_2=\Delta l_2$。于是

$$\delta_A=\overline{AA'}=\frac{\Delta l_2}{\cos\alpha} \tag{3}$$

将式(2) 代入式(3)，并代入已知数据，得

$$\delta_A=\frac{Fl}{2EA\cos^2\alpha}=\frac{100\times10^3\times2}{2\times2.1\times10^5\times10^6\times\frac{\pi}{4}\times25^2\times10^{-6}\times\cos^2 30°}=$$

$$0.001\,3\text{ m}=1.3\text{ mm}$$

5.2 圆轴扭转变形计算及刚度条件

如图 5.4 所示圆轴，在转矩 m 作用下发生扭转变形。图中 φ 是截面 B 相对于截面 A 的扭转角。由公式(4.10) 可求得相距为 $\mathrm{d}x$ 的两横截面之间的相对扭转角为

$$\mathrm{d}\varphi=\frac{T}{GI_p}\mathrm{d}x$$

相距为 l 的两横截面之间的扭转角为

$$\varphi=\int_l\mathrm{d}\varphi=\int_0^l\frac{T}{GI_p}\mathrm{d}x \tag{1}$$

对于由同一材料制成的等直圆轴，若在 l 长度内扭矩 T 值不变，即 T、G、I_p 均为常量，则由式(1) 可得

$$\varphi=\frac{Tl}{GI_p} \tag{5.4}$$

式中 GI_p—— 圆轴的抗扭刚度，表示圆轴抵抗扭转变形的能力。

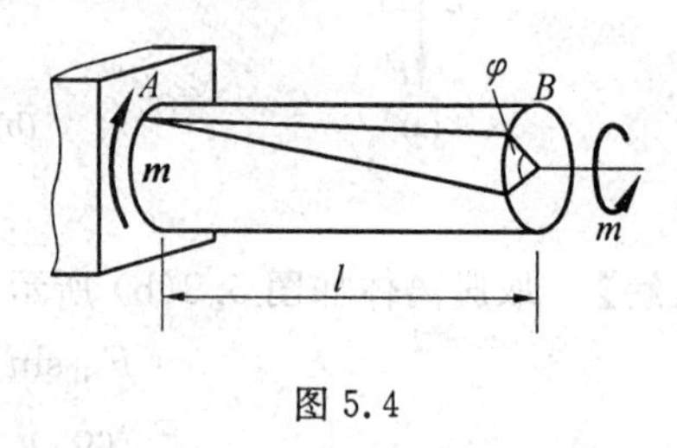

图 5.4

将式 $\varphi=\frac{Tl}{GI_p}$ 与拉压杆的变形公式 $\Delta l=\frac{F_Nl}{EA}$ 相比较，可见它们是非常相似的，即变形量都是与内力和杆长成正比，而与刚度成反比。抗扭刚度 GI_p 与抗拉刚度 EA 都是由两个量组成，一个是表示材料性质的弹性常数(E、G)，另一个是与截面形状尺寸有关的几何量(I_p、A)。

为保证圆轴正常工作，除满足强度条件外还需对扭转变形加以限制，即还要满足刚度要求。为此，规定单位长度扭转角 θ 的最大值不得超过规定的允许值[θ]，即

$$\theta_{\max}=\frac{T_{\max}}{GI_p}\leqslant[\theta](\text{rad/m}) \tag{5.5a}$$

工程中，习惯以度 / 米((°)/m) 作为[θ] 的单位。将上式中弧度换算为度，得

$$\theta_{\max}=\frac{T_{\max}}{GI_p}\times\frac{180}{\pi}\leqslant[\theta] \tag{5.5b}$$

与强度条件类似，刚度条件也可以解决校核刚度、设计截面和确定许用载荷等 3 类计算问题。

【例 5.3】 对于如图 5.5(a) 所示圆轴，已知 $m_A=6$ kN · m，$m_B=2$ kN · m，$m_C=$

4 kN·m，$l_1=0.6$ m，$l_2=0.9$ m，$G=8\times10^4$ MPa，$[\tau]=60$ MPa，$[\theta]=0.5$ (°)/m。试设计圆轴的直径 D，并计算扭转角 φ_{CB}。

【解】 计算各段扭矩，扭矩图如图5.5(b)所示。由强度条件(4.12)

得
$$\tau_{\max}=\frac{T_{\max}}{W_t}=\frac{T_{\max}}{\pi D^3/16}\leqslant[\tau]$$

$$D\geqslant\sqrt[3]{\frac{16T_{\max}}{\pi[\tau]}}=\sqrt[3]{\frac{16\times4\times10^3}{\pi\times60\times10^6}}=70\ \text{mm}$$

由刚度条件(5.5b)，得

$$\theta_{\max}=\frac{T_{\max}}{GI_p}\frac{180}{\pi}=\frac{180T_{\max}}{G\pi^2D^4/32}\leqslant[\theta]$$

$$D\geqslant\sqrt[4]{\frac{32\times180T_{\max}}{G\pi^2[\theta]}}=\sqrt[4]{\frac{32\times180\times4\times10^3}{8\times10^4\times10^6\times\pi^2\times0.5}}=87\ \text{mm}$$

取 $D=87$ mm。可见该轴由刚度条件控制。

扭转角

$$\varphi_{CB}=\varphi_{CA}+\varphi_{AB}=\frac{T_1l_1}{GI_p}+\frac{T_2l_2}{GI_p}=$$

$$\frac{32\times(-2\times0.6+4\times0.9)\times10^3}{8\times10^4\times10^6\times3.14\times0.087^4}=0.0053\text{rad}=0.31°$$

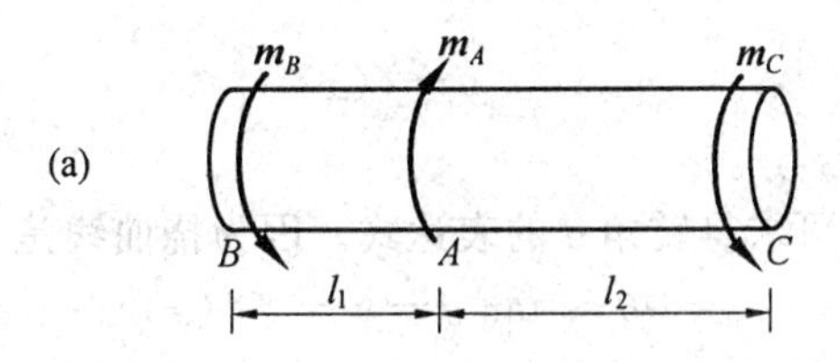

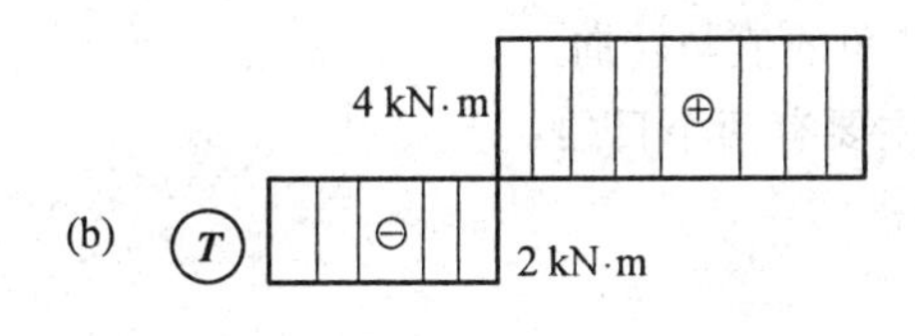

图5.5

5.3　积分法计算弯曲变形

5.3.1　梁的挠度与转角

梁在载荷作用下发生弯曲变形，原为直线的轴线弯曲成一条曲线，称为梁的挠曲线(或弹性曲线)。在平面弯曲时，挠曲线是一条位于主形心惯性平面内的曲线。

现观察如图5.6(a)所示梁的变形情况。梁变形后，其轴线 AB 在 xy 平面内弯成挠曲线 AB'。轴线上的点(即横截面形心)在垂直于 x 轴方向的线位移 y，称为该点挠度，用 y

或 v 表示；横截面绕其中性轴转动的角度，称为该截面的转角 θ。图 5.6(a) 示出了 C 截面的挠度 y 与转角 θ，θ 同时也是挠曲线 $AC'B'$ 在点 C' 的切线与 x 轴的夹角。

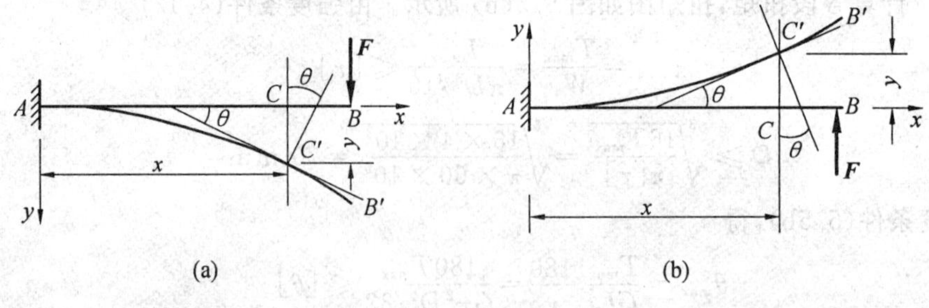

图 5.6

因为工程中常用的梁挠度远小于跨长，挠曲线是一条平缓曲线，所以对于轴线上每一点，都可以略去其沿 x 轴方向的线位移分量，而认为仅有垂直于 x 轴方向的线位移 y。

对于如图 5.6(a) 所示的坐标系，挠度 y 以向下为正，反之为负；转角 θ 以顺时针转动为正，反之为负；而对于如图 5.6(b) 所示的坐标系，挠度 y 向上为正，反之为负；转角 θ 以逆时针方向为正，反之为负。习惯上，土建类专业多采用如图 5.6(a) 所示的坐标系；而机械类专业多采用如图 5.6(b) 所示的坐标系。

挠度 y 和转角 θ 是随截面的位置 x 而变化的，即 y 和 θ 都是 x 的函数。梁的挠曲线的函数关系式表示为

$$y=f(x) \tag{1}$$

称式(1) 为挠曲线方程。

由挠曲线方程(1) 可求得转角 θ 的表达式。因为挠曲线是一条平缓曲线，故有

$$\theta \approx \tan\theta = y' = f'(x) \tag{2}$$

即挠曲线上任一点处切线的斜率 y' 都可以足够精确地代表该点处横截面的转角 θ。式(2) 可确定任一横截面转角的值与转向。

研究梁的弯曲变形主要有两个目的：

① 对梁做刚度校核；

② 解超静定梁。

5.3.2 挠曲线近似微分方程

在研究梁的应力时，曾导出梁在纯弯曲情况下挠曲线的曲率 $\dfrac{1}{\rho}$ 与弯矩 M、抗弯刚度 EI 之间的关系式

$$\frac{1}{\rho}=\frac{M}{EI} \tag{1}$$

梁受横力弯曲时，横截面上除弯矩 M 外还有剪力 F_S，当梁的跨度远大于横截面高度时，剪力 F_S 对梁变形的影响很小，可略去不计，所以式(1) 仍可应用。此时梁轴上各点的曲率和弯矩都是 x 的函数，即

$$\frac{1}{\rho(x)}=\frac{M(x)}{EI} \tag{2}$$

式(2) 是研究梁挠曲线方程的依据。

由高等数学可知，平面曲线的曲率可写作

$$\frac{1}{\rho(x)}=\frac{|y''|}{(1+y'^{2})^{3/2}} \tag{3}$$

代入式(2) 得

$$\frac{|y''|}{(1+y'^{2})^{3/2}}=\frac{M(x)}{EI} \tag{4}$$

在小变形条件下，梁的挠曲线很平缓，转角 y' 与 1 相比很小，故可略去高阶微量$(y')^2$，同时考虑到 $M(x)$ 与 y'' 的正负号，式(4) 可近似为

$$\pm y''=\frac{M(x)}{EI} \tag{5}$$

式(5) 中左边的正负号取决于坐标系的选择和弯矩正负号的规定。按如图 5.7(a) 所示的坐标系，y 轴向下为正，y'' 与 $M(x)$ 的正负号总是相反的，所示式(5) 应为

$$y''=-\frac{M(x)}{EI} \tag{5.6}$$

式(5.6) 为梁的挠曲线近似微分方程。其近似性在于没考虑剪力 F_S 对梁变形的影响，并在挠曲线微分方程(4) 中略去了$(y')^2$ 项。

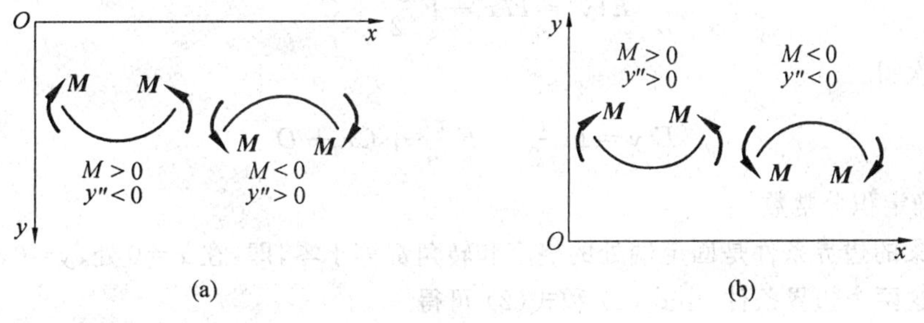

图 5.7

若取如图 5.7(b) 所示坐标系，y 轴向上为正，则 y'' 与 $M(x)$ 的正负号总是一致的，式(5) 应写作

$$y''=\frac{M(x)}{EI} \tag{6}$$

本章采用如图 5.7(a) 所示坐标系，即 y 轴向下为正，挠度向下为正。

5.3.3 积　分　法

利用式(5.6) 求梁的挠曲线方程时，由于式中 $M(x)$ 仅是 x 的函数，因此可用逐次积分法求解。设抗弯刚度 EI 为常数，对式(5.6) 作一次积分，得

$$y'=\theta=-\frac{1}{EI}\left[\int M(x)\mathrm{d}x+C\right] \tag{1}$$

再积分一次，得

$$y=-\frac{1}{EI}\left\{\int\left[\int M(x)\mathrm{d}x\right]\mathrm{d}x+Cx+D\right\} \tag{2}$$

式(1) 和式(2) 只是挠曲线近似微分方程分别关于转角和挠度的通解。式中的 C、D 是积

分常数，可由梁的边界条件确定。积分常数确定以后，将它们代入式(1) 和式(2)，即得到微分方程(5.6) 的两个特解，分别为梁的转角方程和挠曲线方程，从而可确定梁上任一横截面的转角和轴线上任一点的挠度。

上述计算梁变形的方法称为积分法(也称二次积分法)。它是计算梁变形的基本方法。

【例 5.4】 试确定如图 5.8 所示梁的挠曲线方程和转角方程并计算最大挠度和最大转角。

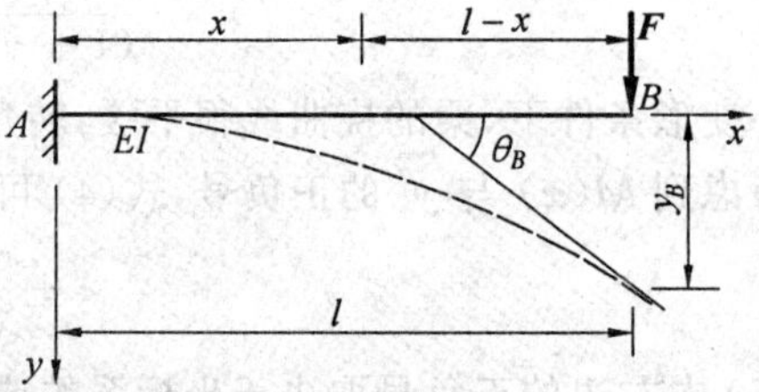

x　l−x　F　A　B　EI　x　θ_B　y_B　l　y

图 5.8

【解】 (1) 列出弯矩方程式

$$M(x)=-F(l-x)$$

(2) 列出挠曲线近似微分方程并积分

取如图 5.8 所示坐标系，挠曲线近似微分方程应为式(5.6)，为书写方便，将 EI 乘至等式左边，即

$$EIy''=-M(x)=F(l-x)=Fl-Fx$$

积分一次得

$$EIy'=Flx-F\frac{x^2}{2}+C \tag{1}$$

再积分一次得

$$EIy=Fl\frac{x^2}{2}-F\frac{x^3}{6}+Cx+D \tag{2}$$

(3) 确定积分常数

悬臂梁的边界条件是固定端处的挠度和转角都等于零，即，在 $x=0$ 处，$y=0$，$y'=0$。

根据这两个边界条件，由式(1) 和式(2) 可得

$$C=0\ ,\ D=0$$

将 $C=D=0$ 代入(1)、(2) 两式，得出梁的转角方程和挠度方程分别为

$$\theta=\frac{1}{EI}\left(Flx-\frac{1}{2}Fx^2\right)$$

$$y=\frac{1}{EI}\left(\frac{1}{2}Flx^2-\frac{1}{6}Fx^3\right)$$

(4) 求最大挠度与最大转角

显然，如图 5.8 所示悬臂梁的最大挠度与最大转角均发生在自由端截面 B 处。将 $x=l$ 代入上式，可得

$$y_{\max}=y_B=\frac{Fl^3}{3EI}(\downarrow)$$

$$\theta_{\max}=\theta_B=\frac{Fl^2}{2EI}(\circlearrowright)$$

【例 5.5】 简支梁受均布载荷作用，EI 为常数，如图 5.9 所示，试计算 A、B 截面的转角和梁的最大挠度。

【解】 (1) 列出弯矩方程式

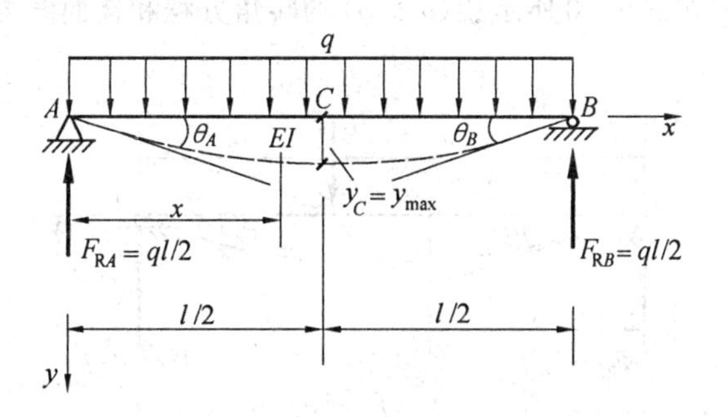

图 5.9

$$M(x)=F_{RA}x-\frac{1}{2}qx^2=\frac{1}{2}qlx-\frac{1}{2}qx^2$$

(2) 列挠曲线近似微分方程并积分

$$EIy''=-\frac{1}{2}qlx+\frac{1}{2}qx^2$$

通过两次积分得

$$EIy'=-\frac{1}{4}qlx^2+\frac{1}{6}qx^3+C$$

$$EIy=-\frac{1}{12}qlx^3+\frac{1}{24}qx^4+Cx+D$$

(3) 确定积分常数

简支梁两端支座处挠度为零，即，在 $x=0$ 处，$y=0$；在 $x=l$ 处，$y=0$。

根据这两个边界条件，可得

$$C=\frac{ql^3}{24},D=0$$

(4) 确定转角方程和挠曲线方程

将积分常数 C、D 代入挠曲线方程及转角方程，得梁的转角方程和挠曲线方程分别为

$$\theta=y'=\frac{q}{24EI}(4x^3-6lx^2+l^3)$$

$$y=\frac{qx}{24EI}(x^3-2lx^2+l^3)$$

(5) 求 θ_A、θ_B 及 y_{max}

A 截面处 $x=0$，得

$$\theta_A=\frac{ql^3}{24EI}(\downarrow)$$

B 截面处 $x=l$，得

$$\theta_B=-\frac{ql^3}{24EI}(\uparrow)$$

由对称性可知，梁的最大挠度发生在跨中点 C 处。将 $x=\frac{l}{2}$ 代入挠曲线方程，得

$$y_{max}=y_C=\frac{5ql^4}{384EI}(\downarrow)$$

【例5.6】 试求如图5.10所示梁($a>b$)的转角方程和挠曲线方程,并确定最大转角和最大挠度。

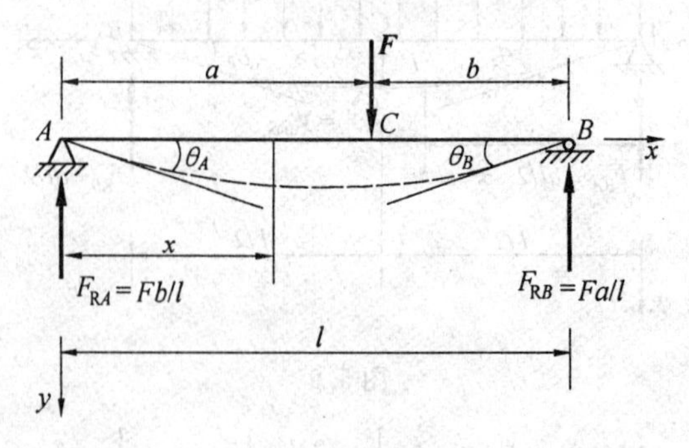

图5.10

【解】 (1) 列弯矩方程

本题的弯矩方程需要分两段列出。

AC 段

$$M(x)=F_{RA}x=\frac{Fb}{l}x \quad (0\leqslant x\leqslant a)$$

CB 段

$$M(x)=F_{RA}x-F(x-a)=\frac{Fb}{l}x-F(x-a) \quad (a\leqslant x\leqslant l)$$

(2) 列挠曲线近似微分方程并积分

因弯矩方程的不同,故梁的挠曲线近似微分方程也须分段列出。

AC 段($0\leqslant x\leqslant a$)

$$EIy''_1=-\frac{Fb}{l}x$$

$$EIy'_1=-\frac{Fb}{2l}x^2+C \tag{1}$$

$$EIy_1=-\frac{Fbx^3}{6l}+C_1x+D_1 \tag{2}$$

CB 段($a\leqslant x\leqslant l$)

$$EIy''_2=-\frac{Fb}{l}x+F(x-a)$$

$$EIy'_2=-\frac{Fbx^2}{2l}+\frac{F(x-a)^2}{2}+C_2 \tag{3}$$

$$EIy_2=-\frac{Fbx^3}{6l}+\frac{F}{6}(x-a)^3+C_2x+D_2 \tag{4}$$

(3) 确定积分常数

在分两段积分的过程中,共出现4个积分常数 C_1、D_1、C_2、D_2。梁的边界条件为:在 $x=0$ 处,$y_1=0$;在 $x=l$ 处,$y_2=0$。

由于梁变形后,其挠曲线是一条光滑连续的曲线,在两段挠曲线相连接的截面,既属于 AC 段,又属于 CB 段,故其转角或挠度必须相等,否则,挠曲线就会出现不光滑或不连续的现象，如图 5.11 所示，因此，在两段梁交接处的变形应满足以下条件：

在 $x=a$ 处，$\theta_1=\theta_2$，$y_1=y_2$，此条件称为连续条件。

由两个边界条件和两个连续条件，即可将 4 个积分常数定出。

将 $x=a$，$\theta_1=\theta_2$ 代入式(1) 及式(3) 得

$$C_1=C_2$$

将 $x=a$，$y_1=y_2$ 代入式(2) 及式(4) 得

$$D_1=D_2$$

将两个边界条件分别代入式(2) 和式(4) 得

$$D_1=D_2=0, C_1=C_2=\frac{Fb}{6l}(l^2-b^2)$$

于是，梁的挠曲线方程和转角方程分别为

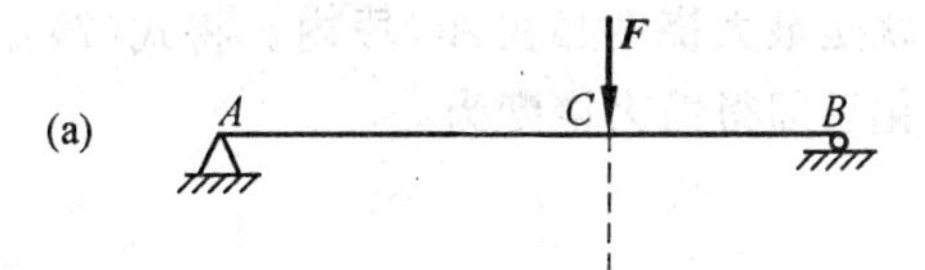

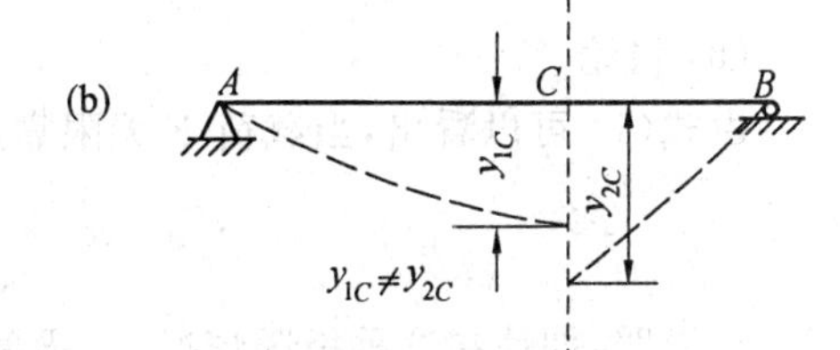

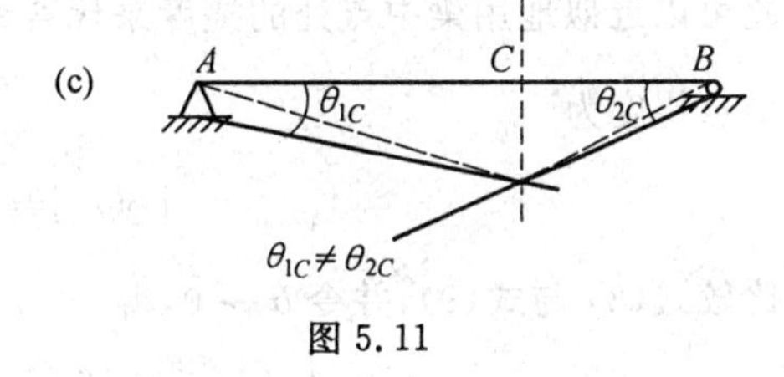

图 5.11

AC 段

$$\left.\begin{aligned}\theta_1&=\frac{Fb}{6lEI}(l^2-3x^2-b^2)\\ y_1&=\frac{Fbx}{6lEI}(l^2-x^2-b^2)\end{aligned}\right\}\quad(0\leqslant x\leqslant a)\tag{5}$$

CB 段

$$\left.\begin{aligned}\theta_2&=\frac{Fb}{6lEI}\left[(l^2-b^2)-3x^2+\frac{3l}{b}(x-a)^2\right]\\ y_2&=\frac{Fb}{6lEI}\left[(l^2-b^2)x-x^3+\frac{l}{b}(x-a)^3\right]\end{aligned}\right\}\quad(a\leqslant x\leqslant l)\tag{6}$$

(4) 求最大转角和最大挠度

由图 5.10 可以看出，最大转角只可能发生在梁的 A 端或 B 端，即

$$\theta_A=\theta_1|_{x=0}=\frac{Fab(l+b)}{6lEI}(\downarrow)$$

$$\theta_B=\theta_2|_{x=l}=-\frac{Fab(l+a)}{6lEI}(\uparrow)$$

在 $a>b$ 的情况下，比较两式的绝对值可知，最大转角

$$|\theta|_{\max}=|\theta_B|=\frac{Fab(l+a)}{6lEI}$$

简支梁的最大挠度应在 $y'=0$ 处。先研究 AC 段，令 $y'_1=0$ 即 $\frac{Fb}{6l}(l^2-3x^2-b^2)=0$，解得

$$x=\sqrt{\frac{l^2-b^2}{3}}=\sqrt{\frac{a(a+2b)}{3}}\tag{7}$$

由式(7)可以看出，当 $a>b$ 时，x 值小于 a，故知转角 θ 为零的截面必在 AC 段内，也就是最大挠度必在 AC 段内。将式(7)给出的 x 值代入 AC 段梁的挠曲线方程 y_1 中，经简化后即得最大挠度为

$$|y|_{\max}=\frac{Fb}{9\sqrt{3}lEI}\sqrt{(l^2-b^2)^3} \tag{8}$$

(5) 讨论

由式(1)可以看出，当载荷 F 无限靠近 B 端，即 $b\to 0$ 时，则

$$x\to\frac{l}{\sqrt{3}}=0.577l$$

这说明，即使在这种极限情况下，梁最大挠度的所在位置仍与梁的中点非常接近。因此可以近似地用梁中点处的挠度来代替梁的实际最大挠度。将 $x=\frac{l}{2}$ 代入式(5)，得梁的中点挠度为

$$|y_{l/2}|=\frac{Fb}{48EI}(3l^2-4b^2) \tag{9}$$

比较式(8)与式(9)，并令 $b\to 0$，得

$$\frac{|y|_{\max}}{|y_{l/2}|}=\frac{16\sqrt{3}\sqrt{(l^2-b^2)^3}}{9l(3l^2-4b^2)}\bigg|_{b\to 0}\approx 1.03$$

由此可见，在集中力 F 无限靠近支座时，梁的中点挠度与最大挠度非常接近，相差不到3%。因此，在工程上，只要挠曲线上无拐点，其最大挠度值均可用梁的中点挠度值代替，其精度满足要求。

当集中力 F 作用在简支梁的中点处，即 $a=b=\frac{l}{2}$ 时，则

$$\theta_{\max}=\theta_A=|\theta_B|=\frac{Fl^2}{16EI}$$

$$y_{\max}=y_{l/2}=\frac{Fl^3}{48EI}$$

5.4 用叠加法计算梁的变形

由于梁的挠度与转角都是载荷的一次函数，并且梁的变形很小，因此，要计算梁上某个截面的挠度和转角，可先分别计算各个载荷单独作用下该截面的挠度和转角，然后叠加，这种计算弯曲变形的方法称为叠加法。显然，叠加法适用于线弹性和小变形。

梁在简单载荷作用下挠度与转角列于表5.2，以备查用。

【例5.7】 如图5.12(a)所示悬臂梁，受集中力偶 m 和集度为 q 的均布载荷作用，求自由端 B 处的转角 θ_B 和挠度 y_B。

【解】 将如图5.12(a)所示梁分为如图5.12(b)所示和如图5.12(c)所示两个单独受 m 与 q 作用的梁，在力偶 m 作用下，B 端的转角和挠度从表5.2中查得

$$\theta_{Bm}=-\frac{ql^2\cdot l}{EI}=-\frac{ql^3}{EI}(\uparrow)$$

$$y_{Bm}=-\frac{ql^2\cdot l^2}{2EI}=-\frac{ql^4}{2EI}(\uparrow)$$

在均布载荷 q 作用下，B 端的转角和挠度从表 5.2 中查得

$$\theta_{Bq}=\frac{ql^3}{6EI}(\downarrow),y_{Bq}=\frac{ql^4}{8EI}(\downarrow)$$

两种载荷共同作用时

$$\theta_B=\theta_{Bm}+\theta_{Bq}=-\frac{5ql^3}{6EI}(\uparrow)$$

$$y_B=y_{Bm}+y_{Bq}=-\frac{3ql^4}{8EI}(\uparrow)$$

【例 5.8】　试用叠加法求如图 5.13(a) 所示外伸梁 C 截面的挠度 y_C。

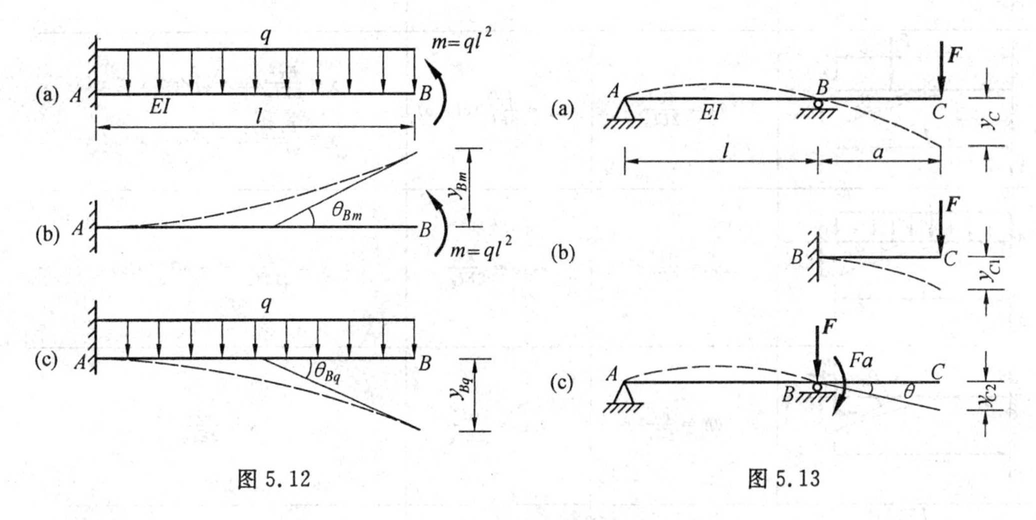

图 5.12　　　　　　　　　　　　图 5.13

【解】　本题可采用另一种形式的叠加法求解，即将梁逐段刚化，分别计算每个具有不同刚化段的梁在某截面处的挠度与转角，然后叠加。这种求梁变形的叠加法，可称为逐段刚化法。本题可将梁分成 AB 和 BC 两个刚化段。

(1) 令 AB 段梁刚化(即该段梁不发生变形)，只考虑 BC 段梁的变形。此情况相当于 B 截面为固定端的悬臂梁 BC，在集中力 F 作用下，C 截面的挠度 y_{C1} 如图 5.13(b) 所示。由表 5.2 查得

$$y_{C1}=\frac{Fa^3}{3EI}(\downarrow)$$

(2) 令 BC 段梁刚化，只考虑 AB 段变形，可求出 C 截面因 AB 段的弯曲变形所引起的挠度 y_{C2}，如图 5.13(c) 所示。由于 BC 段已刚化，可将集中力 F 对 AB 段梁的作用，由作用在点 B 处的等效集中力 F 及附加力偶 Fa 代替，如图 5.13(c) 所示，集中力 F 作用在支座上，不会使 AB 段梁产生变形，而集中力偶 Fa 将使 AB 段梁弯曲，从而在截面 B 引起转角 θ_{BF}，由表 5.2 查得

$$\theta_{BF}=\frac{Fal}{3EI}(\downarrow)$$

由于截面 B 的转角，带动 BC 段梁绕点 B 产生角位移 θ_{BF}，因此截面 C 的挠度为

$$y_{C2}=\theta_{BF}\cdot a=\frac{Fa^2l}{3EI}(\downarrow)$$

于是，梁在截面 C 的总挠度 y_C 等于 y_{C1} 与 y_{C2} 的叠加，即

$$y_C=y_{C1}+y_{C2}=\frac{Fa^2}{3EI}(a+l)(\downarrow)$$

【例 5.9】 试求如图 5.14(a) 所示梁截面 C 的转角 θ_C 与挠度 y_C。

表 5.2 简单载荷作用下梁的转角和挠度

支承和载荷情况	梁端转角	最大挠度	挠曲线方程式
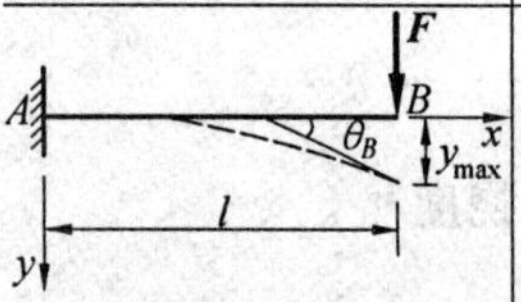	$\theta_B=\dfrac{Fl^2}{2EI_z}$	$y_{max}=\dfrac{Fl^3}{3EI_z}$	$y=\dfrac{Fx^2}{6EI_z}(3l-x)$
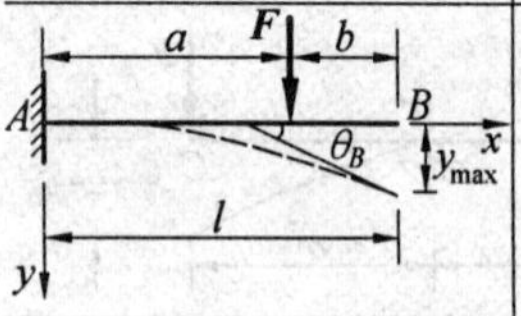	$\theta_B=\dfrac{Fa^2}{2EI_z}$	$y_{max}=\dfrac{Fa^2}{6EI_z}(3l-a)$	$y=\dfrac{Fx^2}{6EI_z}(3a-x),0\leqslant x\leqslant a$ $y=\dfrac{Fa^2}{6EI_z}(3x-a),a\leqslant x\leqslant l$
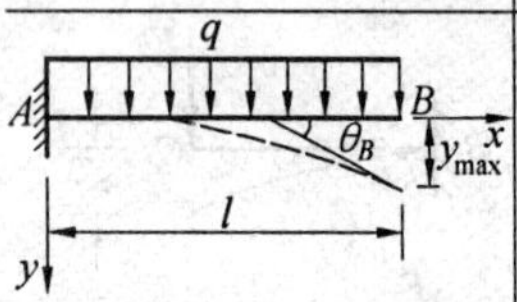	$\theta_B=\dfrac{ql^3}{6EI_z}$	$y_{max}=\dfrac{ql^4}{8EI_z}$	$y=\dfrac{qx^2}{24EI_z}(x^2+6l^2-4lx)$
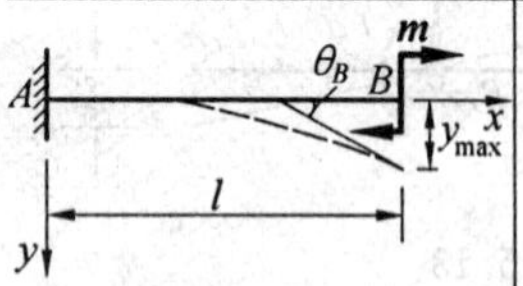	$\theta_B=\dfrac{ml}{EI_z}$	$y_{max}=\dfrac{ml^2}{2EI_z}$	$y=\dfrac{mx^2}{2EI_z}$
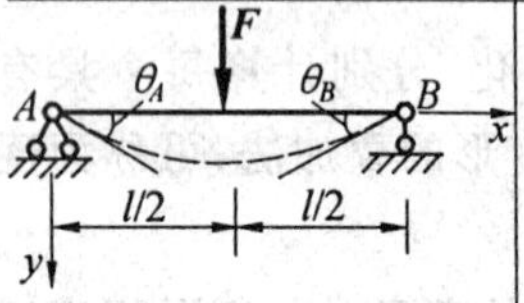	$\theta_A=-\theta_B=\dfrac{Fl^2}{16EI_z}$	$y_{max}=\dfrac{Fl^3}{48EI_z}$	$y=\dfrac{Fx}{48EI_z}(3l^2-4x^2),0\leqslant x\leqslant\dfrac{l}{2}$
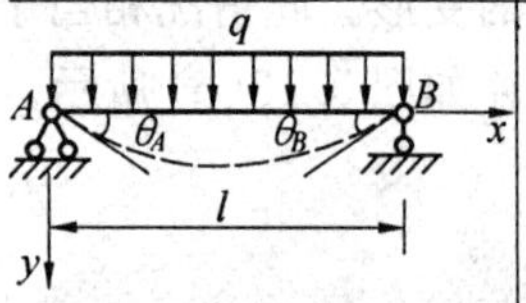	$\theta_A=-\theta_B=\dfrac{ql^3}{24EI_z}$	$y_{max}=\dfrac{5ql^4}{384EI_z}$	$y=\dfrac{qx}{24EI_z}(l^3-2lx^2+x^3)$
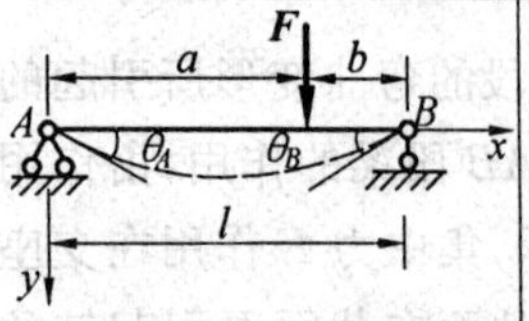	$\theta_A=\dfrac{Fab(l+b)}{6lEI_z}$ $\theta_B=\dfrac{-Fab(l+a)}{6lEI_z}$	$y_{max}=\dfrac{Fb}{9\sqrt{3}lEI_z}(l^2-b^2)^{\frac{3}{2}}$ 在 $x=\sqrt{\dfrac{l^2-b^2}{3}}$ 处	$y=\dfrac{Fbx}{6lEI_z}(l^2-b^2-x^2),0\leqslant x\leqslant a$ $y=\dfrac{F}{EI_z}\left[\dfrac{b}{6l}(l^2-b^2-x^2)x+\dfrac{1}{6}(x-a)^3\right],$ $a\leqslant x\leqslant l$
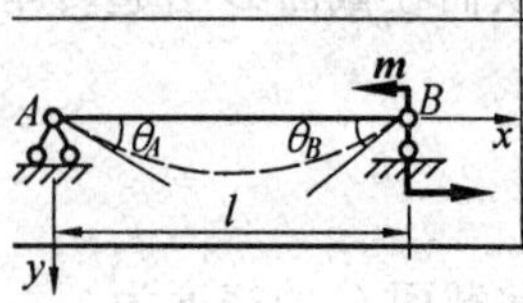	$\theta_A=\dfrac{ml}{6EI_z}$ $\theta_B=-\dfrac{ml}{3EI_z}$	$y_{max}=\dfrac{ml^2}{9\sqrt{3}EI_z}$ 在 $x=\dfrac{l}{\sqrt{3}}$ 处	$y=\dfrac{mx}{6lEI_z}(l^2-x^2)$

【解】 梁的 AB 段和 BC 段具有不同的抗弯刚度，其变形不同于等刚度梁的变形。本题可用逐段刚化法求解。

(1) 令 AB 段梁刚化，只考虑 BC 段的变形。这样 BC 段相当于如图 5.14(b) 所示的悬臂梁。由表 5.2 查得

$$\theta_{C1}=\frac{Fl^2}{2EI}(\downarrow),\ y_{C1}=\frac{Fl^3}{3EI}(\downarrow)$$

(2) 令 BC 段刚化，只考虑 AB 段的变形。将集中力 F 向点 B 简化为一集中力 F 和一个集中力偶 Fl。此时，杆件相当于 A 端固定的悬臂梁 AB，在点 B 作用力 F 及力偶 Fl。由于 AB 段的变形，必然带动 BC 段梁位移，如图 5.14(c) 所示。

分别由表 5.2 查得截面 B 的转角和挠度，叠加为

$$\theta_B=\frac{(Fl)l}{2EI}+\frac{Fl^2}{2(2EI)}=\frac{3Fl^2}{4EI}(\downarrow)$$

$$y_B=\frac{(Fl)l^2}{2(2EI)}+\frac{Fl^3}{3(2EI)}=\frac{5Fl^3}{12EI}(\downarrow)$$

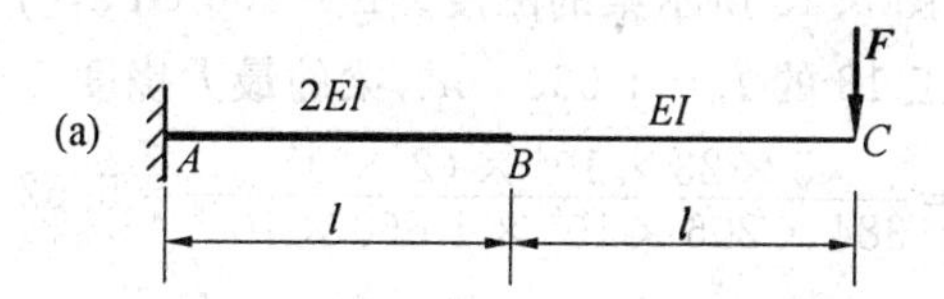

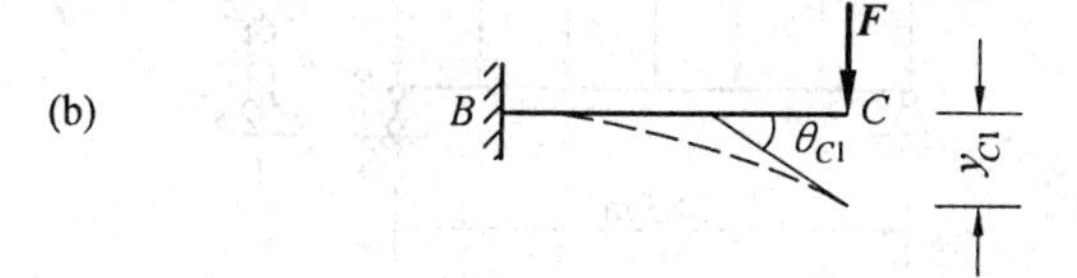

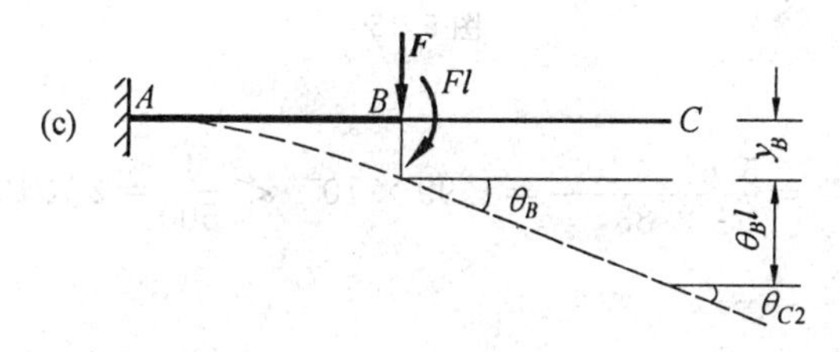

图 5.14

于是，由 AB 段变形在截面 C 引起的转角和挠度分别为(图 5.14(c))

$$\theta_{C2}=\theta_B=\frac{3Fl^2}{4EI}(\downarrow)$$

$$y_{C2}=y_B+\theta_B l=\frac{5Fl^3}{12EI}+\left(\frac{3Fl^2}{4EI}\right)l=\frac{7Fl^3}{6EI}(\downarrow)$$

梁在截面 C 的总转角与总挠度为

$$\theta_C=\theta_{C1}+\theta_{C2}=\frac{Fl^2}{2EI}+\frac{3Fl^2}{4EI}=\frac{5Fl^2}{4EI}(\downarrow)$$

$$y_C=y_{C1}+y_{C2}=\frac{Fl^3}{3EI}+\frac{7Fl^3}{6EI}=\frac{3Fl^3}{2EI}(\downarrow)$$

5.5 梁的刚度计算 提高刚度的途径

5.5.1 梁的刚度计算

梁的变形若超过了规定限度，其正常工作条件就得不到保证。为了满足刚度要求，梁的最大相对挠度 y_{max}/l 不得超过允许的相对挠度$[f/l]$，梁的刚度条件可写作

$$\frac{y_{max}}{l} \leqslant \left[\frac{f}{l}\right] \tag{5.7}$$

在土建工程中，$[f/l]$ 值通常为$\frac{1}{250} \sim \frac{1}{1\,000}$；而在机械工程中，对主要的轴，$[f/l]$ 值通常为$\frac{1}{5\,000} \sim \frac{1}{10\,000}$。在机械中，有时还要对转角加以限制，即

$$\theta_{max} \leqslant [\theta]$$

【例 5.10】 试校核如图 5.15 所示梁的刚度。$E=206$ GPa，$[f/l]=1/500$。

【解】 由型钢表查得工 18 的 $I_z=1\,660\ \text{cm}^4$，梁的最大挠度

$$y_{max}=\frac{5ql^4}{384EI}=\frac{5\times 23\times 10^3\times (2.83)^4}{384\times 206\times 10^9\times 1\,660\times 10^{-8}}=5.62\times 10^{-3}\,\text{m}$$

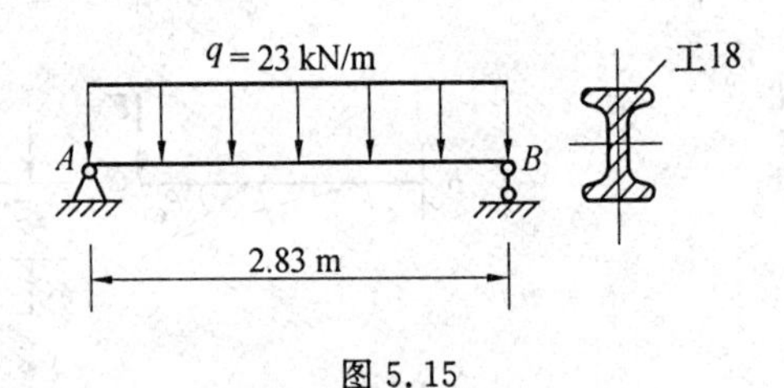

图 5.15

由刚度条件

$$\frac{y_{max}}{l}=\frac{5.62\times 10^{-3}}{2.83}=1.99\times 10^{-3}<\frac{1}{500}=2\times 10^{-3}$$

即此梁满足刚度条件。

5.5.2 提高梁弯曲刚度的途径

由梁的挠曲线近似微分方程可以看出，梁的弯曲变形与弯矩 $M(x)$ 及抗弯刚度 EI 有关；而影响梁弯矩的因素又包括载荷，支承情况，梁的跨度等。因此，根据这些因素，可以通过以下途径提高梁的弯曲刚度。

1. 增大梁的抗弯刚度 EI

由于梁的变形与抗弯刚度 EI 成反比，因此增大梁的抗弯刚度可以减小变形，从而达到提高梁的弯曲刚度的目的。对于钢材来说，采用高强度钢可以大大提高梁的强度，但却不能增大梁的刚度，因为高强度钢与普通低碳钢的 E 值相近。因此，应设法增大 I 值。在截面面积不变的情况下，采用适当形状的截面而取得较大的惯性矩 I，这样不但可以使应力减小，同时还能增大梁的抗弯刚度。

2. 减小跨长或增加支座

由于挠度和转角值与梁的跨长的幂次成正比，因此，在可能的情况下，减小梁的跨度是提高梁刚度的一个有效措施。如桥式起重机的箱形钢梁或桁架钢梁，通常采用两端外伸的结构，如图 5.16(a) 所示，而不用简支梁结构，如图 5.16(b) 所示，其原因之一就是为了缩短跨长从而减小梁的最大挠度值。

增加支座同样可以达到提高梁的弯曲刚度的目的，如图 5.16(c) 所示。增加支座后梁成为超静定梁。有关超静定梁的计算将在第 5.7 节中讨论。

3. 调整加载方式

通过调整加载方式，降低梁的弯矩值，也可提高梁的弯曲刚度。例如图 5.17(a) 所示的跨中受集中力作用的简支梁，将集中力改变为作用在全梁上的均布载荷(图 5.17(b))即可减小挠度。

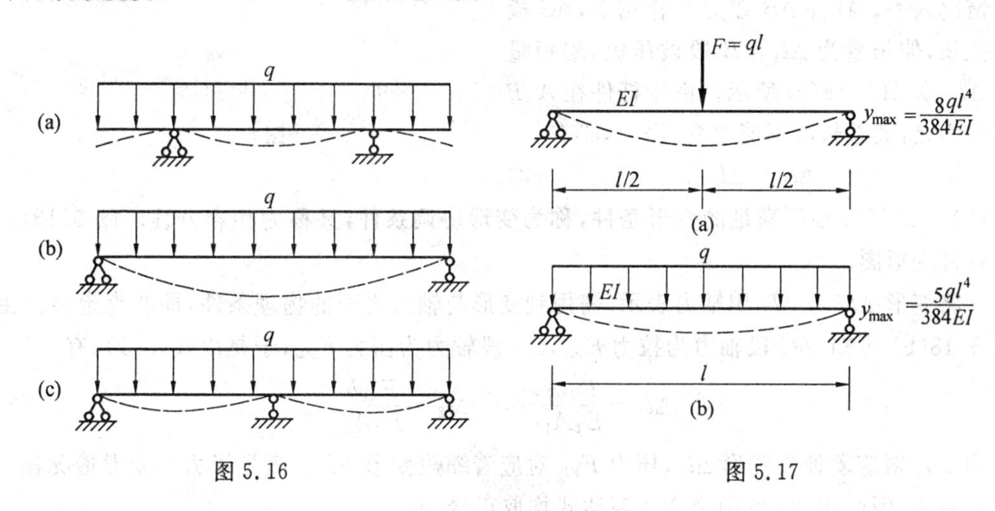

图 5.16　　　　图 5.17

5.6　轴向拉压超静定问题

5.6.1　基本概念

1. 超静定结构

若结构的约束反力数超过了独立的平衡方程数，则该结构称为超静定结构或超静定系统。如图 5.18(a) 所示结构为超静定系统。因为它们有两个约束反力，而共线力系只有一个独立的平衡方程，所以称为超静定问题。

2. 多余约束与超静定次数

为了维持如图 5.18(a) 所示杆件的平衡，只需一个约束即可，而它们有两个约束，故对于维持结构平衡而言，该杆件存在多余约束。与多余约束对应的约束反力，称为多余未知力。

多余未知力等于未知力个数与独立平衡方程个数的差值，多余未知力个数又称为超静定次数。

5.6.2 轴向拉压超静定问题

现以如图 5.18(a) 所示杆件为例说明轴向拉压超静定问题的解法。

欲求如图 5.18(a) 所示杆件的支反力 F_{RA} 和 F_{RB}，首先，设支反力的方向如图 5.18(b) 所示，称图 5.18(b) 为杆件受力图。

由平衡条件 $\sum y=0$，得

$$F_{RA}+F_{RB}-F=0 \tag{1}$$

还需建立一个能够表示 F_{RA} 与 F_{RB} 关系的补充方程。为此，从分析杆件受力后的变形情况入手。杆件 AB 在力 F 作用下，AC 段被拉长，伸长量为 Δl_1，CB 段被压短，缩短量为 Δl_2，如图 5.18(c) 所示。由于杆件在 A、B 两端固定，其总长度不能改变，因此，必有

$$\Delta l_1=\Delta l_2 \tag{2}$$

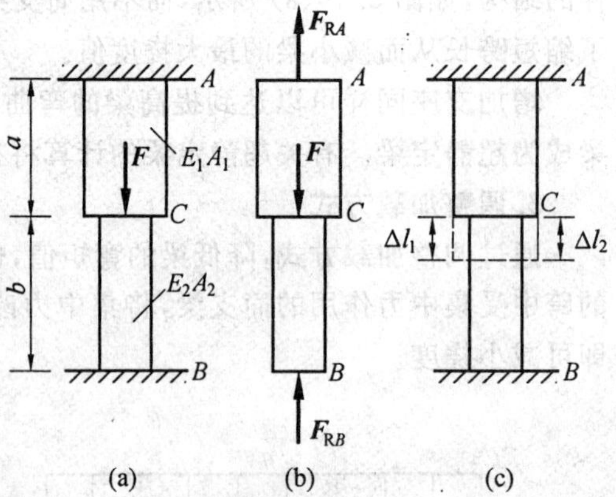

图 5.18

式(2) 表示杆件必须满足的变形条件，称为变形协调条件，又称为相容方程。图 5.18(c) 为杆件变形图。

将变形 Δl_1 与 Δl_2 用轴力表示，需用到变形与轴力之间的物理条件，即胡克定律。由图 5.18(b) 可知，AC 段轴力为拉力 F_{RA}，CB 段轴力为压力 F_{RB}，于是由式(5.1)，有

$$\Delta l_1=\frac{F_{RA}a}{E_1A_1}\quad,\quad \Delta l_2=\frac{F_{RB}b}{E_2A_2} \tag{3}$$

拉力 F_{RA} 对应着伸长变形 Δl_1；压力 F_{RB} 对应着缩短变形 Δl_2。满足了力与变形情况相一致的原则，因此式(3) 的两个变形表达式均取正号。

将式(3) 代入式(2)，得

$$F_{RA}=\frac{bE_1A_1}{aE_2A_2}F_{RB} \tag{4}$$

式(4) 即为表示力 F_{RA} 与 F_{RB} 关系的补充方程。

联立方程(1) 与方程(4)，解得

$$F_{RA}=\frac{bE_1A_1}{bE_1A_1+aE_2A_2}F\quad,\quad F_{RB}=\frac{aE_2A_2}{bE_1A_1+aE_2A_2}F$$

上述求解超静定问题的过程表明，在建立平衡条件之后，关键是找到补充方程。而补充方程是通过变形协调条件与物理条件得到的。所以在拉压超静定问题的求解过程中，最关键的步骤为建立变形协调条件，正确地写出变形协调条件是解决超静定问题的前提。

【例 5.11】 试求如图 5.19(a) 所示结构中杆 ① 与杆 ② 的轴力。

【解】 该结构为一次超静定问题。

(1) 平衡条件

取脱离体及其受力图如图 5.19(b) 所示。由于支反力 F_{VA} 与 F_{HA} 并非待求量，因此

有效的平衡方程只有一个，即

$$\sum M_A = 0 \quad , \quad \frac{l}{3}F_{N1} + \frac{2l}{3}F_{N2} - Fl = 0 \tag{1}$$

（2）变形协调条件

根据结构的约束情况，刚杆 AB 的可能位移（变形）是绕固定铰 A 转动，其变形图如图 5.19(a) 所示。由于是小变形，因此可认为刚杆 AB 上各点只有铅直位移。于是，杆 ① 和杆 ② 变形量的几何关系为

$$2\Delta l_1 = \Delta l_2 \tag{2}$$

（3）物理条件

在受力图中杆 ① 与杆 ② 的轴力设为拉力，分别与变形图中两杆的伸长变形相对应。于是，由式(5.1) 有

$$\Delta l_1 = \frac{F_{N1}a}{E_1A_1} \quad , \quad \Delta l_2 = \frac{F_{N2}a}{E_2A_2} \tag{3}$$

将式(3) 代入式(2)，得补充方程

$$F_{N2} = 2\frac{E_2A_2}{E_1A_1}F_{N1} \tag{4}$$

联立方程(1) 与方程(4)，求解可得

$$F_{N1} = \frac{3E_1A_1}{E_1A_1 + 4E_2A_2}F \quad , \quad F_{N2} = \frac{6E_2A_2}{E_1A_1 + 4E_2A_2}F$$

应予指出，未知轴力（或支反力）的设定，并不要求与实际方向必须一致；杆件的变形情况，也不要求与实际的伸长或缩短变形相一致，只要是结构的约束情况允许的任一个可能的变形状态即可，并据此建立其变形协调条件；而在建立轴力与变形的物理条件时，则必须满足于变形的一致性原则，即拉力对应杆件的伸长变形，压力对应杆件的缩短变形，否则在物理方程中应取负号。仍以例 5.11 题为例，其受力图与变形图如图 5.20 所示。其平衡条件与变形协调条件分别为

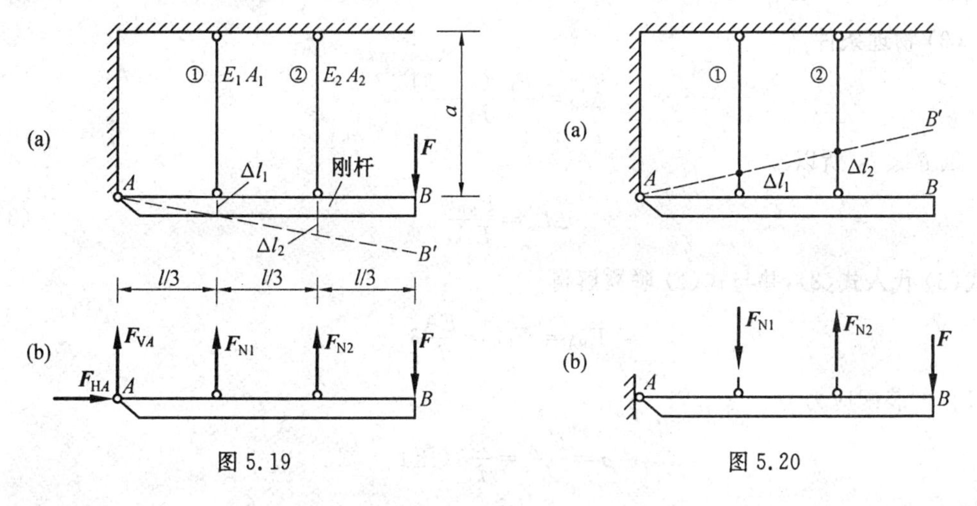

图 5.19　　　　图 5.20

$$\frac{1}{3}F_{N1} - \frac{2}{3}F_{N2} + F = 0 \tag{5}$$

$$2\Delta l_1 = \Delta l_2 \tag{6}$$

轴力 F_{N1} 设为压力，与杆①的缩短变形一致；而轴力 F_{N2} 设为拉力，与杆②的缩短变形不一致。于是，物理条件为

$$\Delta l_1 = \frac{F_{N1}a}{E_1A_1} \quad , \quad \Delta l_2 = -\frac{F_{N2}a}{E_2A_2} \tag{7}$$

由式(6)与式(7)得出补充方程后，并与式(5)联立求解，得

$$F_{N1} = -\frac{3E_1A_1}{E_1A_1 + 4E_2A_2}F \quad , \quad F_{N2} = \frac{6E_2A_2}{E_1A_1 + 4E_2A_2}F$$

轴力 F_{N1} 为负，表示所设方向与实际方向相反。所得结果与例 5.11 的相同。

5.6.3 装配应力与温度应力

1. 装配应力

杆件由于加工误差，在结构装配时，产生于杆件内的应力称为装配应力。

如图 5.21 所示，设 AB 杆的设计长度为 l，由于加工误差，使 AB 杆的加工长度为 $l+\delta$，将 AB 杆装入相距为 l 的两刚性支座时，求杆中的装配应力。

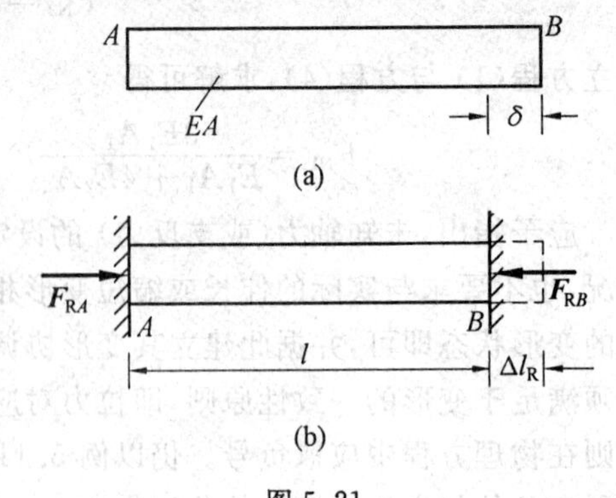

图 5.21

(1) 平衡条件

将长为 $l+\delta$ 的杆件装入相距为 l 的固定支座后，产生支反力 F_{RA} 与 F_{RB}，由平衡条件有

$$F_{RA} = F_{RB} \tag{1}$$

(2) 变形协调条件

将杆的 A 端靠向 A 支座，并在 B 端施加压力 F_{RB} 使之缩短 Δl_R 后，恰好装入支座。于是，变形几何条件为

$$\Delta l_R = \delta \tag{2}$$

(3) 物理条件

$$\Delta l_R = \frac{F_{RB}(l+\delta)}{EA}$$

因 $\delta \ll l$，所以

$$\Delta l_R = \frac{F_{RB}l}{EA} \tag{3}$$

将式(3)代入式(2)，并与式(1)联立解得

$$F_{RA} = F_{RB} = \frac{EA}{l}\delta$$

则杆件的装配应力为

$$\sigma = \frac{F_{RA}}{A} = \frac{E}{l}\delta\text{（压）}$$

若设 $\delta = \frac{1}{2\ 000}l$，$E=200$ GPa，则 $\sigma=100$ MPa。可见，尽管 δ 很小，但产生的装配应力

往往很大。

2. 温度应力

如图 5.22(a) 所示两端固定的杆件 AB，试求由于杆件温度上升 Δt 引起的应力。杆件材料的线膨胀系数为 α。

(1) 平衡条件

杆件由于温度上升所引起的轴向膨胀受到两端固定支座的限制，必然产生支反力。由平衡方程得

$$F_{RA}=F_{RB} \quad (4)$$

(2) 变形协调条件

若杆件 B 端无约束，AB 杆由于温升引起的伸长量为

$$\Delta l_R=\Delta l_t \quad (5)$$

(3) 物理条件

$$\Delta l_R=\frac{F_{RB}l}{EA},\Delta l_t=\alpha l\Delta t \quad (6)$$

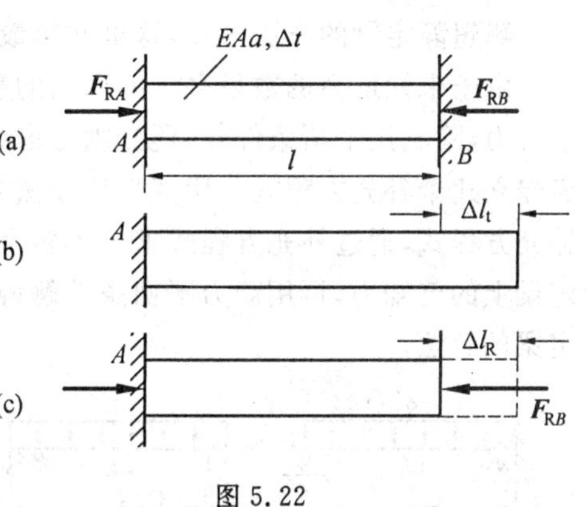

图 5.22

将式(6) 代入式(5)，并与式(4) 联立解得

$$F_{RA}=F_{RB}=\alpha EA\Delta t$$

其温度应力为

$$\sigma=\frac{F_{RA}}{A}=\alpha E\Delta t$$

5.6.4　拉压超静定问题的特点

(1) 杆件的轴力与各杆的刚度有关，刚度较大的杆，其轴力也较大。

(2) 杆件由于温度变化会产生温度应力；由于装配误差会引起装配应力。因为温度应力与装配应力均为结构尚未受外载荷时的应力，故可称为初应力。

(3) 在拉压超静定结构中，某些杆件将具有多余的强度储备。

例如，在例 5.11 中，设 $E_1=E_2$，$A_1=A_2$，则

$$F_{N1}=\frac{3}{5}F \quad , \quad F_{N2}=\frac{6}{5}F$$

若 $F=20$ kN，杆件材料的$[\sigma]=160$ MPa，由强度条件确定各杆所需截面面积为

$$A_1\geqslant\frac{F_{N1}}{[\sigma]}=\frac{\frac{3}{5}\times 20\times 10^3}{160}=75\ \text{mm}^2$$

$$A_2\geqslant\frac{F_{N2}}{[\sigma]}=\frac{\frac{6}{5}\times 20\times 10^3}{160}=150\ \text{mm}^2$$

截面面积 $A_1\neq A_2$，与原设 $A_1=A_2$ 矛盾。为了保持轴力与力 F 的关系，必须调整为 $A_1=A_2$。取 $A_1=A_2=150\ \text{mm}^2$。显然，杆①的截面面积比强度所需的面积大，因此具有多余的强度储备。

5.7 超静定梁的解法

超静定梁是相对于静定梁而言的。

解超静定梁的方法很多，这里介绍最基本的一种方法 —— 变形比较法。

由于未知反力的数目多于能列出的静力平衡方程式的数目，因此，确定超静梁的各约束反力，除利用平衡条件外，还必须考虑梁的变形情况来建立补充方程式，几次超静定就需建立几个补充方程式。用变形比较法解超静定梁时，就是首先根据梁的变形情况建立补充方程式，通过补充方程式求出各多余约束反力，然后，将多余约束反力视为作用在静定梁上的已知力，再用静力平衡条件解静定梁。下面结合如图 5.23(a) 所示梁讨论超静定梁的解法。

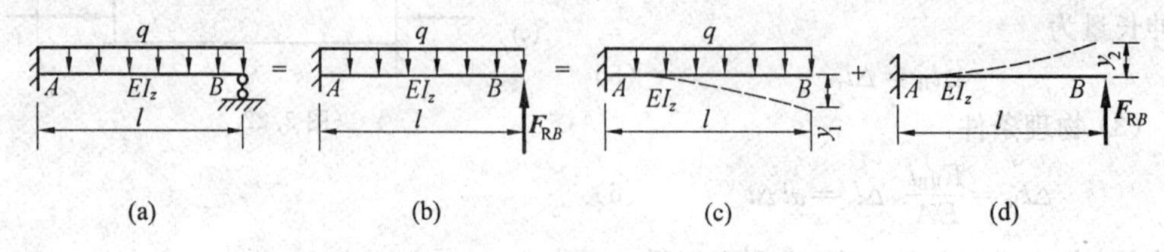

图 5.23

如图 5.23 所示的梁为一次超静定。支座 B 视为多余约束，并将该支座去掉代之以约束反力 F_{RB}，F_{RB} 为未知力，这样，如图 5.23(a) 所示的超静梁就变成在 q 和 F_{RB} 作用下的静定梁(如图 5.23(b) 所示的悬臂梁)。该静定梁在 q 和 F_{RB} 作用下的变形情况，应该与原超静定梁完全相同。图 5.23(a) 中，支座 B 处的挠度为零，即

$$y_B = 0 \tag{1}$$

所以，静定梁在 q 和 F_{RB} 的共同作用下，B 处的挠度也应该等于零，即

$$y_B = y_1 + y_2 = 0$$

式中，y_1 为静定梁上只有均布载荷 q 作用时(图 5.23(c)) 截面 B 的挠度，其值为

$$y_1 = \frac{ql^4}{8EI_z}$$

y_2 为静定梁上只有 F_{RB} 作用时(图 5.23(d)) 截面 B 的挠度，其值为

$$y_2 = -\frac{F_{RB}l^3}{3EI_z}$$

将 y_1、y_2 代入式(1) 得

$$\frac{ql^4}{8EI_z} - \frac{F_{RB}l^3}{3EI_z} = 0 \tag{2}$$

式(2) 就是根据梁的变形条件建立的补充方程式。由该方程解得

$$F_{RB} = \frac{3}{8}ql$$

求得多余约束反力 F_{RB} 后，如图 5.23(a) 所示的超静定梁就变成了如图 5.23(b) 所示的静定梁，支座 A 的反力及梁的内力等便均可通过静力平衡方程式求出。A 处的反力求得为

$$F_{RA}=\frac{5}{8}ql \quad , \quad M_A=\frac{1}{8}ql^2$$

梁的剪力图与弯矩图如图5.24所示。

从以上的讨论可知，解超静定梁主要是计算多余约束反力。计算多余约束反力的步骤为：

① 选取静定梁，将去掉的多余约束代之以约束反力。

② 根据多余约束处的位移情况，建立补充方程式并求解。

这里需指出，超静定梁对应的静定梁并不唯一，在选取静定梁时，可选取不同的形式，只要静定梁可以承受载荷即可。

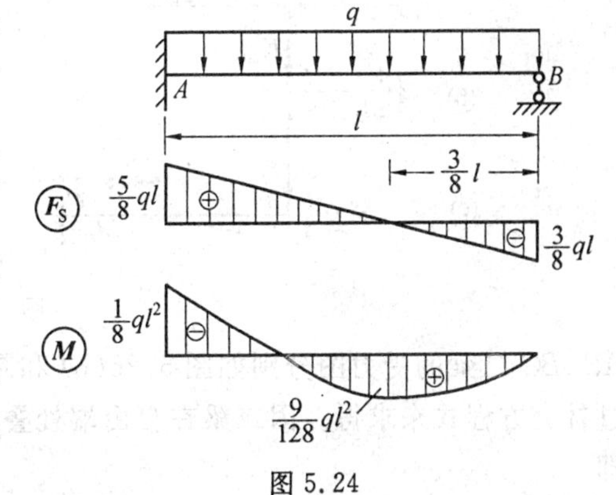

图5.24

上面讨论的超静定梁，也可选取如图5.25(a)所示的静定梁。此时 M_A 则为多余约束反力，而列补充方程式的变形条件，则为支座 A 处的转角等于零，即

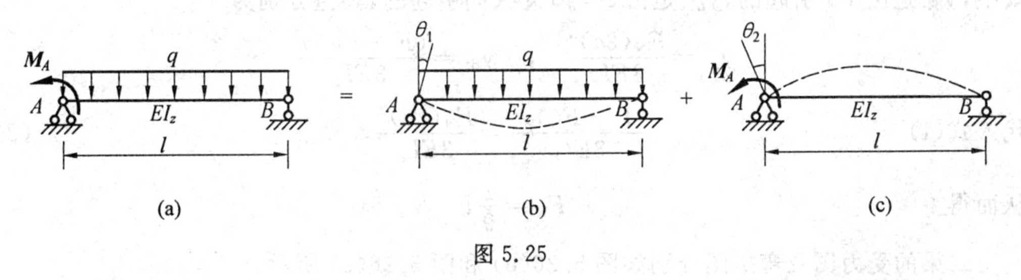

图5.25

$$\theta_A=0$$

也就是简支梁在 q 和 M_A 的共同作用下，截面 A 的转角等于零，即

$$\theta_1+\theta_2=0 \tag{3}$$

θ_1、θ_2 分别为 q、M_A 单独作用在简支梁上时截面 A 的转角，其值分别为

$$\theta_1=\frac{ql^3}{24EI_z} \quad , \quad \theta_2=-\frac{M_A l}{3EI_z}$$

将 θ_1、θ_2 代入式(3)得补充方程式

$$\frac{ql^3}{24EI_z}-\frac{M_A l}{3EI_z}=0$$

从而解得

$$M_A=\frac{1}{8}ql^2$$

该反力与前面求得的完全相同。M_A 求出后，就变为解静定梁的问题了。

【例5.12】 水平放置的两个悬臂梁，二梁在自由端处自由叠落在一起，梁的长度及梁上载荷如图5.26(a)所示，已知二梁的弯曲刚度相同。试分别画出二梁的弯矩图。

【解】 此结构为一次超静定，欲画二梁的弯矩图应首先求出每个梁所承受的载荷。

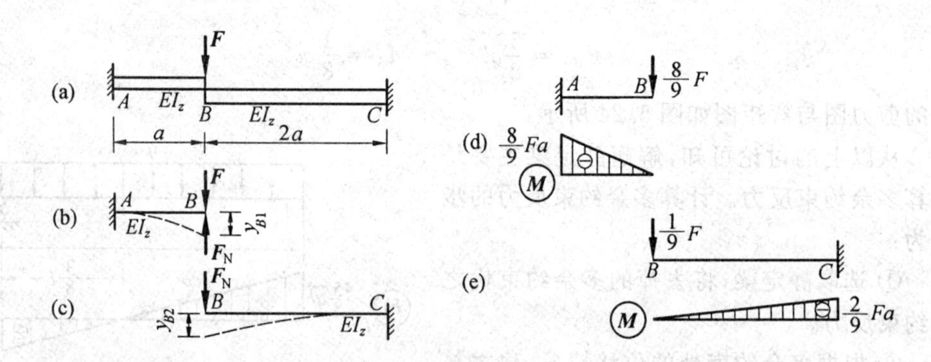

图 5.26

AB、BC 二梁的受力图分别如图 5.26(b) 和图 5.26(c) 所示，其中 F_N 为未知力，其值可通过补充方程式来求得。因二梁在自由端处叠落在一起，所以二梁在自由端处的挠度相等，即

$$y_{B1}=y_{B2} \tag{1}$$

其中，y_{B2} 是由 F_N 引起的，y_{B1} 是由 F 与 F_N 共同引起的，其值分别为

$$y_{B2}=\frac{F_N(2a)^3}{3EI_z},\quad y_{B1}=\frac{(F-F_N)a^3}{3EI_z}$$

代入式(1)

$$\frac{(F-F_N)a^3}{3EI_z}=\frac{F_N(2a)^3}{3EI_z} \tag{2}$$

从而得

$$F_N=\frac{1}{9}F$$

二梁的受力图及弯矩图分别如图 5.26(d) 和图 5.26(e) 所示。

习　　题

5.1　如图 5.27 所示，杆 ①、② 和 ③ 分别为钢、木和铜杆，3 杆弹性模量分别为 $E_1=2\times10^5$ MPa，$E_2=10^4$ MPa，$E_3=10^5$ MPa，面积为 $A_1=1\ 000\ \text{mm}^2$，$A_2=10\ 000\ \text{mm}^2$，$A_3=3\ 000\ \text{mm}^2$，$F=12$ kN。试求 C、F 两点的位移。

5.2　如图 5.28 所示，各杆的抗拉刚度 EA、轴向外力 F 及 a、l 均为已知。试求各杆的轴向伸长。

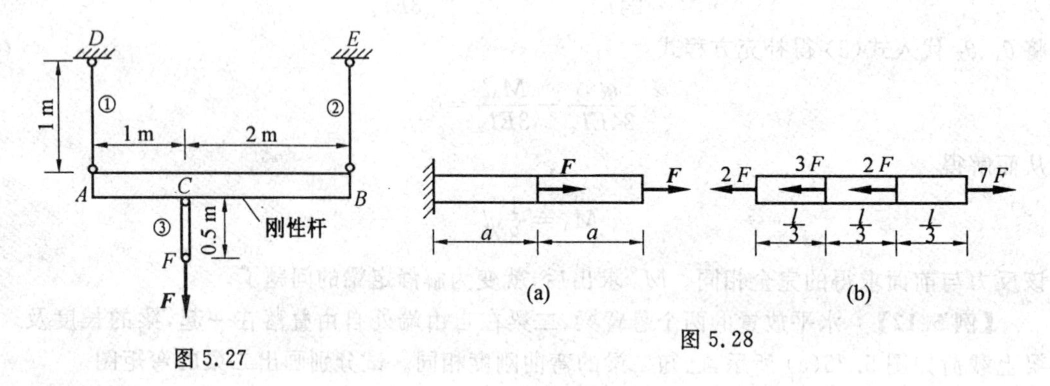

图 5.27

图 5.28

5.3　如图 5.29 所示，钢杆的横截面积为 200 mm^2，钢的弹性模量 E=200 GPa。试求各段杆的应变、伸长及全杆的总伸长。

5.4　如图 5.30 所示，刚性横梁 AB 由两个吊杆吊成水平位置，两杆的抗拉刚度相同。试问竖向力 F 加在何处可使横梁 AB 保持水平？

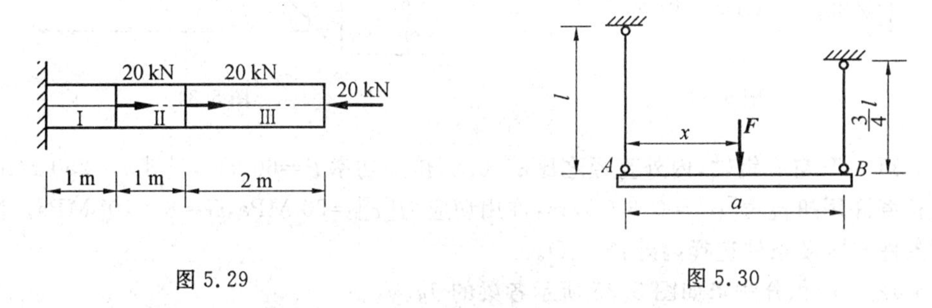

图 5.29　　　　图 5.30

5.5　如图 5.31 所示结构中，AB 为圆截面钢杆，其直径 d=12 mm，在竖向载荷 F 作用下，测得 AB 杆的轴向线应变 ε =0.000 2，已知钢材的弹性模量 $E=2\times10^5$ MPa。试求 F 的数值。

5.6　一钢制圆轴，d = 25 mm，切变模量 $G=8\times10^4$ MPa，当扭转角 $\varphi=6°$ 时，τ_{max} =95 MPa，试求该轴长度 l。

5.7　如图 5.32 所示钢制圆轴，$G=8\times10^4$ MPa，d_1 = 40 mm，d_2 = 70 mm，m_A = 1.4 kN·m，m_B=0.6 kN·m，m_C=0.8 kN·m，[τ]=60 MPa，[θ]=1 (°)/m。试校核轴的强度与刚度。

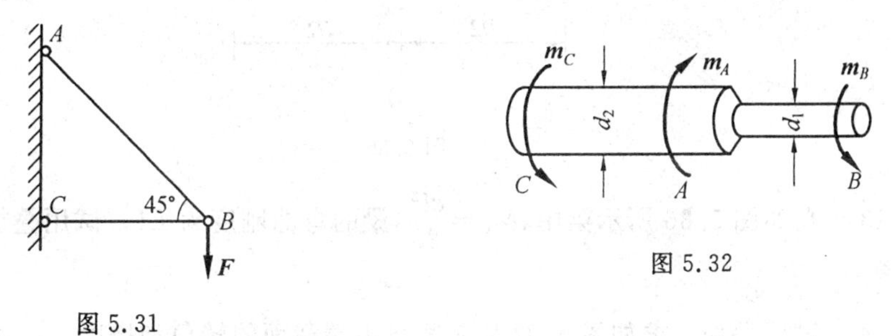

图 5.31　　　　图 5.32

5.8　有实心轴和空心轴，两轴长度、材料及受力均相同。空心轴内外径之比 $\alpha=\frac{d}{D}$=0.8。试求两轴具有相等的强度时（τ_{max} =[τ]，T 相等），它们的重量比与刚度比。

5.9　如图 5.33 所示受扭圆杆中，d=80 mm，材料的切变模量 $G=8\times10^4$ MPa。试分别求 B、C 两截面的相对扭转角和 D 截面的扭转角。

5.10　如图 5.34 所示一圆截面杆，左端固定，右端自由，在全长范围内受均布力偶矩作用，其集度为 m_e。设杆材料的切变模量为 G，截面的极惯性矩为 I_p，杆长为 l。试求自由端的扭转角 φ_B。

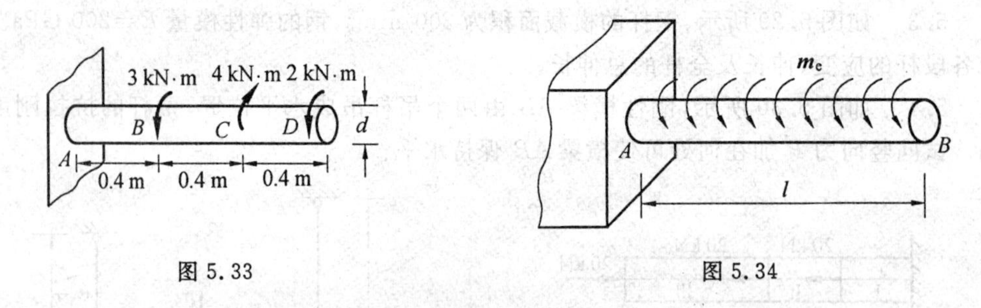

图 5.33　　　　图 5.34

5.11　某空心钢轴，内外直径之比$\alpha=0.8$，传递功率$P=60$ kW，转速$n=250$ r/min，单位长度许用扭转角$[\varphi]=0.8$ (°)/m，许用切应力$[\tau]=60$ MPa，$G=8\times10^4$ MPa。试按强度条件与刚度条件选择内外径d、D。

5.12　用积分法求如图 5.35 所示各梁的θ_B、y_A。

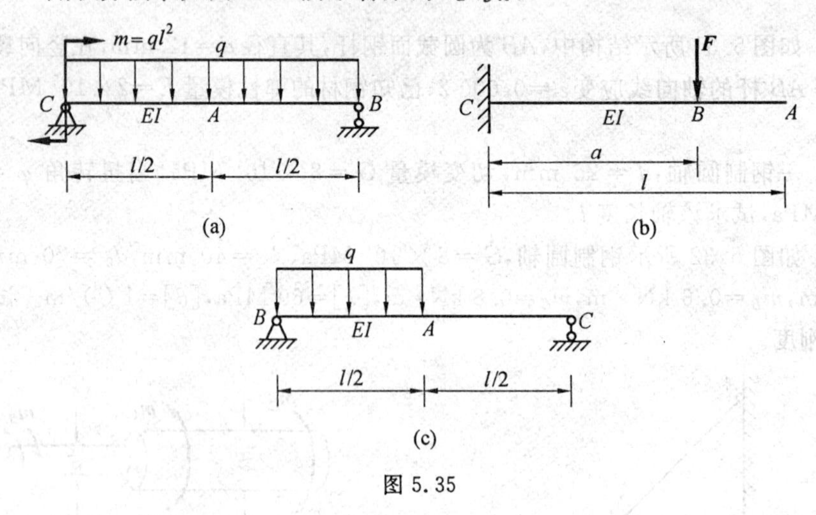

图 5.35

5.13　在如图 5.36 所示梁中，$M_e=\dfrac{ql^2}{20}$，梁的弯曲刚度为EI。试用叠加法求截面A的转角。

5.14　试用叠加法求如图 5.37 所示梁自由端截面的转角和挠度。

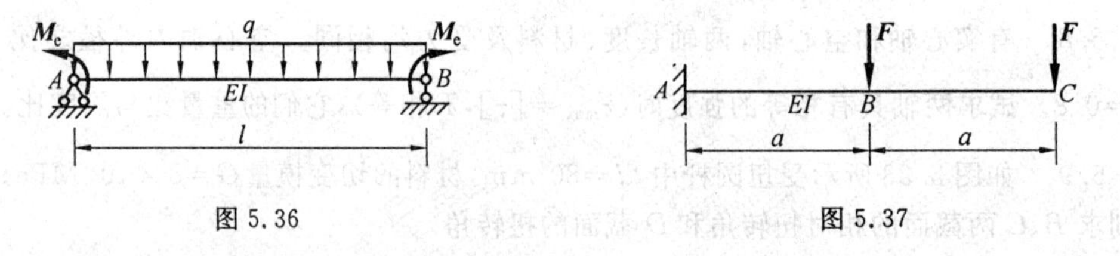

图 5.36　　　　图 5.37

5.15　在如图 5.38 所示外伸梁中，$F=\dfrac{1}{6}ql$，梁的抗弯刚度为EI。试用叠加法求自由端截面的转角和挠度。

5.16　如图 5.39 所示，欲在直径为d的圆木中锯出抗弯刚度最大的矩形梁。试求该梁截面h/b的合理值。

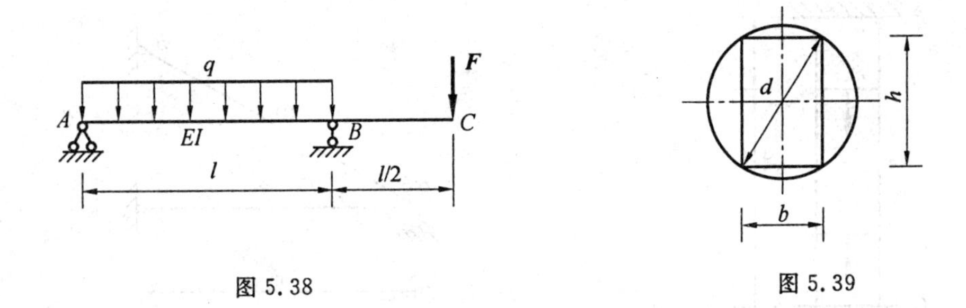

图 5.38　　　　　　图 5.39

5.17　如图 5.40 所示，圆截面木梁 $E=10^4$ MPa，已知 $[\sigma]=10$ MPa，$[f/l]=\frac{1}{200}$。试求梁的截面直径 D。

5.18　若如图 5.41 所示梁的挠曲线在点 C 处有一拐点。试求比值 m_1/m_2。

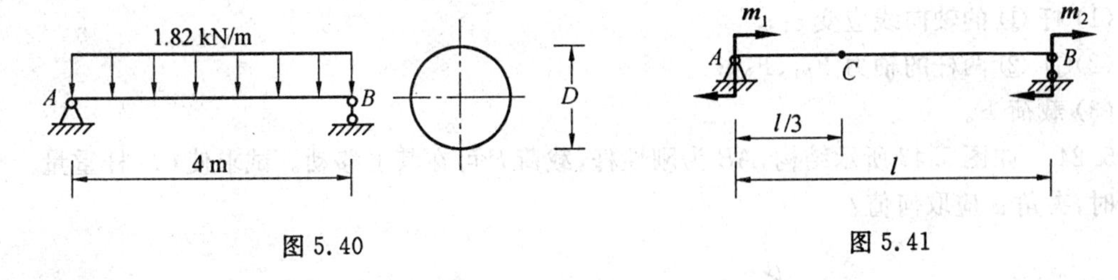

图 5.40　　　　　　图 5.41

5.19　已知如图 5.42 所示梁的 E 及 $[\sigma]$。试求满足强度条件时梁的最大挠度。

5.20　如图 5.43 所示钢筋混凝土短柱，a=400 mm，柱内有 d=30 mm 的钢筋 4 根。钢筋弹性模量 $E=2\times10^5$ MPa，混凝土 $E=0.2\times10^5$ MPa，已知柱受压后混凝土的应力 $\sigma_h=6$ MPa。试求轴向压力 F 及钢筋应力 σ_g。

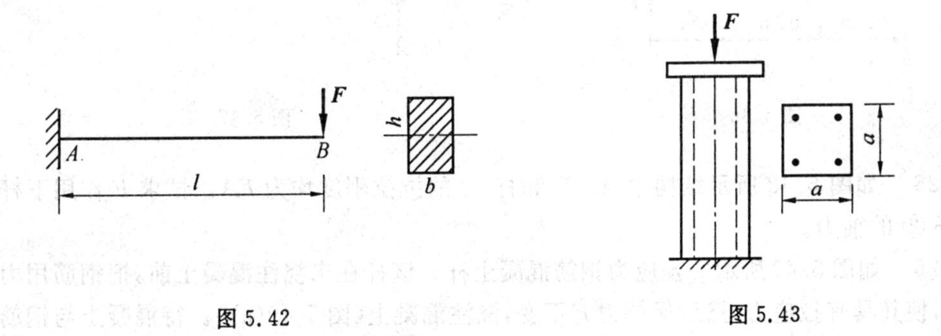

图 5.42　　　　　　图 5.43

5.21　作出如图 5.44 所示杆件的轴力图。

5.22　如图 5.45 所示，杆 ① 与杆 ② 均为钢杆，横截面积均为 A=1 000 mm^2，弹性模量 $E=2\times10^5$ MPa，线膨胀系数 $\alpha=13\times10^{-6}$。当杆 ① 的温度升高 30℃ 时，求两杆的应力。

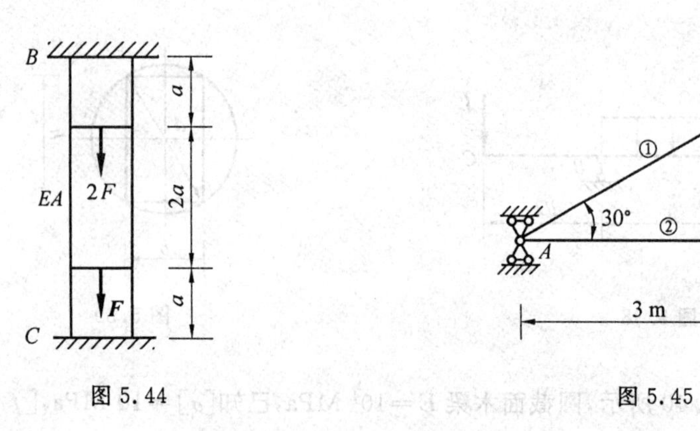

图 5.44

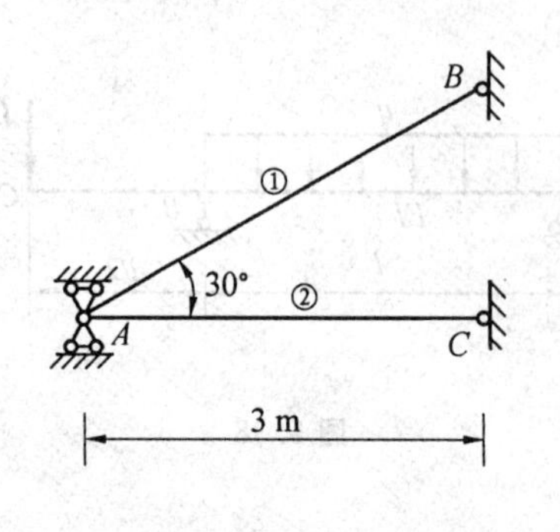

图 5.45

5.23　如图 5.46 所示，拉杆 ①、② 为钢杆，直径 d 均为 10 mm。弹性模量 $E=2\times10^5$ MPa，现测得杆 ② 的轴向线应变 $\varepsilon_2=100\times10^{-6}$。试求：

(1) 杆 ① 的轴向线应变 ε_1；

(2)①、② 两杆的轴力 F_{N1}、F_{N2}；

(3) 载荷 F。

5.24　如图 5.47 所示结构，AB 为刚性杆，载荷 F 可在其上移动。试求使 CD 杆重量最轻时，夹角 α 应取何值？

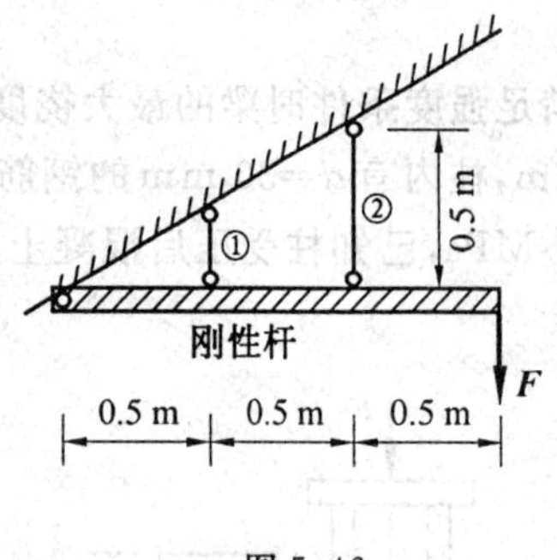

图 5.46

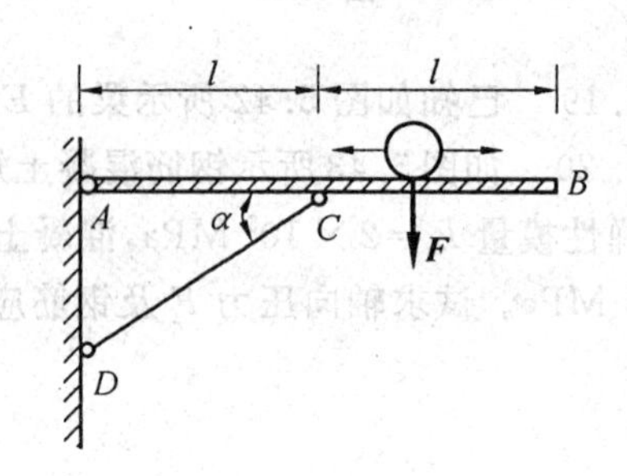

图 5.47

5.25　如图 5.48 所示结构中，杆 ① 和杆 ② 的抗拉刚度均为 EA。试求 F 作用下杆 ① 和杆 ② 的轴力。

5.26　如图 5.49 所示一预应力钢筋混凝土杆。该杆在未浇注混凝土前，把钢筋用力 F 拉伸，使其具有拉应力，然后保持力 F 不变，浇注混凝土(图 5.49(a))。待混凝土与钢筋凝结成整体后，撤除力 F，这时，钢筋与混凝土一起发生压缩变形(图 5.49(b))。于是，钢筋的应力减小，混凝土将产生压应力。已知：钢筋截面面积为 A_1，弹性模量为 E_1，混凝土截面面积为 A_2，弹性模量为 E_2，外力 F，杆长 l。试求此时钢筋和混凝土内的应力 σ_1 和 σ_2。

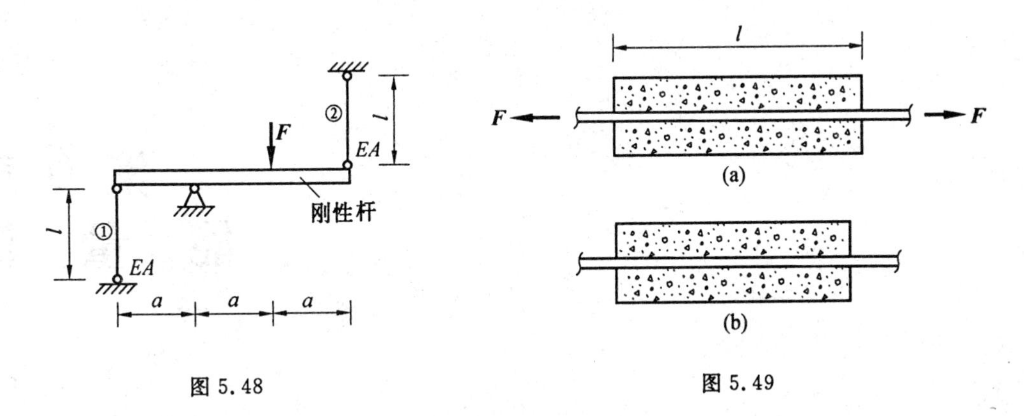

图 5.48　　　　　　　　　　　　图 5.49

5.27　试画出如图 5.50 所示各梁的弯矩图。

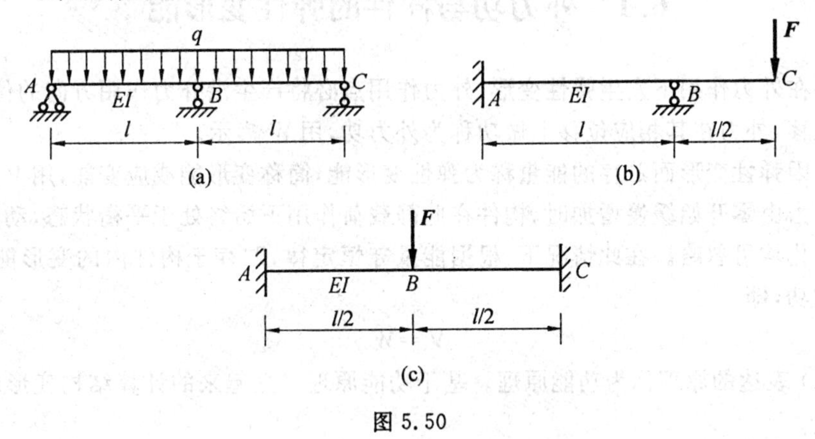

图 5.50

5.28　如图 5.51 所示为两个水平交叉放置的简支梁，二梁于中点处自由叠落在一起，已知二梁的长度相同，二梁的弯曲刚度分别为 E_1I_1 和 E_2I_2。问在 F 作用下 CD 梁承受多大载荷。

5.29　试求如图 5.52 所示结构中 AB 梁截面 B 的挠度（二梁的弯曲刚度均为 EI）。

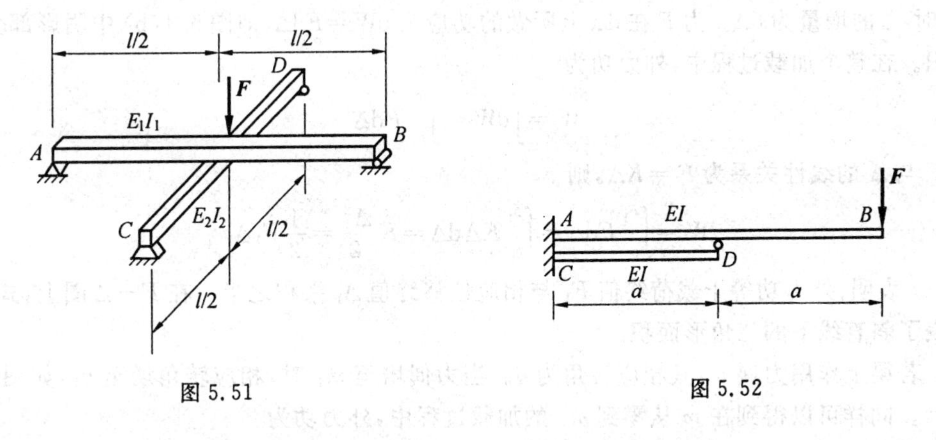

图 5.51　　　　　　　　　　　　图 5.52

第 6 章 能量法

6.1 外力功与杆件的弹性变形能

构件在外力作用下发生弹性变形，外力作用点必将产生沿外力作用方向的位移，称其为相应位移，外力在其相应位移上做功称为外力功，用 W 表示。

构件因弹性变形而贮存的能量称为弹性变形能，简称变形能或应变能，用 V 表示。

当外力由零开始缓慢增加时，构件在此静载荷作用下始终处于平衡状态，动能与其他能量的变化均可忽略。在此情况下，根据能量守恒定律，贮存于构件内的变形能，其数值等于外力功，即

$$V = W \tag{6.1}$$

由式(6.1)表达的原理称为功能原理。基于功能原理建立起来的计算结构变形的方法称为能量法。

6.1.1 外力功与杆件变形能的计算

如图 6.1(a) 所示梁在静载荷 F 作用下，其相应位移为 Δ。当力 F 增至 F_1 时，相应位移增至 Δ_1。对于线弹性体的梁，F 与 Δ 之间呈线性关系如图 6.1(b) 所示。当力 F 有增量 $\mathrm{d}F$ 时，Δ 的增量为 $\mathrm{d}\Delta$。力 F 在 $\mathrm{d}\Delta$ 上所做的功应为 $\mathrm{d}W = F\mathrm{d}\Delta$，即图 6.1(b) 中阴影部分的面积。在整个加载过程中，外力功为

$$W = \int \mathrm{d}W = \int_0^{F_1} F\mathrm{d}\Delta$$

设 F 与 Δ 的线性关系为 $F = K\Delta$，则

$$W = \int_0^{F_1} F\mathrm{d}\Delta = \int_0^{\Delta_1} K\Delta\,\mathrm{d}\Delta = K\frac{\Delta_1^2}{2} = \frac{1}{2}F_1\Delta_1 \tag{1}$$

式(1) 表明，外力功等于载荷终值 F_1 与相应位移终值 Δ_1 乘积之半。在 $F-\Delta$ 图上，式(1) 代表了斜直线下的三角形面积。

若梁上作用力偶 m，其相应转角为 θ。当力偶增至 m_1 时，相应转角增至 θ_1，如图 6.2 所示。同样可以得到在 m 从零到 m_1 的加载过程中，外力功为

$$W = \frac{1}{2}m_1\theta_1 \tag{2}$$

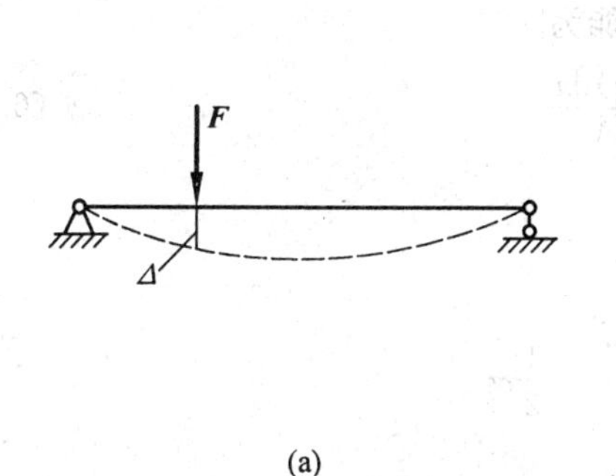

(a)

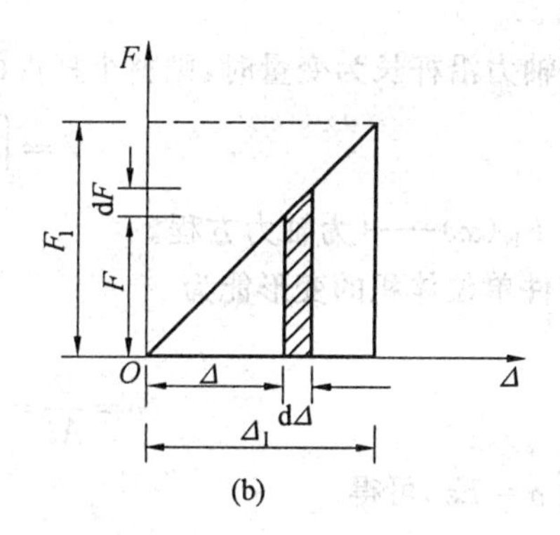

(b)

图 6.1

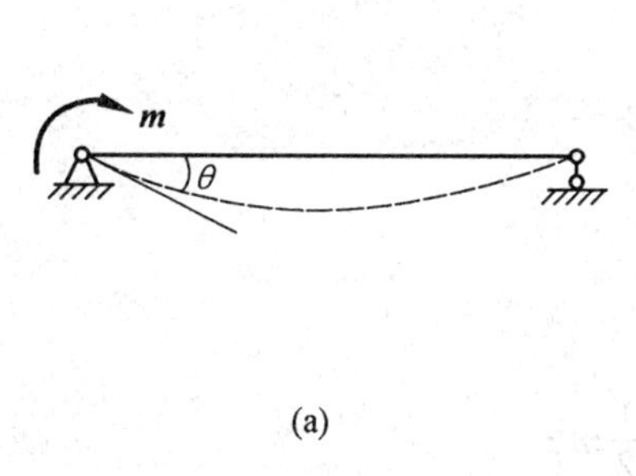

(a)

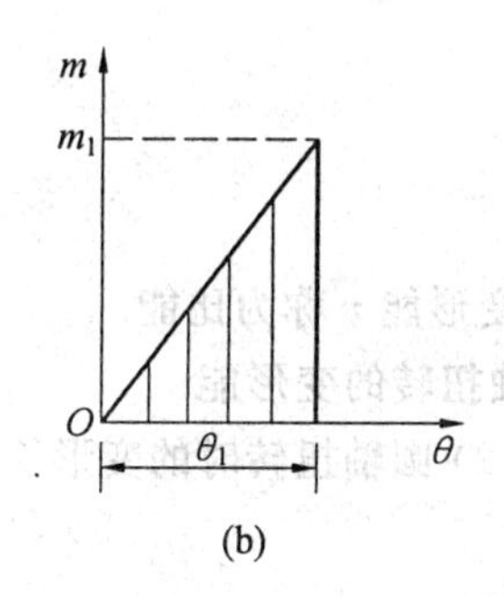

(b)

图 6.2

总之，只要力和位移呈线性关系，外力功的表达式可统一写成

$$W=\frac{1}{2}F\Delta \tag{6.2}$$

式(6.2)中，F 称为广义力，表示集中力或集中力偶；Δ 称为广义位移，表示线位移或角位移。

若弹性体上作用多个广义力 F_i，且广义力 F_i 的相应位移为 Δ_i。可以证明，该弹性体所有外力在其相应位移上所做功的总和为

$$W=\sum_{i=1}^{n}\frac{1}{2}F_i\Delta_i \tag{6.3}$$

式(6.3)表明外力功只与力和位移的终值有关，而与外力的加载次序无关。

根据式(6.1)与式(6.2)，并利用外力与内力的关系及变形计算公式，可给出各基本变形情况下，杆件变形能用内力或变形表示的表达式。

(1) 轴向拉压杆的变形能为

$$V=W=\frac{1}{2}F\Delta l$$

其内力为轴力 F_N。轴向变形 $\Delta l=\dfrac{F_N l}{EA}$，所以

$$V=\frac{F_N^2 l}{2EA} \tag{6.4a}$$

或

$$V=\frac{EA}{2l}(\Delta l)^2 \tag{6.4b}$$

若轴力沿杆长为变量时，则整个杆件的变形能为

$$V=\int_l \frac{F_N^2(x)\mathrm{d}x}{2EA} \tag{6.4c}$$

式中　$F_N(x)$—— 为轴力方程。

杆件单位体积的变形能为

$$v=\frac{V}{Al}=\frac{\frac{1}{2}F_N\Delta l}{Al}=\frac{1}{2}\sigma\varepsilon \tag{6.5a}$$

由 $\sigma=E\varepsilon$，可得

$$v=\frac{1}{2E}\sigma^2 \tag{6.5b}$$

或

$$v=\frac{1}{2}E\varepsilon^2 \tag{6.5c}$$

单位体积的变形能 v 称为比能。

(2) 圆轴扭转的变形能

由式(6.2) 圆轴扭转时的变形能为

$$V=W=\frac{1}{2}m\varphi$$

其内力为扭矩 $T=m$，扭转角 $\varphi=\frac{Tl}{GI_p}$，所以

$$V=\frac{T^2 l}{2GI_p} \tag{6.6a}$$

或

$$V=\frac{GI_p}{2l}\varphi^2 \tag{6.6b}$$

若扭矩 T 沿轴线为变量时，则变形能应为

$$V=\int_l \frac{T^2(x)\mathrm{d}x}{2GI_p} \tag{6.6c}$$

式中　$T(x)$—— 扭矩方程。

根据式(6.5a)，结合应力与应变的对应关系，可以得出在圆轴扭转时，其比能为

$$v=\frac{1}{2}\tau\gamma=\frac{1}{2}G\gamma^2=\frac{\tau^2}{2G} \tag{6.7}$$

式中　τ—— 切应力；

γ—— 切应变；

G—— 切变模量。

(3) 梁的弯曲变形能

梁在一般情况下弯曲时，横截面上有弯矩和剪力，它们均为 x 的函数，为计算变形能，需要取微段进行分析，如图 6.3 所示。在弯矩 $M(x)$ 作用下，微段 $\mathrm{d}x$ 的两端横截面产生的相对转角为 $\mathrm{d}\theta$，如图 6.3(c) 所示。于是，$M(x)$ 做的功为

$$\mathrm{d}W=\frac{1}{2}M(x)\mathrm{d}\theta$$

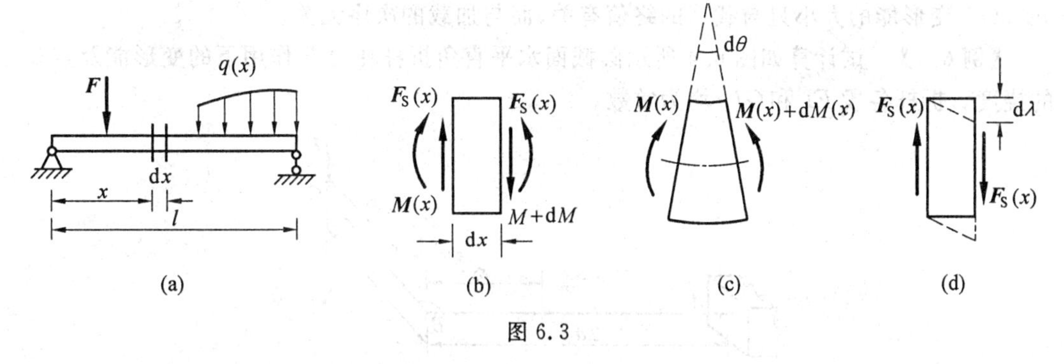

图 6.3

同理，剪力 $F_S(x)$ 做功为$\frac{1}{2}F_S\mathrm{d}\lambda$，如图 6.3(d) 所示。但是对于细长梁而言，剪力做功与 $M(x)$ 做功相比要小得多，可忽略不计。因此，微段梁上的变形能可近似地表示为

$$\mathrm{d}V=\mathrm{d}W=\frac{1}{2}M(x)\mathrm{d}\theta=\frac{M^2(x)\mathrm{d}x}{2EI}$$

全梁的变形能为

$$V=\int_l\frac{M^2(x)\mathrm{d}x}{2EI}\tag{6.8a}$$

对于纯弯曲梁，因 $M(x)$ 为常量，故其变形能为

$$V=\frac{M^2l}{2EI}\tag{6.8b}$$

根据式 $EIy''=-M(x)$，式(6.8a) 又可写成

$$V=\frac{EI}{2}\int_l(y'')^2\mathrm{d}x\tag{6.8c}$$

(4) 杆件在组合变形时的变形能

对于产生组合变形的杆件，其微段杆横截面上有轴力 $F_N(x)$、扭矩 $T(x)$、弯矩 $M(x)$ 和剪力 $F_S(x)$，它们分别在各自的相应位移上做功。略去剪力的影响，微段杆的变形能为

$$\mathrm{d}V=\frac{1}{2}F_N(x)\mathrm{d}(\Delta l)+\frac{1}{2}T(x)\mathrm{d}\varphi+\frac{1}{2}M(x)\mathrm{d}\theta$$

于是，全杆的变形能为

$$V=\int_l\frac{F_N^2(x)}{2EA}\mathrm{d}x+\int_l\frac{T^2(x)}{2GI_p}\mathrm{d}x+\int_l\frac{M^2(x)}{2EI}\mathrm{d}x\tag{6.9}$$

注意，式中的扭转变形能表达式只适用于圆截面杆。

6.1.2　变形能的性质

(1) 变形能恒为正值。从式(6.9) 可知，各内力的平方使变形能 V 恒为正。

(2) 同名内力的变形能不能用叠加法计算。因为变形能是内力的二次函数，是非线性关系，所以不能用叠加法计算同名内力的变形能。而非同名内力的变形能是可以叠加的。如式(6.9) 那样。这是因为非同名内力仅在各自引起的相应位移上做功，而不在非自身引起的位移上做功的缘故。

(3) 变形能的大小只与载荷的终值有关，而与加载的次序无关。

【例 6.1】 试计算如图 6.4 所示圆截面水平直角折杆在力 F 作用下的变形能及点 C 的挠度。折杆各段 EI 和 GI_p 均为常数。

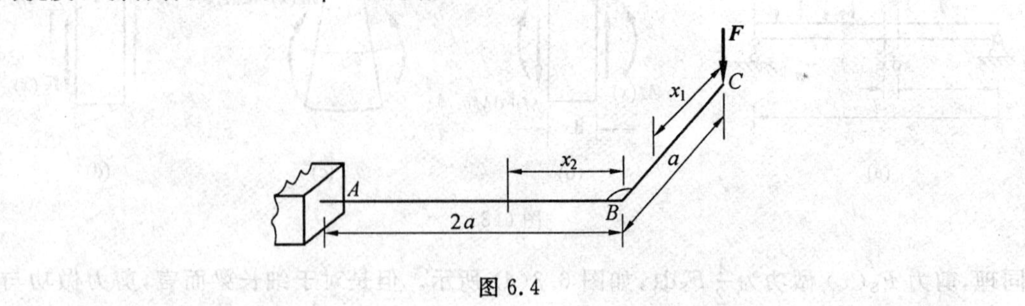

图 6.4

【解】 (1) 计算变形能

分别计算 AB 和 BC 两段杆的变形能，然后求和，BC 段的弯矩方程为

$$M(x_1)=-Fx_1$$

其变形能(不计剪力影响)为

$$V_1=\int_0^a \frac{M^2(x_1)\mathrm{d}x_1}{2EI}=\int_0^a \frac{(-Fx_1)^2\mathrm{d}x_1}{2EI}=\frac{F^2a^3}{6EI}$$

AB 段的弯矩与扭矩为

$$M(x_2)=-Fx_2 \quad , \quad T=-Fa$$

其变形能(不计剪力影响)为

$$V_2=\int_0^{2a} \frac{M^2(x_2)\mathrm{d}x_2}{2EI}+\frac{T^2 2a}{2GI_p}=\int_0^{2a} \frac{(-Fx_2)^2\mathrm{d}x_2}{2EI}+\frac{(Fa)^2 2a}{2GI_p}=$$

$$\frac{4F^2a^3}{3EI}+\frac{F^2a^3}{GI_p}$$

整个折杆的变形能为

$$V=V_1+V_2=\frac{3F^2a^3}{2EI}+\frac{F^2a^3}{GI_p}$$

(2) 求点 C 挠度 y_C

外力功为 $W=\frac{1}{2}Fy_C$，由功能原理 $W=V$，得

$$y_C=\frac{3Fa^3}{EI}+\frac{2Fa^3}{GI_p}(\downarrow)$$

【例 6.2】 试计算如图 6.5 所示梁的变形能及截面 A 的转角 θ_A。

【解】 梁的变形能

支反力

$$F_{RA}=0, F_{RB}=F(\uparrow)$$

AC 段

$$M(x_1)=\frac{Fl}{2}$$

$$V_1=\int_0^{\frac{l}{2}} \frac{M^2(x_1)\mathrm{d}x_1}{2EI}=\int_0^{\frac{l}{2}} \frac{(Fl/2)^2\mathrm{d}x_1}{2EI}=\frac{F^2l^3}{16EI}$$

CB 段

$$M(x_2)=Fx_2$$

$$V_1=\int_0^{\frac{l}{2}}\frac{M^2(x_2)\mathrm{d}x_2}{2EI}=\int_0^{\frac{l}{2}}\frac{(Fx_2)^2\mathrm{d}x_2}{2EI}=\frac{F^2l^3}{48EI}$$

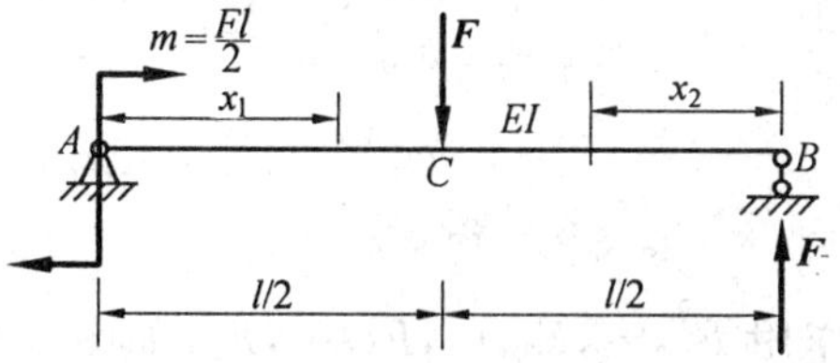

图 6.5

全梁变形能为

$$V=V_1+V_2=\frac{F^2l^3}{12EI}$$

外力功为

$$W=\frac{1}{2}Fy_C+\frac{1}{2}m\theta_A$$

由功能原理 $V=W$，得

$$\frac{1}{2}Fy_C+\frac{1}{2}m\theta_A=\frac{F^2l^3}{12EI}$$

由于式中含有 θ_A 与 y_C 两个未知数，因此由功能原理不能确定 θ_A 的值。

由以上二例可知，当构件上只有一个载荷作用，且所求位移就是该载荷作用点处的相应位移时，可利用功能原理直接求解。若构件上有多个载荷，或虽只有一个载荷，但所求位移不是载荷作用处的相应位移时，不能由功能原理直接求解。为此，需要根据功能原理建立新的便于计算构件变形的理论。

6.2　卡氏定理及其应用

设弹性体在一组互相独立的广义力 $F_1,F_2,\cdots,F_k,\cdots,F_n$ 作用下，各力作用点处相应的广义位移为 $\Delta_1,\Delta_2,\cdots,\Delta_k,\cdots,\Delta_n$，如图 6.6(a) 所示。现求广义力 F_k 作用点处相应的广义位移 Δ_k。

由功能原理可知，弹性体的变形能是各广义力的函数，即

$$V=V(F_1,F_2,\cdots,F_k,\cdots,F_n)=\sum_{i=1}^{n}\frac{1}{2}F_i\Delta_i$$

若力 F_k 有一增量 $\mathrm{d}F_k$，如图 6.6(b) 所示，其相应位移的增量为 $\mathrm{d}\Delta_k$，弹性体变形能的增量为 $\frac{\partial V}{\partial F_k}\mathrm{d}F_k$，这时总变形能为

$$V+\frac{\partial V}{\partial F_k}\mathrm{d}F_k \tag{1}$$

对于线性弹性体，变形能只与外力终值有关，而与加载次序无关。因此，可以将加载次序

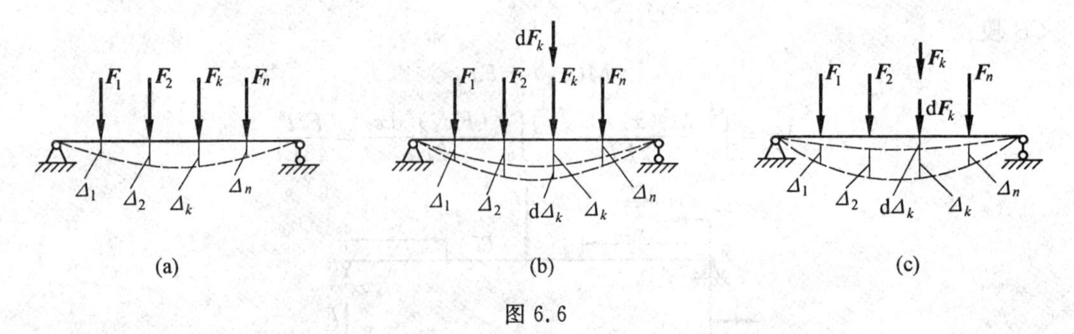

图 6.6

改为先作用 dF_k，然后再作用 $F_1,\cdots,F_2,\cdots,F_k,\cdots,F_n$，如图 6.6(c) 所示。当首先作用 dF_k 时，其作用点处的相应位移为 $d\Delta_k$，产生变形能为 $\frac{1}{2}dF_k d\Delta_k$。再作用 $F_1,\cdots,F_2,\cdots,F_k,\cdots,F_n$ 时，除产生变形能 $\sum_{i=1}^{n}\frac{1}{2}F_i\Delta_i$ 外，先期所加载荷 dF_k 将以常力在位移 Δ_k 上做功，其值为 $dF_k\Delta_k$，并在弹性体内产生与之数值相等的变形能。这时弹性体的总变形能为

$$\frac{1}{2}dF_k d\Delta_k+\sum_{i=1}^{n}\frac{1}{2}F_i\Delta_i+dF_k\Delta_k \tag{2}$$

令式(1) 等于式(2)，且 $V=\sum_{i=1}^{n}\frac{1}{2}F_i\Delta_i$，并略去高阶微量，得

$$\Delta_k=\frac{\partial V}{\partial F_k} \tag{6.10}$$

式(6.10) 为卡氏定理的表达式。它说明，弹性体上某广义力作用点处的相应广义位移，等于变形能对该广义力的偏导数。

以弯曲问题为例，其变形能为

$$V=\int_l \frac{M^2(x)dx}{2EI}$$

应用卡氏定理，得

$$\Delta_k=\frac{\partial V}{\partial F_k}=\frac{\partial}{\partial F_k}\left(\int_l \frac{M^2(x)dx}{2EI}\right)=\int_l \frac{\partial}{\partial F_k}\left[\frac{M^2(x)}{2EI}\right]dx$$

由此可得卡氏定理的另一个常用的表达式

$$\Delta_k=\int_l \frac{M(x)}{EI}\frac{\partial M(x)}{\partial F_k}dx \tag{6.11}$$

应用卡氏定理计算结构某点处的广义位移时，该点处需有与之相应的广义力作用。否则需在该点处附加一个与所求位移相应的广义力 F_0，并计算包括附加力 F_0 在内的所有外力作用下结构的变形能 V，将 V 对附加力 F_0 求偏导数后，再令 F_0 为零，即可求得该点的广义位移。

对于组合变形杆件，不计剪力对变形的影响，由式(6.9) 和式(6.10)，有

$$\Delta_k=\frac{\partial V}{\partial F_k}=\int_l \frac{F_N(x)}{EA}\frac{\partial F_N(x)}{\partial F_k}dx+\int_l \frac{T(x)}{GI_p}\frac{\partial T(x)}{\partial F_k}dx+\int_l \frac{M(x)}{EI}\frac{\partial M(x)}{\partial F_k}dx \tag{6.12}$$

式(6.12) 为卡氏定理的一般表达式，其中第二项仅适用于圆截面杆，对非圆截面杆，应将

I_p 改为相应截面的 I_t。

【例 6.3】　试用卡氏定理求如图 6.7 所示梁点 A 的挠度 y_A。

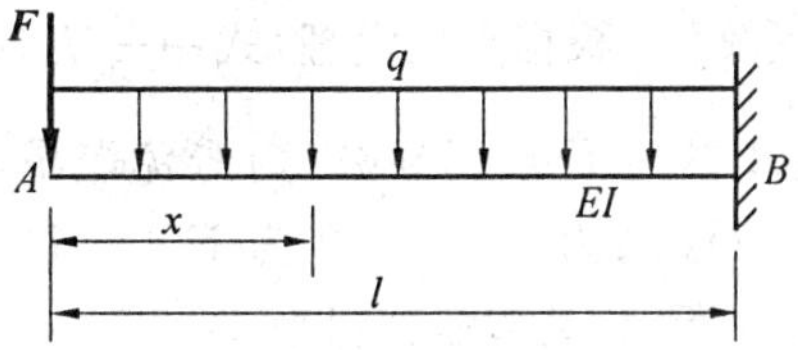

【解】　梁的弯矩方程为

$$M(x) = -Fx - \frac{1}{2}qx^2$$

且

$$\frac{\partial M(x)}{\partial F_k} = -x$$

由式(6.11)有

$$y_A = \frac{1}{EI}\int_0^l (-Fx - \frac{1}{2}qx^2)(-x)\mathrm{d}x = \frac{Fl^3}{3EI} + \frac{ql^4}{8EI}$$

图 6.7

结果为正，表示挠度 y_A 的方向与力 F 一致。

【例 6.4】　试用卡氏定理求图 6.8(a) 所示刚架截面 A 的转角 θ_A，已知 EI 为常数。

【解】　在截面 A 处设一附加力偶 m_0，如图 6.8(b) 所示，分段列出弯矩方程，并求相应的偏导数

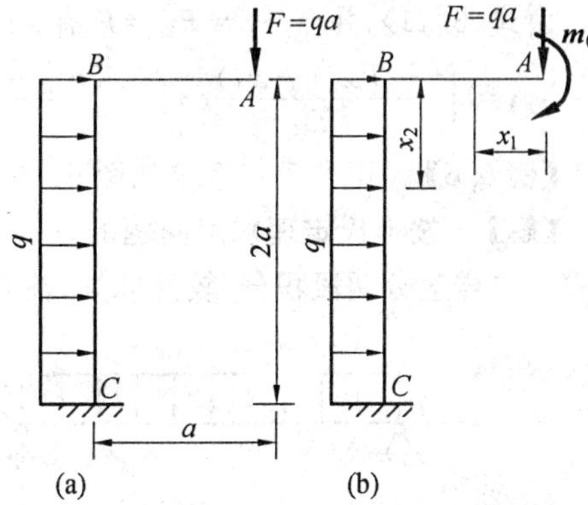

AB 段

$$M(x_1) = -Fx_1 - m_0$$

$$\frac{\partial M(x_1)}{\partial m_0} = -1$$

BC 段

$$M(x_2) = -Fa - m_0 - \frac{1}{2}qx_2^2$$

$$\frac{\partial M(x_2)}{\partial m_0} = -1$$

图 6.8

代入卡氏定理表达式，并令 $m_0 = 0$，得

$$\theta_A = \left(\frac{\partial V}{\partial m_0}\right)_{m_0=0} = \left(\int_0^a \frac{M(x_1)}{EI}\frac{\partial M(x_1)}{\partial m_0}\mathrm{d}x_1 + \int_0^{2a}\frac{M(x_2)}{EI}\frac{\partial M(x_2)}{\partial m_0}\mathrm{d}x_2\right)_{m_0=0} =$$

$$\frac{1}{EI}\int_0^a Fx_1\mathrm{d}x_1 + \frac{1}{EI}\int_0^{2a}(Fa + \frac{1}{2}qx_2^2)\mathrm{d}x_2 =$$

$$\frac{1}{EI}\left(\frac{5Fa^2}{2} + \frac{4qa^3}{3}\right)$$

因 $F = qa$，故

$$\theta_A = \frac{23qa^3}{6EI}(\downarrow)$$

结果为正，表示 θ_A 的方向与 m_0 的方向一致。

【例 6.5】 试用卡氏定理求如图 6.9 所示梁截面 A 的挠度 y_A。

【解】 根据卡氏定理，式中$\dfrac{\partial M_x}{\partial F}$应该是对点 A 的力 F 求偏导数，为避免混淆，需将 B、A 两点的力 F 分别标为 F_1 与 F_2 如图 6.9(b) 所示，其弯矩方程为

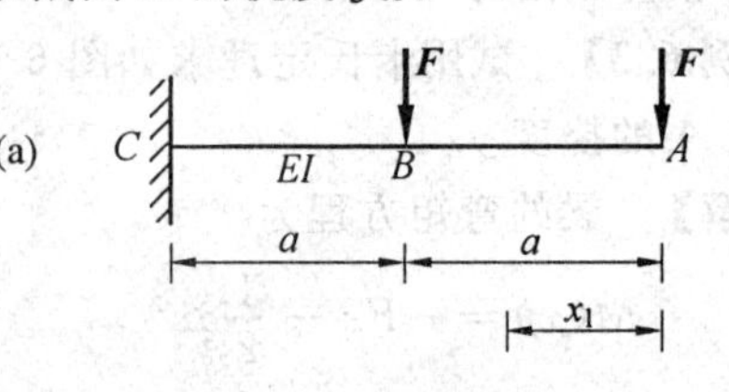

图 6.9

AB 段

$$M(x_1)=-F_1x_1 \quad 且 \quad \frac{\partial M(x_1)}{\partial F_1}=-x_1$$

BC 段

$$M(x_2)=-F_1x_2-F_2(x_2-a)$$

且

$$\frac{\partial M(x_2)}{\partial F_1}=-x_2$$

由式(6.11)，并令 $F_1=F_2=F$ 有

$$y_A=\int_0^a\frac{-Fx_1(-x_1)}{EI}\mathrm{d}x_1+\int_a^{2a}\frac{[-Fx_2-F(x_2-a)]}{EI}(-x_2)\mathrm{d}x_2=\frac{7Fa^3}{2EI}(\downarrow)$$

【例 6.6】 用卡氏定理求如图 6.10(a) 所示外伸梁截面 A 的转角 θ_A。

【解】 按卡氏定理求解问题的方法，应在截面 A 加力偶 m，代入式(6.11) 时再令其为零。这样应分两段积分，较为麻烦，注意到本题 $\theta_A=\theta_B$，所以直接求 θ_B 较为简单。

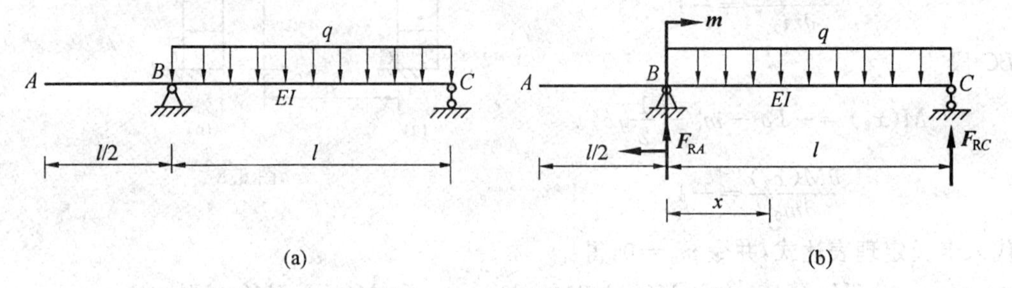

图 6.10

在截面 B 加力偶 m，如图 6.10(b) 所示。

$$M(x)=m+F_{RA}x-\frac{qx^2}{2}=m+\left(\frac{ql}{2}-\frac{m}{l}\right)x-\frac{qx^2}{2}$$

$$\frac{\partial M(x)}{\partial m}=1-\frac{x}{l}$$

$$\theta_B=\int_0^l\frac{M(x)}{EI}\left.\frac{\partial M(x)}{\partial m}\right|_{m=0}\mathrm{d}x=\int_0^l\frac{\left(\dfrac{ql}{2}x-\dfrac{qx^2}{2}\right)\left(1-\dfrac{x}{l}\right)}{EI}\mathrm{d}x=\frac{ql^3}{24EI}(\downarrow)$$

利用卡氏定理不仅可以求某截面的线位移及角位移，还可求某两个截面的相对线位移及相对角位移。当求两个截面的相对线位移时，这两个截面必须有一对大小相等，方向相反的集中力。若求两个截面的相对角位移时，这两个截面必须有一对大小相等方向相反的力偶，同样，若所求位移截面没有与之对应的广义力时，则需加一个广义力，将能量 V

对所加的广义力求偏导数后，再令其为零即可。

【例 6.7】　用卡氏定理求如图 6.11(a) 所示简支梁 A、B 两截面的相对转角 θ_{AB}。

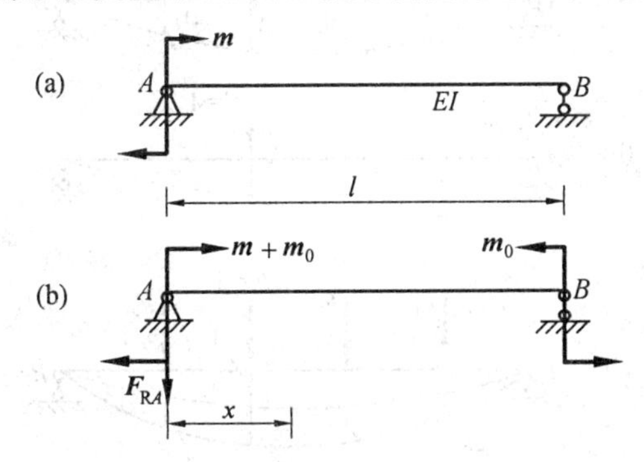

图 6.11

【解】　在 A、B 两截面加一对大小相等，方向相反的力偶 m_1，如图 6.11(b) 所示。

$$M(x) = m + m_0 - F_{RA}x = m + m_0 - \frac{m}{l}x$$

$$\frac{\partial M(x)}{\partial m_0} = 1$$

$$\theta_{AB} = \int \frac{M(x)}{EI}\frac{\partial M(x)}{\partial m_0}\bigg|_{m_0=0} dx = \int_0^l \frac{\left(m - \dfrac{m}{l}x\right)}{EI} dx = \frac{ml}{2EI}(\curvearrowleft\curvearrowright)$$

6.3　莫尔定理及其应用

莫尔定理也与卡氏定理一样，被广泛用来计算弹性杆件结构的位移。现给出利用功能原理和卡氏定理推证莫尔定理的两种方法。

6.3.1　利用功能原理推证莫尔定理

以梁的弯曲为例，设梁上作用有广义力 $F_1, F_2, \cdots, F_n$，相应的广义位移为 $\Delta_1, \Delta_2, \cdots, \Delta_n$，如图 6.12(a) 所示，其弯矩方程为 $M(x)$，变形能为

$$V_F = \int_l \frac{M^2(x)dx}{2EI} \tag{1}$$

欲求梁上任一点 C 处的广义位移 Δ。为此，设在上述广义力作用之前，先在点 C 处沿广义位移 Δ 方向作用一个单位广义力 $\overline{F}=1$，称 $\overline{F}$ 为单位力，与 $\overline{F}$ 相应的广义位移为 $\overline{\Delta}$，如图 6.12(b) 所示，其弯矩方程为 $\overline{M}(x)$，变形能为

$$\overline{V} = \int_l \frac{\overline{M}^2(x)dx}{2EI} \tag{2}$$

如图 6.12 所示，当广义力 $F_1, F_2, \cdots, F_n$ 和单位力 $\overline{F}$ 均作用在梁上时，其弯矩方程根据叠加原理应为 $M(x) + \overline{M}(x)$，变形能为

$$V = \int_l \frac{[M(x) + \overline{M}(x)]^2 dx}{2EI} =$$

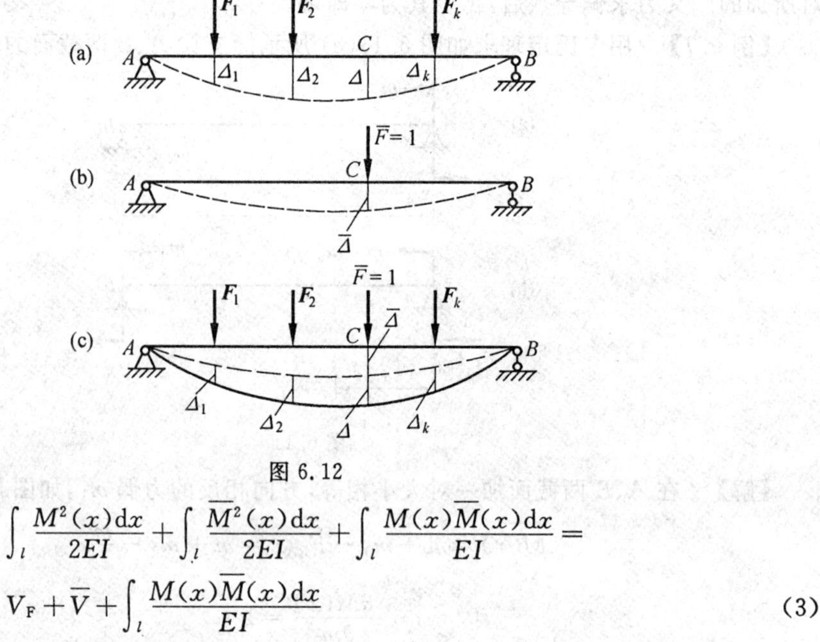

图 6.12

$$\int_l \frac{M^2(x)\mathrm{d}x}{2EI}+\int_l \frac{\overline{M}^2(x)\mathrm{d}x}{2EI}+\int_l \frac{M(x)\overline{M}(x)\mathrm{d}x}{EI}=$$

$$V_{\mathrm{F}}+\overline{V}+\int_l \frac{M(x)\overline{M}(x)\mathrm{d}x}{EI} \tag{3}$$

外力功 W 可由广义力及其相应位移求得。由于先加单位力 $\overline{F}$，梁的挠曲线如图 6.12(c) 的虚线所示，单位力 $\overline{F}$ 做功为$\frac{1}{2}\overline{F}\overline{\Delta}$；然后再将广义力 $F_1,F_2,\cdots,F_n$ 加到梁上，则梁的挠曲线由如图 6.12(c) 所示的虚线变到实线位置，其相应位移仍为 $\Delta_1,\Delta_2,\cdots,\Delta_n$，点 C 处沿单位力 $\overline{F}$ 方向的位移仍为 Δ。这时广义力做功为$\frac{1}{2}\sum_{i=1}^{n}F_i\Delta_i$，单位力 $\overline{F}$ 以常力做功 $\overline{F}\Delta$，于是，总的外力功为

$$W=\frac{1}{2}\overline{F}\overline{\Delta}+\frac{1}{2}\sum_{i=1}^{n}F_i\Delta_i+\overline{F}\Delta \tag{4}$$

根据功能原理 $W=V$，由式(3) 和式(4)，得

$$\frac{1}{2}\overline{F}\overline{\Delta}+\frac{1}{2}\sum_{i=1}^{n}F_i\Delta_i+\overline{F}\Delta=V_{\mathrm{F}}+\overline{V}+\int_l \frac{M(x)\overline{M}(x)\mathrm{d}x}{EI}$$

其中 $V_{\mathrm{F}}=\frac{1}{2}\sum_{i=1}^{n}F_i\Delta_i$，$\overline{V}=\frac{1}{2}\overline{F}\overline{\Delta}$，且 $\overline{F}=1$，则有

$$\Delta=\int_l \frac{M(x)\overline{M}(x)\mathrm{d}x}{EI} \tag{6.13}$$

式(6.13) 为莫尔定理的表达式。由于在该方法中采用了加单位广义力的方式，因此又称单位力法。

对于组合变形杆件，略去剪力对变形的影响，莫尔定理的一般表达式为

$$\Delta=\int_l \frac{F_{\mathrm{N}}(x)\overline{F}_{\mathrm{N}}(x)}{EA}\mathrm{d}x+\int_l \frac{T(x)\overline{T}(x)}{GI_{\mathrm{p}}}\mathrm{d}x+\int_l \frac{M(x)\overline{M}(x)}{EI}\mathrm{d}x \tag{6.14}$$

式中　$\overline{F}(x)$、$\overline{T}(x)$ 和 $\overline{M}(x)$—— 单位力 $\overline{F}$ 引起的杆件轴力、扭矩和弯矩方程。

根据式(6.14)，对于桁架，由于只存在轴力，并且各杆轴力及刚度为常数，所以式

(6.14) 成为

$$\Delta=\sum_{i=1}^{n}\int\frac{F_{N}(x)\overline{F_{N}}(x)}{EA}\mathrm{d}x=\sum_{i=1}^{n}\frac{F_{Ni}\overline{F_{Ni}}l_i}{EA}=\sum_{i=1}^{n}\overline{F_{Ni}}\Delta l_i$$

即

$$\Delta=\sum_{i=1}^{n}\overline{F_{Ni}}\Delta l_i \tag{6.15}$$

式中 $\overline{F}_{Ni}$—— 单位力引起的第 i 个杆件的内力，Δl_i 是外载荷引起的第 i 个杆件的轴向变形。

6.3.2 由卡氏定理推证莫尔定理

仍以梁的弯曲为例，如图 6.12(a) 所示。用卡氏定理求点 C 位移 Δ 时，应在点 C 处加零值附加力 F_0，由式(6.11)，得

$$\Delta=\int_l\frac{M(x)}{EI}\frac{\partial M(x)}{\partial F_0}\mathrm{d}x \tag{1}$$

若广义力 $F_i(i=1,2,\cdots,n)$ 分别单独作用，而且 $F_i=1$ 时梁的弯矩方程分别为 $\overline{M}(x)_i(i=1,2,\cdots,n)$；附加力 $F_0=1$ 单独作用时的弯矩方程为 $\overline{M}(x)$。在实际的广义力和零值附加力 F_0 共同作用下，根据叠加原理，其弯矩方程为

$$M(x)=\sum_{i=1}^{n}\overline{M}(x)_iF_i+\overline{M}(x)F_0 \tag{2}$$

式(2) 中的 $F_i(i=1,2,\cdots,n)$ 和 F_0 均为独立变量，于是可得

$$\frac{\partial M(x)}{\partial F_0}=\overline{M}(x) \tag{3}$$

将式(3) 代入式(1)，有

$$\Delta=\int_l\frac{M(x)}{EI}\overline{M}(x)\mathrm{d}x \tag{4}$$

式(4) 即为莫尔定理。

从上述推证中可知，弯矩 $M(x)$ 对某广义力的偏导数，在数值上等于该广义力为单位力 1 作用时梁上的弯矩方程 $\overline{M}(x)$。可见莫尔定理和卡氏定理在本质上是相同的。

卡氏定理由意大利学者卡思第梁诺(A. Castigliano) 于 1875 年首先提出。在此之前，英国学者麦克斯威尔(J. C. Maxwell) 于 1864 年和德国学者莫尔(O. Mohr) 于 1874 年分别根据能量原理得出了莫尔定理。

【例 6.8】 试用莫尔定理求如图 6.13(a) 所示梁中点 C 的挠度和截面 A 的转角。

【解】 为求点 C 挠度，应在点 C 处沿挠度方向加一单位力 $\overline{F}=1$，如图 6.13(b) 所示。为求截面 A 转角，则应在截面 A 处加一单位力偶 $\overline{m}=1$，如图 6.13(c) 所示。

载荷作用时的弯矩方程

$$M(x)=\frac{1}{2}qlx-\frac{1}{2}qx^2$$

$\overline{F}=1$ 作用时的弯矩

AC 段

$$\overline{M}(x)=\frac{1}{2}x$$

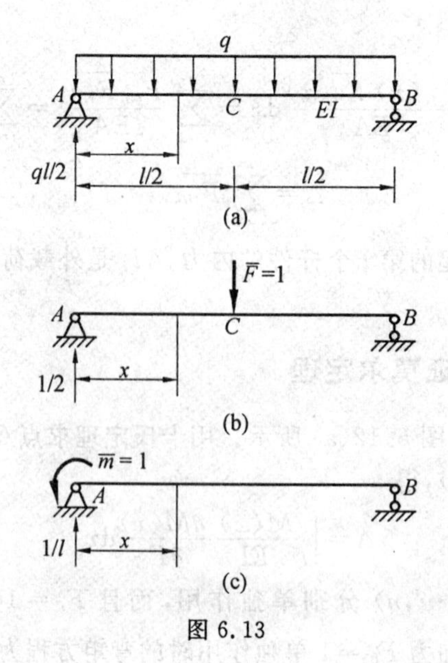

图 6.13

$\overline{m}=1$ 作用时的弯矩

$$\overline{M}(x)=\frac{1}{l}x-1$$

由式(6.13),并利用如图 6.13(b) 所示的梁弯矩的对称性,得

$$y_C=\Delta=\int_l \frac{M(x)\overline{M}(x)}{EI}\mathrm{d}x=\frac{2}{EI}\int_0^{\frac{l}{2}}\left(\frac{1}{2}qlx-\frac{1}{2}qx^2\right)\frac{x}{2}\mathrm{d}x=\frac{5ql^4}{384EI}(\downarrow)$$

结果为正,表示 y_C 的方向与单位力的方向相同。

$$\theta_A=\Delta=\int_l \frac{M(x)\overline{M}(x)}{EI}\mathrm{d}x=\frac{1}{EI}\int_0^{l}\left(\frac{1}{2}qlx-\frac{1}{2}qx^2\right)\left(\frac{x}{l}-1\right)\mathrm{d}x=-\frac{ql^3}{24EI}(\downarrow)$$

结果为负,表示 θ_A 的方向与单位力偶方向相反。

【例 6.9】 试用莫尔定理求如图 6.14(a) 所示刚架点 A 的竖向位移和截面 B 的转角。刚架的抗弯刚度 EI 为常数。

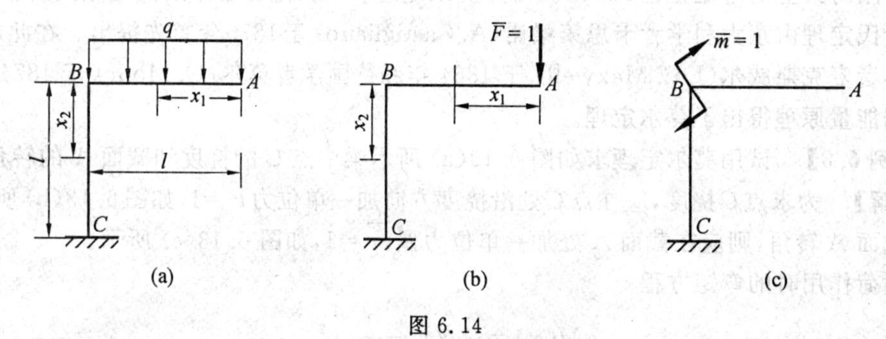

图 6.14

【解】 不计轴力与剪力对变形的影响,只考虑弯曲变形。分别在刚架点 A 加竖向单位力 $\overline{F}$ 和点 B 处加单位力偶 $\overline{m}$,如图 6.14(b) 和图 6.14(c) 所示。由载荷 q、$\overline{F}$ 和 $\overline{m}$ 分别引起的弯矩为

AB 段

$$M(x_1)=-\frac{1}{2}qx_1^2\quad,\quad \overline{M}(x_1)=-x_1\quad(F\ \text{的弯矩})$$

$$\overline{M}(x_1)=0\quad(\overline{m}\ \text{的弯矩})$$

BC 段

$$M(x_2)=-\frac{1}{2}ql^2\quad,\quad \overline{M}(x_2)=-l\quad(F\ \text{的弯矩})$$

$$\overline{M}(x_2)=-1\quad(\overline{m}\ \text{的弯矩})$$

由式(6.13)，得

$$\Delta_A=\sum\int_l\frac{M(x)\overline{M}(x)}{EI}\mathrm{d}x=\frac{1}{EI}\left[\int_0^l\left(-\frac{1}{2}qx_1^2\right)(-x_1)\mathrm{d}x_1+\int_0^l\left(-\frac{1}{2}ql^2\right)(-l)\mathrm{d}x_2\right]=\frac{5ql^4}{8EI}(\downarrow)$$

$$\theta_B=\sum\int_l\frac{M(x)\overline{M}(x)}{EI}\mathrm{d}x=\frac{1}{EI}\int_0^l\left(-\frac{1}{2}ql^2\right)(-1)\mathrm{d}x_2=\frac{ql^3}{2EI}(\downarrow)$$

【例 6.10】 桁架受力如图 6.15(a) 所示，$F=35$ kN，$d_1=12$ mm，$d_2=15$ mm，两杆材料相同，弹性模量 $E=2.1\times10^5$ MPa。试用莫尔定理求：

(1) 点 A 铅垂位移 Δ_{A_y}；

(2) 点 A 总位移 Δ_A。

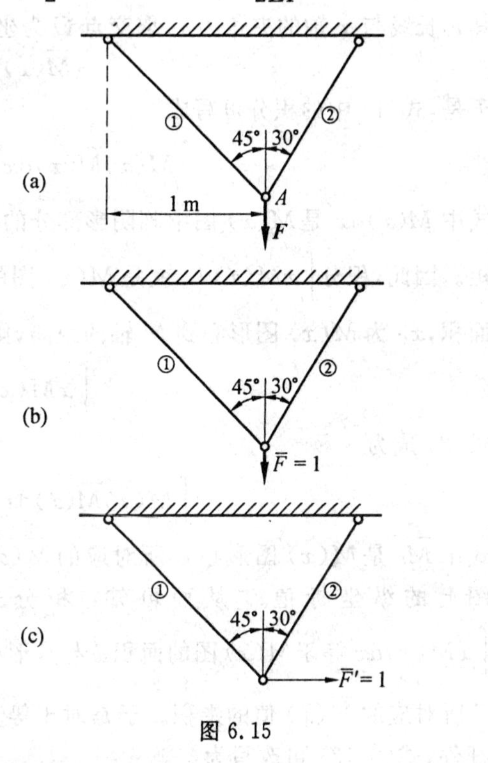

图 6.15

【解】 取结点 A，由

$$\sum x=0:F_{N2}\sin30^\circ-F_{N1}\sin45^\circ=0$$

$$\sum y=0:F_{N1}\cos30^\circ+F_{N2}\cos45^\circ-F=0$$

$$F_{N1}=0.52F=18.2\ \text{kN}$$

$$F_{N2}=0.73F=25.6\ \text{kN}$$

(1) 在点 A 加铅垂单位力 $\overline{F}=1$，如图 6.15(b) 所示。由 $\sum Fx=0$，$\sum Fx=0$，求得

$$\overline{F}_{N1}=0.52,\overline{F}_{N2}=0.73$$

由式(6.15) 得

$$\Delta_{A_y}=\sum_{i=1}^{2}\overline{F}_{Ni}\Delta l_i=0.52\times\frac{18.2\times1.414\times10^3}{2.1\times10^{11}\times\frac{3.14\times(12\times10^{-3})^2}{4}}+$$

$$0.73\times\frac{25.6\times1.155\times10^3}{2.1\times10^{11}\times\frac{3.14\times(15\times10^{-3})^2}{4}}=1.146\ \text{mm}$$

(2) 为求点 A 总位移 Δ_A，先求该点水平位移 Δ_{A_x}，在点 A 加水平单位力 $\overline{F}'=1$，如图 6.15(c) 所示。

$$\overline{F}_{N1}=0.897,\quad \overline{F}_{N2}=-0.732$$

$$\Delta_{A_x}=\sum_{i=1}^{2}\overline{F}_{\mathrm{N}i}\Delta l_i=0.897\times1.08\times10^{-3}-0.732\times0.8\times10^{-3}=0.383\ \mathrm{mm}$$

$$\Delta_A=\sqrt{\Delta_{A_x}^2+\Delta_{A_y}^2}=1.21\ \mathrm{mm}$$

6.4 图形互乘法

用莫尔定理求等直杆件的位移时，EI 为常数，式(6.13) 成为

$$\Delta=\frac{1}{EI}\int_l M(x)\overline{M}(x)\mathrm{d}x \tag{1}$$

式中 $\overline{M}(x)$ 为广义单位力作用下的弯矩方程，其 $\overline{M}(x)$ 图必为直线或折线。基于这一特点，可简化积分式(1)。设图 6.16 为梁的 $M(x)$ 图和 $\overline{M}(x)$ 图，其中 $\overline{M}(x)$ 图是一斜直线，其延长线与 x 轴的夹角为 α，取交点 O 为坐标原点，则 $\overline{M}(x)$ 图中任意点的纵坐标为

$$\overline{M}(x)=x\tan\alpha$$

于是，式(1) 中的积分可写成

$$\int_l M(x)\overline{M}(x)\mathrm{d}x=\tan\alpha\int_l xM(x)\mathrm{d}x \tag{2}$$

式中 $M(x)\mathrm{d}x$ 是 $M(x)$ 图中画阴影部分的微面积，则 $xM(x)\mathrm{d}x$ 是该微面积对 M 轴的静矩。因此，积分 $\int_l xM(x)\mathrm{d}x$ 就是 $M(x)$ 图的面积对 M 轴的静矩，若以 ω 代表 $M(x)$ 图的面积，x_C 为 $M(x)$ 图形心到 M 轴的距离，则

$$\int_l xM(x)\mathrm{d}x=\omega x_C$$

式(2) 成为

$$\int_l M(x)\overline{M}(x)\mathrm{d}x=\omega x_C\tan\alpha=\omega\overline{M}_C \tag{3}$$

式中 $\overline{M}_C$ 是 $M(x)$ 图形心 C 所对应的 $\overline{M}(x)$ 图上的纵坐标值。从而可知：积分式 $\int_l xM(x)\mathrm{d}x$ 等于 $M(x)$ 图的面积 ω 与其形心 C 所对应的 $\overline{M}(x)$ 值的乘积。于是对于等直杆件，式(6.13) 可改写为

$$\Delta=\frac{\omega\overline{M}_C}{EI} \tag{6.16}$$

需要注意的是，式(6.16) 中的 ω 和 $\overline{M}_C$ 均有正负之分；当 $\overline{M}(x)$ 为折线时需分段与 $M(x)$ 图面积互乘，然后取代数和。

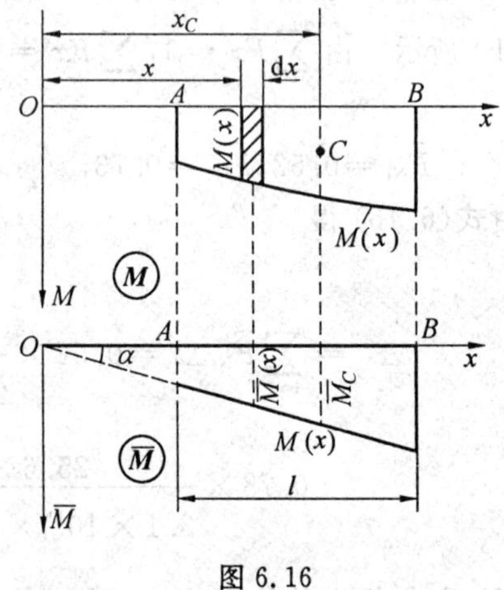

图 6.16

上述对莫尔定理积公式的简化运算称为图形互乘法，或简称图乘法。

运用图乘法时，常用到 $M(x)$ 图图形面积和形心位置，现将常见图形的面积和形心列于图 6.17 中。其中抛物线顶点的切线平行于基线或与基线重合。

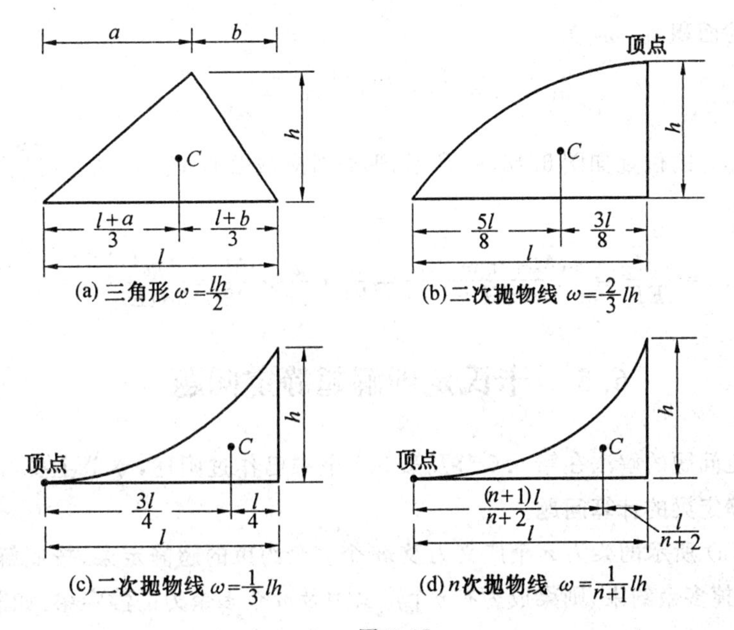

图 6.17

【例 6.11】　试用图乘法求如图 6.18(a) 所示的等截面简支梁在均布载荷作用下截面 A 的转角和跨中截面的挠度。

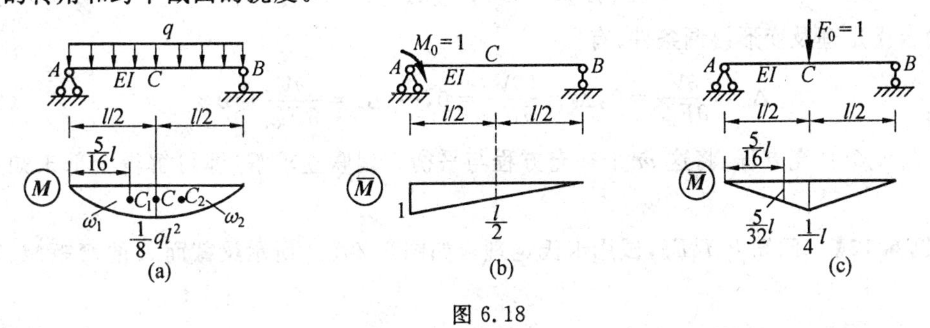

图 6.18

【解】　(1) 截面 A 的转角

在截面 A 加一单位广义力 $M_0=1$，如图 6.18(b) 所示，分别画出 q 与 M_0 作用下的弯矩图。q 作用下 $M(x)$ 图的面积为

$$\omega=\frac{2}{3}l\cdot\frac{1}{8}ql^2=\frac{ql^3}{12}$$

$M(x)$ 图形心 C 对应截面上的 $\overline{M}_C$ 值为$\frac{1}{2}$，截面 A 的转角为

$$\theta_A=\frac{\omega\overline{M}_C}{EI}=\frac{\frac{ql^3}{12}\cdot\frac{1}{2}}{EI}=\frac{ql^3}{24EI}(\downarrow)$$

(2) 计算跨中截面的挠度

在简支梁跨中处沿挠度方向加一单位广义力 $F_0=1$，并画出弯矩图，如图 6.18(c) 所示。由于 $\overline{M}(x)$ 图为折线，故计算位移应分段(AC 段与 CB 段) 图乘再相加。AC 段与 CB

段的 $M(x)$ 图的面积 ω_1、ω_2 为

$$\omega_1 = \omega_2 = \frac{2}{3} \cdot \frac{l}{2} \cdot \frac{1}{8}ql^2 = \frac{ql^3}{24}$$

其形心 C_1、C_2 的位置如图 6.18(a) 所示，形心对应截面的 $\overline{M}_{C1} = \overline{M}_{C2} = \frac{5l}{32}$。跨中截面的挠度为

$$y_C = \frac{\omega \overline{M}_C}{EI} = \frac{\omega_1 \overline{M}_{C1} + \omega_2 \overline{M}_{C2}}{EI} = \frac{2}{EI} \cdot \frac{ql^3}{24} \cdot \frac{5l}{32} = \frac{5ql^4}{384EI} (\downarrow)$$

6.5 卡氏定理解超静定问题

关于超静定问题的解法在第 5.6 节及第 5.7 节中已作过阐述，本节主要讨论利用卡氏定理解决超静定梁的计算问题。

如图 6.19(a) 所示的梁为 n 个广义力及 m 个多余约束的超静定梁，按照解超静定梁的步骤，首先去掉多余约束，则梁成为有 n 个广义力及 m 个多余力的静定梁，如图 6.19(b) 所示。

此时梁的变形能为

$$V = V(F_1, F_2, \cdots, F_n, F_{R1}, F_{R2}, \cdots, F_{Rm}) \tag{1}$$

由卡氏定理及变形协调条件，有

$$\Delta_1 = \frac{\partial V}{\partial F_{R1}} = 0, \Delta_2 = \frac{\partial V}{\partial F_{R2}} = 0, \cdots, \Delta_m = \frac{\partial V}{\partial F_{Rm}} = 0 \tag{2}$$

式(2) 为 m 个补充方程，将这 m 个补充方程与平衡方程联立求解，即可解得全部未知反力。

【例 6.12】 已知 F、l、EI，试用卡氏定理求如图 6.20(a) 所示梁截面 A 的弯矩 M_A。

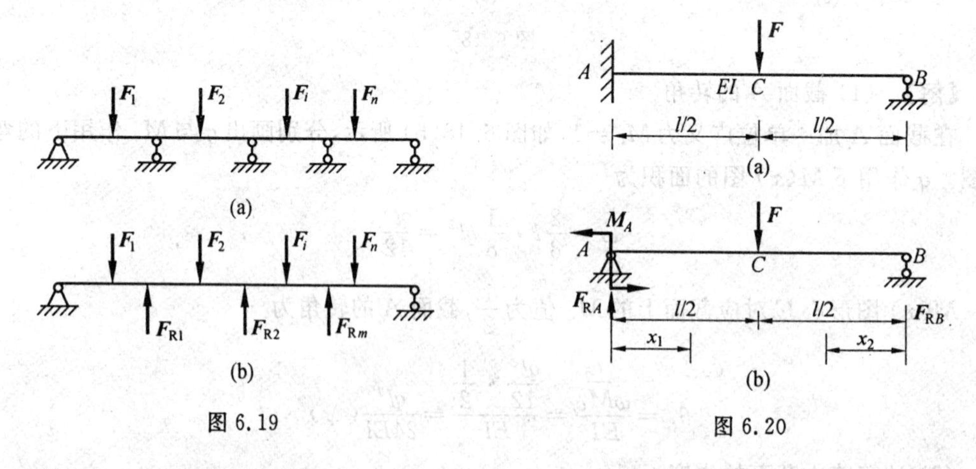

图 6.19　　图 6.20

【解】 一次超静定，静定基本体系 —— 简支梁。由卡氏定理及变形协调条件

$$\theta_A = \frac{\partial V}{\partial M_A} = 0 \tag{1}$$

$$M(x_1)=F_{RA}x_1-M_A=\left(\frac{F}{2}+\frac{M_A}{l}\right)x_1-M_A$$

$$\frac{\partial M(x_1)}{\partial M_A}=\frac{x_1}{l}-1$$

$$M(x_2)=F_{RB}x_2=\left(\frac{F}{2}-\frac{M_A}{l}\right)x_2$$

$$\frac{\partial M(x_2)}{\partial M_A}=-\frac{x_2}{l}$$

$$\theta_A=\frac{\partial V}{\partial M_A}=\int_0^{\frac{l}{2}}\frac{M(x_1)}{EI}\frac{\partial M(x_1)}{\partial M_A}\mathrm{d}x_1+\int_0^{\frac{l}{2}}\frac{M(x_2)}{EI}\frac{\partial M(x_2)}{\partial M_A}\mathrm{d}x_2=$$

$$\int_0^{\frac{l}{2}}\frac{\left(\frac{F}{2}+\frac{M_A}{l}\right)x_1-M_A}{EI}\left(\frac{x_1}{l}-1\right)\mathrm{d}x_1+\int_0^{\frac{l}{2}}\frac{\left(\frac{F}{2}-\frac{M_A}{l}\right)x_2}{EI}\left(-\frac{x_2}{l}\right)\mathrm{d}x_2=0 \tag{2}$$

对式(2)进行积分,得到一个关于 M_A 的方程,解此方程得

$$M_A=\frac{3}{16}Fl$$

习　题

6.1　计算如图 6.21 所示各梁的变形能。

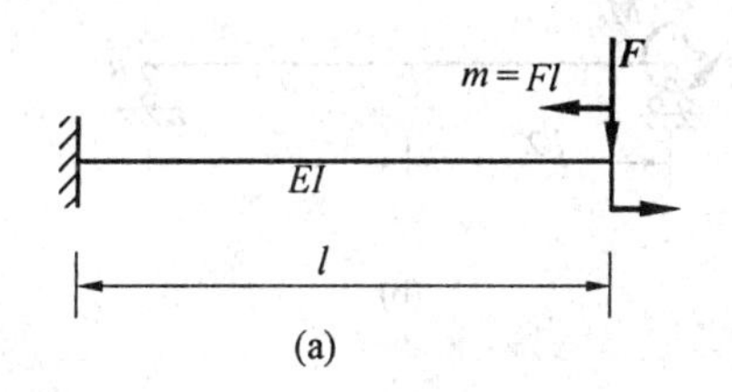

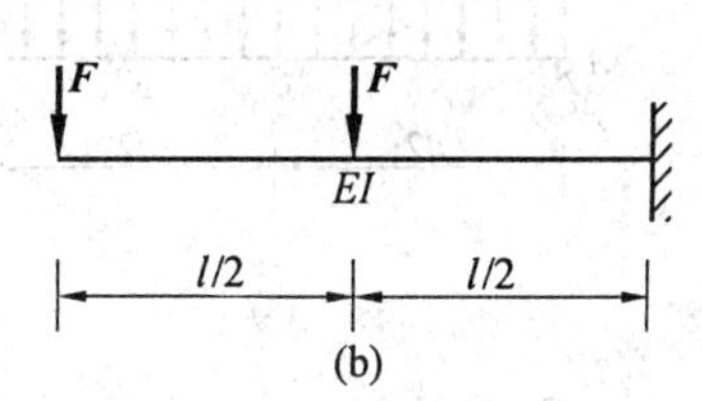

图 6.21

6.2　如图 6.22 所示桁架各杆的材料相同,横截面积均为 A。试求点 C 的水平线位移 δ。

6.3　试用卡氏定理求如图 6.23 所示梁的 θ_A 和 θ_B。

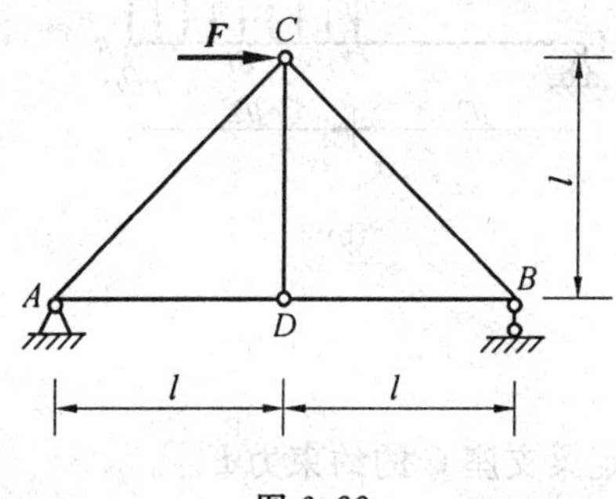

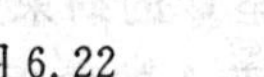
图 6.22

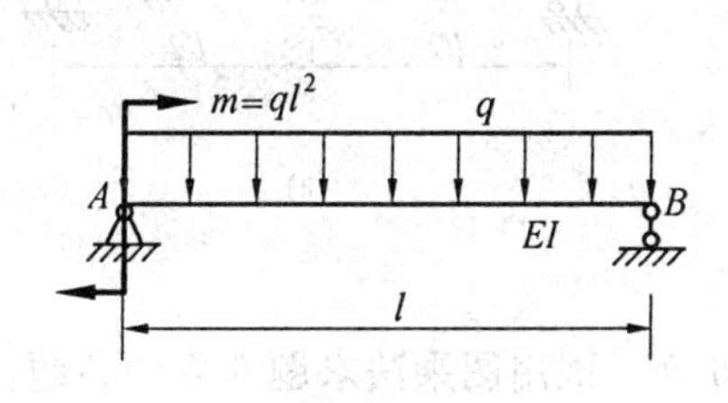

图 6.23

6.4　试用卡氏定理求如图 6.24 所示梁 A、B 两截面的竖向相对位移。

6.5　试用莫尔定理求如图 6.25 所示梁的 y_C。

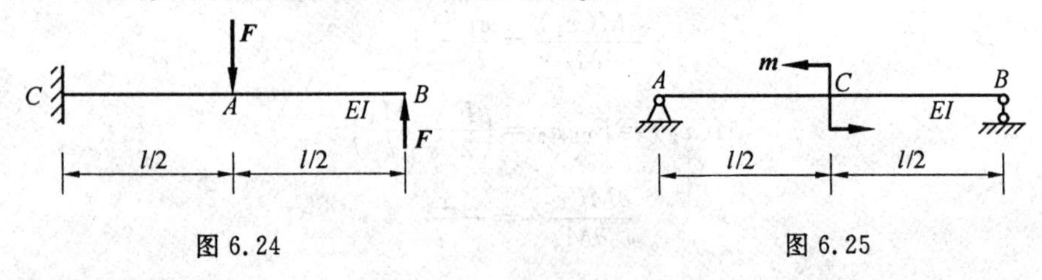

图 6.24　　　　图 6.25

6.6　试用莫尔定理求如图 6.26 所示各梁的 y_B 与 θ_C。

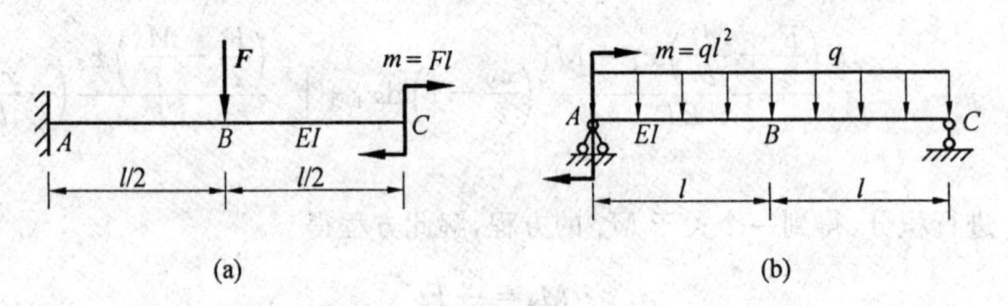

图 6.26

6.7　试用莫尔积分法求如图 6.27 所示梁截面 A 的转角 θ_A 和截面 C 的挠度 y_C（梁的抗弯刚度为 EI）。

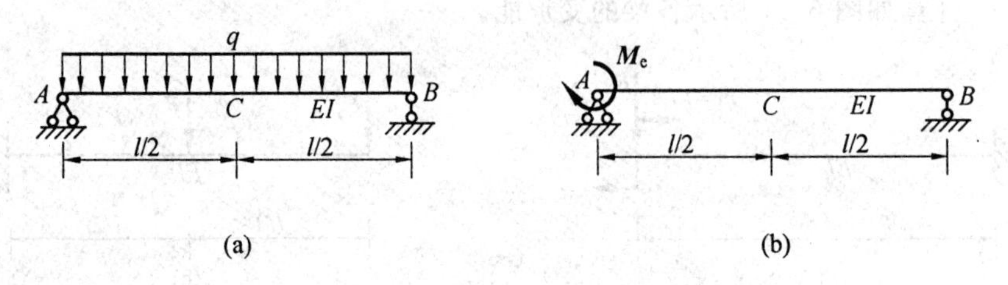

图 6.27

6.8　试用莫尔积分法求如图 6.28 所示梁截面 B 的转角 θ_B 和截面 C 的挠度 y_C（梁的抗弯刚度为 EI）。

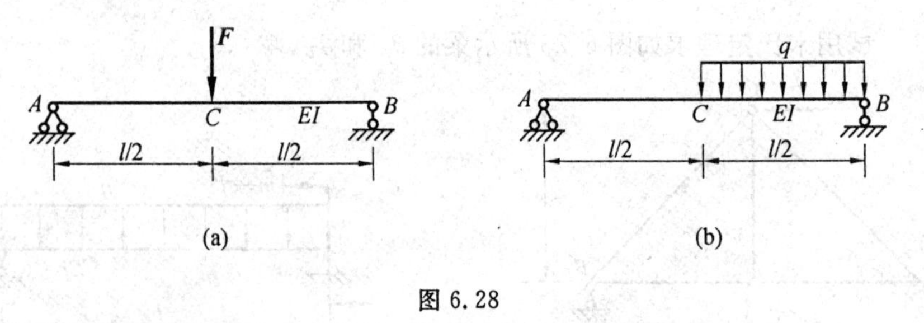

图 6.28

6.9　试用图乘法求题 6.6 中各题。

6.10　试用卡氏定理求如图 6.29 所示超静定梁支座 C 的约束力 F_{RC}。

6.11　试用卡氏定理求如图 6.30 所示的超静定梁支座 A 的弯矩 M_A 及支座 B 的反力 F_{RB}。

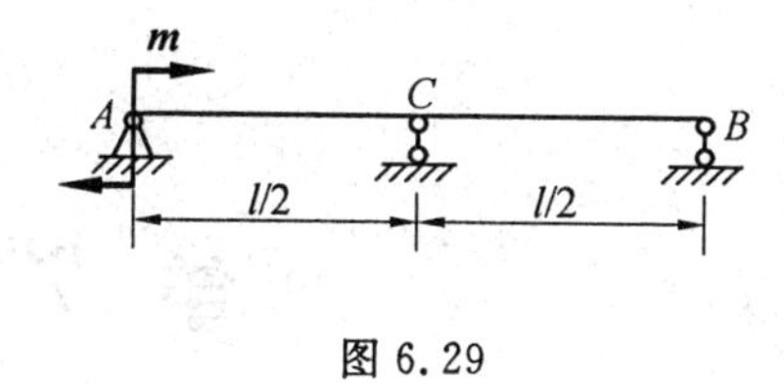

图 6.29

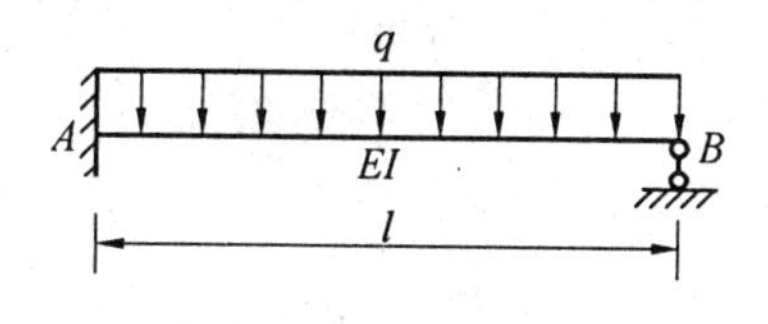

图 6.30

6.12　如图 6.31 所示，已知 F、a、①、②两杆刚度均为 EA，BC 为刚性杆。试用卡氏定理求两杆内力 F_{N1}，F_{N2}。

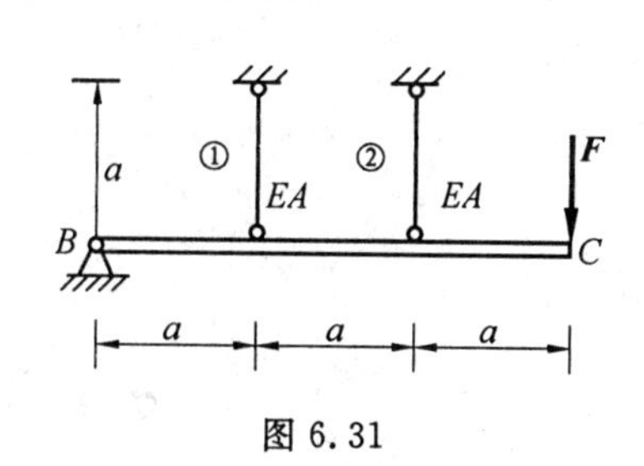

图 6.31

第 7 章
应力状态分析

7.1 应力状态的概念

前面研究杆件基本变形时，以横截面上的应力作为强度计算的依据，但有些杆件破坏时并非沿着横截面。例如，如图 7.1 所示的铸铁试件，其受压破坏时，将沿图示斜截面破坏，这就必然与斜截面上的应力有关。因此，还需要进一步研究斜截面上的应力。通过杆件内一点可以作无数个截面，当截面的方位不同时，该点的应力情况往往也不相同。研究一点处各个截面上应力情况及其变化规律称为应力状态分析。

如图 7.2 所示，研究点的应力状态，可围绕所研究的点取出一个边长为无限小的直角六面体，称为单元体，通过单元体来研究过该点的各个截面上的应力及其变化规律。

图 7.1

图 7.2

以弯曲梁为例，欲研究如图 7.3(a) 所示的矩形截面梁内点 K 处的应力状态，可以围绕点 K 取出单元体，如图 7.3(b) 所示，其左右侧面为梁在点 K 处的横截面。因单元体的前、后侧面上应力为零，可将单元体图画成平面图形(图 7.3(c)) 的简化形式。由于单元体是微立方体，因此单元体各侧面上的应力可以认为是均匀分布的。

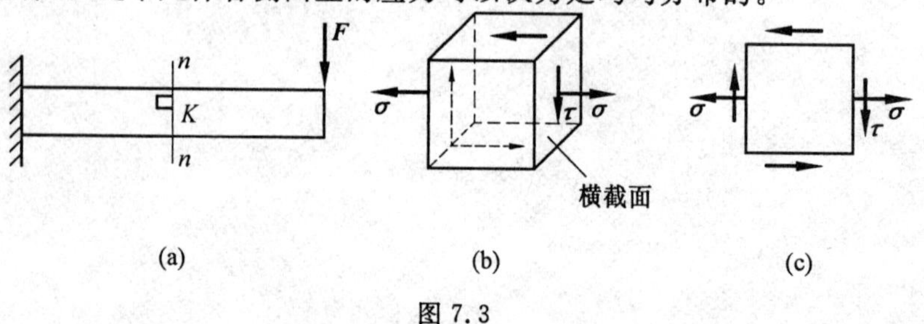

图 7.3

点的应力状态可按应力是否都作用在同一平面内而分为平面应力状态和空间应力状态。

7.2　平面应力状态分析的解析法

如图 7.4(a) 所示单元体代表平面应力状态的一般情况，下面从一般情况来进行平面应力状态的应力分析。

7.2.1　任意斜截面上的应力

推导任意斜截面上的应力公式的思路是：将单元体沿垂直于纸面的任意斜截面截开，暴露出斜截面上的应力，考虑保留部分平衡，列出平衡方程，求出斜截面上的应力。

将如图 7.4(a) 所示单元体沿任意斜截面 $a-c$ 截开，保留 abc 部分。abc 各面上的应力如图 7.4(b) 所示，σ_α 和 τ_α 为 $a-c$ 面（习惯上称为 α 面）上的正应力和切应力。由各面上的应力与其作用面积（图 7.4(c)）的乘积得到各面上的微内力。脱离体 abc 在各力作用下处于平衡状态，分别取各力沿斜截面的外法向 N 及切向 T 的投影之代数和等于零，即 $\sum F_{\mathrm{N}}=0$ 和 $\sum F_{\mathrm{T}}=0$，可导出下列平衡方程

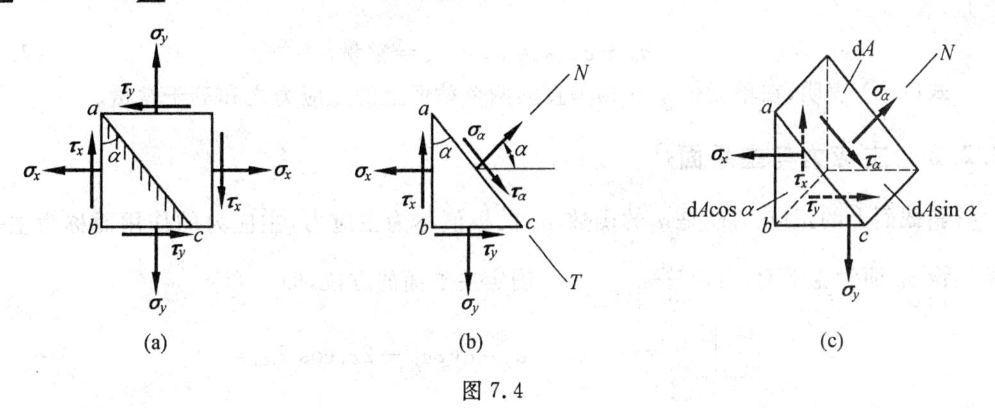

图 7.4

$$\sigma_\alpha \mathrm{d}A-\sigma_x \mathrm{d}A\cos\alpha\cos\alpha-\sigma_y \mathrm{d}A\sin\alpha\sin\alpha+\tau_x \mathrm{d}A\cos\alpha\sin\alpha+\tau_y \mathrm{d}A\sin\alpha\cos\alpha=0 \quad (1)$$

$$\tau_\alpha \mathrm{d}A-\sigma_x \mathrm{d}A\cos\alpha\sin\alpha+\sigma_y \mathrm{d}A\sin\alpha\cos\alpha-\tau_x \mathrm{d}A\cos\alpha\cos\alpha+\tau_y \mathrm{d}A\sin\alpha\sin\alpha=0 \quad (2)$$

考虑到 $\tau_x=\tau_y$，由此得

$$\sigma_\alpha=\sigma_x\cos^2\alpha+\sigma_y\sin^2\alpha-2\tau_x\sin\alpha\cos\alpha \tag{3}$$

$$\tau_\alpha=(\sigma_x-\sigma_y)\sin\alpha\cos\alpha+\tau_x(\cos^2\alpha-\sin^2\alpha) \tag{4}$$

利用三角公式 $\cos^2\alpha=(1+\cos 2\alpha)/2$，$\sin^2\alpha=(1-\cos 2\alpha)/2$ 及 $2\sin\alpha\cos\alpha=\sin 2\alpha$，式(3)与式(4) 整理可得

$$\sigma_\alpha=\frac{\sigma_x+\sigma_y}{2}+\frac{\sigma_x-\sigma_y}{2}\cos 2\alpha-\tau_x\sin 2\alpha \tag{7.1}$$

$$\tau_\alpha=\frac{\sigma_x-\sigma_y}{2}\sin 2\alpha+\tau_x\cos 2\alpha \tag{7.2}$$

式(7.1) 和式(7.2) 是斜截面应力的一般公式。由此看到，当 σ_x、σ_y 和 τ_x 已知时，σ_α 和 τ_α

是 α 的函数,即随斜截面方位的不同,截面上的应力也不同。

公式中的 σ_x、σ_y 和 τ_x 及 α 均为代数量,凡与推导公式时(图 7.4(b))的方向一致者为正,反之为负,即

①σ_x、σ_y:拉应力为正,压应力为负。

②τ_x:单元体左、右侧面上的切应力对单元体内任一点的矩按顺时针转者为正,反之为负。

③α:以斜截面的外法线 N 与 x 轴的夹角为准,当由 x 轴转向外法线 N 为逆时针时为正,反之为负。

按上述正负号规则算得 σ_α 为正时,表示该截面上的正应力为拉应力,得负为压应力。算得 τ_α 为正时,表示 τ_α 对所在的脱离体内任一点按顺时针方向转,得负则为逆时针方向转。

由式(7.1) 和式(7.2) 可求出与 α 面垂直的 $\alpha+90^\circ$ 面上的正应力 $\sigma_{\alpha+90^\circ}$,即

$$\sigma_{\alpha+90^\circ}=\frac{\sigma_x+\sigma_y}{2}+\frac{\sigma_x-\sigma_y}{2}\cos 2(\alpha+90^\circ)-\tau_x\sin 2(\alpha+90^\circ)=$$

$$\frac{\sigma_x+\sigma_y}{2}-\frac{\sigma_x-\sigma_y}{2}\cos 2\alpha+\tau_x\sin 2\alpha$$

于是,有

$$\sigma_\alpha+\sigma_{\alpha+90^\circ}=\sigma_x+\sigma_y=\text{常量} \tag{7.3}$$

式(7.3) 表明,在单元体中互相垂直的两个截面上的正应力之和等于常量。

7.2.2 主应力与主平面

斜截面上的正应力 σ_α 是 α 的函数,σ_α 的极值称为主应力,主应力的作用面称为主平面。设 α_0 面为主平面,可由 $\left.\frac{d\sigma_\alpha}{d\alpha}\right|_{\alpha=\alpha_0}=0$ 确定主平面的方位,即

$$\left.\frac{d\sigma_\alpha}{d\alpha}\right|_{\alpha=\alpha_0}=-(\sigma_x-\sigma_y)\sin 2\alpha_0-2\tau_x\cos 2\alpha_0=$$

$$-2\left(\frac{\sigma_x-\sigma_y}{2}\sin 2\alpha_0+\tau_x\cos 2\alpha_0\right)=$$

$$-2\tau_{\alpha_0}=0 \tag{5}$$

式(5) 表明主平面上的切应力等于零。于是,主平面和主应力也可定义为:在单元体内切应力等于零的面为主平面,主平面上的正应力为主应力。由

$$\tau_{\alpha_0}=\frac{\sigma_x-\sigma_y}{2}\sin 2\alpha_0+\tau_x\cos 2\alpha_0=0$$

得

$$\tan 2\alpha_0=-\frac{2\tau_x}{\sigma_x-\sigma_y} \tag{7.4}$$

式(7.4) 为确定主平面方位的公式,它给出 α_0 和 α_0+90° 两个主平面方位角,可见两个主平面互相垂直。

当由式(7.4) 求出 α_0 与 α_0+90° 后,将它们代入式(7.1) 便可求出两个主应力。但为

了得到计算主应力的一般公式,可采用下面的办法:通过式(7.4)求出 $\sin 2\alpha_0$ 和 $\cos 2\alpha_0$,再代入式(7.1),这样可得出主应力的一般公式。按此方法求得的两个主应力计算公式为

$$\left.\begin{aligned}\sigma'_{主}&=\frac{\sigma_x+\sigma_y}{2}+\sqrt{\left(\frac{\sigma_x-\sigma_y}{2}\right)^2+\tau_x^2}\\\sigma''_{主}&=\frac{\sigma_x+\sigma_y}{2}-\sqrt{\left(\frac{\sigma_x-\sigma_y}{2}\right)^2+\tau_x^2}\end{aligned}\right\}\tag{7.5}$$

式(7.5)为平面应力状态时的主应力公式。对空间应力状态的进一步研究可知:在一个空间单元体内总是可以找到 3 个互相垂直的平面,这 3 个互相垂直的平面上切应力都为零,其上的正应力都是主应力。这 3 个主应力两两垂直,按代数值排列依次为

$$\sigma_1\geqslant\sigma_2\geqslant\sigma_3$$

由此可知,对于平面应力状态,除按式(7.5)算得的两个主应力外,还应有一个为零的主应力。即平面应力状态的 3 个主应力 σ_1、σ_2 和 σ_3 按代数值排列,其中有一个为零。

图 7.5(a)所示单元体上 α_0 面和 $\alpha_0+90°$ 面为由式(7.4)确定的主平面,但哪个为 σ_{max} 的作用面,哪个为 σ_{min} 的作用面,尚待明确。最简便的确定方法为:σ_{max} 所在主平面的法线方向必在 τ_x 指向的一侧。

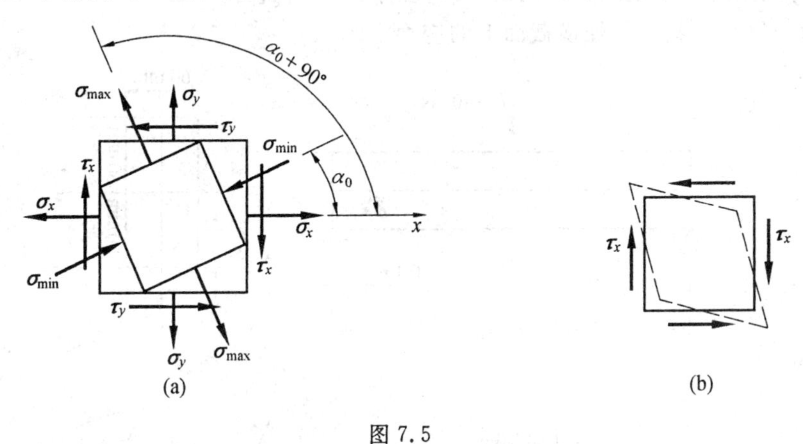

图 7.5

直观说明,如图 7.5(b)所示单元体在切应力作用下的变形趋势为沿 Ⅱ、Ⅳ 象限方向伸长,而沿 Ⅰ、Ⅲ 象限方向缩短,这表明其最大主应力 σ_{max} 必作用于 Ⅱ、Ⅳ 象限方向,即 τ_x 指向的一侧。

7.2.3　极值切应力

现在求切应力的极值,因为 τ_α 也是 α 的函数,仍用数学上求极值的方法,设极值切应力所在面的方位角为 α_1,由

$$\left.\frac{\mathrm{d}\tau_\alpha}{\mathrm{d}\alpha}\right|_{\alpha=\alpha_1}=2\,\frac{\sigma_x-\sigma_y}{2}\cos 2\alpha_1-2\tau_x\sin 2\alpha_1=0$$

得

$$\tan 2\alpha_1=\frac{\sigma_x-\sigma_y}{2\tau_x}\tag{7.6}$$

由式(7.6)求出的角度也是两个，即 α_1 与 $\alpha_1+90°$，因而切应力的极值也有两个。通过式(7.6)求出 $\sin 2\alpha_1$ 与 $\cos 2\alpha_1$，再代入式(7.2)，最后得

$$\left.\begin{matrix}\tau' \\ \tau''\end{matrix}\right\} = \pm\sqrt{\left(\frac{\sigma_x-\sigma_y}{2}\right)^2+\tau_x^2} \tag{7.7}$$

此式即为切应力极值的计算公式。τ' 与 τ'' 所在截面相差 $90°$，τ' 与 τ'' 的绝对值相等，这与切应力互等定理一致。

利用式(7.5)，又得

$$\left.\begin{matrix}\tau' \\ \tau''\end{matrix}\right\} = \pm\frac{\sigma'_{主}-\sigma''_{主}}{2} \tag{7.8}$$

由式(7.4)和式(7.6)可得

$$\tan 2\alpha_0 \cdot \tan 2\alpha_1 = -1 \tag{6}$$

式(6)表明 α_1 与 α_0 相差 $45°$，即极值切应力所在平面与主平面之间互成 $45°$。在极值切应力的作用面上，一般有正应力。

【例 7.1】 求如图 7.6(a)所示梁内点 K 处 $\alpha=30°$ 斜截面上的应力、点 K 处的主应力及主平面、切应力极值及其作用面，并均在单元体上画出。

【解】 (1) 计算点 K 处横截面上的应力

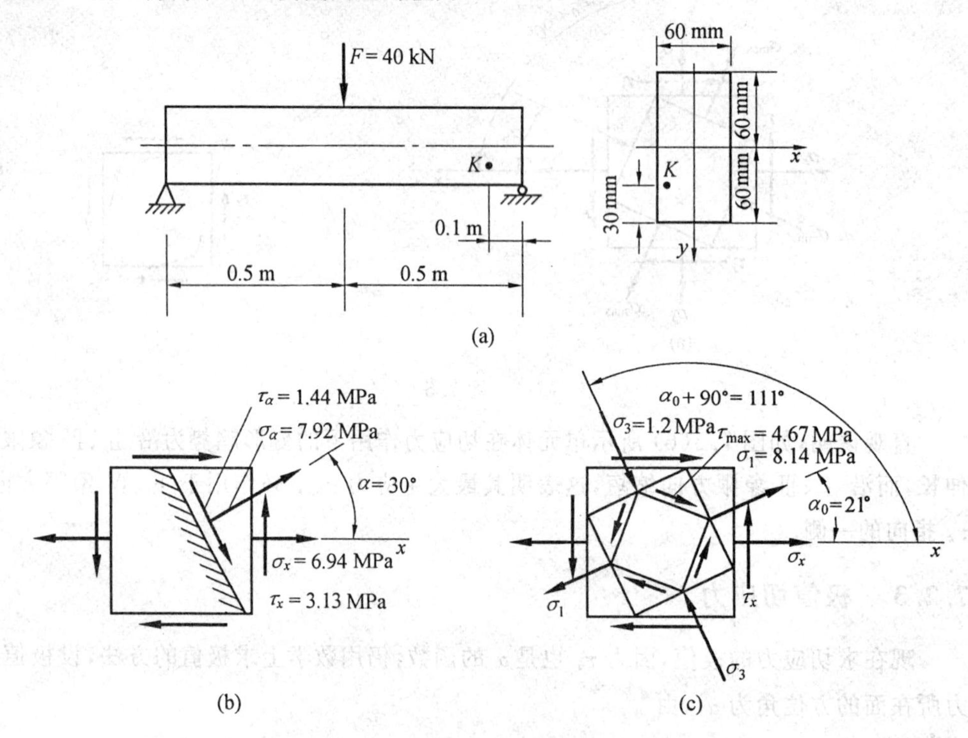

图 7.6

点 K 所在横截面上的内力 $F_S=-20\ \text{kN}$，$M=2\ \text{kN}\cdot\text{m}$，截面惯性矩

$$I_z = 60 \times 120^3 \times 10^{-12}/12 = 8.64 \times 10^{-6}\ \mathrm{m}^4$$

点 K 处应力

$$\sigma_x = \frac{M}{I_z}y = \frac{2 \times 30 \times 10^{-3}}{8.64 \times 10^{-6}} \times 10^3 = 6.94\ \mathrm{MPa}$$

$$\tau_x = \frac{F_S S_z}{I_z b} = -\frac{20 \times 30 \times 60 \times 45 \times 10^{-9}}{8.64 \times 10^{-6} \times 60 \times 10^{-3}} \times 10^3 = -3.13\ \mathrm{MPa}$$

点 K 处的单元体如图 7.6(b) 所示，$\sigma_x = 6.94\ \mathrm{MPa}$，$\sigma_y = 0$，$\tau_x = -3.13\ \mathrm{MPa}$。

(2) 计算点 K 处 $\alpha = 30^\circ$ 斜截面上的应力

$$\sigma_\alpha = \frac{\sigma_x + \sigma_y}{2} + \frac{\sigma_x - \sigma_y}{2}\cos 2\alpha - \tau_x \sin 2\alpha =$$

$$\frac{6.94}{2} + \frac{6.94}{2}\cos(2 \times 30^\circ) - (-3.13)\sin(2 \times 30^\circ) =$$

$$7.92\ \mathrm{MPa}$$

$$\tau_\alpha = \frac{\sigma_x - \sigma_y}{2}\sin 2\alpha + \tau_x \cos 2\alpha =$$

$$\frac{6.94}{2}\sin(2 \times 30^\circ) + (-3.13)\cos(2 \times 30^\circ) =$$

$$1.44\ \mathrm{MPa}$$

点 K 处单元体中 $\alpha = 30^\circ$ 斜截面上应力的大小与方向如图 7.6(b) 所示。

(3) 点 K 处的主应力及极值切应力

$$\left.\begin{matrix}\sigma'_{主} \\ \sigma''_{主}\end{matrix}\right\} = \frac{\sigma_x + \sigma_y}{2} \pm \sqrt{\left(\frac{\sigma_x - \sigma_y}{2}\right)^2 + \tau_x^2} =$$

$$\frac{6.94}{2} \pm \sqrt{\left(\frac{6.94}{2}\right)^2 + (-3.13)^2} = \begin{matrix}8.14 \\ -1.2\end{matrix}\ \mathrm{MPa}$$

$$\sigma'''_{主} = 0$$

故

$$\sigma_1 = 8.14\ \mathrm{MPa},\ \sigma_2 = 0,\ \sigma_3 = -1.2\ \mathrm{MPa}$$

确定主平面

$$\tan 2\alpha_0 = -\frac{2\tau_x}{\sigma_x - \sigma_y} = -\frac{2 \times (-3.13)}{6.94} = 0.9$$

$$\alpha_0 = 21^\circ,\ \alpha_0 + 90^\circ = 111^\circ$$

最大主应力 σ_1 的方向沿 τ_x 指向的一侧，即沿 Ⅰ、Ⅲ 象限方向，其单元体图如图 7.6(c) 所示。

极值切应力

$$\left.\begin{matrix}\tau' \\ \tau''\end{matrix}\right\} = \pm\frac{\sigma'_{主} - \sigma''_{主}}{2} = \pm\frac{8.14 - (-1.2)}{2} = \pm 4.67\ \mathrm{MPa}$$

其作用面与主平面互成 45°。

7.3　平面应力状态分析的图解法

7.3.1　应力圆方程

将式(7.1)和式(7.2)改写为

$$\left(\sigma_\alpha - \frac{\sigma_x + \sigma_y}{2}\right)^2 = \left(\frac{\sigma_x - \sigma_y}{2}\cos 2\alpha - \tau_x \sin 2\alpha\right)^2 \tag{1}$$

$$\tau_\alpha^2 = \left(\frac{\sigma_x - \sigma_y}{2}\sin 2\alpha + \tau_x \cos 2\alpha\right)^2 \tag{2}$$

将式(1)与式(2)两边相加，得

$$\left(\sigma_\alpha - \frac{\sigma_x + \sigma_y}{2}\right)^2 + \tau_\alpha^2 = \left(\frac{\sigma_x - \sigma_y}{2}\right)^2 + \tau_x^2 \tag{7.9}$$

以 σ_α 为横坐标、τ_α 为纵坐标，与如图 7.7 所示圆的方程对比，式(7.9)显然是圆心位于横坐标轴上的圆的方程。该圆的圆心坐标为 $\left(\frac{\sigma_x + \sigma_y}{2}, 0\right)$，半径为 $\sqrt{\left(\frac{\sigma_x - \sigma_y}{2}\right)^2 + \tau_x^2}$，如图 7.8 所示，这个圆称为应力圆。

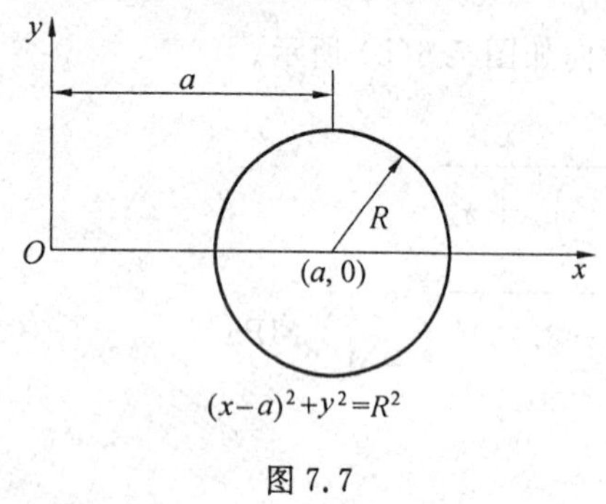

图 7.7

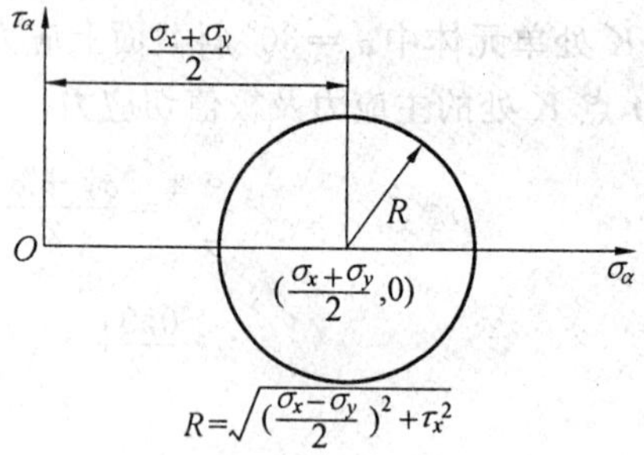

图 7.8

7.3.2　应力圆的作法

应力圆是通过单元体的 σ_x、σ_y 和 τ_x 来画出的。结合如图 7.9(a) 所示单元体的应力情况，参照图 7.9(b)，其步骤如下：

(1) 建立 $\sigma_\alpha O \tau_\alpha$ 坐标系，选取适当比例尺。

(2) 在 σ_α 轴上量取 $\overline{OA} = \sigma_x$ 和 $\overline{OB} = \sigma_y$；从点 A 沿 τ_α 轴方向量取 $AD = \tau_x$，从点 B 沿 τ_α 轴方向量取 $\overline{BD'} = -\tau_x$。

(3) 连接点 D、D' 成直线，交 σ_α 轴于点 C，以点 C 为圆心，以 $\overline{CD}$ 为半径作圆，即为此单元体对应的应力圆。

由式(7.9)知应力圆的圆心坐标应为 $\left(\frac{\sigma_x + \sigma_y}{2}, 0\right)$，半径应为 $R = \sqrt{\left(\frac{\sigma_x - \sigma_y}{2}\right)^2 + \tau_x^2}$，下面给出证明：

图 7.9(b) 中，$\overline{OA} = \sigma_x$，$\overline{OB} = \sigma_y$，C 为 $\overline{AB}$ 的中点，

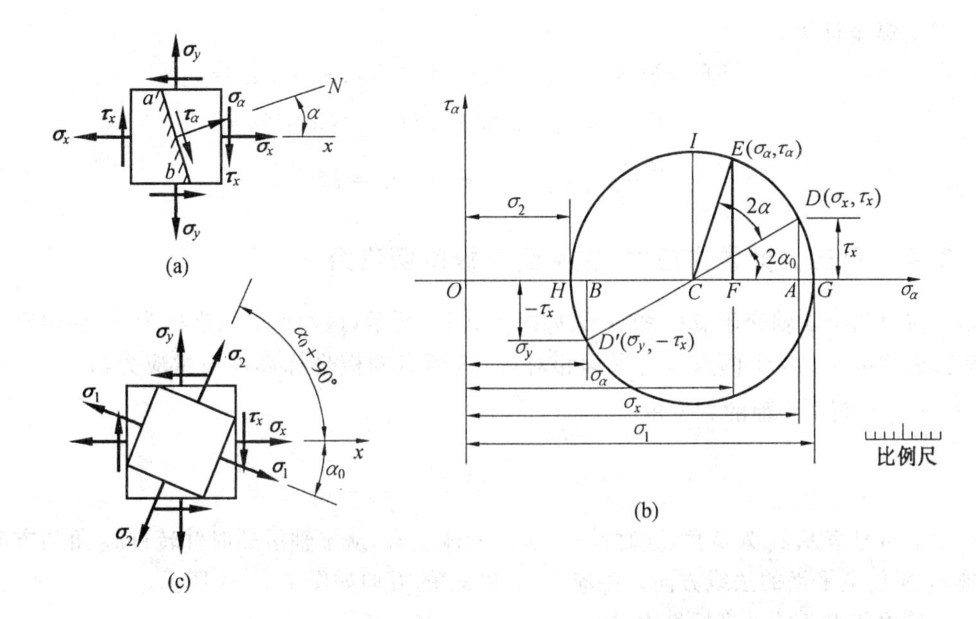

图 7.9

$$\overline{OC}=\overline{OA}-\overline{AC}=\overline{OA}-\frac{\overline{OA}-\overline{OB}}{2}=\sigma_x-\frac{\sigma_x-\sigma_y}{2}=\frac{\sigma_x+\sigma_y}{2}$$

在 ΔADC 中，$\overline{AD}=\tau_x$，$\overline{AC}=\frac{\sigma_x-\sigma_y}{2}$，所以

$$R=\overline{CD}=\sqrt{(\overline{AC})^2+(\overline{AD})^2}=\sqrt{\left(\frac{\sigma_x-\sigma_y}{2}\right)^2+\tau_x^2}$$

应力圆上点 D 坐标(σ_x,τ_x)表示单元体 x 面上的应力，点 D 对应着单元体的 x 面；$D'(\sigma_y,-\tau_x)$ 对应着 y 面。

7.3.3　用应力圆求 α 面上的应力 σ_α 和 τ_α

单元体中截面方位改变时，相对应的点 D 在圆周上移动，即应力圆上某点 D 的坐标值，对应着单元体某一截面上的正应力和切应力。

单元体 x 面和 y 面的夹角为 90°，而与 x、y 面对应的点 D、D' 的半径线 CD、CD' 夹角为 180°。由此可知，应力圆上半径转过的角度，等于单元体中截面旋转角度的 2 倍，旋转的方向也应相同。

下面证明应力圆半径 CD 逆时针转 2α 角度后的半径线 CE 与圆周交点 E 的两个坐标值，即为单元体上 α 截面的正应力和切应力。

图 7.9(b) 中，点 E 的横坐标为

$$\begin{aligned}\overline{OF}&=\overline{OC}+\overline{CF}=\overline{OC}+\overline{CE}\cos(2\alpha_0+2\alpha)=\\&\overline{OC}+\overline{CD}\cos(2\alpha_0+2\alpha)=\\&\overline{OC}+\overline{CD}\cos 2\alpha_0\cos 2\alpha-\overline{CD}\sin 2\alpha_0\sin 2\alpha=\\&\frac{\sigma_x+\sigma_y}{2}+\frac{\sigma_x-\sigma_y}{2}\cos 2\alpha-\tau_x\sin 2\alpha=\sigma_\alpha\end{aligned}$$

点 E 的纵坐标为

$$\overline{EF}=\overline{EC}\sin(2\alpha_0+2\alpha)=\overline{CD}\sin(2\alpha_0+2\alpha)=$$
$$\overline{CD}\cos 2\alpha_0\sin 2\alpha+\overline{CD}\sin 2\alpha_0\cos 2\alpha=$$
$$\frac{\sigma_x-\sigma_y}{2}\sin 2\alpha+\tau_x\cos 2\alpha=\tau_\alpha$$

7.3.4 用应力圆求主应力、主平面及极值切应力

应力圆与 σ 轴交于点 G 和点 H 如图 7.9(b) 所示，这两点的纵坐标为零，即切应力为零。由此可见，G，H 两点与主平面相对应，这两点的横坐标都代表主应力，即 $\overline{OG}=\sigma_1$，$\overline{OH}=\sigma_2$。而主平面的方位角

$$\tan 2\alpha_0=-\frac{\overline{DA}}{\overline{CA}}=-\frac{2\tau_x}{\sigma_x-\sigma_y}$$

式中的负号表示 α_0 为负角(顺时针)。从单元体上看，从 x 轴沿顺时针转过 α_0 角的方向就是 σ_1 所在主平面的法线方向。主应力 σ_1 和 σ_2 的方向如图 7.9(c) 所示。

应力圆点 I 的纵坐标最大，即

$$\tau'=\overline{CI}=\sqrt{\left(\frac{\sigma_x-\sigma_y}{2}\right)^2+\tau_x^2}=\frac{\sigma_1-\sigma_2}{2}$$

【例 7.2】 某单元体上的应力情况如图 7.10(a) 所示。已知 $\sigma_x=30$ MPa，$\sigma_y=-10$ MPa，$\tau_x=14$ MPa，$\alpha=-30°$。利用图解法求：

(1)α 面上的正应力和切应力；

(2) 求主应力。

【解】 按应力圆作图步骤作出图 7.10(b) 所示应力圆。

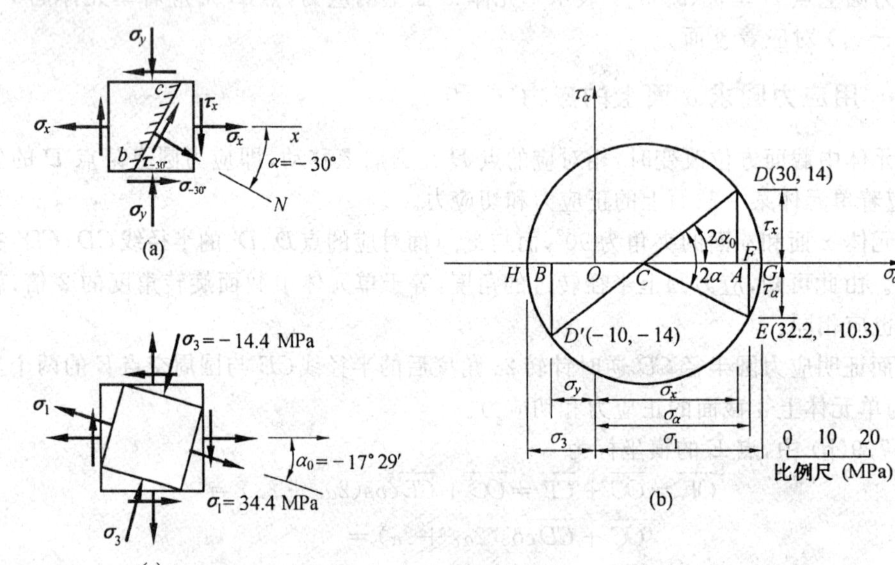

图 7.10

(1) 求 $\alpha=-30^\circ$ 面上的应力

从应力圆上量得 $\sigma_{-30^\circ}=32.2$ MPa，$\tau_{-30^\circ}=-10.3$ MPa。

(2) 求主应力

从应力圆上量得 $\sigma_1=\overline{OG}=34.4$ MPa，$\sigma_3=\overline{OH}=-14.4$ MPa，$2\alpha_0=-34^\circ58'$，$\alpha_0=-17^\circ29'$。将求得的主应力与主平面示于图 7.10(c)。

7.4　梁的主应力及主应力迹线

设如图 7.11(a) 所示矩形截面梁 $n-n$ 截面上的剪力 $F_S>0$，弯矩 $M>0$，由公式 $\sigma=\frac{M}{I_z}y$ 和 $\tau=\frac{F_S S_z}{I_z b}$ 求出 $n-n$ 截面上 5 个点的正应力 σ 和切应力 τ，这 5 个点的单元体图示于图 7.11(b)。其中 1、5 两点在梁的上下边缘处，单元体上只有正应力，而无切应力，该正应力即为主应力。3 点在中性轴上，其单元体上只有切应力而无正应力，是平面应力状态中的纯剪切应力状态。而 2、4 两点处的单元体上既有正应力又有切应力，属一般的平面应力状态。对于 2、3、4 三点，可用解析法(或图解法)求出它们的主应力与主平面。$n-n$ 截面上 5 个点处主应力状态的单元体图示于图 7.11(c)。以 2 点的单元体为例，其主应力由式(7.5)，得

$$\sigma_1=\frac{\sigma}{2}+\sqrt{\left(\frac{\sigma}{2}\right)^2+\tau^2}$$

$$\sigma_3=\frac{\sigma}{2}-\sqrt{\left(\frac{\sigma}{2}\right)^2+\tau^2}$$

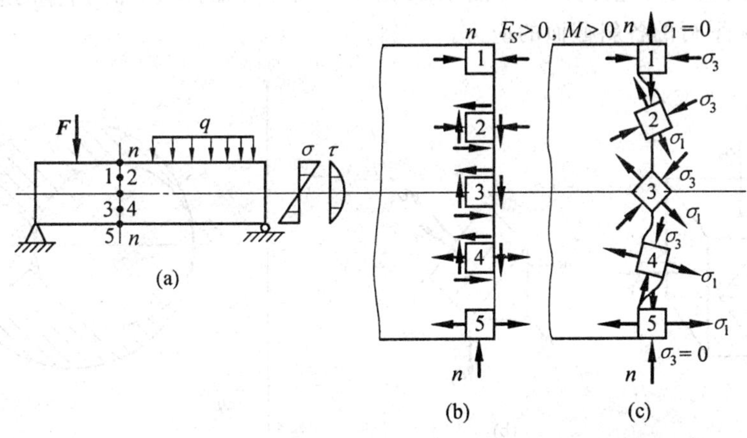

图 7.11

式中第二项的绝对值必大于第一项，即两个主应力中必有一个是主拉应力，另一个是主压应力，两者的方向互相垂直。所以在梁的 xy 平面内可以绘制两组正交的曲线，在一组曲线上每一点处切线的方向是该点处主拉应力的方向，而在另一组曲线上每一点处切线的方向则为主压应力的方向，这样的曲线就称为梁的主应力迹线。受均布载荷作用的简支梁的主应力迹线如图 7.12(a) 所示。实线为主拉应力迹线，虚线为主压应力迹线。

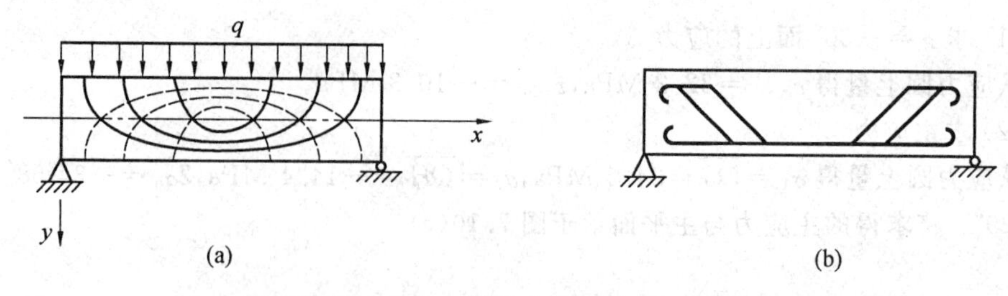

图 7.12

梁的主应力迹线在工程设计中非常有用，例如，在钢筋混凝土梁的设计中，可以根据主拉应力的方向判断可能产生裂缝的方向，从而合理地布置钢筋。矩形截面钢筋混凝土梁中主要受力钢筋的布置如图 7.12(b) 所示。

7.5 空间应力状态简介

空间应力状态的 3 个主应力均不为零，且两两垂直，所以又称为三向应力状态。若 3 个主应力中有一个为零时，则称为平面应力状态或二向应力状态。若只有 1 个主应力不为零时，则称为单向应力状态。空间应力状态和平面应力状态统称为复杂应力状态。

考虑如图 7.13(a) 所示主平面单元体，主应力 σ_1、σ_2 和 σ_3 均为已知，现在分析单元体内各截面的应力。

首先分析与 σ_3 平行的任意斜截面 $abcd$ 上的应力。由图 7.13(b) 看出，这种斜截面的应力 σ、τ 与 σ_3 无关，仅取决于 σ_1、σ_2，所以，在 $\sigma-\tau$ 平面内，与该类斜截面对应的点均位于由 σ_1 和 σ_2 所确定的应力圆上，如图 7.14 所示。同理可知：以 σ_3、σ_1 所作的应力圆代表单元体中与 σ_2 平行的各斜截面的应力。

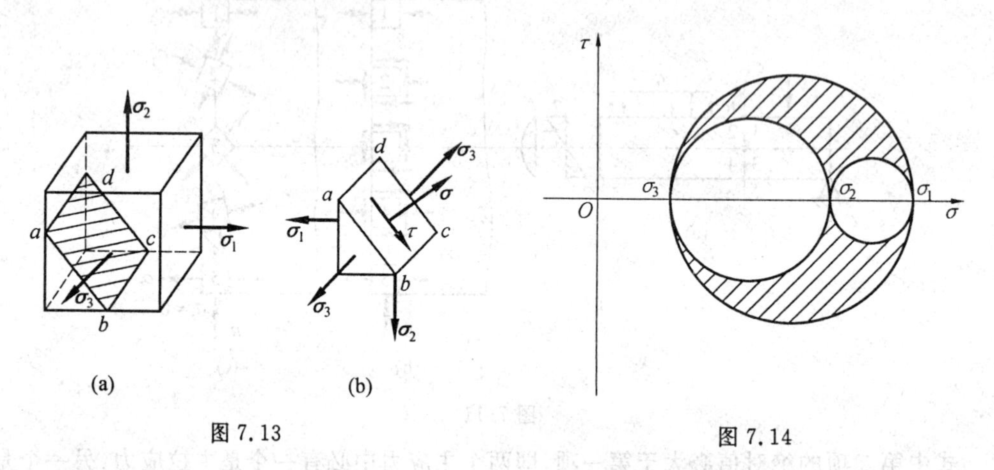

图 7.13　　　　图 7.14

还可证明，对于与 3 个主应力均不平行的任意斜截面，如图 7.15 上的应力，它们在 $\sigma-\tau$ 平面的对应点，必位于由上述三圆所构成的阴影区内(证明从略)。

综上所述，在 $\sigma-\tau$ 平面内，代表任一斜截面的应力的点或位于应力圆上，或位于由 3 个应力圆所构成的阴影区域内。

由此可见，在三向应力状态下，最大和最小正应力分别为最大和最小主应力，即

$$\sigma_{\max}=\sigma_1 \quad , \quad \sigma_{\min}=\sigma_3$$

最大切应力为

$$\tau_{\max}=\frac{\sigma_1-\sigma_3}{2}$$

并位于与 σ_1 和 σ_3 均成 45° 的截面上。

上述结论同样适用于单向和二向应力状态。

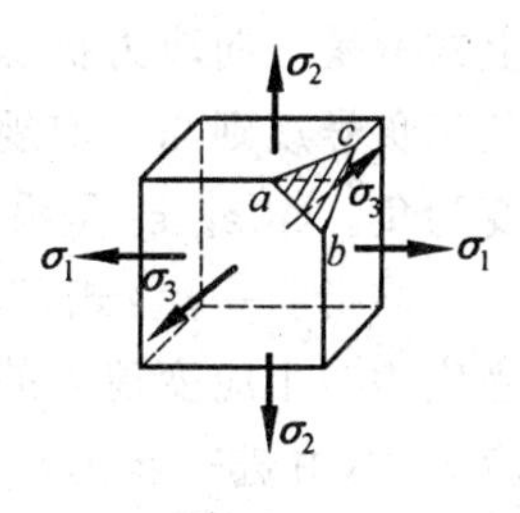

图 7.15

7.6　广义胡克定律

对于各向同性材料，在线弹性范围内，广义胡克定律表示了复杂应力状态下应力与应变的关系。取一单元体设其上作用着 3 个主应力 σ_1、σ_2 和 σ_3，如图 7.16 所示。此单元体沿 3 个主应力方向产生的线应变分别为 ε_1、ε_2 和 ε_3。可以把这个三向应力状态看做 3 个单向应力状态的组合(图 7.16)，根据单向应力状态的应力应变关系及横向变形与纵向变形的关系，当一点在 x 方向受到主应力 σ_1 作用时，与之对应的线应变如图 7.17 所示，有如下关系：

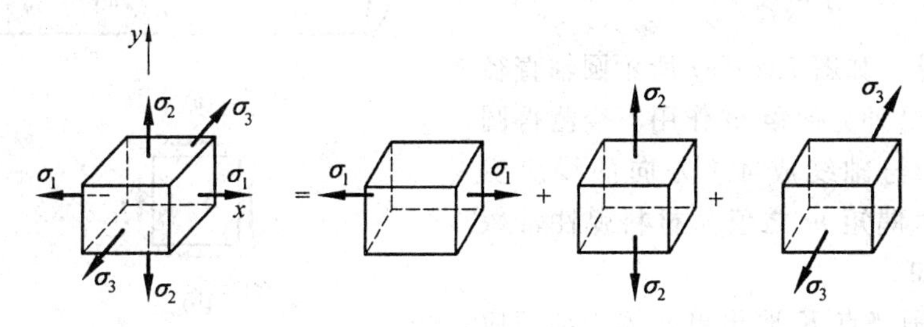

图 7.16

$$\varepsilon'_1=\frac{\sigma_1}{E} \quad , \quad \varepsilon'_2=\varepsilon'_3=-\mu\frac{\sigma_1}{E}$$

同样，在 y 方向受到主应力 σ_2 作用时，与之对应的线应变有：

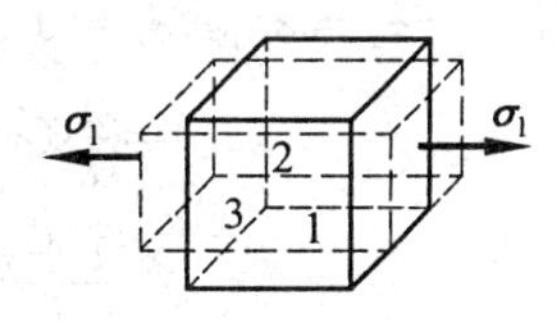

图 7.17

$$\varepsilon''_2=\frac{\sigma_2}{E} \quad , \quad \varepsilon''_1=\varepsilon''_3=-\mu\frac{\sigma_2}{E}$$

当 z 方向受到主应力 σ_3 作用时，与之相对应的线应变有：

$$\varepsilon'''_3=\frac{\sigma_3}{E} \quad , \quad \varepsilon'''_2=\varepsilon'''_1=-\mu\frac{\sigma_3}{E}$$

因此，当一点同时有 σ_1、σ_2、σ_3 作用时，在 x、y 和 z 方向的线应变可由叠加原理得到

$$\left.\begin{aligned}
\varepsilon_1&=\frac{1}{E}[\sigma_1-\mu(\sigma_2+\sigma_3)]\\
\varepsilon_2&=\frac{1}{E}[\sigma_2-\mu(\sigma_1+\sigma_3)]\\
\varepsilon_3&=\frac{1}{E}[\sigma_3-\mu(\sigma_1+\sigma_2)]
\end{aligned}\right\} \tag{7.10}$$

上式就是三向应力状态下广义胡克定律的表达式。式中的正应力和线应变均为代数量，其正负号规则与以前规定的相同，即拉应力为正，压应力为负；伸长线应变为正，缩短线应变为负。ε_1、ε_2、ε_3 是沿 3 个主应力方向的线应变，它们又称为主应变。

需指明一点：式(7.10)是由如图 7.16 所示的主应力与主应变建立的，当单元体各面上还存在切应力时，由进一步的理论研究可知，对各向同性材料，只要应力不超过比例极限且变形是微小的，上述关系仍然成立。例如对如图 7.18 所示的单元体，根据广义胡克定律有：

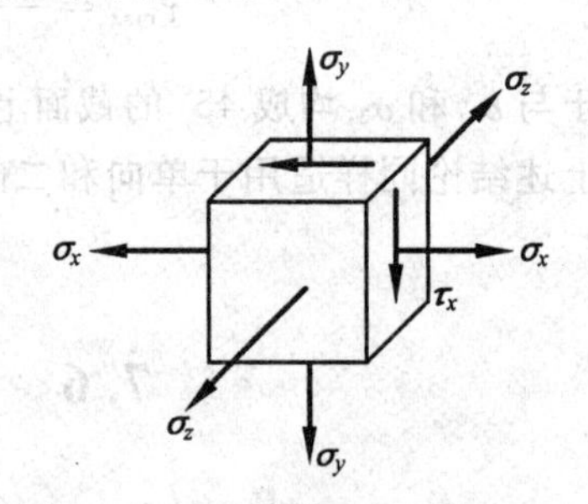

图 7.18

$$\left.\begin{aligned}\varepsilon_x&=\frac{1}{E}(\sigma_x-\mu\sigma_y-\mu\sigma_z)\\ \varepsilon_y&=\frac{1}{E}(\sigma_y-\mu\sigma_z-\mu\sigma_x)\\ \varepsilon_z&=\frac{1}{E}(\sigma_z-\mu\sigma_x-\mu\sigma_y)\end{aligned}\right\}\qquad(7.11)$$

而切应力 τ_x 只引起 xy 平面的切应变，即

$$\gamma=\frac{\tau_x}{G}$$

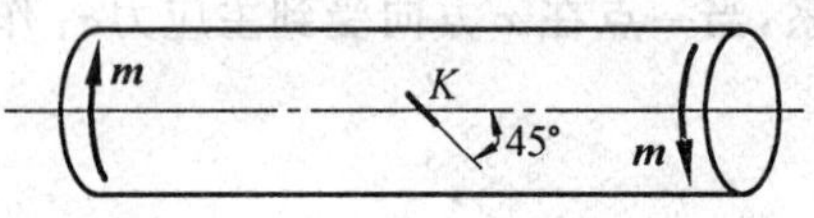

(a)

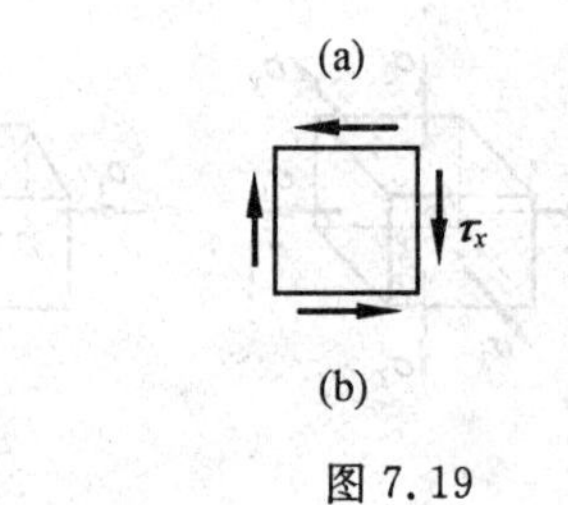

(b)

图 7.19

【例 7.3】 如图 7.19(a) 所示圆轴直径为 d，两端承受外力偶矩 m 作用。今测得圆轴表面点 K 与轴线成 45° 方向的线应变 ε_{-45°。试求力偶矩 m 之值。材料弹性常数 E、μ 均为已知。

【解】 围绕点 K 取出单元体为纯切应力状态，如图 7.19(b) 所示，其 3 个主应力分别为 $\sigma_1=\tau_x=\sigma_{-45^\circ}$，$\sigma_2=0$，$\sigma_3=-\tau_x=\sigma_{45^\circ}$。代入广义胡克定律，有

$$\varepsilon_{-45^\circ}=\frac{1}{E}(\sigma_{-45^\circ}-\mu\sigma_{45^\circ})=\frac{1}{E}[\tau_x-\mu(-\tau_x)]=\frac{1+\mu}{E}\tau_x=$$

$$\frac{1+\mu}{E}\frac{m}{W_t}=\frac{1+\mu}{E}\frac{16m}{\pi d^3}$$

从而得

$$m=\frac{\pi d^3 E\varepsilon_{-45^\circ}}{16(1+\mu)}$$

【例 7.4】 边长为 10 mm 的正立方体钢块放置在如图 7.20(a) 所示的刚性槽内，刚性槽的高、宽均为 10 mm。钢块的顶面上作用有 $q=120\times10^6\ \mathrm{N/m^2}=120\ \mathrm{MPa}$ 的均布压力，已知钢材的泊松比 $\mu=0.3$，试求钢块中沿 x,y,z 三方向的正应力 σ_x、σ_y、σ_z。

【解】 钢块在 q 作用下要发生变形，由于槽是刚性的，钢块沿 x 方向的变形受阻，所以沿 x 方向无线应变而存在正应力(即 $\varepsilon_x=0$，$\sigma_x\neq0$)；沿 z 方向无任何阻碍，可自由变形，该方向只发生变形而无正应力(即 $\varepsilon_z\neq0$，$\sigma_z=0$)；沿 y 方向有 q 作用，该方向上既产生正应力又发生变形，计算正应力 σ_y 时，相当于轴向压缩，故可知 $\sigma_y=q=-120$ MPa。

钢块内各点的应力状态如图 7.20(b) 所示。

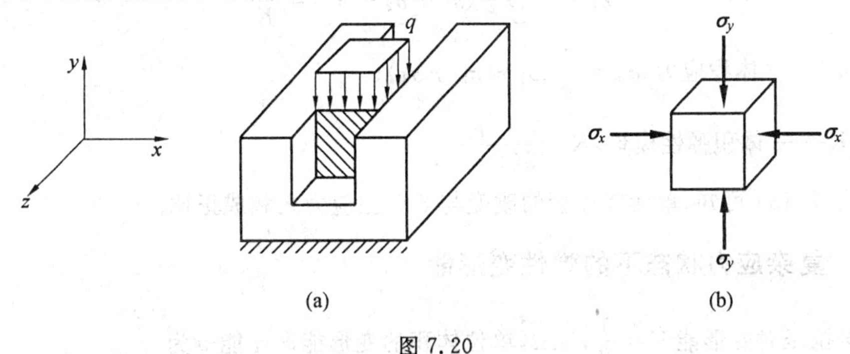

图 7.20

由上述分析，已知 $\sigma_z=0$，$\sigma_y=-120$ MPa，只需求 σ_x。依 $\varepsilon_x=0$ 及 $\sigma_z=0$，根据广义胡克定律(7.11)，则有

$$\varepsilon_x=\frac{1}{E}(\sigma_x-\mu\sigma_y)=0$$

由此得

$$\sigma_x=\mu\sigma_y=-0.3\times 120\ \text{MPa}=-36\ \text{MPa}$$

结果为负值，表明 σ_x 为压应力。

7.7　复杂应力状态下的弹性变形能

7.7.1　应力与体积应变的关系

当单元体处在复杂应力状态时，其体积也将发生变化。设单元体各边原长分别为 dx、dy、dz，则变形前体积为(图 7.21)

$$V_0=dx\,dy\,dz$$

受主应力 σ_1、σ_2、σ_3 后边长则为 $dx(1+\varepsilon_1)$、$dy(1+\varepsilon_2)$、$dz(1+\varepsilon_3)$，其体积变为

$$V_1=dx\,dy\,dz(1+\varepsilon_1)(1+\varepsilon_2)(1+\varepsilon_3)=$$
$$V_0(1+\varepsilon_1+\varepsilon_2+\varepsilon_3+\varepsilon_1\varepsilon_2+\varepsilon_2\varepsilon_3+\varepsilon_3\varepsilon_1+\varepsilon_1\varepsilon_2\varepsilon_3)$$

略去高阶微量，可得

$$V_1=V_0(1+\varepsilon_1+\varepsilon_2+\varepsilon_3)$$

故单位体积的改变或体积应变为

$$\varepsilon_v=\frac{V_1-V_0}{V_0}=\varepsilon_1+\varepsilon_2+\varepsilon_3 \quad (7.12)$$

将式(7.10) 的 3 个主应变代入式(7.12)，则得

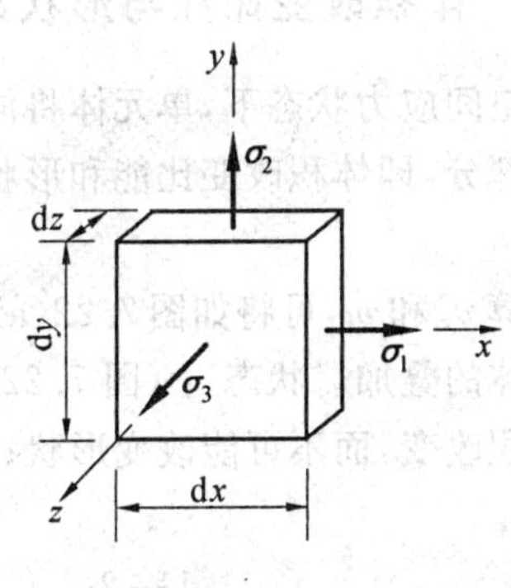

图 7.21

$$\varepsilon_v = \frac{1-2\mu}{E}(\sigma_1+\sigma_2+\sigma_3) = \frac{\sigma_m}{K} \tag{7.13}$$

式中　σ_m——体积应力，$\sigma_m = \frac{1}{3}(\sigma_1+\sigma_2+\sigma_3)$；

　　K——体积弹性模量，$K = \frac{E}{3(1-2\mu)}$。

由式(7.13)可知，单元体体积的改变与3个主应力之和成正比。

7.7.2　复杂应力状态下的弹性变形能

轴向拉压时变形能 $V = \frac{1}{2}F_N\Delta l$，单位体积的变形能即比能 v 为

$$v = \frac{V}{V_0} = \frac{\frac{1}{2}F_N\Delta l}{Al} = \frac{1}{2}\sigma\varepsilon$$

对于如图7.22(a)所示的空间应力状态单元体，设3个主应力按比例缓慢加载，则很容易证明3个方向的主应变 ε_1、ε_2 和 ε_3 也必然按比例缓慢上升，即各方向的主应力同其主应变仍呈线性关系。因此总比能可表示为

$$v = \frac{1}{2}\sigma_1\varepsilon_1 + \frac{1}{2}\sigma_2\varepsilon_2 + \frac{1}{2}\sigma_3\varepsilon_3 \tag{7.14}$$

将广义胡克定律代入式(7.14)，比能 v 又可表示为应力的函数

$$v = \frac{1}{2E}[\sigma_1^2+\sigma_2^2+\sigma_3^2-2\mu(\sigma_1\sigma_2+\sigma_2\sigma_3+\sigma_3\sigma_1)] \tag{7.15}$$

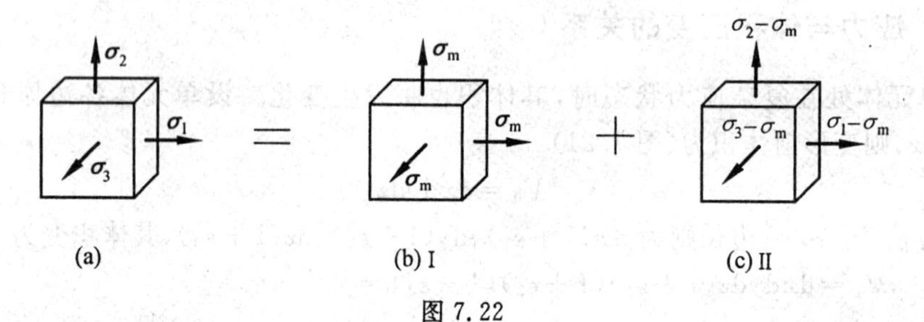

图 7.22

7.7.3　体积改变比能与形状改变比能

在空间应力状态下，单元体将同时发生体积改变和形状改变。因此，比能也可相应的分成两部分，即体积改变比能和形状改变比能，分别记为 v_v 和 v_f。于是

$$v = v_v + v_f \tag{1}$$

为了计算 v_v 和 v_f，可将如图7.22(a)所示单元体分解为如图7.22(b)和图7.22(c)所示两个单元体的叠加。状态Ⅰ(图7.22(b))受平均正应力 σ_m 的作用，因其各向均匀受力，故只有体积改变，而不可能改变形状；对于状态Ⅱ(图7.22(c))，由式(7.13)计算其体积改变，得

$$(\varepsilon_v)_{\mathrm{II}} = \frac{1-2\mu}{E}[(\sigma_1-\sigma_m)+(\sigma_2-\sigma_m)+(\sigma_3-\sigma_m)] = 0 \tag{2}$$

则状态Ⅱ不改变体积,只改变其形状。于是 $v_v = v_{\mathrm{I}}$,$v_f = v_{\mathrm{II}}$。

为了计算 v_{I}(图7.22(b)),由式(7.15),得

$$v_v = v_1 = \frac{1}{2E}(3\sigma_m^2 - 2\mu \cdot 3\sigma_m^2) = \frac{1-2\mu}{2E}3\sigma_m^2 = \frac{1-2\mu}{6E}(\sigma_1 + \sigma_2 + \sigma_3)^2 \tag{3}$$

形状改变比能 v_f 为

$$v_f = v - v_v = \frac{1}{2E}[\sigma_1^2 + \sigma_2^2 + \sigma_3^2 - 2\mu(\sigma_1\sigma_2 + \sigma_2\sigma_3 + \sigma_3\sigma_1)] - \frac{1-2\mu}{6E}(\sigma_1 + \sigma_2 + \sigma_3)^2$$

整理可得

$$v_f = \frac{1+\mu}{6E}[(\sigma_1 - \sigma_2)^2 + (\sigma_2 - \sigma_3)^2 + (\sigma_3 - \sigma_1)^2] \tag{7.16}$$

7.7.4　利用比能确定弹性系数 E、G、μ 间的关系

各向同性材料的3个弹性系数 E、G、μ 间存在着如下关系

$$G = \frac{E}{2(1+\mu)} \tag{7.17}$$

下面利用比能给出证明。

考虑一点纯切应力状态Ⅰ,如图7.23(a)所示,该点的主应力状态Ⅱ如图7.23(b)所示,因为是同一点,所以其比能应该相等,即

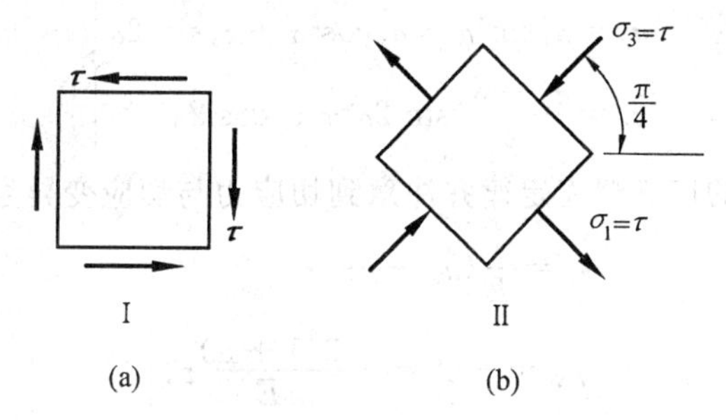

图7.23

$$v_{\mathrm{I}} = v_{\mathrm{II}}$$

v_{I} 与 v_{II} 可分别由式(6.7)和式(7.15)计算,即

$$v_{\mathrm{I}} = \frac{1}{2}\tau\gamma = \frac{\tau^2}{2G}$$

$$v_{\mathrm{II}} = \frac{1}{2E}[\sigma_1^2 + \sigma_2^2 + \sigma_3^2 - 2\mu(\sigma_1\sigma_2 + \sigma_2\sigma_3 + \sigma_3\sigma_1)] =$$

$$\frac{1}{2E}[\tau^2 + 0 + (-\tau)^2 - 2\mu(0 + 0 - \tau^2)] =$$

$$\frac{1+\mu}{E}\tau^2$$

从而有

$$\frac{\tau^2}{2G} = \frac{1+\mu}{E}\tau^2$$

则

$$G = \frac{E}{2(1+\mu)}$$

7.8 平面应力状态下的应变分析

所谓应变分析，即在已知构件中某点 x、y 方向的应变 ε_x、ε_y 和 γ_{xy} 后，求该点任意方向的应变 ε_α、$\gamma_{\alpha\beta}$ 及其变化规律。这时 $\beta=\alpha+90°$。

7.8.1 过一点沿任意方向的应变

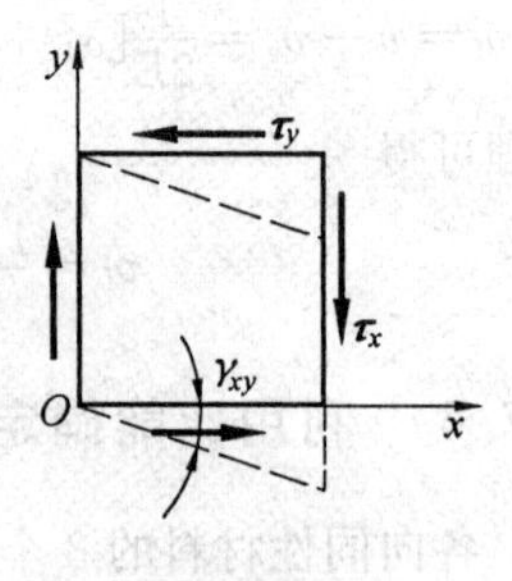

图 7.24

这里的任意方向是指平面应力状态面内的任意方向。现考察并规定应力与应变的正负号。对于正应力，规定拉应力为正，压应力为负；对于线应变，规定拉应变为正，压应变为负；对于切应力，规定切应力使单元体顺时针转动者为正，即图 7.24 中的 τ_x 为正；对于切应变，则规定使直角 $\angle xOy$ 变小者为正。图 7.24 所示单元体，在切应力作用下产生如虚线所示的变形，$\angle xOy$ 变大，即切应变 γ_{xy} 应为负。可见，正的切应力 τ_x 对应着负的切应变 γ_{xy}，即切应力与切应变总是异号的。

由平面应力状态斜截面上的应力公式(7.1)，有

$$\left.\begin{aligned}\sigma_\alpha&=\sigma_x\cos^2\alpha+\sigma_y\sin^2\alpha-\tau_x\sin 2\alpha\\ \sigma_\beta&=\sigma_x\sin^2\alpha+\sigma_y\cos^2\alpha+\tau_x\sin 2\alpha\\ \tau_\alpha&=\frac{\sigma_x-\sigma_y}{2}\sin 2\alpha+\tau_x\cos 2\alpha\end{aligned}\right\}\tag{1}$$

由平面应力状态的广义胡克定律并注意到切应力与切应变异号，有

$$\left.\begin{aligned}\varepsilon_\alpha&=\frac{1}{E}(\sigma_\alpha-\mu\sigma_\beta)\\ \gamma_{\alpha\beta}&=-\frac{\tau_\alpha}{G}=-\frac{2(1+\mu)}{E}\tau_\alpha\end{aligned}\right\}\tag{2}$$

$$\left.\begin{aligned}\varepsilon_x&=\frac{1}{E}(\sigma_x-\mu\sigma_y)\\ \varepsilon_y&=\frac{1}{E}(\sigma_y-\mu\sigma_x)\\ \gamma_{xy}&=-\frac{\tau_{xy}}{G}=-\frac{2(1+\mu)}{E}\tau_x\end{aligned}\right\}\tag{3}$$

由式(3) 得

$$\left.\begin{aligned}\sigma_x&=\frac{E}{1-\mu^2}(\varepsilon_x+\mu\varepsilon_y)\\ \sigma_y&=\frac{E}{1-\mu^2}(\varepsilon_y+\mu\varepsilon_x)\\ \tau_x&=-\frac{E}{2(1+\mu)}\gamma_{xy}\end{aligned}\right\}\tag{4}$$

将式(1) 代入式(2)，得

$$\varepsilon_\alpha=\frac{1}{E}\left[(\sigma_x-\mu\sigma_y)\cos^2\alpha+(\sigma_y-\mu\sigma_x)\sin^2\alpha-(1+\mu)\tau_x\sin 2\alpha\right]$$

$$\gamma_{\alpha\beta} = -\frac{2(1+\mu)}{E}\left(\frac{\sigma_x - \sigma_y}{2}\sin 2\alpha + \tau_x \cos 2\alpha\right) \tag{5}$$

再将式(4) 代入式(5)，并经三角函数关系变换，整理可得

$$\left.\begin{aligned} \varepsilon_\alpha &= \frac{\varepsilon_x + \varepsilon_y}{2} + \frac{\varepsilon_x - \varepsilon_y}{2}\cos 2\alpha + \frac{\gamma_{xy}}{2}\sin 2\alpha \\ -\frac{\gamma_{\alpha\beta}}{2} &= \frac{\varepsilon_x - \varepsilon_y}{2}\sin 2\alpha - \frac{\gamma_{xy}}{2}\cos 2\alpha \end{aligned}\right\} \tag{7.18}$$

式(7.18) 是平面应力状态下一点处在该平面内沿任意方向的线应变与切应变的表达式。

7.8.2　应变圆及主应变

将式(7.18) 与斜截面上公式(7.1) 相比较可以看到，ε_x 和 ε_y 与 σ_x 和 σ_y 相当，$\frac{\gamma_{xy}}{2}$ 和 $-\tau_x$ 相当。因此应变分析也可以类似于应力分析的图解法一样，采用作应变圆方法进行。用应变圆来表示点的应变状态，只需将横坐标换为 ε，而纵坐标换为 $-\frac{\gamma_{xy}}{2}$ 即可。

应变圆方程为

$$\left(\varepsilon_\alpha - \frac{\varepsilon_x + \varepsilon_y}{2}\right)^2 + \left(\frac{\gamma_{\alpha\beta}}{2}\right)^2 = \left(\frac{\varepsilon_x - \varepsilon_y}{2}\right)^2 + \left(\frac{\gamma_{xy}}{2}\right)^2 \tag{7.19}$$

圆心坐标为 $\left(\frac{\varepsilon_x + \varepsilon_y}{2}, 0\right)$，半径为 $\sqrt{\left(\frac{\varepsilon_x - \varepsilon_y}{2}\right)^2 + \left(\frac{\gamma_{xy}}{2}\right)^2}$。

应变圆的作法为：设已知 ε_x、ε_y、γ_{xy}，按上述分析，应以 ε_x 及 $-\frac{\gamma_{xy}}{2}$ 作为坐标值，得到点 D_x，以 ε_y 及 $\frac{\gamma_{xy}}{2}$ 作为坐标值，得到点 D_y，如图 7.25(a) 所示。以 D_xD_y 为直径，以它与横坐标轴的交点 C 为圆心，所得到的圆便是应变圆。很容易证明，与 CD_x 成 2α 角的圆上一点 D_α 的横坐标值即为 ε_α。显然，应变圆与横坐标轴的交点 A 及点 B 的横坐标值即为所欲

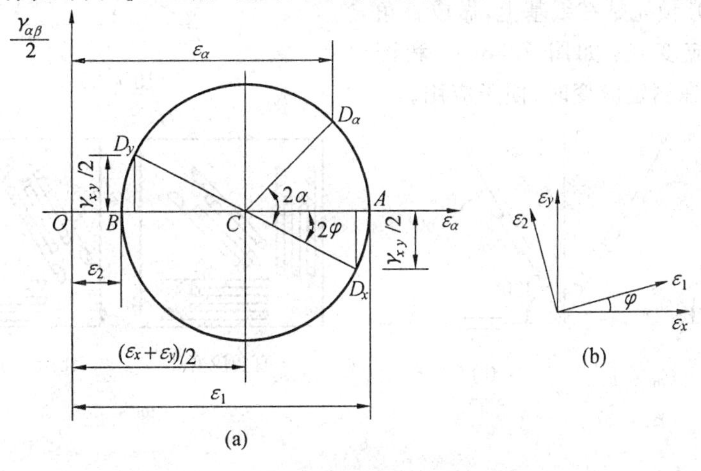

图 7.25

求的主应变 ε_1 及 ε_2；它们与 ε_x、ε_y 的方向关系如图 7.25(b) 所示。CD_x 与 CA 之夹角，即为主应变方向与 x 轴方向夹角的 2 倍。可以从应变圆上求得主应变的计算公式

$$\left.\begin{matrix}\varepsilon_1\\ \varepsilon_2\end{matrix}\right\} = \frac{\varepsilon_x + \varepsilon_y}{2} \pm \sqrt{\left(\frac{\varepsilon_x - \varepsilon_y}{2}\right)^2 + \left(\frac{\gamma_{xy}}{2}\right)^2} \tag{7.20}$$

$$\tan 2\varphi = \frac{\gamma_{xy}}{\varepsilon_x - \varepsilon_y} \tag{7.21}$$

式中　φ—— 主应变方向与 x 轴的夹角。

7.8.3　平面应变分析在电测法中的应用

由上面的分析可知，只要测出构件中一点的应变 ε_x、ε_y 和 γ_{xy}，即可由式(7.20) 和式(7.21) 求出其主应变的大小和方向。但实际上在电测法中很容易用电阻应变仪测出线应变 ε_x 和 ε_y，而切应变 γ_{xy} 却很难测定。

通常采用测定点 K 处沿 a、b、c 三个方向的线应变 ε_a、ε_b 和 ε_c 的方法(图 7.26)，来确定点 K 处的主应变及其方向。由式(7.18)，有

$$\varepsilon_a = \frac{\varepsilon_x + \varepsilon_y}{2} + \frac{\varepsilon_x - \varepsilon_y}{2}\cos 2\alpha_a + \frac{\gamma_{xy}}{2}\sin 2\alpha_a$$

$$\varepsilon_b = \frac{\varepsilon_x + \varepsilon_y}{2} + \frac{\varepsilon_x - \varepsilon_y}{2}\cos 2\alpha_b + \frac{\gamma_{xy}}{2}\sin 2\alpha_b$$

$$\varepsilon_c = \frac{\varepsilon_x + \varepsilon_y}{2} + \frac{\varepsilon_x - \varepsilon_y}{2}\cos 2\alpha_c + \frac{\gamma_{xy}}{2}\sin 2\alpha_c$$

联立以上 3 式解出 ε_x、ε_y 和 γ_{xy} 后，即可利用式(7.20) 和式(7.21) 求得主应变及其方向。

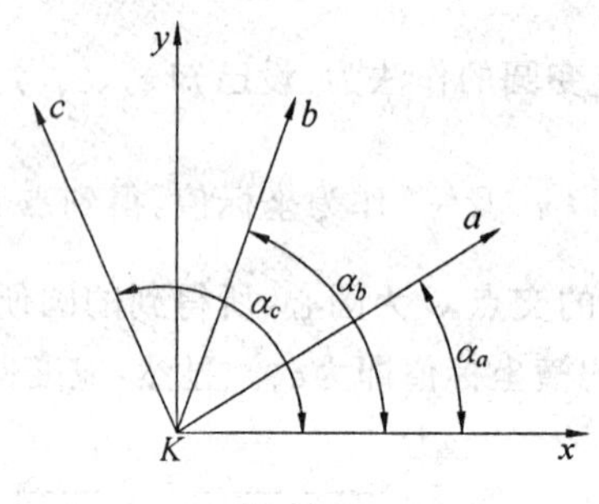

图 7.26

实用上为了计算方便，把 a、b、c 三个方向的相邻夹角取为 45° 或 60° 的特殊角，如图 7.27(a) 和图 7.27(b) 所示。将应变片分别按互成 45° 或 60° 预先贴在纸基上，做成直角应变花和等角应变花，如图 7.28(a) 和图 7.28(b) 所示。在测定应变时，便于应用。

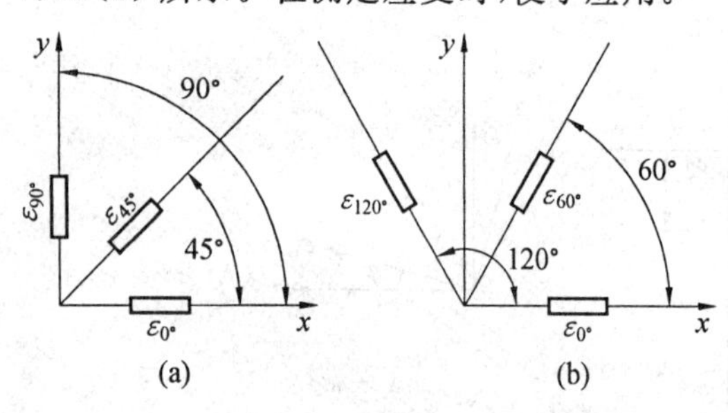

图 7.27

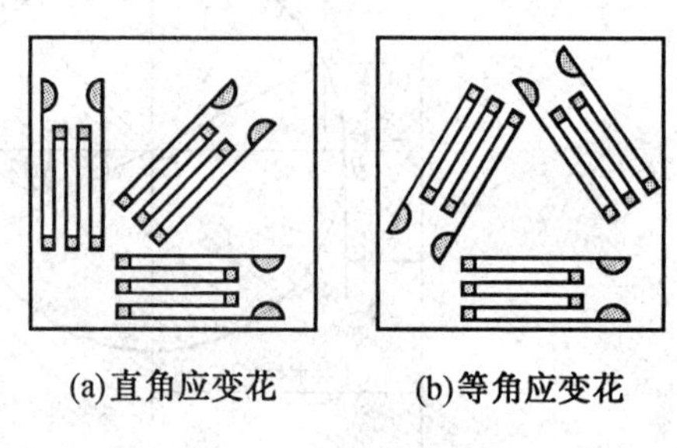

图 7.28

以直角应变花为例(图 7.28(a)),测定出点 K 处的 ε_{0°、ε_{45° 和 ε_{90°,即 $\alpha_a=0^\circ$,$\alpha_b=45^\circ$,$\alpha_c=90^\circ$,由式(7.18),有

$$\varepsilon_{0^\circ}=\varepsilon_x,\varepsilon_{45^\circ}=\frac{1}{2}(\varepsilon_x+\varepsilon_y)+\frac{\gamma_{xy}}{2},\varepsilon_{90^\circ}=\varepsilon_y$$

即

$$\varepsilon_x=\varepsilon_{0^\circ},\varepsilon_y=\varepsilon_{90^\circ},\gamma_{xy}=2\varepsilon_{45^\circ}-(\varepsilon_{0^\circ}+\varepsilon_{90^\circ})$$

代入式(7.20),得主应变

$$\begin{matrix}\varepsilon_1\\\varepsilon_2\end{matrix}=\frac{\varepsilon_{0^\circ}+\varepsilon_{90^\circ}}{2}\pm\frac{\sqrt{2}}{2}\sqrt{(\varepsilon_{0^\circ}-\varepsilon_{45^\circ})^2+(\varepsilon_{45^\circ}-\varepsilon_{90^\circ})^2}\tag{7.22}$$

主应变的方向由式(7.21)确定,即

$$\tan 2\varphi=\frac{2\varepsilon_{45^\circ}-(\varepsilon_{0^\circ}+\varepsilon_{90^\circ})}{\varepsilon_{0^\circ}-\varepsilon_{90^\circ}}\tag{7.23}$$

【例 7.5】　由直角应变花测得构件某点处的应变值为 $\varepsilon_{0^\circ}=200\times10^{-6}$,$\varepsilon_{45^\circ}=300\times10^{-6}$,$\varepsilon_{90^\circ}=-50\times10^{-6}$,如图 7.29 所示。试求该点处的主应变及其方向。

【解】　由式(7.22)得

$$\begin{matrix}\varepsilon_1\\\varepsilon_2\end{matrix}=\left[\frac{200-50}{2}\pm\frac{\sqrt{2}}{2}\sqrt{(200-300)^2+(300+50)^2}\right]\times10^{-6}=\begin{matrix}333\times10^{-6}\\-183\times10^{-6}\end{matrix}$$

$$\tan 2\varphi=\frac{[2\times300-(200-50)]\times10^{-6}}{(200+50)\times10^{-6}}=1.8$$

$$2\varphi=61^\circ$$

所以

$$\varphi=30^\circ30'$$

主应变方向如图 7.29 所示。

作应变圆求主应变时,由 $\varepsilon_x=\varepsilon_{0^\circ}=200\times10^{-6}$,$\varepsilon_y=\varepsilon_{90^\circ}=-50\times10^{-6}$,$\gamma_{xy}=2\varepsilon_{45^\circ}-(\varepsilon_{0^\circ}+\varepsilon_{90^\circ})=450\times10^{-6}$,按如下步骤得如图 7.30 所示应变圆。

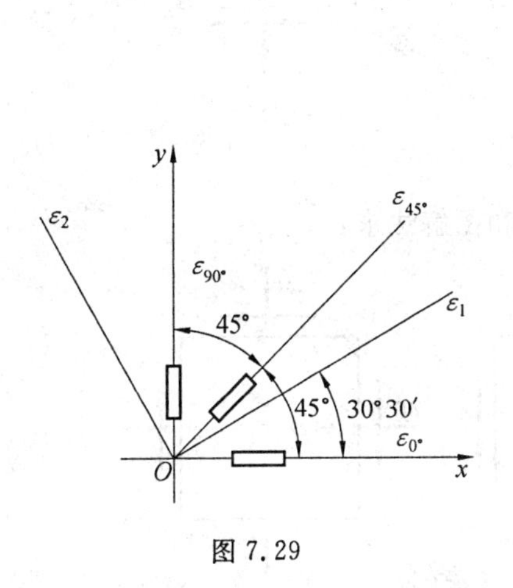

图 7.29

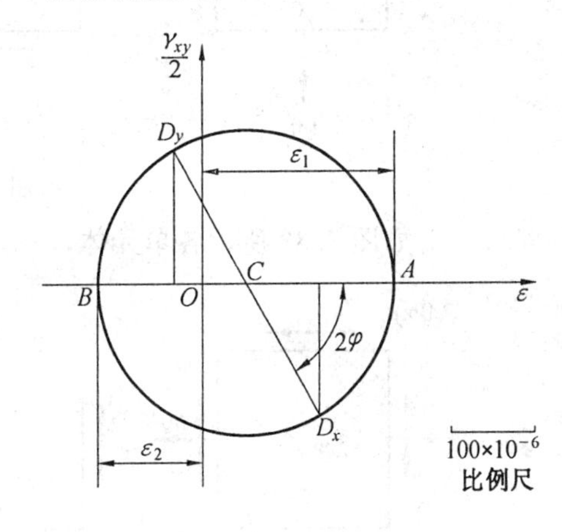

图 7.30

建立ε与$\frac{\gamma_{xy}}{2}$的坐标轴，以ε_x及$-\frac{\gamma_{xy}}{2}$作为坐标值得到点D_x，以ε_y及$\frac{\gamma_{xy}}{2}$作为坐标值得到点D_y，如图7.30所示。以D_xD_y为直径，以它与横坐标轴的交点C作为圆心，所得到的圆便是应变圆，此圆与横坐标轴的交点A及点B的横坐标值即为所要求的主应变ε_1及ε_2，按规定的比例量得其值：

$$\varepsilon_1 = 333\times10^{-6}\ ,\quad \varepsilon_2 = -183\times10^{-6}$$

$$2\varphi = 61^\circ$$

$$\varphi = 30^\circ30'$$

习　　题

7.1　试用单元体表示如图7.31所示各结构中点A、B的应力状态。

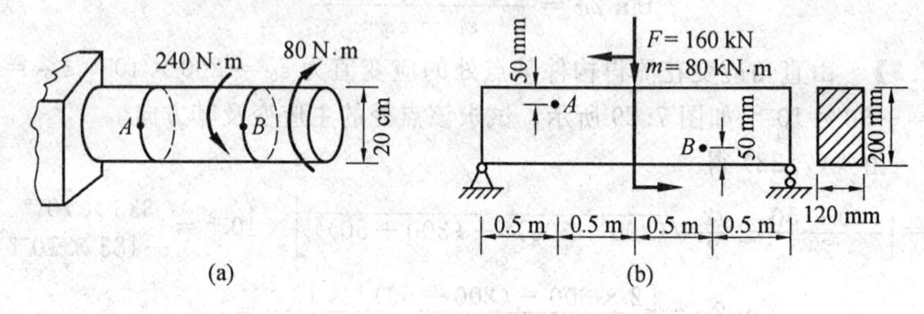

图7.31

7.2　用解析法和图解法求如图7.32所示各单元体$a-a$截面上的应力。

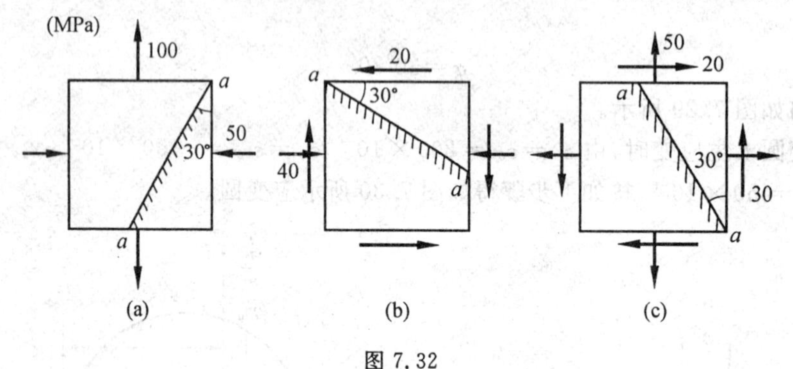

图7.32

7.3　对如图7.33所示各单元体，用解析法和图解法求：

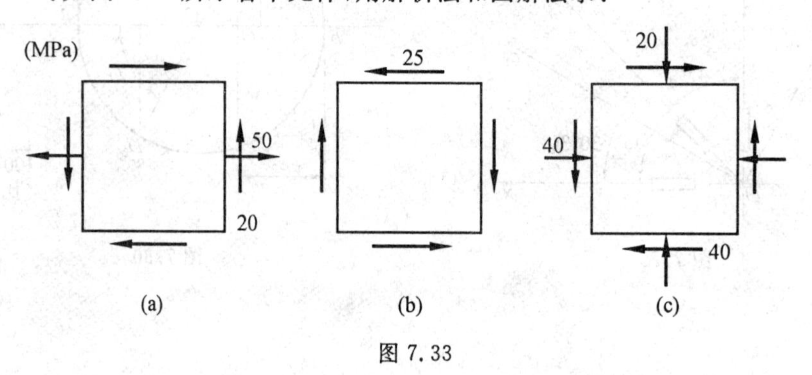

图7.33

(1) 主应力，并在单元体中表示出主应力的方向；

(2) 主切应力及其作用面上的正应力。

7.4　梁如图 7.34 所示。试求：

(1) 点 A 在指定斜截面上的应力；

(2) 点 A 处的主应力及主平面位置。

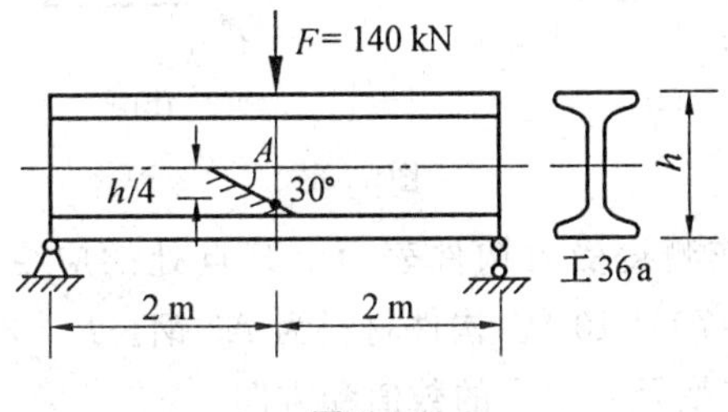

图 7.34

7.5　试求如图 7.35 所示杆件点 A 处的主应力。

7.6　如图 7.36 所示单元体，$\sigma_x=\sigma_y=40$ MPa，且 $a-a$ 面上无应力。试求该点处的主应力。

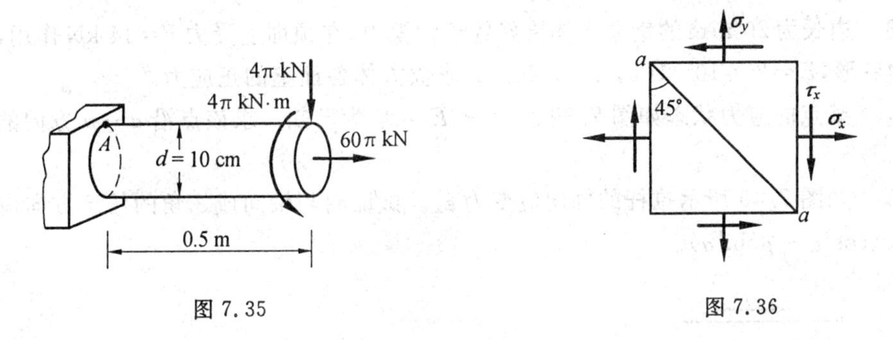

图 7.35　　　　图 7.36

7.7　如图 7.37 所示，平均半径为 r、厚度为 t、两端封闭的薄壁圆筒。试证当圆筒承受内压时，在筒壁平面内的最大切应力等于该平面内最大正应力的 $\frac{1}{4}$。

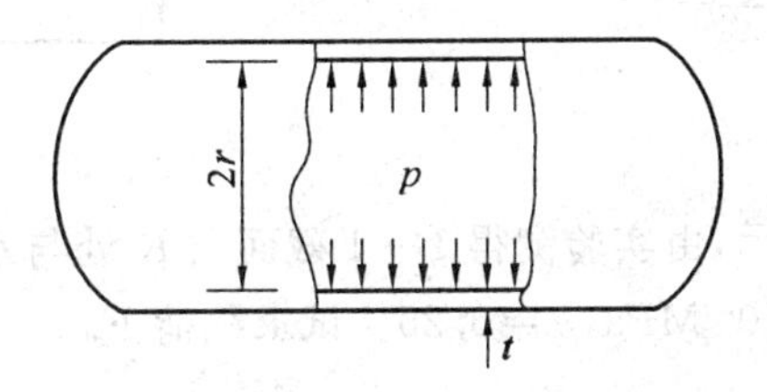

图 7.37

7.8　求如图 7.38 所示单元体的主应力。

7.9　作如图 7.38 所示单元体的三向应力圆，并求最大切应力。

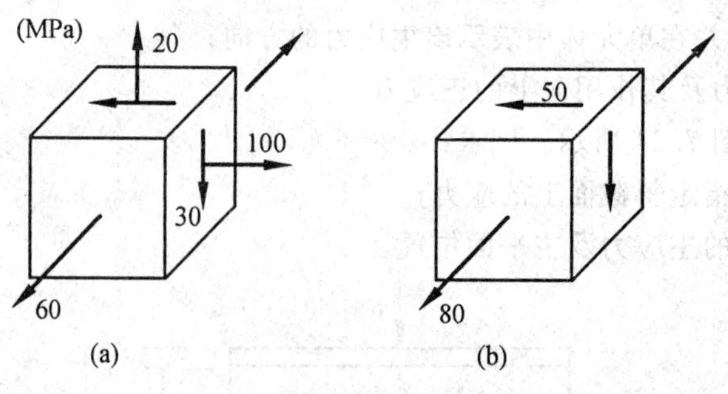

图 7.38

7.10 用直角应变花测得受力构件表面上某点处的应变值为 $\varepsilon_{0°}=-267\times10^{-6}$，$\varepsilon_{45°}=-570\times10^{-6}$，$\varepsilon_{90°}=79\times10^{-6}$。构件材料为 A3 钢。$E=2\times10^5$MPa，$\mu=0.25$。试用解析法求该点处的主应变及主应力的数值和方向。

7.11 厚度为 6 mm 的钢板在两个垂直方向受拉，$E=2\times10^5$MPa，$\mu=0.25$，拉应力分别为 150 MPa 和 55 MPa。求钢板厚度的减小值。

7.12 由电测实验得知钢梁表面上某点处 $\varepsilon_x=500\times10^{-6}$，$\varepsilon_y=-465\times10^{-6}$。$E=2\times10^5$MPa，$\mu=0.25$。试求 σ_x 及 σ_y 值。

7.13 边长为 20 mm 的钢立方体恰好置于钢模中，在顶面上受力 $F=14$ kN 作用，不计钢模的变形，$E=2\times10^5$MPa，$\mu=0.25$。试求立方体各面上的正应力。

7.14 某点的应力状态如图 7.39 所示，τ、E、μ 均为已知。求该点沿 $a-a$ 方向的线应变。

7.15 如图 7.40 所示拉杆的轴向应变为 ε_x。试证明与轴向成 α 角的任意方向应变为 $\varepsilon_\alpha=\varepsilon_x(\cos^2\alpha-\mu\sin^2\alpha)$。

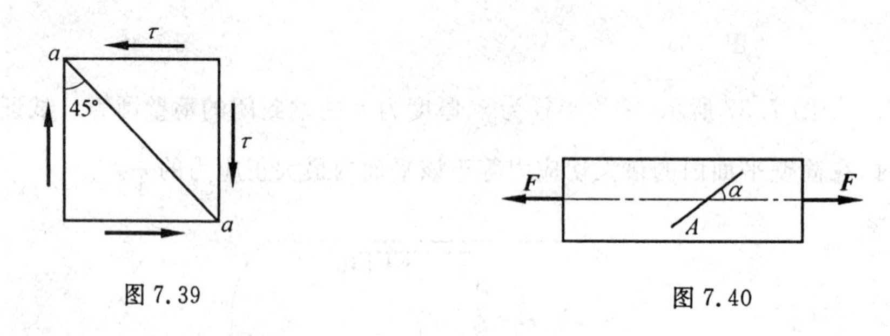

图 7.39　　图 7.40

7.16 如图 7.41 所示，由实验测得 1－1 截面点 K 处与水平线成 45° 方向的线应变 $\varepsilon_{45°}=2\times10^{-5}$。$E=2\times10^5$ MPa，$\mu=0.25$。试求载荷 F。

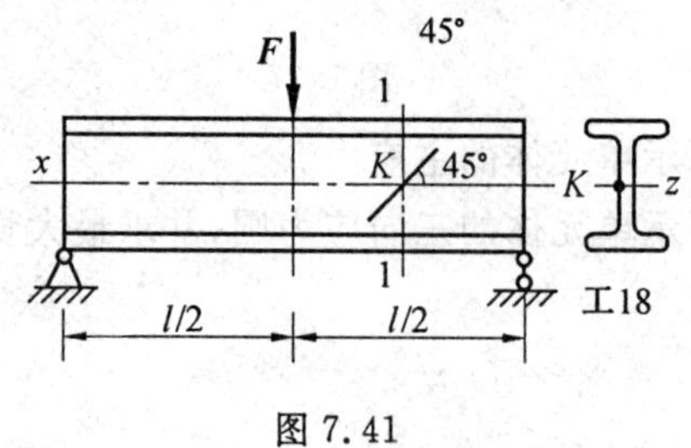

图 7.41

7.17　试利用纯切应力状态，证明在弹性范围内切应力不产生体积应变。

7.18　在题 7.8 的各应力状态下，若材料为 A3 钢，$E=2\times10^5$ MPa，$\mu=0.25$。试求各单元体的弹性比能、体积改变比能和形状改变比能。

第 8 章 强度理论

8.1 强度理论的概念

在前面讨论的拉压、扭转和弯曲 3 种基本变形问题中，为建立强度条件，需要测定极限应力，实际上只考虑了两种简单应力状态：单向拉压和纯剪切应力状态。它们各自只决定于一个力学状态参数 σ 或 τ，因此原则上只要各自进行一种实验，决定其强度失效时 σ 或 τ 的极限值即可。这种实验很容易由单向拉压和扭转实验来实现。

事实上，工程中大量构件的危险点因处于复杂应力状态而存在 2 个或 3 个主应力，材料的破坏与各主应力及其比值都有关。例如，脆性材料在三向等压的应力状态下会产生明显的塑性变形；塑性材料在三向拉伸应力状态下也会发生脆性断裂。材料破坏时各主应力可以有无穷多种组合，如果通过实验来求主应力的各危险值，就需要按主应力的不同比值进行无穷多次实验。显然，这是不现实的。此外，对于某些应力状态（例如三向等拉）进行失效实验，在技术上也难以实现。

但是，在有限的实验结果的基础上，可以对材料失效的现象加以归纳，寻找失效规律，从而对失效的原因做一些假说，即无论何种应力状态，也无论何种材料，只要失效形式相同，便具有共同的失效原因。这样，就可以应用一些简单实验的结果，预测材料在不同应力状态下何时失效，从而建立起材料在复杂应力状态下失效判据与相应的设计准则。显然，轴向拉伸实验便是一种最简单的实验。

上面提到的对失效原因所作的一些假说，通常称为强度理论。强度理论的任务就是研究和分析复杂应力状态下的材料失效的原因，从而建立复杂应力状态下的强度条件。

大量实验结果表明，材料在常温、静载作用下主要发生两种形式的强度失效：塑性屈服和脆性断裂。

塑性屈服指材料失效时产生明显的塑性变形，并伴有屈服现象。

脆性断裂指材料失效时未产生明显的塑性变形而突然断裂。

本章将通过对屈服和断裂原因的假说，直接应用单向拉伸的实验结果，建立材料在各种应力状态下的屈服和断裂的失效判据，以及相应的设计准则。

8.2　断裂准则——第一、第二强度理论

8.2.1　最大拉应力理论(第一强度理论)

第一强度理论认为，材料发生脆性断裂的主要因素是最大拉应力。不论何种应力状态，只要其最大拉应力 σ_1 达到极限应力 σ_u，材料就发生断裂。而极限应力 σ_u 就是同类材料轴向拉伸实验的强度极限，即

$$\sigma_u = \sigma_b$$

按此理论，材料发生断裂的条件为

$$\sigma_1 = \sigma_u$$

将强度极限 σ_b 除以安全系数 n，得到许用应力$[\sigma]$，于是，最大拉应力理论的强度条件为

$$\sigma_1 \leqslant [\sigma] \tag{8.1}$$

最大拉应力理论是关于脆性断裂失效的设计准则。这一理论最早由英国的兰金(Rankine W. J. M.)提出，他认为引起材料断裂破坏的原因是由于最大正应力达到某个共同的极限值。对于拉压强度相同的材料，这一理论现在已被修正为最大拉应力理论。

8.2.2　最大拉应变理论(第二强度理论)

第二强度理论认为，材料发生脆性断裂的主要因素是最大拉应变。不论何种应力状态，只要其最大拉应变 ε_1 达到极限拉应变 ε_u，材料就发生断裂。而极限拉应变 ε_u，就是同类材料轴向拉伸实验的应力达到强度极限 σ_b 时，材料所产生的最大拉应变，即

$$\varepsilon_u = \frac{\sigma_b}{E}$$

于是，最大拉应变理论的断裂准则为

$$\varepsilon_1 = \varepsilon_u = \frac{\sigma_b}{E}$$

由广义胡克定律可知，与 σ_1 对应的最大拉应变为

$$\varepsilon_1 = \frac{1}{E}[\sigma_1 - \mu(\sigma_2 + \sigma_3)] = \frac{\sigma_b}{E}$$

考虑安全系数后，最大拉应变理论的强度条件为

$$\sigma_1 - \mu(\sigma_2 + \sigma_3) \leqslant [\sigma] \tag{8.2}$$

第一、第二强度理论通常用于脆性材料的断裂。

当塑性材料处于三向拉应力状态(均匀受拉或准均匀受拉)时，也由第一强度理论判断其是否断裂。

8.3 屈服准则——第三、第四强度理论

8.3.1 最大切应力理论(第三强度理论)

第三强度理论认为,材料发生屈服的主要因素是最大切应力。不论何种应力状态,只要其最大切应力 τ_{max} 达到极限切应力 τ_u,材料就屈服。而极限切应力 τ_u,就是材料轴向拉伸实验的应力达到屈服极限 σ_s 时,材料所产生的最大切应力,其值为

$$\tau_u = \frac{\sigma_s}{2}$$

于是,最大切应力理论的屈服准则为

$$\tau_{max} = \tau_u = \frac{\sigma_s}{2}$$

复杂应力状态下的最大切应力

$$\tau_{max} = \frac{\sigma_1 - \sigma_3}{2}$$

屈服准则可改变为

$$\sigma_1 - \sigma_3 = \sigma_s$$

考虑安全系数后,强度条件则为

$$\sigma_1 - \sigma_3 \leqslant [\sigma] \tag{8.3}$$

最大切应力理论最早是由法国工程师、科学家库仑(Coulomb,C. -A. de)于1773年提出,是关于剪断的准则,并应用于建立土的破坏条件;1864年特雷斯卡(Tresca)通过挤压实验研究屈服现象和屈服准则,因而这一理论又称为特雷斯卡准则。

8.3.2 形状改变比能理论(第四强度理论)

第四强度理论认为,材料发生屈服的主要因素是形状改变比能。不论何种应力状态,只要其形状改变比能 v_f 达到极限形状改变比能 v_{fu},材料就屈服。而极限形状改变比能 v_{fu},就是同类材料轴向拉伸实验的应力达到屈服极限 σ_s 时,材料所产生的形状改变比能。轴向拉伸时

$$\sigma_1 = \sigma_s, \sigma_2 = \sigma_3 = 0, v_{fu} = \frac{1+\mu}{3E}\sigma_s^2$$

于是,该理论的屈服准则为

$$v_f = v_{fu} = \frac{1+\mu}{3E}\sigma_s^2$$

考虑复杂应力状态下的形状改变比能,有

$$v_f = \frac{1+\mu}{6E}[(\sigma_1-\sigma_2)^2 + (\sigma_2-\sigma_3)^2 + (\sigma_3-\sigma_1)^2] = \frac{1+\mu}{3E}\sigma_s^2$$

故屈服准则可改写为

$$\sqrt{\frac{1}{2}[(\sigma_1-\sigma_2)^2 + (\sigma_2-\sigma_3)^2 + (\sigma_3-\sigma_1)^2]} = \sigma_s$$

考虑安全系数后，强度条件为

$$\sqrt{\frac{1}{2}[(\sigma_1-\sigma_2)^2+(\sigma_2-\sigma_3)^2+(\sigma_3-\sigma_1)^2]}\leqslant[\sigma] \tag{8.4}$$

第四强度理论是由米泽斯(R. Von Mises) 于 1913 年从修正最大切应力理论出发提出的。1924 年，德国的亨奇(H. Hencky) 从畸变能密度对这一理论作了解释。所以该理论又称为畸变能密度准则或米泽斯准则。

第三、第四强度理论通常用于塑性材料的屈服。

由以上所述可见，各强度理论在建立强度条件时，都是与轴向拉伸(单向应力状态)相对比，而各强度理论的强度条件从形式看，又与轴向拉伸相类似，因此将各强度条件左边表达式称为相当应力，并用 σ_r 来表示。各强度条件中的相当应力分别为

$$\left.\begin{aligned}&\text{第一强度理论}:\sigma_{r1}=\sigma_1\\&\text{第二强度理论}:\sigma_{r2}=\sigma_1-\mu(\sigma_2+\sigma_3)\\&\text{第三强度理论}:\sigma_{r3}=\sigma_1-\sigma_3\\&\text{第四强度理论}:\sigma_{r4}=\sqrt{\frac{1}{2}[(\sigma_1-\sigma_2)^2+(\sigma_2-\sigma_3)^2+(\sigma_3-\sigma_1)^2]}\end{aligned}\right\} \tag{8.5}$$

另外，对于如图 8.1 所示的应力状态，即 x 面和 y 面上只有一个面上有正应力 σ，另一个面上 $\sigma=0$，有

$$\sigma_1=\frac{\sigma}{2}+\frac{1}{2}\sqrt{\sigma^2+4\tau^2}$$

$$\sigma_2=0$$

$$\sigma_3=\frac{\sigma}{2}-\frac{1}{2}\sqrt{\sigma^2+4\tau^2}$$

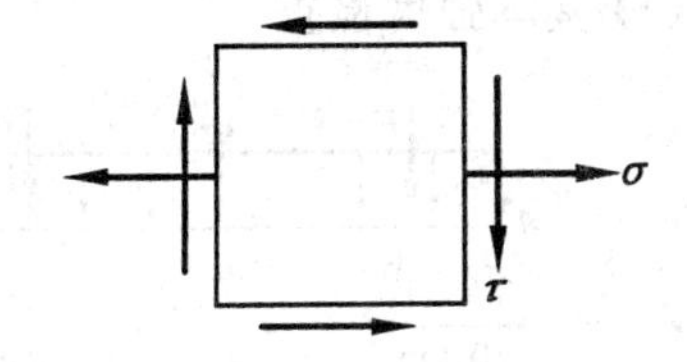

图 8.1

代入第三、第四强度理论的强度条件可得

$$\left.\begin{aligned}\sigma_{r3}=\sqrt{\sigma^2+4\tau^2}\leqslant[\sigma]\\\sigma_{r4}=\sqrt{\sigma^2+3\tau^2}\leqslant[\sigma]\end{aligned}\right\} \tag{8.6}$$

【例 8.1】　由 3 号钢制成的某一受力杆件，其危险点处的应力情况如图 8.2 所示，已知 $\sigma_x=60$ MPa，$\sigma_y=-30$ MPa，$\tau_x=40$ MPa，材料的许用应力 $[\sigma]=160$ MPa。试分别用第三和第四强度理论校核该危险点处的强度。

【解】　该点的主应力分别为

$$\sigma'_{主}=\frac{\sigma_x+\sigma_y}{2}+\sqrt{\left(\frac{\sigma_x-\sigma_y}{2}\right)^2+\tau_x^2}=\frac{60-30}{2}+\sqrt{\left(\frac{60+30}{2}\right)^2+40^2}=76.2\ \text{MPa}$$

$$\sigma''_{主}=\frac{\sigma_x+\sigma_y}{2}-\sqrt{\left(\frac{\sigma_x-\sigma_y}{2}\right)^2+\tau_x^2}=\frac{60-30}{2}-\sqrt{\left(\frac{60+30}{2}\right)^2+40^2}=-45.2\ \text{MPa}$$

按 σ_1、σ_2、σ_3 的代数值排列，则为

$$\sigma_1=75.2\ \text{MPa},\quad \sigma_2=0,\quad \sigma_3=-45.2\ \text{MPa}$$

(1) 按第三强度理论校核

第三强度理论的强度条件为

$$\sigma_1-\sigma_3\leqslant[\sigma]$$

$\sigma_{r3}=\sigma_1-\sigma_3=75.2+45.2=120.4\ \text{MPa}<[\sigma]$

满足强度条件。

(2) 按第四强度理论校核

$$\sigma_{r4}=\sqrt{\frac{1}{2}[(\sigma_1-\sigma_2)^2+(\sigma_2-\sigma_3)^2+(\sigma_3-\sigma_1)^2]}=$$

$$\sqrt{\frac{1}{2}[75.2^2+45.2^2+(-45.2-75.2)^2]}=$$

$$105.3\ \text{MPa}<[\sigma]$$

满足强度条件。

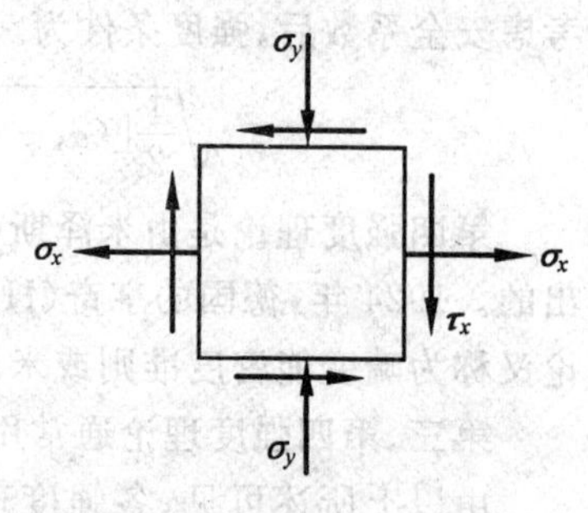

图 8.2

从计算结果可知，第三强度理论比第四强度理论偏于安全。

【例 8.2】 如图 8.3 所示工字形截面简支梁，其腹板与翼缘焊接而成。已知 $F=120$ kN，$q=2$ kN/m，$[\sigma]=160$ MPa，$[\tau]=100$ MPa。试全面校核强度。

【解】 所谓全面校核强度，就是对梁的危险截面上的可能危险点进行强度校核。可分为基本强度检查与补充强度检查。在基本强度检查中，包括最大弯矩截面上的最大正应力的强度条件和最大剪力截面上的最大切应力的强度条件。补充强度检查则是对正应力和切应力都比较大的点作强度校核。

首先作出梁的剪力图与弯矩图。

(1) 基本强度检查

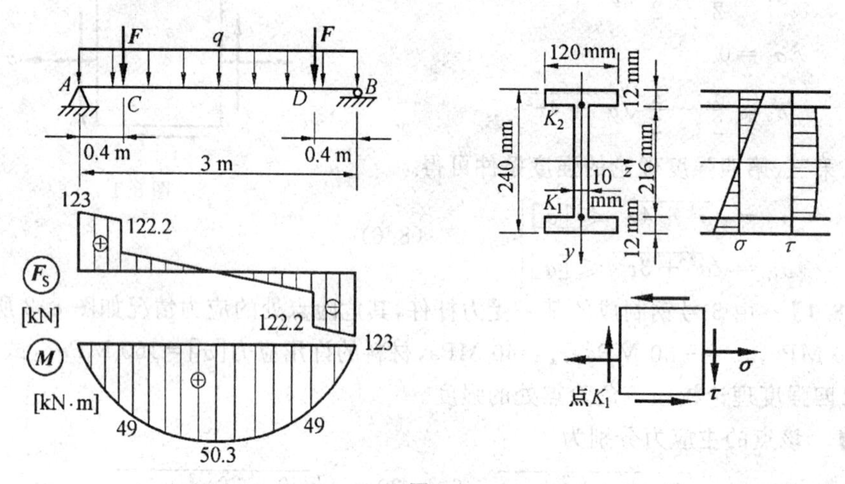

图 8.3

$$\sigma_{max}=\frac{M_{max}}{W_z}\leqslant[\sigma]$$

σ_{max} 发生于跨中截面的上、下边缘，是单向应力状态。

$$M_{max}=50.3\ \text{kN}\cdot\text{m},\quad W_z=\frac{I_z}{y_{max}}=\frac{4\ 586\times10^{-8}}{120\times10^{-3}}=382\times10^{-6}\ \text{m}^3$$

$$\sigma_{max}=\frac{50.3}{382\times10^{-6}}=131.7\times10^3\ \text{kPa}=131.7\ \text{MPa}<[\sigma]$$

(2)
$$\tau_{max}=\frac{F_{Smax}S_z}{I_zd}\leqslant[\tau]$$

τ_{max} 发生于梁两端截面的中性轴处，是纯切应力状态。$F_{Smax}=123\ kN$，$d=10\ mm$，$I_z=4\ 586\times10^{-8}\ m^4$，$S_z=(12\times120\times114+10\times108\times54)\times10^{-9}\ m^3$。得

$$\tau_{max}=59.4\ MPa<[\tau]$$

基本强度检查是安全的。

(2) 补充强度检查

在剪力与弯矩都比较大的截面(如 C,D 面)上，在腹板与翼缘的交界处(点 K_1 与点 K_2)，其正应力与切应力均较大，是复杂应力状态，需按强度理论进行校核。现对截面 C 上点 K_1 作强度检查。点 K_1 单元体如图 8.3 所示，其应力为

$$\sigma=\frac{M_C}{I_z}y_{K_1}=\frac{49\times10^{-3}}{4\ 586\times10^{-8}}\times108\times10^{-3}=115.4\ MPa$$

$$\tau=\frac{F_{SC}(S_z)_{K_1}}{I_z d}=\frac{122.2\times(120\times12\times114\times10^{-9})}{4\ 586\times10^{-8}\times10\times10^{-3}}\times10^3=43.7\ MPa$$

按第三强度理论检查，得

$$\sigma_{r3}=\sqrt{\sigma^2+4\tau^2}=\sqrt{115.4^2+4\times43.7^2}=144.8\ MPa<[\sigma]$$

补充强度检查也是安全的。

应予指出，梁若选用型钢，由于腹板与翼缘交界处做成圆弧过渡，使局部截面增大，可免去补充强度检查。

8.4　莫尔强度理论

前述 4 个强度理论都是基于对实验现象的观察，假定应力状态中的某种因素是导致材料进入极限状态的决定因素，因此称为唯象理论，由于每个强度理论只强调某种因素，因而不可避免地存在片面性。

莫尔强度理论却不然，它是以不同应力状态下材料的破坏实验结果为依据，建立其失效准则。

同一种材料在各种不同应力状态下失效时，将对应着一系列的应力圆。这些应力圆都是该材料失效时的极限应力圆。试验表明，材料失效时主应力 σ_2 对材料失效影响不大，这样可假定极限应力圆只与 σ_1 和 σ_3 的比值有关，而与 σ_2 无关。莫尔强度理论认为，所有这些极限应力圆有唯一的一条公切线，称为极限包络线(图 8.4 中应力圆只画出一半)。

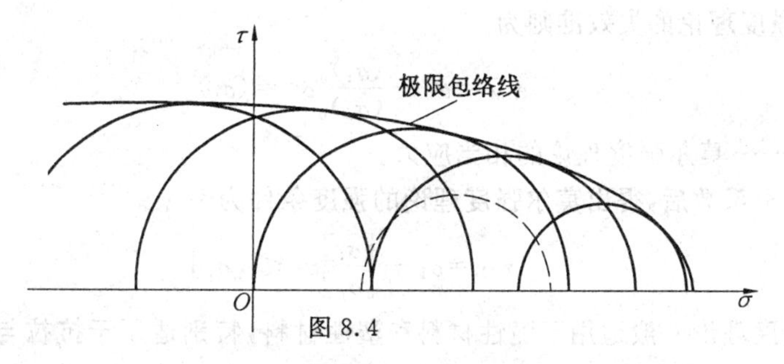

图 8.4

不同材料具有不同的极限包络线。显然，极限包络线也是材料的一个力学性质。

如果有了材料的极限包络线，建立材料失效准则的问题就变得简单了。为此，只需将材料危险点处应力状态的最大应力圆画在极限包络线的坐标图上（图 8.4 中的虚线圆）。该最大应力圆若在极限包络线内，表明材料未进入极限状态；若与极限包络线相切，则表明材料处于极限状态。

由于目前的实验技术水平还不能得到图 8.4 所示的极限包络线，因此实际应用时可以用轴向拉伸极限应力圆和轴向压缩极限应力圆的公切线近似地代替极限包络线（图 8.5）。

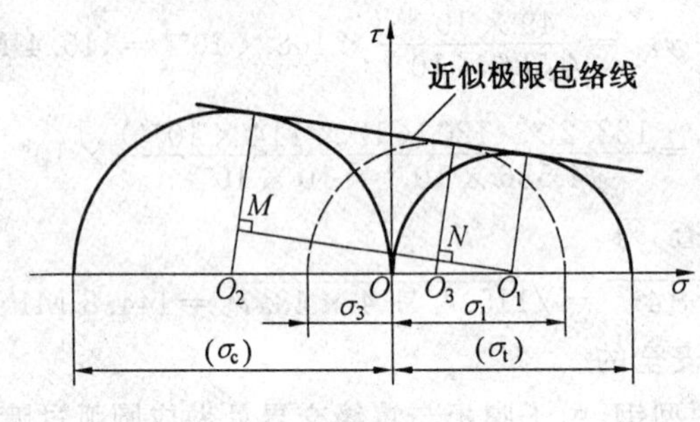

图 8.5

为建立莫尔强度理论的失效准则，设有一极限应力状态（σ_1、σ_3）的极限应力圆（图8.5 中的虚线圆）与近似极限包络线相切，有

$$\triangle O_1NO_3 \backsim \triangle O_1MO_2$$

即

$$\overline{O_3N} : \overline{O_2M} = \overline{O_1O_3} : \overline{O_1O_2} \tag{1}$$

其中

$$\overline{O_3N} = \frac{\sigma_1 - \sigma_3}{2} - \frac{(\sigma_t)_u}{2}, \quad \overline{O_2M} = \frac{(\sigma_c)_u}{2} - \frac{(\sigma_t)_u}{2}$$

$$\overline{O_1O_3} = \frac{(\sigma_t)_u}{2} - \frac{\sigma_1 + \sigma_3}{2}, \quad \overline{O_1O_2} = \frac{(\sigma_t)_u}{2} + \frac{(\sigma_c)_u}{2}$$

代入式(1)，化简可得

$$\sigma_1 - \frac{(\sigma_t)_u}{(\sigma_c)_u}\sigma_3 = (\sigma_t)_u$$

于是，莫尔强度理论的失效准则为

$$\sigma_{rM} = \sigma_1 - \frac{(\sigma_t)_u}{(\sigma_c)_u}\sigma_3 = (\sigma_t)_u \tag{8.7}$$

式中　σ_{rM}—— 莫尔强度理论的相当应力。

考虑安全系数后，得出莫尔强度理论的强度条件为

$$\sigma_{rM} = \sigma_1 - \frac{[\sigma_t]}{[\sigma_c]}\sigma_3 \leqslant [\sigma_t] \tag{8.8}$$

莫尔强度理论一般适用于脆性材料和塑性材料，特别适用于抗拉与抗压强度不等的脆性材料。

【例 8.3】　如图 8.6(a) 所示为一个 T 形截面铸铁梁。许用拉应力$[\sigma_t]=30$ MPa，许

用压应力$[\sigma_c]=60$ MPa，T 形截面尺寸如图所示，已知截面对形心轴 z 的惯性矩 $I_z=763\ \text{cm}^4$，$y_1=52$ mm，试全面校核此梁的强度。

【解】 由弯矩图可知，$M_C=2.5\ \text{kN}\cdot\text{m}$，$M_B=-4\ \text{kN}\cdot\text{m}$

截面 B

$$\sigma_{\text{tmax}}=\frac{M_B y_1}{I_z}=\frac{4\times10^3\times52\times10^{-3}}{763\times10^{-8}}=$$

$$27.3\times10^6\ \text{Pa}=27.3\ \text{MPa}<[\sigma_t]=30\ \text{MPa}$$

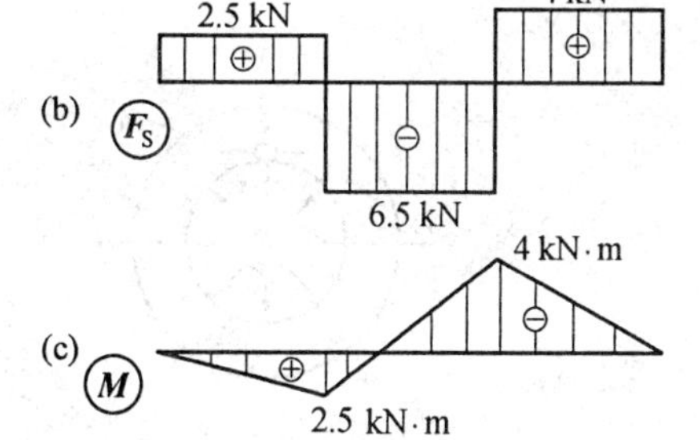

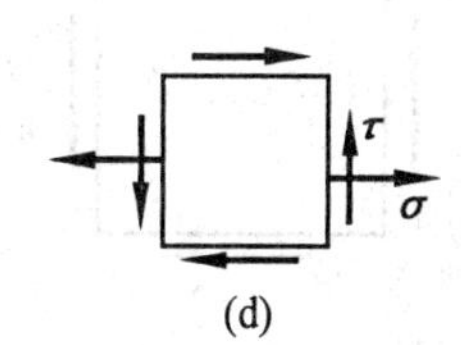

图 8.6

$$\sigma_{\text{cmax}}=\frac{M_B y_2}{I_z}=\frac{4\times10^3\times(140-52)\times10^{-3}}{763\times10^{-8}}=$$

$$46.1\times10^6\ \text{Pa}=46.1\ \text{MPa}<[\sigma_c]=60\ \text{MPa}$$

截面 C

$$\sigma_{\text{tmax}}=\frac{M_C y_2}{I_z}=\frac{2.5\times10^3\times(140-52)\times10^{-3}}{763\times10^{-8}}=$$

$$28.8\times10^6\ \text{Pa}=28.8\ \text{MPa}<[\sigma_t]=30\ \text{MPa}$$

下面用莫尔强度理论校核截面 B 上点 b 的强度。该点既有正应力，又有切应力，其值分别为

$$\sigma=\frac{M_B y}{I_z}=\frac{4\times10^3\times(52-20)\times10^{-3}}{763\times10^{-8}}=16.8\times10^6\text{Pa}=16.8\ \text{MPa}$$

$$\tau=\frac{F_S S_z}{I_z t}=\frac{6.5\times10^3\times80\times20\times42\times10^{-3}}{763\times10^{-8}\times20\times10^{-3}}=2.86\times10^6\ \text{Pa}=2.86\ \text{MPa}$$

点 b 的应力状态如图 8.6(d) 所示，其主应力

$$\left.\begin{matrix}\sigma_{\max}\\\sigma_{\min}\end{matrix}\right\}=\frac{16.8}{2}\pm\sqrt{\left(\frac{6.8}{2}\right)^2+2.86^2}=8.4\ \text{MPa}\pm8.9\ \text{MPa}$$

主应力为

$$\sigma_1=17.3\ \text{MPa},\quad \sigma_2=0,\quad \sigma_3=-0.5\ \text{MPa}$$

用莫尔强度理论

$$\sigma_1-\sigma_3\frac{[\sigma_t]}{[\sigma_c]}=17.3-(-0.5)\times\frac{30}{60}=17.55\ \text{MPa}<[\sigma_t]$$

全梁强度满足要求。

习　题

8.1　冬天自来水管结冰时，常因受内压而胀裂。显然，水管内的冰也受到相等的反作用力，为什么冰不破坏而水管却先破坏了。

8.2　某危险点的应力状态如图 8.7 所示。试写出该应力状态下第一、二、三和四强度理论的相当应力。

8.3　厚壁圆筒横截面如图 8.8 所示，在危险点处 $\sigma_t=550$ MPa，$\sigma_c=-350$ MPa，第三个主应力垂直于图面，其大小为 420 MPa，材料的 $[\sigma]=950$ MPa。试用第三和第四强度理论校核其强度。

图 8.7　　　　图 8.8

8.4　如图 8.9 所示梁为焊接工字钢梁，材料为 A3 钢，$[\sigma]=160$ MPa。分别按第三和第四强度理论校核钢梁的强度。

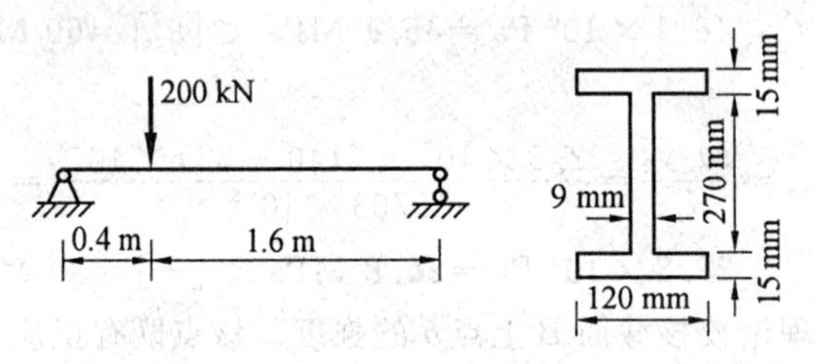

图 8.9

8.5　用等角应变花测得 A3 钢制机床主轴危险点的应变值为 $\varepsilon_{0^\circ}=400\times10^{-6}$，$\varepsilon_{60^\circ}=-300\times10^{-6}$，$\varepsilon_{120^\circ}=250\times10^{-6}$，材料的 $[\sigma]=160$ MPa。试求危险点的主应力大小和方向，并用第四强度理论校核主轴的强度。

第 9 章 组合变形

9.1 组合变形的概念

在实际工程结构中，杆件受力时，往往同时发生几种基本变形。当杆件的某一截面或某一段内，包含两种或两种以上基本变形的内力成分时，其变形形式称为组合变形。例如，水塔（图 9.1(a)）的变形除自重引起的轴向压缩外，还有因水平方向的风力而引起的弯曲变形。又如，如图 9.1(b) 所示的受力杆件，F 作用下杆件发生弯曲变形，M_e 作用下杆件发生扭转变形。

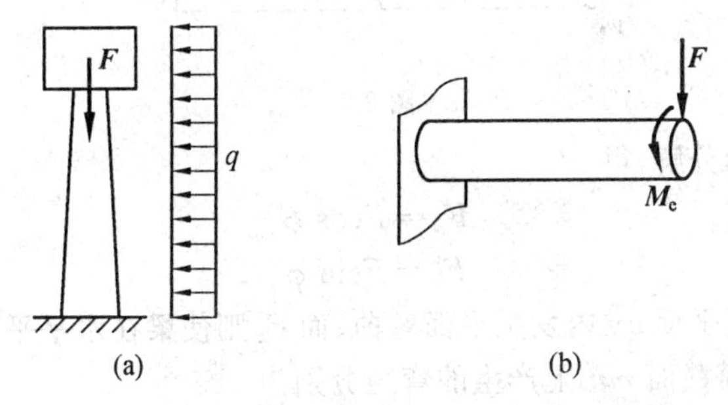

图 9.1

在材料服从胡克定律且变形很小的情况下，可以利用叠加原理对组合变形构件进行计算。即先将外力分解或简化为与各基本变形对应的成分，分别计算各自的应力和变形，然后将所求得的同类应力和变形进行叠加，即得组合变形杆件的应力和变形。

工程实际中常见的组合变形形式有：斜弯曲、拉伸（或压缩）与弯曲及扭转与弯曲的组合。

9.2 斜　弯　曲

在第 4 章中，研究了梁在平面弯曲情况下的应力计算问题。但在实际工程中，作用在梁上的横向力有时并不位于梁的形心主惯性平面内。例如，如图 9.2 所示，屋架上的檩条，外力 F 与形心主轴 y 成一角度 φ。在这种情况下，变形后梁的轴线将不再位于外力所在的平面内，这种变形称为斜弯曲。

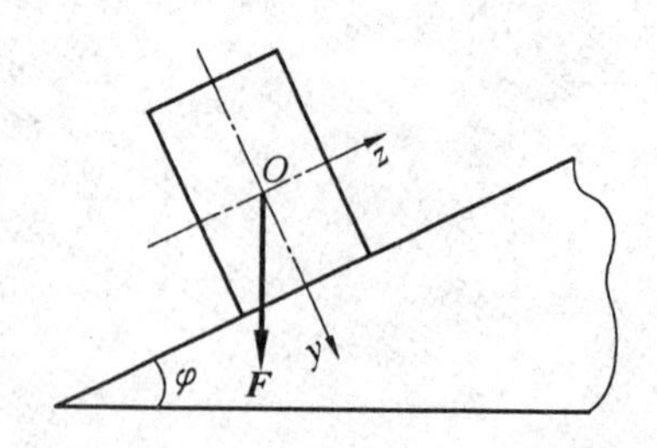

图 9.2

现以矩形截面悬臂梁为例，用叠加法分析斜弯曲时应力和变形情况。

如图 9.3 所示矩形截面悬臂梁，自由端受横向力 F，F 通过截面形心且与铅垂对称轴成一倾斜角 φ。y，z 为形心主轴。

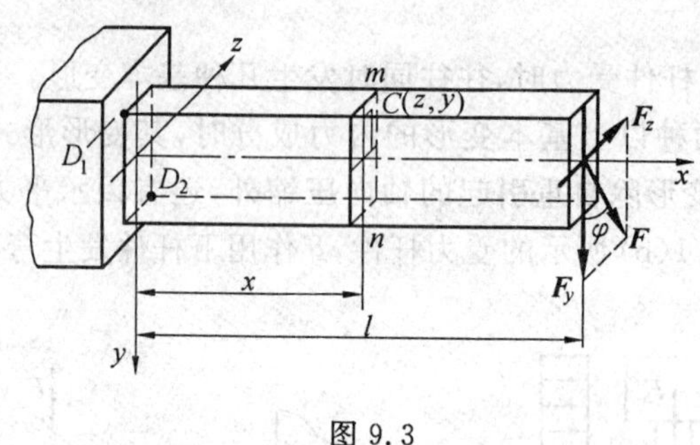

图 9.3

将力 F 沿 y，z 轴分解，得

$$F_y = F\cos\varphi$$
$$F_z = F\sin\varphi$$

F_y 将使梁在垂直平面 xy 内发生平面弯曲；而 F_z 则使梁在水平平面 xz 内发生平面弯曲，它们在梁的任意横截面 mn 上产生的弯矩分别为

$$M_z = F_y(l-x) = F\cos\varphi(l-x) = M\cos\varphi$$
$$M_y = F_z(l-x) = F\sin\varphi(l-x) = M\sin\varphi$$

式中 $M=F(l-x)$，故斜弯曲是两个方向平面弯曲的组合。与 M_z，M_y 对应的 x 截面上任意点 C 的正应力分别为 σ' 和 σ''，即

$$\sigma' = \frac{M_z y}{I_z} = \frac{M\cos\varphi}{I_z}y$$

$$\sigma'' = \frac{M_y z}{I_y} = \frac{M\sin\varphi}{I_y}z$$

式中　I_z、I_y—— 横截面的形心主惯性矩。

根据叠加原理，点 C 的正应力是 σ' 和 σ'' 的代数和，即

$$\sigma = \sigma' + \sigma'' = \frac{M_z}{I_z}y + \frac{M_y}{I_y}z \tag{9.1}$$

或写成

$$\sigma = \sigma' + \sigma'' = M\left(\frac{y\cos\varphi}{I_z} + \frac{z\sin\varphi}{I_y}\right) \tag{9.1'}$$

上式是一平面方程，它反映了横截面上正应力的分布规律。在每一具体问题中，σ' 和 σ'' 是拉应力还是压应力可根据梁的变形来确定。

进行强度计算时，首先需要确定危险截面和危险点的位置。对于如图 9.3 所示悬臂梁来说，固定端显然是危险截面。至于危险点，对有棱角的截面应是 M_z 和 M_y 引起的正应力都达到最大值的点，显然 D_1 和 D_2 就是这样的点，其中 D_1 有最大拉应力，D_2 有最大压应力。故斜弯曲的强度条件为

$$\sigma_{\max}=M_{\max}\left(\frac{y_{\max}\cos\varphi}{I_z}+\frac{z_{\max}\sin\varphi}{I_y}\right)\leqslant[\sigma]$$

即

$$\sigma_{\max}=M_{\max}\left(\frac{\cos\varphi}{W_z}+\frac{\sin\varphi}{W_y}\right)\leqslant[\sigma] \tag{9.2}$$

也可写成

$$\sigma_{\max}=\frac{M_{z\max}}{W_z}+\frac{M_{y\max}}{W_y}\leqslant[\sigma] \tag{9.2$'$}$$

式中

$$M_{z\max}=M_{\max}\cos\varphi\quad,\quad M_{y\max}=M_{\max}\sin\varphi$$

对于没有棱角的截面，则先要确定中性轴的位置。因为中性轴上各点的应力为零，所以把中性轴上任一点的坐标(z_0，y_0) 代入公式(9.1$'$) 后，应有

$$\sigma=M\left(\frac{y_0\cos\varphi}{I_z}+\frac{z_0\sin\varphi}{I_y}\right)=0$$

故中性轴的方程式为

$$\frac{y_0\cos\varphi}{I_z}+\frac{z_0\sin\varphi}{I_y}=0 \tag{9.3}$$

可见中性轴是通过截面形心的一条斜直线，如图 9.4(a) 所示，其与 z 轴的夹角是 α，且

$$\tan\alpha=\frac{y_0}{z_0}=\frac{I_z}{I_y}\tan\varphi$$

中性轴将截面划分成拉伸和压缩两个区域。显然截面上距中性轴最远的点 D_1 和 D_2(图 9.4(b))，其应力数值最大，就是危险点。

梁在斜弯曲时的变形也可用叠加原理来计算。仍以上述悬臂梁为例，在 xz 平面内自由端因 F_z 引起的挠度是

$$f_z=\frac{F_z l^3}{3EI_y}=\frac{F\sin\varphi\cdot l^3}{3EI_y}$$

在 xy 平面内自由端因 F_y 引起的挠度是

$$f_y=\frac{F_y l^3}{3EI_z}=\frac{F\cos\varphi\cdot l^3}{3EI_z}$$

自由端因横向力 F 引起的总挠度 f 就是 f_z 和 f_y 的矢量和，如图 9.5 所示，其大小是

$$f=\sqrt{f_z^2+f_y^2} \tag{1}$$

若总挠度 f 与 y 轴的夹角为 β，则

$$\tan\beta=\frac{f_z}{f_y}=\frac{I_z}{I_y}\tan\varphi \qquad (2)$$

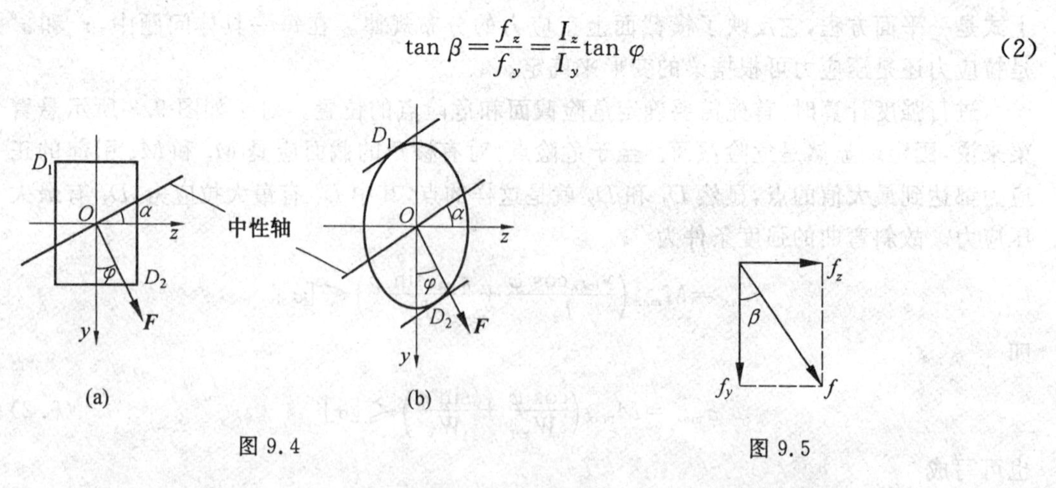

图 9.4　　　　图 9.5

可见，对于 $I_y \neq I_z$ 的截面，$\beta \neq \varphi$。这表明变形后梁的挠曲线与横向力 F 不在同一纵向平面内，所以称为"斜弯曲"。有些截面，如圆形或正方形截面等，其 $I_z = I_y$，于是有 $\tan\beta=\tan\varphi$ 或 $\beta=\varphi$。表明变形后梁的挠曲线与横向力 F 仍在同一纵向平面内，仍然是平面弯曲。所以，对这类梁来说，横向力作用于通过截面形心的任何一个纵向平面时，它总是发生平面弯曲，而不会发生斜弯曲。

【例 9.1】 跨长为 $l=4$ m 的简支梁，用 32a 号工字钢制成。作用在梁跨中点处的集中力 $F=33$ kN，力 F 的作用线与横截面铅垂对称轴间的夹角为 $\varphi=15°$，而且通过截面的形心，如图 9.6(a) 所示。已知钢的许用应力$[\sigma]=170$ MPa。试按正应力校核此梁的强度。

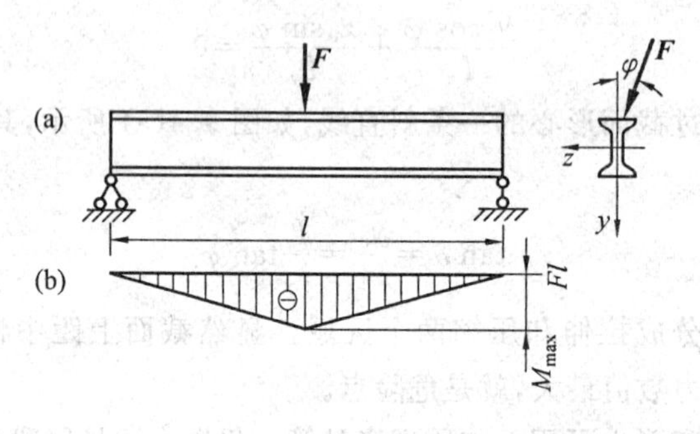

图 9.6

【解】 在梁跨中点处的截面是危险截面，该截面上的弯矩值

$$M_{\max}=\frac{Fl}{4}=\frac{1}{4}\times 33\times 4=33\ \text{kN}\cdot\text{m}$$

它在两个形心主惯性平面 xy 和 xz 内的分量分别为

$$M_{y\max}=M_{\max}\sin\varphi=33\times\sin 15°=9.54\ \text{kN}\cdot\text{m}$$

$$M_{z\max}=M_{\max}\cos\varphi=33\times\cos 15°=31.9\ \text{kN}\cdot\text{m}$$

从型钢表中查得 32a 号工字钢的抗弯截面模量 W_y 和 W_z 分别为

$$W_z=692\ \text{cm}^3=692\times 10^{-6}\text{m}^3\quad,\quad W_y=70.8\ \text{cm}^3=70.8\times 10^{-6}\text{m}^3$$

由式(9.2′)，得危险点处的正应力为

$$\sigma_{max}=\frac{31.9\times10^3}{692\times10^{-6}}+\frac{8.54\times10^3}{70.8\times10^{-6}}=167\times10^6\ \text{Pa}=167\ \text{MPa}<170\ \text{MPa}$$

可见此梁的弯曲正应力满足强度条件的要求。

在此例题中，如力 F 作用线与 y 轴重合，即 $\varphi=0$，则最大正应力仅为 $\sigma_{max}=33\ 000/(692\times10^{-6})=47.7\ \text{MPa}$。由此可知，对于用工字钢制成的梁，当外力偏离 y 轴一个很小的角度时，就会使最大正应力增加很多。产生这种结果的原因是由于工字钢截面的 W_y 远小于 W_z。对于这一类截面的梁，由于横截面对两个形心主惯性轴的抗弯截面模量数值相差较大，所以应该注意使外力尽可能作用在梁的形心主惯性平面 xy 内，以避免因发生斜弯曲而产生过大的正应力。

【例 9.2】　矩形截面悬臂梁受力如图 9.7 所示。已知 $E=10$ GPa。试求：

(1) 梁内最大正应力及其作用点位置；

(2) 梁的最大挠度。

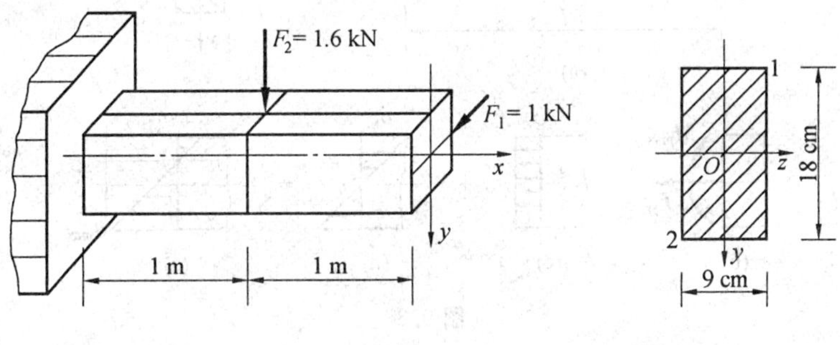

图 9.7

【解】　(1) 最大正应力

危险截面在固定端处，其内力为

$$M_z=1\times F_2=1.6\ \text{kN}\cdot\text{m}$$

$$M_y=2\times F_1=2\ \text{kN}\cdot\text{m}$$

危险点在固定端截面上的点 1 和点 2 处，其正应力为

$$\sigma_{max}=\frac{M_z}{W_z}+\frac{M_y}{W_y}=\frac{6M_z}{bh^2}+\frac{6M_y}{b^2h}=$$

$$\frac{6\times(2\times10^3)}{(18\times9^2)\times10^{-6}}+\frac{6\times(1.6\times10^3)}{(9\times18^2)\times10^{-6}}=11.52\times10^6\ \text{Pa}=11.52\ \text{MPa}$$

其中点 1 为拉应力，点 2 为压应力。

(2) 最大挠度

$$f_z=\frac{F_1l^3}{3EI_y}=\frac{12\times(1\times10^3)(2^3)}{3\times(10\times10^9)(18\times9^3)\times10^{-8}}=24.4\times10^{-3}\ \text{m}=24.4\ \text{mm}$$

$$f_y=\frac{5F_2l^3}{48EI_z}=\frac{5\times12\times(1.6\times10^3)(2^3)}{48\times(10\times10^9)(9\times18^3)\times10^{-8}}=3.05\times10^{-3}\ \text{m}=3.05\ \text{mm}$$

所以

$$f_{max}=\sqrt{f_z^2+f_y^2}=\sqrt{24.4^2+3.05^2}=24.59\ \text{mm}$$

9.3 拉伸(压缩)与弯曲的组合变形

若直杆受横向力的同时，还有轴向力作用，即为拉伸(压缩)与弯曲的组合变形，简称为拉(压)弯组合。

9.3.1 拉(压)弯组合

现以承受均布横向力 q 和轴向拉力 F 的直杆为例，如图 9.8(a) 所示，说明拉弯组合变形杆件的强度计算方法。

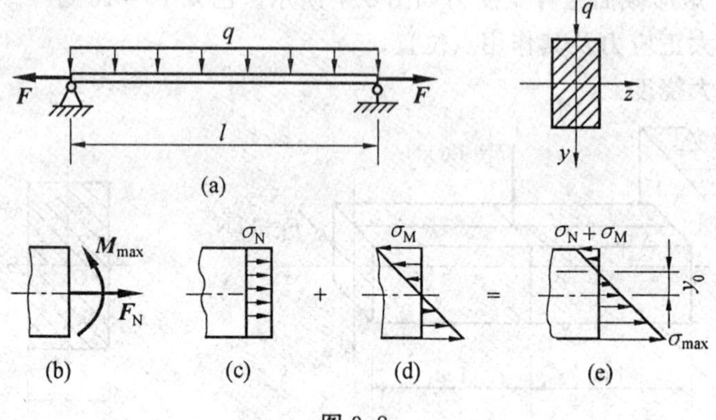

图 9.8

由图可知，在力 F 作用下，各横截面均有轴力 $F_N=F$；横向力 q 使杆弯曲，跨度中点截面为危险截面，弯矩最大值为 $M_{max}=\frac{1}{8}ql^2$，如图 9.8(b) 所示。

在危险截面上，与轴力相应的正应力均匀分布，如图 9.8(c) 所示，其值为

$$\sigma_N=\frac{F_N}{A}$$

与弯矩 M_{max} 相应的正应力沿截面高度 y 呈直线分布，如图 9.8(d) 所示，其值为

$$\sigma_M=\frac{M_{max}y}{I_z}$$

根据叠加原理，危险截面上任一点的正应力为

$$\sigma=\sigma_N+\sigma_M=\frac{F_N}{A}\pm\frac{M_{max}y}{I_z} \tag{9.4}$$

可见，正应力沿截面高度也是直线分布，如图 9.8(e) 所示，而最大正应力发生在横截面的下边缘处，强度条件为

$$\sigma_{max}=\frac{F_N}{A}+\frac{M_{max}}{W_z}\leqslant[\sigma]$$

如果材料的许用拉应力和许用压应力不同，而且横截面上部分区域受拉，部分区域受压，则应按公式(9.4)分别计算其最大拉应力与最大压应力并进行强度校核。

由式(9.4)可知，在形心轴上，$y=0$，$\sigma=\frac{F_N}{A}\neq 0$，所以在拉(压)弯组合变形中，中性轴

（零应力线）恒不通过横截面形心。

为了确定中性轴的坐标 y_0，在式(9.4)中令 $\sigma=0$，得

$$\frac{F_N}{A}+\frac{M_{max}y_0}{I_z}=0$$

即

$$y_0=-\frac{I_zF_N}{AM_{max}}$$

y_0 是中性轴到形心主惯性轴 z 的距离，如图 9.8(e) 所示。随着增加 F_N 和弯矩 M_{max} 的不同比例，y_0 可有不同的值，即中性轴可能在截面之外，或刚好与截面边界相切（截面上正应力均同号），或在截面之内（截面上正应力异号）。为充分发挥材料的作用，在设计截面时，应合理安排中性轴的位置，使截面上的最大拉应力和最大压应力分别接近各自的许用应力。

还应指出，上述计算是在小变形的情况下，即略去了轴向力在杆件横向变形（挠度 y）上所引起的附加弯矩 $\Delta M=Fy$。如是大变形情况，附加弯矩不能忽略，这时叠加原理不能应用，而考虑横向力和轴向力的相互影响，这类问题称为纵横弯曲。

【例 9.3】 如图 9.9(a) 所示结构中，横梁 BD 为 20a 号工字钢，已知 $F=15$ kN，$l_1=2.6$ m，$l_2=1.4$ m，钢材的许用应力$[\sigma]=160$ MPa。试校核横梁 BD 的强度。

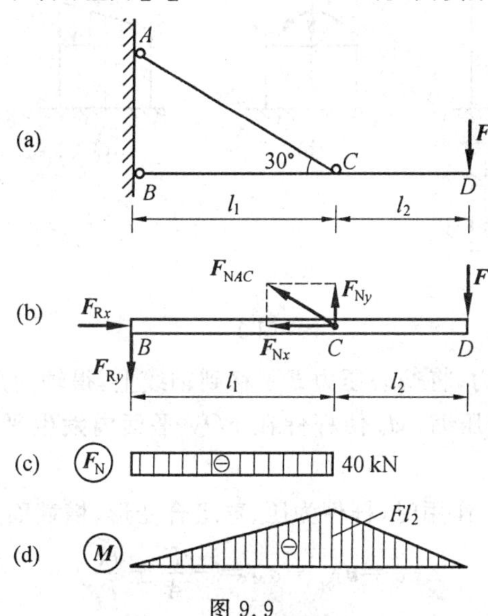

图 9.9

【解】 横梁 BD 的受力图如图 9.9(b) 所示。

横梁 BD 的轴力图与弯矩图如图 9.9(c) 和图 9.9(d) 所示，截面 C 为危险截面。该截面的下边缘处压应力最大。由平衡方程式得截面 C 的内力为

$$F_N=-F_{Nx}=-F_{NAC}\cos 30°=-40\ \text{kN}$$

$$M_C=-Fl_2=-21\ \text{kN}\cdot\text{m}$$

截面 C 最大压应力为

$$\sigma_{\mathrm{cmax}}=\frac{F_{\mathrm{N}}}{A}-\frac{M_{\max}}{W_z}=-\frac{F_{\mathrm{N}x}}{A}-\frac{Fl_2}{W_z}$$

对 20a 号工字钢，在型钢表中查得 A、W_z 并代入上式

$$A=35.5\ \mathrm{cm}^2=35.5\times10^{-4}\ \mathrm{m}^2$$

$$W_z=237\ \mathrm{cm}^3=237\times10^{-6}\ \mathrm{m}^3$$

$$\sigma_{\mathrm{cmax}}=-\frac{F_{\mathrm{N}x}}{A}-\frac{Fl_2}{W_z}=\frac{-40\times10^3}{35.5\times10^{-4}}-\frac{15\times10^3\times1.4}{237\times10^{-6}}=-99.9\times10^6\ \mathrm{Pa}=-99.9\ \mathrm{MPa}$$

$$|\sigma_{\mathrm{cmax}}|=99.9\ \mathrm{MPa}<[\sigma]=160\ \mathrm{MPa}$$

满足强度条件。

9.3.2 偏心压缩(拉伸)

如图 9.10(a) 所示受压杆件，虽然压力 F 的作用线与杆轴线平行，但不通过截面形心，这类问题称为偏心压缩。若力 F 为拉力，则为偏心拉伸，该力作用点 B 到截面形心 C 的距离 e 称为偏心距。

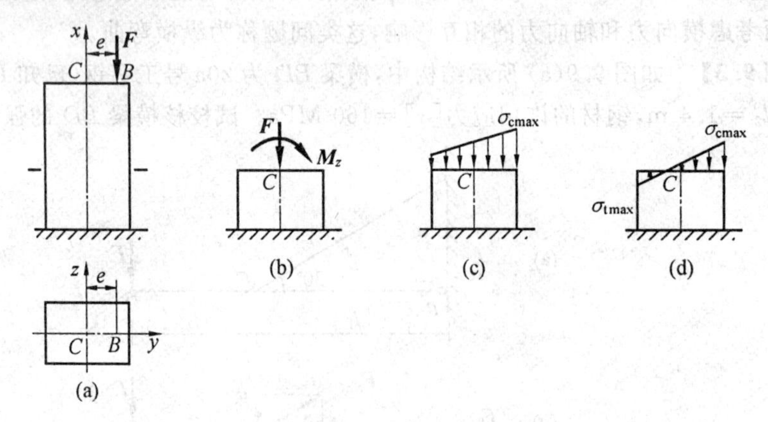

图 9.10

为了分析杆件的受力，将偏心压力 F 平移到轴线上，得轴向压力 F 和力偶矩 $M_z=Fe$，此时，F 使杆件发生轴向压缩，M_z 使杆件在 xOy 平面内发生平面弯曲(y,z 轴为形心主轴)。

可见，在偏心压力 F 作用时，杆件为压、弯组合变形，横截面上任一点的正应力为

$$\sigma=\sigma_{F_{\mathrm{N}}}+\sigma_M=-\frac{F}{A}\pm\frac{Fe}{I_z}y \tag{9.5}$$

由上式可知，当偏心距 e 较小时，$\sigma_{M\max}<|\sigma_{F_{\mathrm{N}}}|$，横截面上各点均受压，如图 9.10(c) 所示，这时，强度条件为

$$\sigma_{\mathrm{cmax}}=\left|-\frac{F}{A}-\frac{Fe}{W_z}\right|\leqslant[\sigma_{\mathrm{c}}]$$

当偏心距 e 较大时，$\sigma_{M\max}>|\sigma_{F_{\mathrm{N}}}|$，横截面部分区域受压，部分区域受拉，如图 9.10(d) 所示，对于许用拉应力小于许用压应力的脆性材料来说，除校核杆件的压缩强度外，还应校核其拉伸强度，强度条件为

$$\sigma_{\text{tmax}}=-\frac{F}{A}+\frac{Fe}{W_z}\leqslant[\sigma_t]$$

以上讨论，是偏心载荷的作用点位于杆件横截面某一条对称轴上的情况。作为更一般的情况是力的作用点不在横截面对称轴上，而在点 K，其坐标为(e_y,e_z)，如图 9.11 所示，y，z 轴为形心主惯性轴。显然，将偏心载荷平移到形心后，横截面上将有 3 个内力分量，即轴力 F_N、弯矩 M_y 和 M_z，于是偏心压缩时横截面上任一点的正应力为

$$\sigma=-\frac{F}{A}\pm\frac{M_z y}{I_z}\pm\frac{M_y z}{I_y} \qquad (9.6)$$

式中

$$M_y=Fe_z \quad , \quad M_z=Fe_y$$

按如图 9.11 所示坐标，设 z_0，y_0 为中性轴上点的坐标，则截面上中性轴各点的应力为

$$\sigma=-\frac{F}{A}-\frac{Fe_z}{I_y}z_0-\frac{Fe_y}{I_z}y_0=0$$

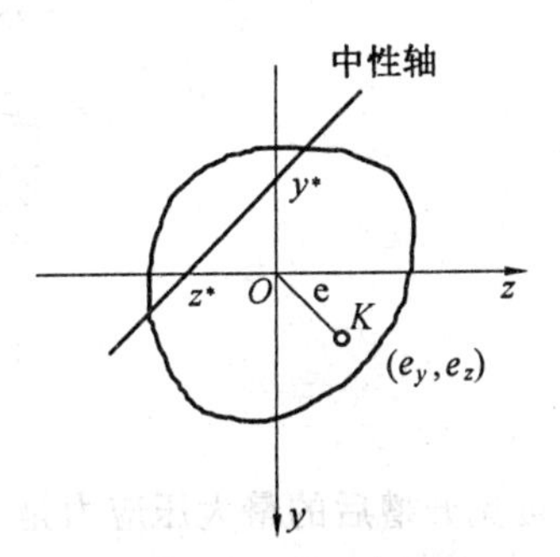

图 9.11

即

$$1+\frac{e_z}{i_y^2}z_0+\frac{e_y}{i_z^2}y_0=0 \qquad (9.7)$$

式中　$i_z=\sqrt{I_z/A}$，$i_y=\sqrt{I_y/A}$，分别称为截面对 z、y 轴的惯性半径。

由式(9.7) 可知，中性轴也是一条不通过横截面形心的直线。它与坐标轴的交点或者说中性轴的截距 y^*、z^* 分别与 e_y、e_z 异号，即中性轴与外力作用点位于相对的两个坐标象限之内，截距 y^* 和 z^* 由下列公式计算

$$y^*=(y_0)_{z_0=0}=-\frac{i_z^2}{e_y}$$

$$z^*=(z_0)_{y_0=0}=-\frac{i_y^2}{e_z} \qquad (9.8)$$

【例 9.4】　如图 9.12(a) 所示正方形截面短柱，承受轴向压力 F 的作用。若将短柱中间部分开一槽，如图 9.12(b) 所示，开槽所削弱的面积为原横截面积的一半。试确定开槽后柱内最大压应力是未开槽时的多少倍。

【解】　(1) 未开槽时的压应力

轴力 $F_N=-F$，故柱内压应力为

$$\sigma=\frac{F_N}{A}=-\frac{F}{(2a)^2}=-\frac{F}{4a^2}$$

(2) 开槽后最大压应力

如图 9.12(c) 所示，沿 2－2 截面截开，得 $F'_N=F$，将 F'_N 移到 2－2 截面形心，得 $F_N=F'_N=F$，$M_y=F'_N\cdot\frac{a}{2}=\frac{Fa}{2}$，该截面最大压应力发生在边缘上，其值为

$$\sigma_{\text{cmax}}=-\left(\frac{F_N}{A}+\frac{M_y}{W_y}\right)=-\left(\frac{F}{2a^2}+\frac{Fa}{2}\times\frac{6}{2a\cdot a^2}\right)=-\frac{2F}{a^2}$$

$$\frac{\sigma_{\text{cmax}}}{\sigma}=8$$

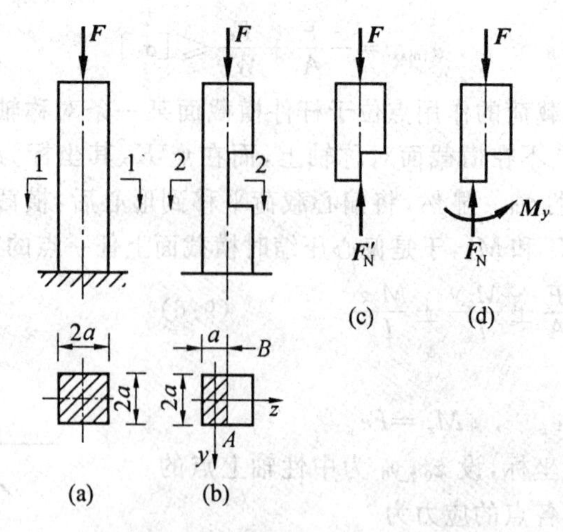

图 9.12

可见开槽后的最大压应力是未开槽处压应力的 8 倍。

【例 9.5】 如图 9.13 所示一直径为 d 的均质实心圆杆 AB，A 端靠在光滑的铅垂墙上。试求产生最大压应力的截面位置。

【解】 设杆件单位长度的重量为 q，求墙面的水平反力 F_R

$$\sum M_B = 0$$

$$F_R l \sin\alpha = ql\frac{l}{2}\cos\alpha$$

$$F_R = \frac{ql}{2}\cot\alpha$$

设 x 截面为最大压应力的截面位置，x 截面上的内力分量为

$$F_N = F_R\cos\alpha + (q\sin\alpha)x = \frac{ql}{2}\cdot\frac{\cos^2\alpha}{\sin\alpha} + qx\sin\alpha$$

$$M = F_R\sin\alpha\cdot x - (q\cos\alpha)\frac{x^2}{2} = \frac{ql}{2}x\cos\alpha - \frac{qx^2}{2}\cos\alpha$$

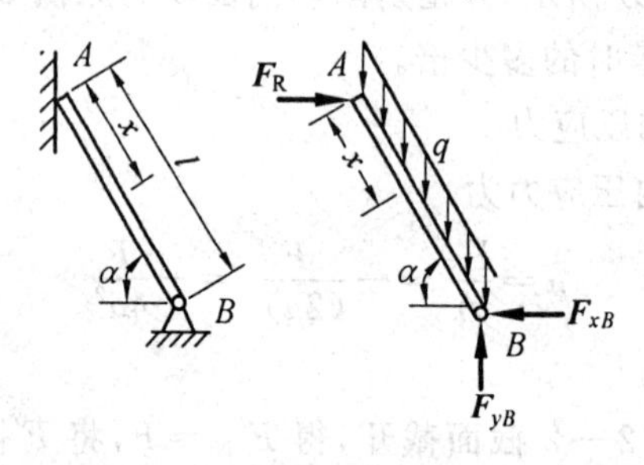

图 9.13

x 截面的最大压应力值为

$$\sigma = \frac{F_N}{A} + \frac{M}{W} = \frac{4}{\pi d^2}\left(\frac{ql}{2}\cdot\frac{\cos^2\alpha}{\sin\alpha} + qx\sin\alpha\right) + \frac{32}{\pi d^3}\left(\frac{ql}{2}x\cos\alpha - \frac{qx^2}{2}\cos\alpha\right)$$

由 $\frac{d\sigma}{dx} = 0$，有

$$\sin\alpha+\frac{8}{d}\left(\frac{l}{2}\cos\alpha-x\cos\alpha\right)=0$$

解得产生最大压应力的截面位置为

$$x=\frac{l}{2}+\frac{d}{8}\tan\alpha$$

9.3.3　截面核心

工程中常用的混凝土、砖石或铸铁等脆性材料，其抗拉强度远低于抗压强度。当这类构件偏心受压时，其横截面上最好不出现拉应力，以避免拉裂。当工字形、槽形等薄壁杆件偏心受拉时，希望其横截面上不出现压应力，以免受压的翼缘处有丧失稳定的可能。为此都应使中性轴不穿过横截面，以防止横截面上同时存在拉、压两种正应力。由公式(9.8)可知，载荷作用点离截面形心愈近(即 e_y，e_z 值愈小)，则中性轴距形心愈远(即 y^*，z^* 值愈大)。因此，当载荷作用点位于截面形心附近一个区域内时，就可保证中性轴不穿过横截面，这个区域称为截面核心。当载荷作用在截面核心的边界上时，中性轴正好与截面的周边相切。利用这一性质，可以用公式(9.8)确定截面核心边界的位置。

要确定任意形状截面(图 9.14)的核心边界，可将与截面周边相切的任一直线 ① 看做中性轴，它在 y，z 两个形心主惯性轴上的截距分别为 y^*，z^*。根据这两个值，就可以从公式(9.8)算出与该中性轴对应的载荷作用点 1，亦即核心边界上一个点的坐标(e_y，e_z)：

$$e_y=-\frac{i_z^2}{y^*}\quad,\quad e_z=-\frac{i_y^2}{z^*}\tag{1}$$

同理，可将与截面周边相切的其他直线 ②、③、… 等看做中性轴，并按上述方法求得与它们对应的核心边界上点 2、3、… 等的坐标。连接这些点可以得到一条封闭曲线，它就是所求的核心边界，如图 9.14 所示。

下面以矩形截面为例，来具体说明确定截面核心的方法。

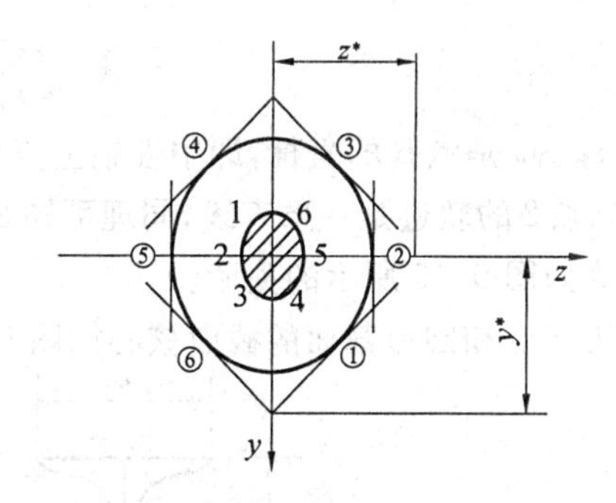

图 9.14

如图 9.15 所示边长为 h 和 b 的矩形截面，y、z 为形心主惯性轴。先将与 AB 边相切的直线 ① 看做中性轴，它在 y、z 两轴上的截距分别为

$$y^*=\infty\quad,\quad z^*=+\frac{h}{2}$$

该矩形截面惯性半径的平方

$$i_y^2=\frac{I_y}{A}=\frac{h^2}{12}\quad,\quad i_z^2=\frac{I_z}{A}=\frac{b^2}{12}$$

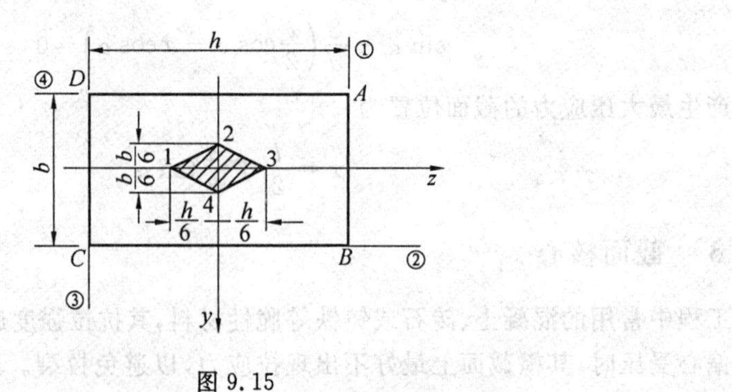

图 9.15

将以上各几何量代入式(1)，就可得到与中性轴 ① 对应的核心边界上点 1 的坐标为

$$e_{y1}=-\frac{i_z^2}{y^*}=0 \quad , \quad e_{z1}=-\frac{i_y^2}{z^*}=-\frac{h}{6}$$

同理，将分别与 BC、CD 和 DA 边相切的直线 ②、③、④ 看做中性轴，按上述方法可求得与它们对应的核心边界上的 2、3、4，其坐标依次为

$$e_{y2}=-\frac{b}{6}, \quad e_{z2}=0$$

$$e_{y3}=0 \quad , \quad e_{z3}=\frac{h}{6}$$

$$e_{y4}=\frac{b}{6} \quad , \quad e_{z4}=0$$

这样，就得到了核心边界上的 4 个点。当中性轴绕点 B 从 AB 边转到 BC 边的过程中，力作用点的轨迹方程，由中性轴方程式(9.7)，可得

$$1+\frac{e_z z_B}{i_y^2}+\frac{e_y y_B}{i_z^2}=0$$

式中 z_B、y_B 是点 B 的坐标，即中性轴上点 B 的坐标。该式是一直线方程，表明力作用点由点 1 到点 2 的轨迹是一条直线，同理可知 23、34、41 同样是直线。于是，得矩形截面的截面核心为如图 9.15 所示的菱形。

工字形和圆形截面的截面核心如图 9.16 所示，读者可自行推证。

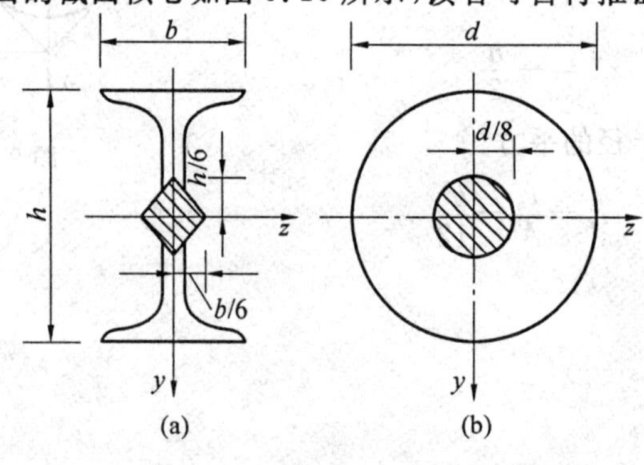

图 9.16

9.4　弯曲与扭转的组合变形

工程中的传动轴大多处于弯曲与扭转的组合变形状态。下面以如图 9.17(a) 所示的圆形截面杆件为例,说明弯曲与扭转组合变形的强度计算方法。

图 9.17(a) 中,M_e 使杆件受扭,F 使杆件发生平面弯曲。轴的扭矩图和弯矩图分别如图 9.17(b) 和图 9.17(c) 所示,剪力 F_S 对强度的影响一般都很小,可不考虑。

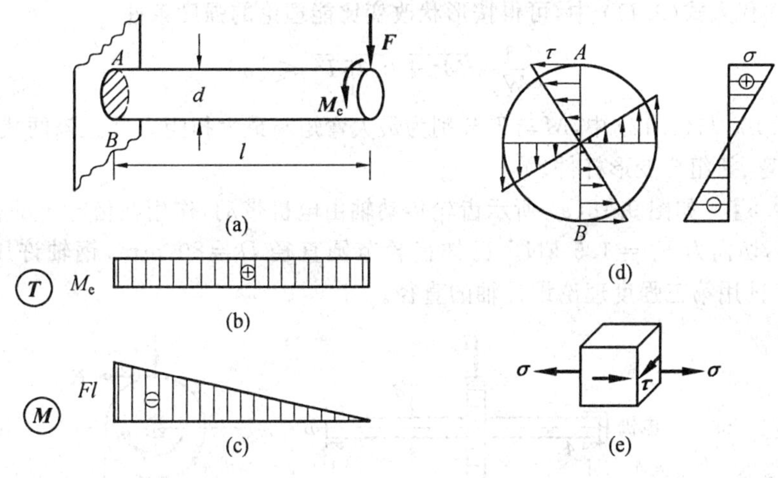

图 9.17

由杆件的内力图可知,固定端截面为危险截面。该截面上的弯曲正应力和扭转切应力分布情况如图 9.17(d) 所示。由图可见,该截面的点 A、B(即铅垂直径的两个端点) 为危险点,在此二点处,同时作用有最大弯曲正应力和最大扭转切应力,其值分别为

$$\left.\begin{aligned}\sigma &= \frac{M}{W_z} \\ \tau &= \frac{T}{W_t}\end{aligned}\right\} \tag{1}$$

从点 A 取单元体,其应力状态如图 9.17(e) 所示,它的 3 个主应力分别为

$$\left.\begin{aligned}\sigma_1 &= \frac{\sigma}{2} + \sqrt{\left(\frac{\sigma}{2}\right)^2 + \tau^2} \\ \sigma_2 &= 0 \\ \sigma_3 &= \frac{\sigma}{2} - \sqrt{\left(\frac{\sigma}{2}\right)^2 + \tau^2}\end{aligned}\right\} \tag{2}$$

考虑到传动轴类杆件多用塑性材料,故用最大切应力理论或形状改变比能理论。将式(2)代入最大切应力理论 $\sigma_1 - \sigma_3 \leqslant [\sigma]$ 中得

$$\sqrt{\sigma^2 + 4\tau^2} \leqslant [\sigma] \tag{9.9}$$

再以式(1) 中的 σ、τ 代入式(9.9) 中,并注意到圆形截面有 $W_t = 2W_z$,于是圆轴弯、扭组合变形下的强度条件为

$$\frac{1}{W_z}\sqrt{M^2+T^2}\leqslant[\sigma] \tag{9.10}$$

若按形状改变比能理论，则强度条件为

$$\sqrt{\frac{1}{2}[(\sigma_1-\sigma_2)^2+(\sigma_2-\sigma_3)^2+(\sigma_3-\sigma_1)^2]}\leqslant[\sigma]$$

将式(2) 代入上式，可得

$$\sqrt{\sigma^2+3\tau^2}\leqslant[\sigma] \tag{9.11}$$

再将式(1) 代入式(9.11) 中，可得按形状改变比能理论的强度条件

$$\frac{1}{W_z}\sqrt{M^2+0.75T^2}\leqslant[\sigma] \tag{9.12}$$

式(9.10) 与(9.12) 中，M 与 T 分别为最大弯矩与最大扭矩。并且该两式只适用于圆形截面的弯、扭组合变形杆件。

【例 9.6】 如图 9.18(a) 所示齿轮传动轴由电机带动，作用在齿轮上的径向力 $F_y=0.546$ kN，切向力 $F_z=1.5$ kN。已知齿轮节圆直径 $D=80$ mm，钢轴许用应力 $[\sigma]=60$ MPa。试用第三强度理论设计轴的直径。

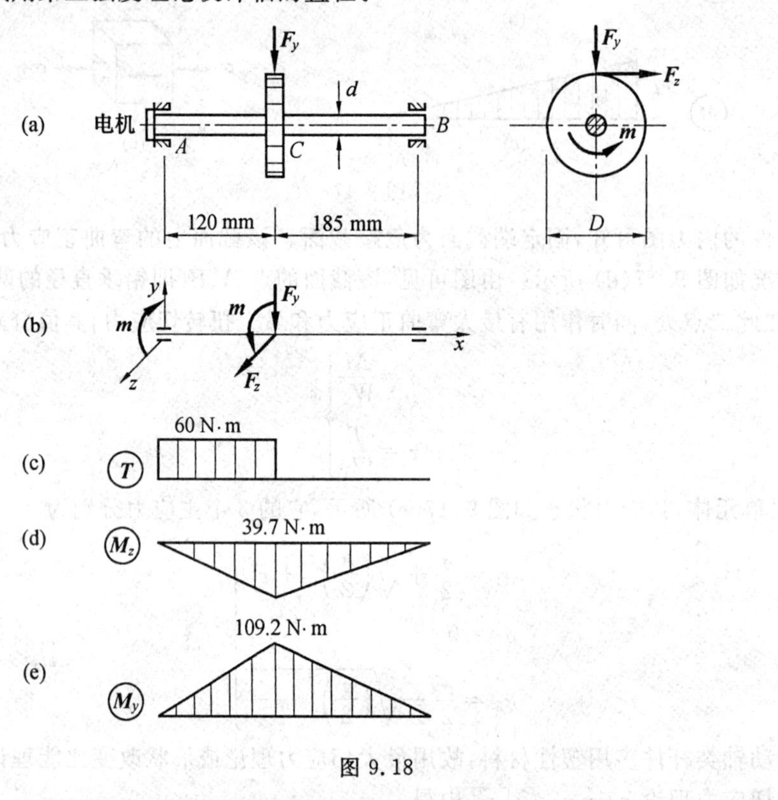

图 9.18

【解】 把作用在齿轮上的力向轴线简化，得铅垂力 F_y，水平力 F_z 和力偶矩 m，如图 9.18(b) 所示，其中

$$m=F_z\frac{D}{2}=1.5\times10^3\times40\times10^{-3}=60\ \text{N}\cdot\text{m}$$

作内力图(图 9.18(c) ～图 9.18(e))，危险截面为截面 C，扭矩 $T=60$ N · m，铅垂面

内弯矩 $M_{z\max}=39.7\ \text{N}\cdot\text{m}$，水平面内弯矩 $M_{y\max}=109.2\ \text{N}\cdot\text{m}$，由于是圆截面轴，将截面 C 弯矩合成为

$$M_{\max}=\sqrt{M_{y\max}^2+M_{z\max}^2}=\sqrt{109.2^2+39.7^2}=116.2\ \text{N}\cdot\text{m}$$

由第三强度理论计算轴径 d

$$\sigma_{r3}=\frac{\sqrt{M^2+T^2}}{W_z}\leqslant[\sigma]$$

$$W_z=\frac{\pi d^3}{32}\geqslant\frac{\sqrt{M^2+T^2}}{[\sigma]}$$

$$d\geqslant\sqrt[3]{\frac{32\sqrt{M^2+T^2}}{\pi[\sigma]}}=\sqrt[3]{\frac{32\sqrt{116.2^2+60^2}}{\pi\times 60\times 10^6}}=$$
$$28.1\times 10^{-3}\ \text{m}=28.1\ \text{mm}$$

取轴径 $d=28\ \text{mm}$。

习　　题

9.1　如图 9.19 所示各截面悬臂梁将发生什么变形？

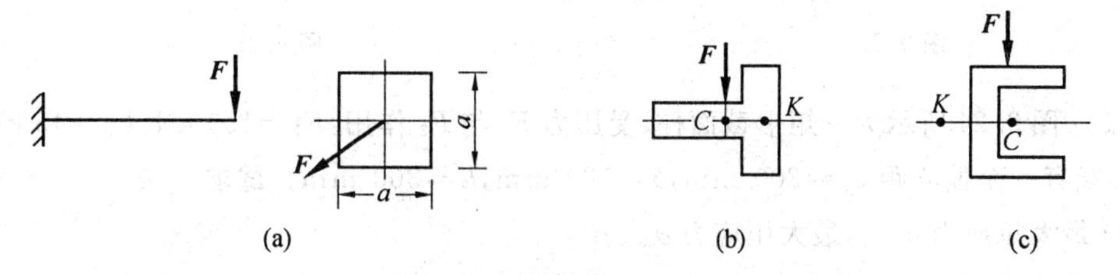

图 9.19

9.2　校核如图 9.20 所示木梁的强度。已知[σ]=8 MPa。

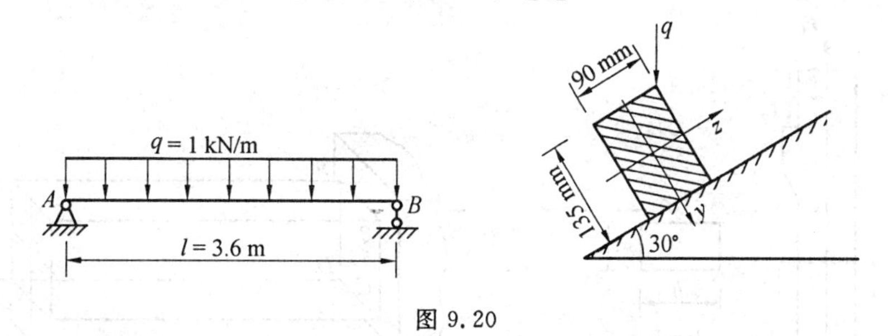

图 9.20

9.3　选择如图 9.21 所示矩形截面木梁的尺寸。已知，[σ]=8 MPa。

9.4　如图 9.22 所示，水塔连同基础总重 $G=6\ 000$ kN，水平风载合力 $F=60$ kN，土壤的$[\sigma_c]=0.3$ MPa，校核地基强度。

9.5　求如图 9.23 所示斜梁内的最大压应力。

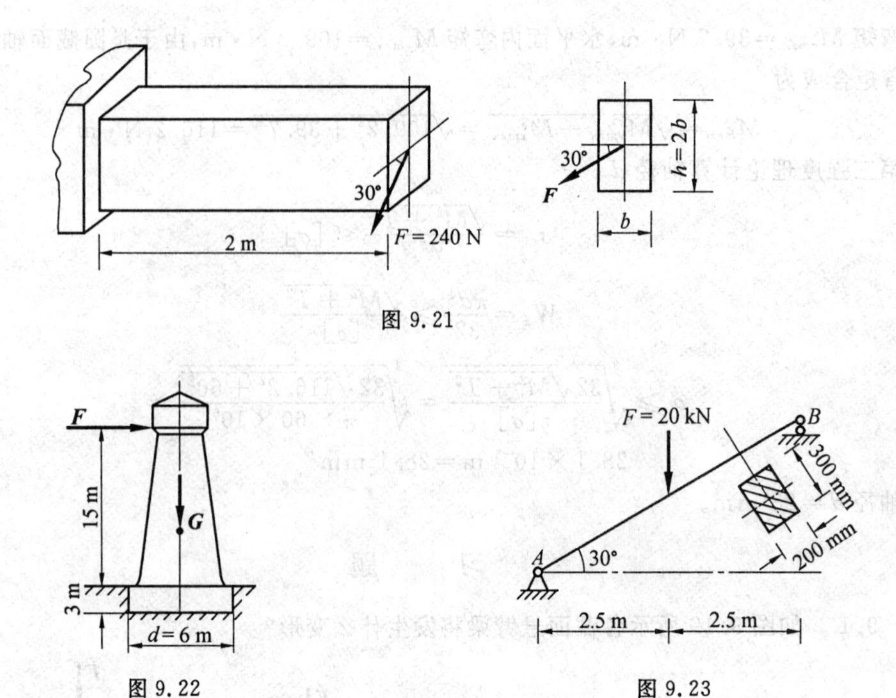

图 9.21

图 9.22

图 9.23

9.6　图 9.24 所示为一矩形截面柱，受压力 F_1 与 F_2 作用，$F_1=100$ kN，$F_2=45$ kN，F_2 与轴线有一个偏心距 $e_y=200$ mm，$b=180$ mm，$h=300$ mm。试求：

(1) 最大拉应力 $\sigma_{t\max}$，最大压应力 $\sigma_{\max}$；

(2) 若柱截面内不出现拉应力，高度 h 为何值？此时最大压应力 $\sigma_{c\max}$ 为多大？

9.7　计算如图 9.25 所示杆件中 A、B、C、D 4 点的正应力。

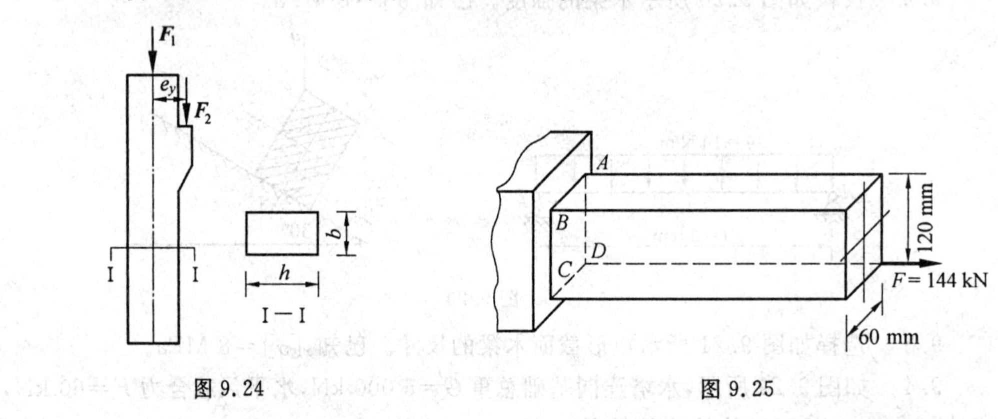

图 9.24

图 9.25

9.8　如图 9.26所示，矩形截面受拉构件，$F=50$ kN，$[\sigma]=100$ MPa。若要对该拉杆开一切口，不计应力集中的影响，求最大切口深度。

9.9　如图 9.27 所示混凝土挡水坝，容重 $\gamma=24$ kN/m³。试求：

(1) 当水位达到坝顶时，坝底处的最大拉应力和最大压应力；

(2) 如果要坝中没有拉应力，最大容许水深为多少？

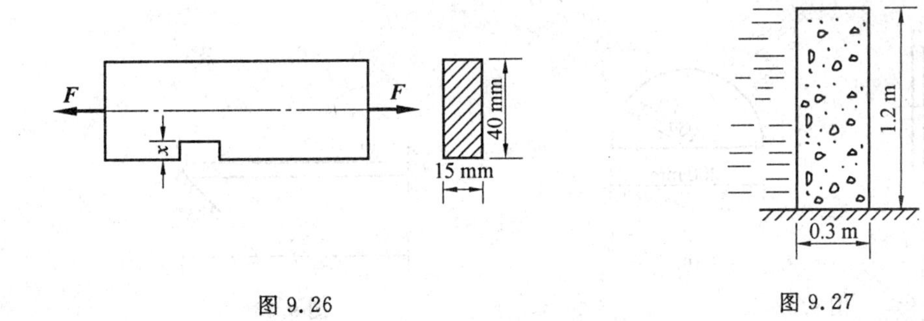

图 9.26　　　　图 9.27

9.10　如图 9.28 所示，铁道路标圆信号板装在外径 $D=60$ mm 的空心圆柱上，圆柱 $[\sigma]=60$ MPa。信号板受风压 $p=2\ \text{kN/m}^2$。试按第三强度理论选定空心圆柱的壁厚。

9.11　试按第三强度理论校核如图 9.29 所示钢制圆轴的强度。钢轴 $[\sigma]=160$ MPa。

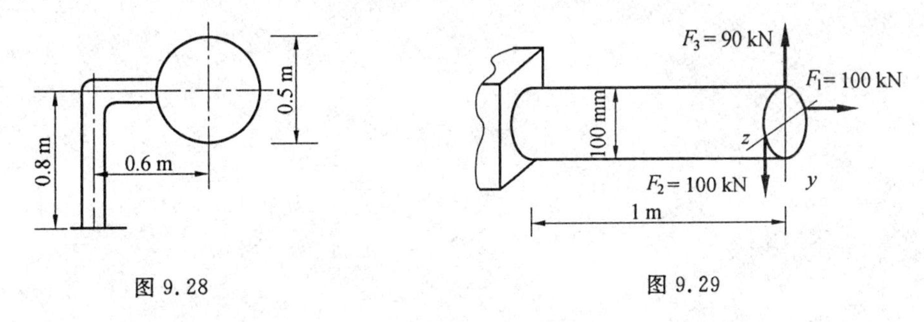

图 9.28　　　　图 9.29

9.12　试按第三强度理论校核如图 9.30 所示水平放置的钢制圆截面折杆的强度。钢轴 $[\sigma]=160$ MPa。

9.13　如图 9.31 所示钢制实心圆轴，$[\sigma]=160$ MPa，齿轮 C 上作用有铅直切向力 5 kN，径向力 1.82 kN，半径 $r_C=200$ mm。齿轮 D 上作用有水平切向力 10 kN，径向力 3.64 kN，半径 $r_D=100$ mm。试按第四强度理论求轴的直径。

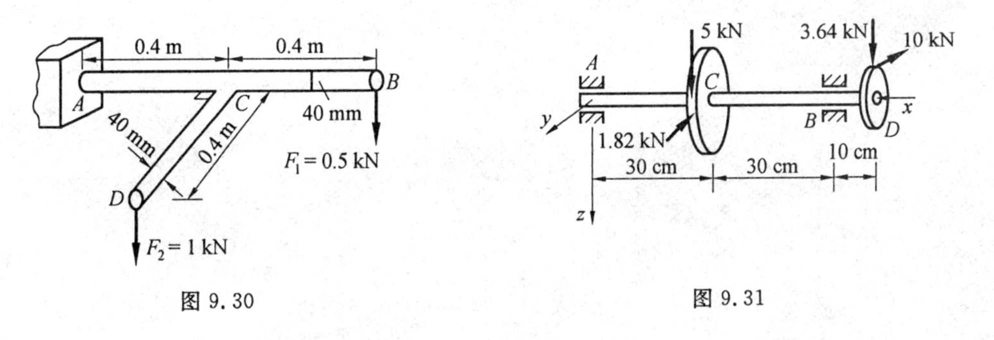

图 9.30　　　　图 9.31

9.14　试确定如图 9.32 所示截面的截面核心。

9.15　如图 9.33 所示，一悬臂梁在室温下正好靠在光滑斜面上，梁的横截面积为 A，线膨胀系数为 α。试求当温度升高 Δt 时，梁内的最大弯矩。

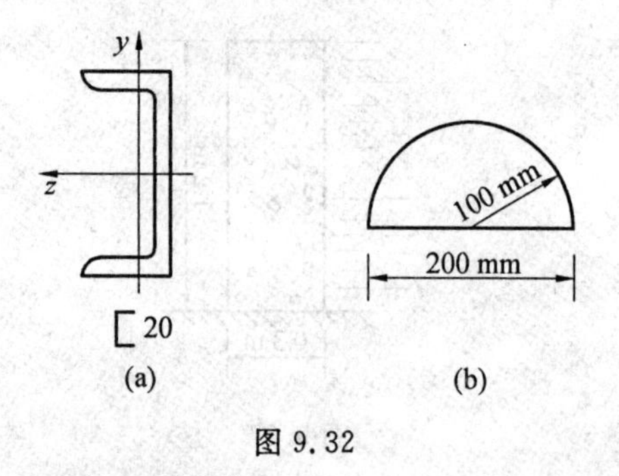

图 9.32

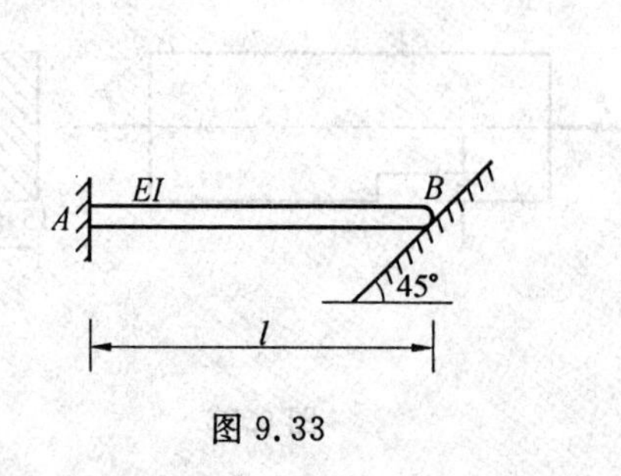

图 9.33

第 10 章 压杆稳定

10.1 压杆稳定性的概念

工程中设计受压杆件时，除考虑强度外，还必须考虑稳定问题。在研究直杆轴向压缩时，认为杆是在直线形状下维持平衡，因此，杆的破坏是由于强度不足而引起的。在工程中，当细长杆承受轴向压缩时，作用力远未达到强度破坏时的数值，就因为它不能维持在直线形状下的平衡而破坏。因此，对细长受压直杆必须研究它维持直线平衡的承载能力。

在日常生活中，人们有这样的体验：取一块截面尺寸为 20 mm×5 mm、高为 10 mm 的木块，若要用一个人的力气将它压坏，显然很困难，但如压一根截面尺寸相同，而长为 1 m 的长木条，如图 10.1 所示，则情况就大不一样了，用不大的力就会将其压弯；再用力，它就折断了。杆的折断，并非抗压强度不足，而是杆件弯曲了，即由于受压杆件丧失稳定所致。

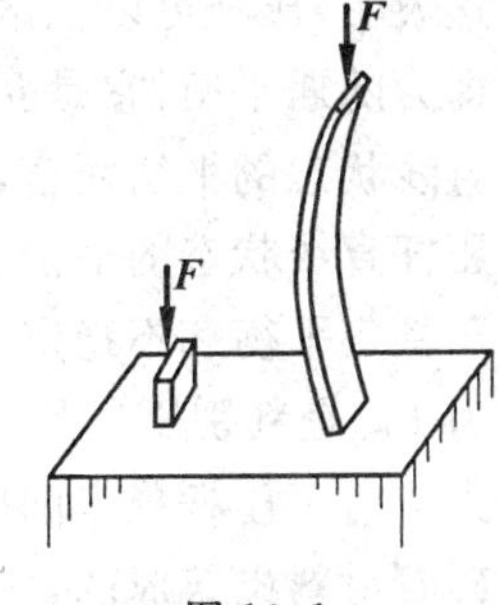

图 10.1

压杆受压力时之所以会变弯，其原因在于实际压杆并非绝对直杆，其轴线不可避免地存在初弯曲，这样的杆称为初弯曲压杆；所受轴向压力的作用线，实际上也不可能与杆件轴线绝对重合，这样的杆称为小偏心压杆。由于上述因素的存在，将使压杆在轴向压力作用下除产生压缩变形外，还要产生弯曲变形。

为了进一步深入研究，把实际压杆抽象成一种理想模型：即排除使压杆产生弯曲变形的初始因素的力学模型。此种模型即为一由均质材料制成，轴线为直线、外加压力的作用线与压杆轴线重合的中心受压直杆。

以如图 10.2(a) 所示轴心受压直杆为例，在大小不等的压力 F 作用下，观察压杆直线平衡状态所表现的不同特性。为便于观察，对压杆施加不大的横向干扰力，将其推至微弯状态(图 10.2(a) 中的虚线状态)。

(1) 当压力 F 值较小时(F 小于某一临界值 F_{cr})，将横向干扰力去掉后，压杆将在直线平衡位置作左右摆动，最终仍恢复到原来的直线平衡状态，如图 10.2(b) 所示。这表明，

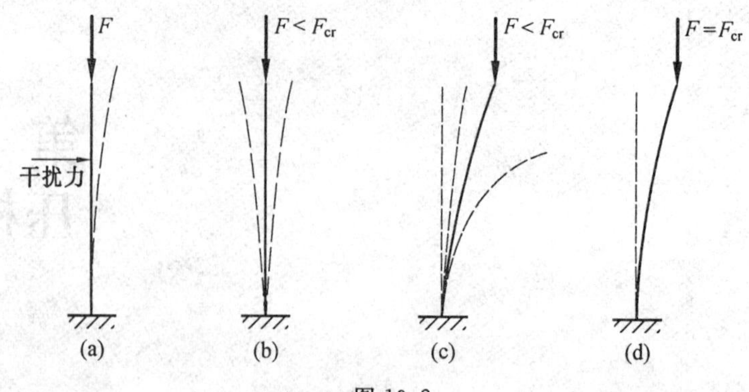

图 10.2

压杆原来的直线平衡状态是稳定的，该压杆原有直线状态的平衡是稳定平衡。

(2) 当压力 F 值超过某一临界值 F_{cr} 时，将横向干扰力去掉后，压杆不仅不能恢复到原来的直线平衡状态，而且还将在微弯的基础上继续弯曲，从而使压杆失去承载能力，如图 10.2(c) 所示。这表明，压杆原来的直线平衡状态是不稳定的，该压杆原有直线状态的平衡是不稳定平衡。

(3) 当压力 F 值恰好等于某一临界值 F_{cr} 时，将横向干扰力去掉后，压杆就在被干扰成的微弯状态下处于新的平衡，既不恢复原状，也不增加其弯曲的程度，如图 10.2(d) 所示。这表明，压杆可以在偏离直线平衡位置的附近保持微弯状态的平衡，称压杆这种状态的平衡为随遇平衡，它是介于稳定平衡和不稳定平衡之间的一种临界状态。当然，就压杆原有直线状态的平衡而言，随遇平衡也属于不稳定平衡。

压杆直线状态的平衡由稳定平衡过渡到不稳定平衡，叫压杆失去稳定，简称失稳。压杆处于稳定平衡和不稳定平衡之间的临界状态时，其轴向压力称为临界力，用 F_{cr} 表示。临界力 F_{cr} 是判别压杆是否会失稳的重要指标。

人类对于压杆稳定问题的认识经历了很长时间。历史上，早期工程结构中的柱体多是由砖石材料砌筑成的，比较粗大，基本上是强度问题。后来，随着钢材的大量应用，压杆变得相对细长了，压杆的强度问题逐渐被稳定问题所取代。在人们还没有充分认识和解决这一问题以前，发生了不少工程事故。例如，1907 年北美奎比克大桥，在施工中由于悬臂结构的下弦杆失稳而坍塌，70 多名施工人员遇难，15 000 多吨的金属结构顷刻间成了废铁。因此，确定压杆的临界力 F_{cr} 或极限压力 F_u 对保证杆件的正常工作极为重要。

10.2 轴心受压细长直杆临界力的计算公式

压杆失稳后，其变形仍保持在弹性范围内的称为压杆的弹性稳定问题，它是压杆稳定问题中最简单和最基本的问题。

10.2.1 两端细长铰支压杆临界力的计算公式

如图 10.3(a) 所示两端铰支压杆，在临界力 F_{cr} 作用下可在微弯状态维持平衡，其弹性曲线近似微分方程为

$$\frac{d^2y}{dx^2}=-\frac{M(x)}{EI} \tag{1}$$

其中任一截面上的弯矩(图 10.3(b))为

$$M(x)=F_{cr}y \tag{2}$$

将式(2) 代入式(1),令

$$\frac{F_{cr}}{EI}=k^2 \tag{3}$$

得二阶常系数线性微分方程

$$\frac{d^2y}{dx^2}+k^2y=0 \tag{4}$$

其通解为

$$y=C_1\sin kx+C_2\cos kx \tag{5}$$

式中,C_1、C_2 为待定常数,与杆的边界条件有关。此杆的边界条件为

$$x=0\quad,\quad y=0 \tag{6}$$

$$x=l\quad,\quad y=0 \tag{7}$$

将边界条件(6) 代入式(5) 得

$$C_2=0$$

于是式(5) 变为

$$y=C_1\sin kx \tag{8}$$

将边界条件(7) 代入式(8) 得

$$C_1\sin kl=0$$

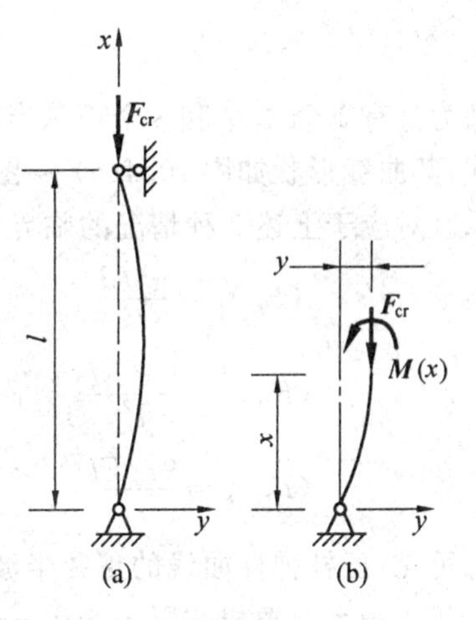

图 10.3

因 $C_1\neq0$(已知 $C_2=0$,如 C_1 再为零,杆则为直杆,与微弯之前提相矛盾),所以

$$\sin kl=0$$

由此得

$$kl=\pm n\pi\qquad(n=0,1,2,\cdots)$$

所以

$$k^2=\frac{n^2\pi^2}{l^2}$$

将 k^2 值代入式(3) 得

$$F_{cr}=\frac{n^2\pi^2EI}{l^2}\qquad(n=0,1,2,\cdots)$$

式中若 $n=0$,则 $F_{cr}=0$,此与讨论之前提不符,这里 n 应取不为零的最小值,即取 $n=1$,所以

$$F_{cr}=\frac{\pi^2EI}{l^2} \tag{10.1}$$

式(10.1) 是两端铰支细长压杆临界力的计算公式,称为欧拉公式。该式表明,临界力 F_{cr} 与杆抗弯刚度 EI 成正比,与杆长 l 的平方成反比。

将 $k=\frac{\pi}{l}(n=1)$ 代入式(8)，可得杆微弯时的弹性曲线的方程式

$$y=C_1\sin\frac{\pi x}{l} \tag{9}$$

表明两端铰支细长压杆微弯状态的弹性曲线为正弦曲线，分别取 $n=1$，$n=2$ 和 $n=3$ 时，式(9) 成为

$$y=\begin{cases}C_1\sin\frac{\pi}{l}x & (n=1)\\ C_1\sin\frac{2\pi}{l}x & (n=2)\\ C_1\sin\frac{3\pi}{l}x & (n=3)\end{cases}$$

分别为具有 1 个、2 个和 3 个正弦半波的弹性曲线，其曲线形状如图 10.4(a) ~ 图 10.4(c) 所示。对应于上述 3 种情况的临界力分别为

$$(F_{cr})_1=\frac{\pi^2 EI}{l^2}$$

$$(F_{cr})_2=\frac{4\pi^2 EI}{l^2}$$

$$(F_{cr})_3=\frac{9\pi^2 EI}{l^2}$$

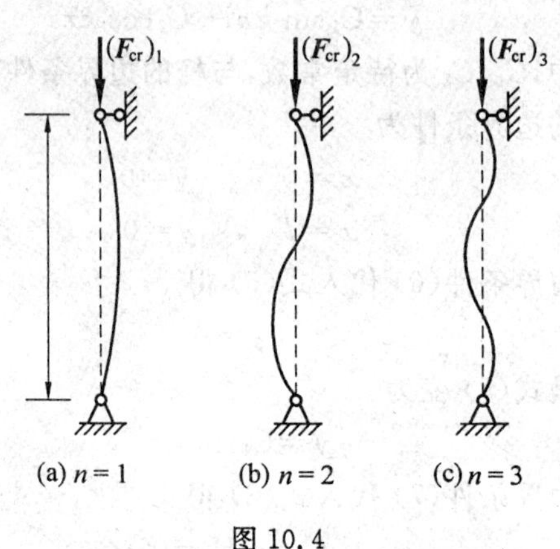

图 10.4

可见，压杆弹性曲线的正弦半波数越多，其临界力越大。要想实际上产生 $n=2$ 和 $n=3$ 那样的弹性曲线，除非在曲线的拐点处施加限制横向位移的约束。否则，只能在临界力 $(F_{cr})_1$ 时，产生只有一个正弦半波的微弯状态。

10.2.2 杆端约束不同时细长压杆的临界力

对于杆端约束不同的细长压杆，均可仿照两端铰支压杆临界力公式的推导方法，得到其相应的计算公式。

以如图 10.5(a) 所示两端固定的压杆为例，在临界力 F_{cr} 作用下杆保持微弯状态平衡。由对称性，两端的支反力矩均为 M_0(图10.5(b))，弹性曲线近似微分方程为

$$\frac{d^2y}{dx^2}=-\frac{M(x)}{EI}=-\frac{1}{EI}(F_{cr}y-M_0) \tag{1}$$

令 $k^2=F_{cr}/EI$，式(1) 可写为

$$\frac{d^2y}{dx^2}+k^2y=\frac{M_0}{EI}$$

其通解为

$$y=C_1\sin kx+C_2\cos kx+\frac{M_0}{EI} \tag{2}$$

其一阶导数为

$$\frac{\mathrm{d}y}{\mathrm{d}x}=C_1k\cos kx-C_2k\sin kx \qquad (3)$$

两端固定压杆的边界条件为

在 $x=0$ 处 $y=0$，$\frac{\mathrm{d}y}{\mathrm{d}x}=0$；

在 $x=l$ 处 $y=0$，$\frac{\mathrm{d}y}{\mathrm{d}x}=0$。

将以上边界条件代入式(2) 和式(3)，得

$$\left.\begin{aligned}&C_2+\frac{M_0}{F_{\mathrm{cr}}}=0\\&C_1k=0\\&C_1\sin kl+C_2\cos kl+\frac{M_0}{F_{\mathrm{cr}}}=0\\&C_1k\cos kl-C_2k\sin kl=0\end{aligned}\right\} \qquad (4)$$

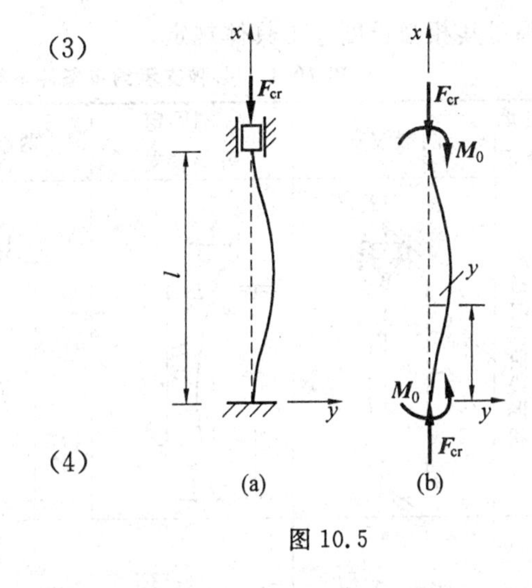

图 10.5

由以上 4 个方程解出

$$\cos kl=1 \quad , \quad \sin kl=0$$

满足以上二式的根，除 $kl=0$ 外，最小根是

$$kl=2\pi$$

则

$$F_{\mathrm{cr}}=k^2EI=\frac{4\pi^2EI}{l^2}=\frac{\pi^2EI}{(0.5l)^2} \qquad (10.2)$$

在式(10.2) 中，令 $l_0=0.5l$，得

$$F_{\mathrm{cr}}=\frac{\pi^2EI}{(0.5l)^2}=\frac{\pi^2EI}{l_0^2}$$

上式与式(10.1) 的形式相同，仅多一个关系式 $l_0=0.5l$。将此关系式推广至长度为 l，两端具有各种约束的细长压杆的临界力，可统一表达为

$$F_{\mathrm{cr}}=\frac{\pi^2EI}{(\mu l)^2} \qquad (10.3)$$

式中　μ—— 长度系数，它反映各种不同支承情况对临界力的影响；

μl—— 相当长度。

几种不同支承形式的临界力公式列于表 10.1。

观察表 10.1 中各支承情况下压杆的弹性曲线的形状还可看到，相当长度都相当于一个半波正弦曲线的弦长。例如，一端固定一端自由的压杆，弹性曲线为半个半波正弦曲线，其两倍相当于一个半波正弦曲线，故计算长度为 $2l$；一端固定另一端可上下移动而不能转动的情况，其弹性曲线存在两个反弯点(反弯点处弯矩为零)，反弯点位于距端点 $l/4$ 处，中间 $0.5l$ 部分即为一个半波正弦曲线，故计算长度为 $0.5l$；一端固定一端铰支的情况，其反弯点位于距铰支端 $0.7l$ 处(由计算所得)，$0.7l$ 范围内的弹性曲线也相当于一个半波正弦曲线，故计算长度为 $0.7l$。

应该指出，表 10.1 中所列的均为压杆的理想约束。在实际计算时，视实际压杆的约束情况与哪种理想约束接近，或界于哪两种约束之间，定出其相当长度。在一般设计规范

中都对其相当长度作了具体规定。

表 10.1　各种支承约束条件下等截面压杆临界力的欧拉公式

支承情况	两端铰支	一端固定另端铰支	两端固定	一端固定另端自由	两端固定但可沿横向相对移动
失稳时挠曲线形状	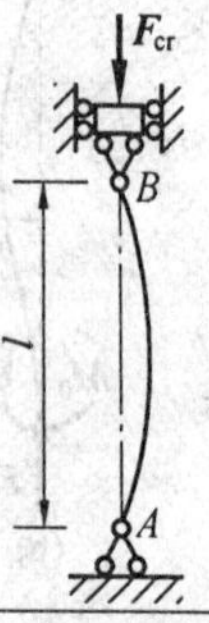	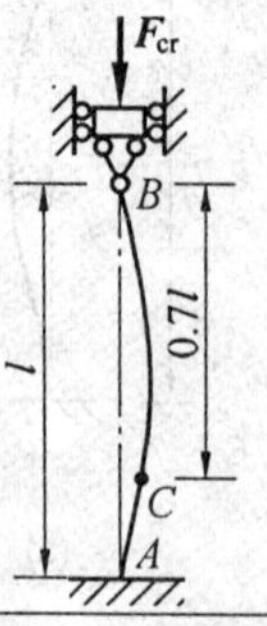	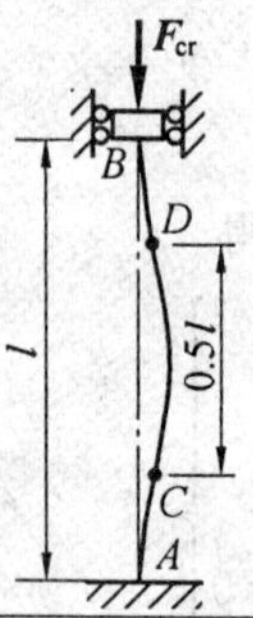	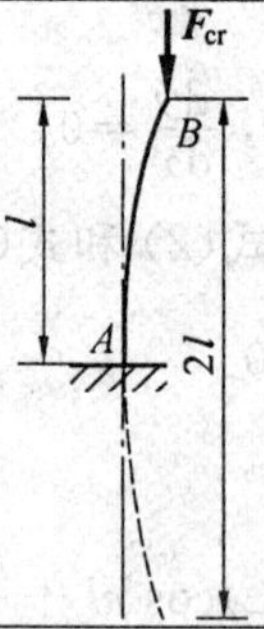	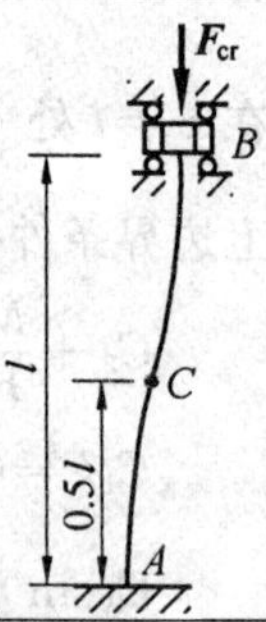
临界力公式	$F_{cr}=\frac{\pi^2 EI}{l^2}$	$F_{cr}=\frac{\pi^2 EI}{(0.7l)^2}$	$F_{cr}=\frac{\pi^2 EI}{(0.5l)^2}$	$F_{cr}=\frac{\pi^2 EI}{(2l)^2}$	$F_{cr}=\frac{\pi^2 EI}{l^2}$
长度系数 μ	$\mu=1$	$\mu=0.7$	$\mu=0.5$	$\mu=2$	$\mu=1$

10.3　临界应力及欧拉公式的适用范围

10.3.1　临界应力与柔度

将临界力除以压杆的横截面积，所得的应力称为临界应力，用 σ_{cr} 表示，即

$$\sigma_{cr}=\frac{F_{cr}}{A}=\frac{\pi^2 EI}{(\mu l)^2 A} \tag{1}$$

式中　i—— 截面的惯性半径，令 $i=\sqrt{\frac{I}{A}}$。

于是，式(1) 可写成

$$\sigma_{cr}=\frac{\pi^2 E}{\left(\frac{\mu l}{i}\right)^2} \tag{2}$$

引用记号

$$\lambda=\frac{\mu l}{i}=\frac{\mu l}{\sqrt{\frac{I}{A}}} \tag{10.4}$$

则有

$$\sigma_{cr}=\frac{\pi^2 E}{\lambda^2} \tag{10.5}$$

式(10.5) 是欧拉公式(10.3) 的另一种表达形式。

式中的 λ 是一个量纲为 1 的量,称为柔度或长细比。柔度越大,临界应力越低,压杆越容易失稳。压杆的柔度集中反映了杆长、约束情况、截面形状和尺寸等因素对临界应力的综合影响。由此可见,柔度在压杆的稳定计算中,是非常重要的参数。

10.3.2　欧拉公式的适用范围

欧拉公式 $F_{cr}=\dfrac{\pi^2 EI}{(\mu l)^2}$ 有一定的适用范围。在推导该公式时,应用了挠曲线的近似微分方程

$$\frac{d^2 y}{dx^2}=-\frac{M(x)}{EI}$$

此近似微分方程推导时用了下式

$$\frac{1}{\rho(x)}=\frac{M(x)}{EI} \tag{3}$$

而式(3) 建立在胡克定律 $\sigma=E\varepsilon$ 的基础上,因此,欧拉公式成立的条件应该是:当压杆所受的压力达到临界力 F_{cr} 时,材料仍服从胡克定律。也就是临界应力 σ_{cr} 不能超过材料的比例极限。即

$$\sigma_{cr}\leqslant\sigma_p \tag{4}$$

将式(10.5) 代入式(4),则有

$$\frac{\pi^2 E}{\lambda^2}\leqslant\sigma_p$$

从而得

$$\lambda\geqslant\pi\sqrt{\frac{E}{\sigma_p}} \tag{5}$$

如令

$$\pi\sqrt{\frac{E}{\sigma_p}}=\lambda_p$$

式(5) 可写成

$$\lambda\geqslant\lambda_p=\pi\sqrt{\frac{E}{\sigma_p}} \tag{10.6}$$

显然,λ_p 是判断欧拉公式能否应用的柔度,称为判别柔度。当 $\lambda\geqslant\lambda_p$ 时,才能满足 $\sigma_{cr}\leqslant\sigma_p$,欧拉公式才适用,这种压杆称为大柔度杆或细长杆。

由式(10.6) 可知,判别柔度 λ_p 仅取决于压杆材料的弹性模量 E 和比例极限 σ_p。如 Q235 钢,$E=2\times10^5$ MPa,$\sigma_p=200$ MPa,得

$$\lambda_p=\pi\sqrt{\frac{2\times10^5}{200}}\approx100$$

可见,对于用 Q235 钢制成的压杆,只有在 $\lambda\geqslant\lambda_p=100$ 时,才能应用欧拉公式。

表 10.2 列出了一些材料的 λ_p 值。

表 10.2 几种材料的 a、b、λ_p 和 λ_s 值

材料	a/MPa	b/MPa	λ_p	λ_s
Q235 钢	304	1.2	100	60
硅钢	578	3.744	100	60
铸铁	322.2	1.454	80	—
松木	28.7	0.19	110	40

【例 10.1】 如图 10.6 所示的压杆由 20a 号工字钢制成，它的下端固定，上端铰支(球形铰)，已知 $l=4$ m、材料的比例极限 $\sigma_p=200$ MPa、弹性模量 $E=2\times10^5$ MPa，试计算该压杆的临界力。

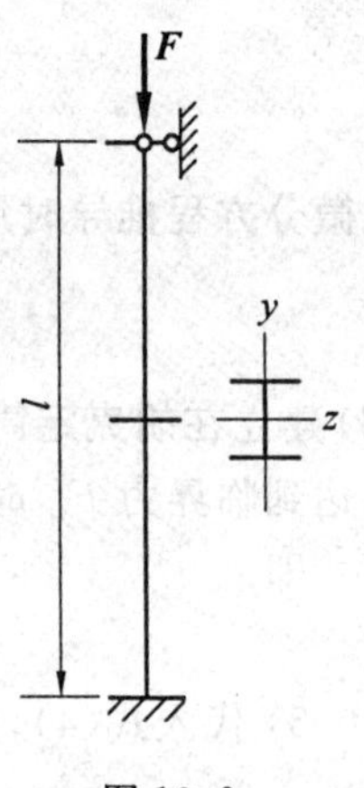

图 10.6

【解】 用欧拉公式计算压杆的临界力时，应首先判断压杆的临界力是否可以用欧拉公式来计算，即杆的柔度 λ 是否满足 $\lambda\geqslant\lambda_p=\pi\sqrt{\dfrac{E}{\sigma_p}}$。因此，需要首先算出杆的柔度 λ 值。

对题中压杆来说，因两端的支承情况沿各方向均相同(即 μ 值相同)，所以 $\lambda=\dfrac{\mu l}{i}=\dfrac{\mu l}{\sqrt{I/A}}$ 中的惯性矩 I，应是对 y，z 轴中的小者，即 $I=I_{\min}=I_y$，因而式中的 i 应为对 y 轴的惯性半径即 $i_y=\sqrt{I_y/A}$。对型钢来说，惯性半径不需计算，可由型钢表中直接查得。对 20a 号工字钢查得

$$i_y=2.12\ \text{cm}=2.12\times10^{-2}\ \text{m}$$

$$I_y=158\ \text{cm}^4=158\times10^{-8}\ \text{m}^4$$

所以杆的柔度值为

$$\lambda_y=\frac{\mu l}{i_y}=\frac{0.7\times4}{2.12\times10^{-2}}=132$$

而钢材的 λ_p 为

$$\lambda_p=\pi\sqrt{\frac{E}{\sigma_p}}=100$$

$\lambda_y=132>\lambda_p$，欧拉公式适用，压杆的临界力为

$$F_{cr}=\frac{\pi^2 EI_y}{(\mu l)^2}=\frac{\pi^2\times2\times10^5\times10^6\times158\times10^{-8}}{(0.7\times4)^2}=397\times10^3\,\text{N}=397\ \text{kN}$$

【例 10.2】 图 10.7 为一细长压杆($\lambda>\lambda_p$)的示意图，其两端的支承情况为：下端固定(在平面、出平面均为固定)；上端于纸面平面(在平面)内不能水平移动与转动；在垂直于纸面的平面(出平面)内可水平移动与转动。已知 $l=4$ m，$a=0.12$ m，$b=0.2$ m、材料的弹性模量 $E=10\times10^3$ MPa，试计算该压杆的临界力。

【解】 由于杆的上端在两个平面(在平面与出平面)内的支承情况不同，所以压杆在

两个平面内的长细比也不同,压杆将在 λ 值大的平面内失稳。两个平面内的 λ 值分别为

$$\lambda_z=\frac{\mu_1 l}{i_z}=\frac{\mu_1 l}{\sqrt{\frac{I_z}{A}}}=\frac{\mu_1 l}{\sqrt{\frac{\frac{ab^3}{12}}{ab}}}=\frac{\mu_1 l}{b\sqrt{\frac{1}{12}}}=\frac{2\times 4}{0.2\sqrt{\frac{1}{12}}}=138$$

$$\lambda_y=\frac{\mu_2 l}{i_y}=\frac{\mu_2 l}{\sqrt{\frac{I_y}{A}}}=\frac{\mu_2 l}{\sqrt{\frac{\frac{a^3 b}{12}}{ab}}}=\frac{\mu_2 l}{a\sqrt{\frac{1}{12}}}=\frac{0.5\times 4}{0.12\sqrt{\frac{1}{12}}}=57.8$$

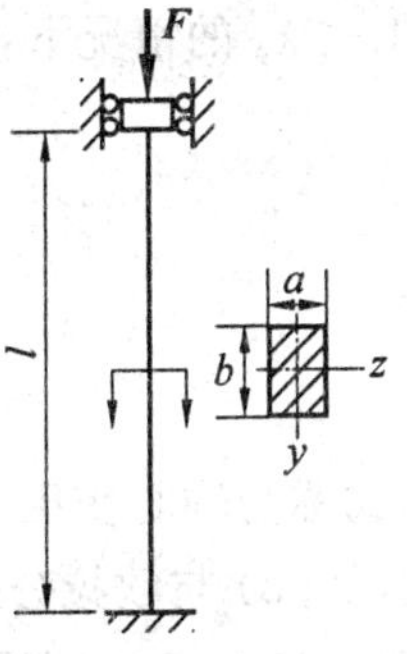

图 10.7

因 $\lambda_z>\lambda_y$,所以此杆失稳时,杆将绕 z 轴弯曲,因而压杆的临界力为

$$F_{cr}=\frac{\pi^2 EI_z}{(\mu_1 l)^2}=\frac{\pi^2\times 10\times 10^9\times\frac{0.12\times 0.2^3}{12}}{(2\times 4)^2}=123\times 10^3\ \text{N}=123\ \text{kN}$$

10.4　切线模量公式、直线经验公式及抛物线经验公式

若压杆的柔度 λ 小于 λ_p,称为小柔度杆或非细长杆。小柔度杆的临界应力大于材料的比例极限,这时的压杆将产生塑性变形,称为弹塑性稳定问题。对于轴心受压直杆的弹塑性稳定问题,本书介绍基于理论分析的切线模量公式和以实验为基础的直线经验公式及抛物线经验公式。

10.4.1　切线模量公式

某塑性金属材料的 $\sigma-\varepsilon$ 曲线如图 10.8(a) 所示。当 $\sigma\leqslant\sigma_p$ 时,弹性模量 $E=\Delta\sigma/\Delta\varepsilon$ 为常量;当 $\sigma>\sigma_p$ 时,$\sigma-\varepsilon$ 曲线上某点的斜率为该点的弹塑性模量 E_T,即 $E_T=\mathrm{d}\sigma/\mathrm{d}\varepsilon\approx\Delta\sigma/\Delta\varepsilon$,称 E_T 为切线模量。由 $\sigma-\varepsilon$ 曲线可知,σ 越大,E_T 越小。应力 σ 与切线模量 E_T 的关系曲线,即 $\sigma-E_T$ 曲线如图 10.8(b) 所示。

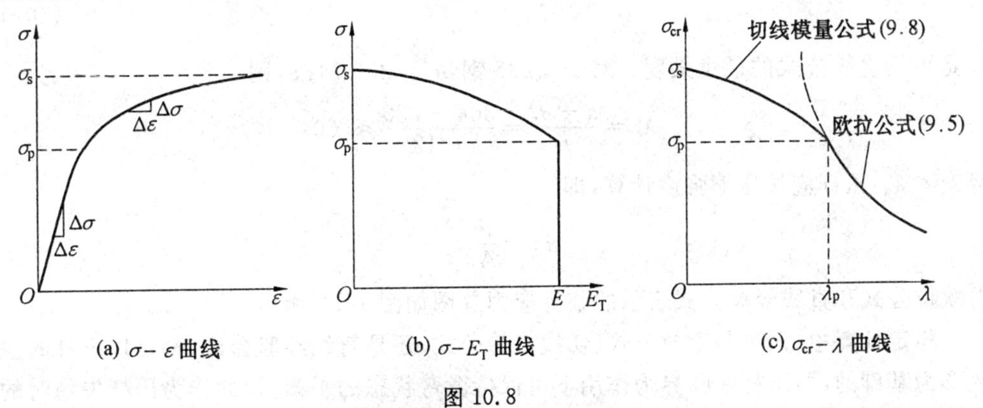

(a) $\sigma-\varepsilon$ 曲线　(b) $\sigma-E_T$ 曲线　(c) $\sigma_{cr}-\lambda$ 曲线

图 10.8

对于 $\sigma_{cr}>\sigma_p$ 的轴心受压直杆,德国学者 F·恩格塞尔于 1889 年提出了切线模量公

式：在 $\lambda < \lambda_p$ 的情况下，欧拉公式中的弹性模量 E 应该用切线模量 E_T 代替，即

$$F_{cr} = \frac{\pi^2 E_T I}{(\mu l)^2} \tag{10.7}$$

或

$$\sigma_{cr} = \frac{\pi^2 E_T}{\lambda^2} \tag{10.8}$$

以上二式称为轴心受压直杆弹塑性稳定问题的切线模量公式或恩格塞尔公式。

式(10.8)与欧拉公式(10.5)的形式虽然相同，但其区别很明显。对于弹性稳定问题，只要柔度 λ 已知，即可由欧拉公式(10.5)直接求得 σ_{cr}。而对于弹塑性稳定问题，当 λ 已知时，式(10.8)中有两个未知量 σ_{cr} 和 E_T，还需要根据材料的 $\sigma-\varepsilon$ 曲线或 $\sigma-E_T$ 曲线，经试算法求解。

应予指出，当压杆的柔度很小时，按切线模量公式求得的临界应力值，有可能超过材料的屈服极限 σ_s，这时应以屈服极限 σ_s 作为压杆的临界应力 σ_{cr}。

如图 10.8(c) 所示 $\sigma_{cr}-\lambda$ 曲线，称为临界应力总图，又称柱子曲线。该曲线以比例极限 σ_p 分界，当 $\lambda \geqslant \lambda_p$ 时，即大柔度杆，由欧拉公式计算临界力；当 $\lambda < \lambda_p$ 时，即小柔度杆，用切线模量公式计算临界力。

10.4.2 直线经验公式

以实验为基础的直线经验公式将临界应力 σ_{cr} 和柔度 λ 表示为以下的直线关系：

$$\sigma_{cr} = a - b\lambda \tag{10.9}$$

式中 a、b—— 与材料性质有关的常数。

例如 Q235 钢制成的压杆，$a=304$ MPa，$b=1.12$ MPa；松木压杆的判别柔度 $\lambda_p=110$，$a=28.7$ MPa，$b=0.19$ MPa。表 10.2 给出了几种材料的 a、b、λ_p 和 λ_s 值。

应予指出，只有在临界应力小于屈服极限 σ_s 时，直线公式(10.9)才适用。若以 λ_s 表示对应于 $\sigma_{cr}=\sigma_s$ 时的柔度，则

$$\sigma_{cr} = \sigma_s = a - b\lambda_s$$

$$\lambda_s = \frac{a-\sigma_s}{b} \tag{10.10}$$

λ_s 是可用直线公式的最小柔度。对于 Q235 钢，$\sigma_s=235$ MPa，则

$$\lambda_s = \frac{a-\sigma_s}{b} = \frac{304-235}{1.12} \approx 60$$

若 $\lambda < \lambda_s$，压杆应按压缩强度计算，即

$$\sigma_{cr} = \frac{F}{A} \leqslant \sigma_s$$

由欧拉公式和直线经验公式表示的临界应力总图如图 10.9 所示。

稳定计算中，无论是欧拉公式、切线模量公式，还是直线经验公式，都是以压杆的整体变形为基础的，即压杆在临界力作用下可保持微弯状态的平衡，以此作为压杆失稳时的整体变形状态。局部削弱(如螺钉孔等)对压杆的整体变形影响很小，所以计算临界应力时，应采用未经削弱的横截面积 A(毛面积)和惯性矩 I。

10.4.3　抛物线经验公式

抛物线经验公式是把临界应力 σ_{cr} 和柔度 λ 表示为下面的抛物线关系

$$\sigma_{cr}=a_1-b_1\lambda^2$$

式中　a_1、b_1—— 与材料有关的常数。

我国钢结构设计规范中，对临界应力超出比例极限，不能使用欧拉公式的压杆，采用如下形式的抛物线经验公式

$$\sigma_{cr}=\sigma_s\left[1-0.43\left(\frac{\lambda}{\lambda_c}\right)^2\right]\quad(\lambda\leqslant\lambda_c)\tag{10.11}$$

式中

$$\lambda_c=\pi\sqrt{\frac{E}{0.57\sigma_s}}\tag{10.12}$$

对 A3 钢($\sigma_s=235$ MPa，$E=206$ GPa) 和 16Mn 钢($\sigma_s=343$ MPa，$E=206$ GPa)λ_c 分别等于 123 和 102，公式(10.11) 可分别简化为

A3 钢：

$$\sigma_{cr}=235-0.006\,68\lambda^2\quad(\lambda\leqslant 123)\tag{10.13}$$

16Mn：

$$\sigma_{cr}=343-0.014\,2\lambda^2\quad(\lambda\leqslant 102)\tag{10.14}$$

不同的材料，弹塑性阶段的临界应力的抛物线公式不同，需要时可查阅有关设计规范。

根据式(10.11) 和式(10.12) 作出的临界应力总图如图 10.10 所示。图中抛物线与欧拉双曲线分界点的横坐标，与按公式(10.6) 算出的结果略有不同，这是因为经验公式是依据试验数据得出的，理论公式未曾考虑的一些因素，如压力偏心、杆件初弯曲等都将影响试验数据，所以二者难以吻合。前面提到的直线经验公式与欧拉公式的分界点也有类似情况。

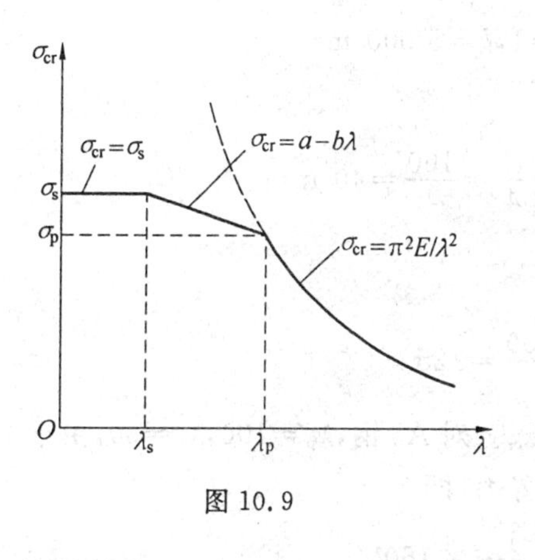

图 10.9

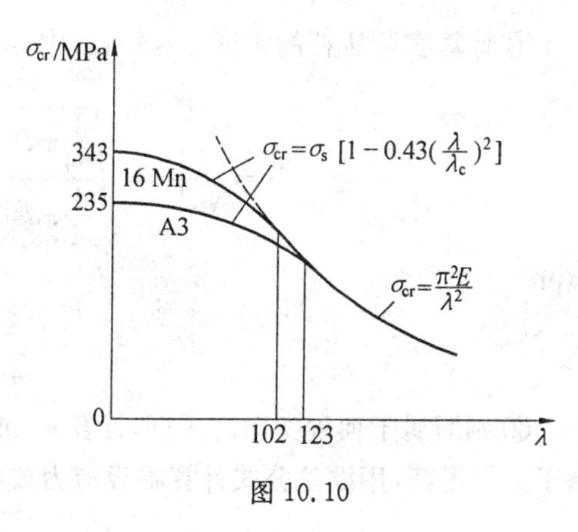

图 10.10

10.5 压杆的稳定性计算

10.5.1 安全因数法

工程中，为了保证压杆的稳定，将临界力 F_{cr} 除以大于 1 的稳定安全因数 n_{st} 作为压杆允许承受的最大轴向压力。所以，对于轴向受压杆件不致失稳，必须满足下述条件：

$$F \leqslant \frac{F_{cr}}{n_{st}} \tag{10.15}$$

式(10.15) 称为压杆的稳定条件，式中 F 为压杆实际承受的工作压力。

稳定安全因数一般都大于强度安全因数，这是因为难以避免的一些因素，如杆件的初弯曲、压力的偏心、材料的不均匀等都会影响压杆的稳定性，使压杆的临界力降低。稳定安全因数的取值，在有关规范或手册中均有具体规定。

【例 10.3】 如图 10.11(a) 和图 10.11(b) 所示两根压杆，受相同的轴向压力 $F=1\ 500$ kN 作用，材料均为 A3 钢，$E=200$ GPa。图 10.11(a) 中杆为圆截面，直径 $d=16$ cm，杆长5 m，两端铰支；图 10.11(b) 中杆为正方形截面，边长为 $a=20$ cm，杆长 9 m，两端固定。若取稳定安全因数 $n_{st}=2.5$，试分别校核两根压杆的稳定性。

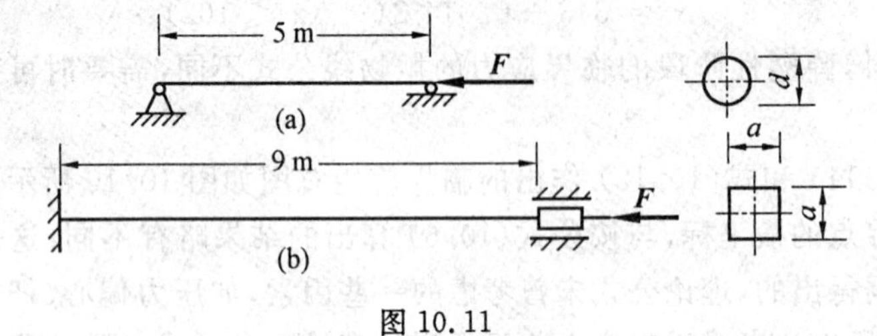

图 10.11

【解】 (1) 图 10.11(a) 中杆稳定性校核

① 计算实际压杆的柔度 $\lambda=\frac{\mu l}{i}$，其中，$\mu=1$，$l=5\ 000$ mm

$$i=\sqrt{\frac{I}{A}}=\sqrt{\frac{\frac{1}{64}\pi d^4}{\frac{1}{4}\pi d^2}}=\frac{d}{4}=\frac{160}{4}=40\ \text{mm}$$

所以

$$\lambda=\frac{1\times 5\ 000}{40}=125$$

② 判断属于何种类型的压杆，计算 σ_{cr} 或 F_{cr}。对 A3 钢，$\lambda_p=100$，$\lambda_s=60$，由于 $\lambda>\lambda_p$ 属于大柔度杆，用欧拉公式计算临界应力或临界力，即

$$F_{cr}=\frac{\pi^2 EI}{(\mu l)^2}=\frac{\pi^2\times 200\times 10^3\times \frac{1}{64}\pi\times 160^4}{(1\times 5\ 000)^2}=2.54\times 10^3\ \text{kN}$$

③ 稳定性校核

$$\frac{F_{cr}}{n_{st}}=\frac{2.54\times10^3}{2.5}=1\ 016\ \text{kN}$$

$$F=1\ 500\ \text{kN}>\frac{F_{cr}}{n_{st}}=1\ 016\ \text{kN}$$

故此杆稳定性不够。

(2) 图 10.11(b) 中杆稳定性校核

实际压杆的柔度 $\lambda=\frac{\mu l}{i}$，其中，$\mu=0.5$，$l=9\ 000$ mm

$$i=\sqrt{\frac{I}{A}}=\sqrt{\frac{\frac{a^4}{12}}{a^2}}=\frac{a}{\sqrt{12}}=\frac{200}{\sqrt{12}}=57.7\ \text{mm}$$

所以

$$\lambda=\frac{0.5\times9\ 000}{57.7}=78$$

可知，$\lambda_s<\lambda<\lambda_p$，故属于中柔度杆，用直线经验公式计算其临界应力，即

$$\sigma_{cr}=a-b\lambda=304-1.12\times78=217\ \text{MPa}$$

而临界力

$$F_{cr}=A\sigma_{cr}=200^2\times217=8.67\times10^3\ \text{kN}$$

校核稳定性

$$F=1\ 500\ \text{kN}<\frac{F_{cr}}{n_{st}}=\frac{8\ 670}{2.5}=3\ 468\ \text{kN}$$

故此杆满足稳定性要求。

10.5.2 稳定因数法

轴向受压杆，当横截面上的应力达到临界应力时，杆将失稳。为了保证压杆的稳定性，将临界应力除以大于 1 的稳定安全因数 n_{st} 作为压杆可承受的最大压应力，即

$$\sigma=\frac{F}{A}\leqslant\frac{\sigma_{cr}}{n_{st}}=[\sigma]_{st}\tag{1}$$

式中 $[\sigma]_{st}$—— 稳定许用应力，$[\sigma]_{st}=\frac{\sigma_{cr}}{n_{st}}$。

工程实际中，压杆设计常用的方法是将压杆的稳定许用应力 $[\sigma]_{st}$ 用材料的许用压应力 $[\sigma]$ 乘以一个随压杆柔度 λ 变化的因数 φ 来表示，即

$$[\sigma]_{st}=\varphi[\sigma]\tag{2}$$

这样，就可以将压杆柔度 λ 对 σ_{cr} 和 n_{st} 的影响用一个因数 $\varphi=\varphi(\lambda)$ 来表示。λ 越大，φ 越小，且对于稳定性问题，φ 总是小于 1(而强度问题 $\varphi=1$)。所以 φ 称为折减因数。

用折减因数表示的稳定性条件为

$$\sigma=\frac{F}{A}\leqslant\varphi[\sigma]\tag{10.16}$$

由式(2) 知，当 $[\sigma]$ 一定时，φ 决定于 σ_{cr} 与 n_{st}。由于临界应力 σ_{cr} 值随压杆的柔度 λ 而改变，而不同柔度的压杆一般又采用不同的安全因数，故稳定因数 φ 为 λ 的函数，当材料一

定时，φ 值决定于 λ 值。工程中，为了计算方便，根据不同材料，将 φ 与 λ 间的关系列成表，当知道 λ 值后，便可直接查得 φ 值。

材料性质、截面形状、尺寸以及残留应力等对折减因数都有影响，在一些工程设计规范中已将考虑了这些影响的压杆的折减因数随压杆柔度 λ 变化情况绘成曲线或表格，供工程设计时使用。各种轧制与焊接钢构件的折减因数可查阅《钢结构设计规范》(GBJ 17—1988)，木制构件的折减因数可查阅《木结构设计规范》(GBJ 5—1988)。图 10.12 给出了根据这些规范绘制成的几种常用材料的 $\varphi-\lambda$ 曲线。

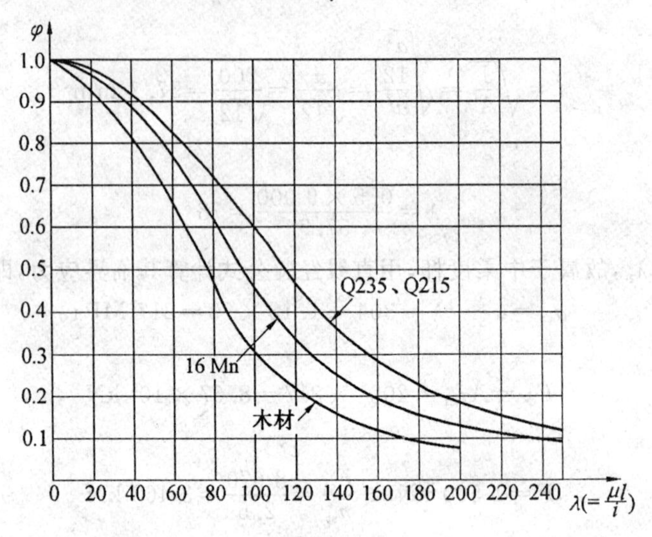

图 10.12

在图 10.12 中木材的压杆折减系数曲线的表达式如下：

当 $\lambda \leqslant 75$ 时

$$\varphi = 1.02 - 0.55\left(\frac{\lambda + 20}{100}\right)^2 \tag{10.17}$$

当 $\lambda > 75$ 时

$$\varphi = \frac{3\ 000}{\lambda^2} \tag{10.18}$$

我国《钢结构设计规范》(GB 50017—2003) 中，稳定条件采用形式

$$\frac{N}{A\varphi} \leqslant f \tag{10.19}$$

式中 N—— 压杆的轴力；

A—— 杆的横截面积；

f—— 材料的强度设计值；

φ—— 稳定因数，其值与压杆材料、杆的柔度、杆的截面形状和加工条件等有关。

f 值和 φ 值均可在设计规范中查得。使用式(10.19) 时，涉及的设计规范中其他有关内容，这里不作详细介绍。

【例 10.4】 有一根圆松木，长 6 m，直径为 300 mm，其强度许用应力[σ]=11 MPa。现将此圆松木当做起重的扒杆，如图 10.13 所示，试计算该圆松木所能承受的容许压力

值。

【解】　在纸平面内，由于扒杆的两端有支承，所以在轴向压力作用下若扒杆在此平面内失稳，可视为两端铰支，长度系数可取 $\mu=1$。于是

$$\lambda=\frac{\mu l}{i}=\frac{1\times 6\ 000}{\frac{1}{4}\times 300}=80$$

根据 $\lambda=80$，按式(10.17) 求得此木压杆的折减系数为

$$\varphi=1.02-0.55\left(\frac{80+20}{100}\right)^2=1.02-0.55=0.47$$

从而可得此圆松木所能承受的容许压力为

$$[F]=\varphi[\sigma]A=0.47\times 11\times 10^6\times\frac{\pi}{4}\times 0.3^2=365\times 10^3\ \mathrm{N}=365\ \mathrm{kN}$$

可是，如图 10.13 所示的扒杆，在上端垂直于纸面的方向并无任何约束，因而在轴向压力作用下，杆在垂直于纸面的平面内失稳时只能视为下端固定而上端自由，即 $\mu=2$。这样，就有

$$\lambda=\frac{\mu l}{i}=\frac{2\times 6\ 000}{\frac{1}{4}\times 300}=160>80$$

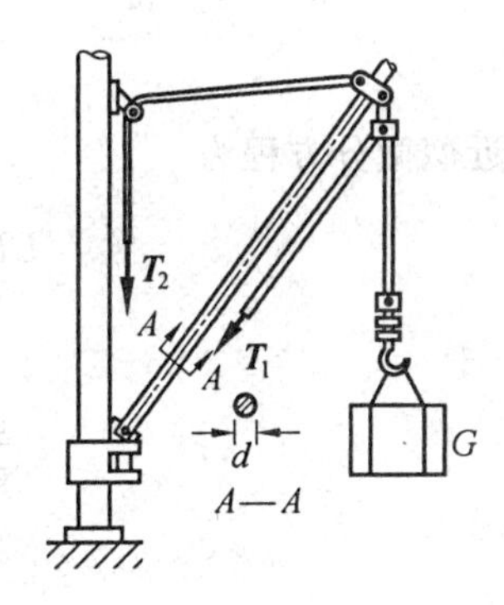

图 10.13

按式(10.18) 求得

$$\varphi=\frac{3\ 000}{\lambda^2}=\frac{3\ 000}{(160)^2}=0.117$$

$$[F]=\varphi[\sigma]A=0.117\times 11\times 10^6\times\frac{\pi}{4}\times 0.3^2=91\times 10^3\ \mathrm{N}=91\ \mathrm{kN}$$

显然，该松木作为扒杆使用时，所能承受的容许压力应为 91 kN 而不是 365 kN。

工程中，常常采用各种措施来提高压杆的稳定性。提高压杆的稳定性，就是要提高压杆的临界力或临界应力。由公式 $F_{\mathrm{cr}}=\frac{\pi^2 EI}{(\mu l)^2}$ 和 $\sigma_{\mathrm{cr}}=\frac{\pi^2 E}{\lambda^2}$ 可知，提高压杆承载能力可从合理选择材料、改善支承情况、减小杆长度及选择合理的截面形状等几方面入手。

10.6　大柔度杆在小偏心距下的偏心压缩

如图 10.14(a) 所示，两端铰支的大柔度小偏心压杆，在压力 F 作用下发生弯曲变形。xy 平面为杆的对称平面，力 F 在此平面内，偏心距为 e。杆在任一 x 截面处的挠度为 y，该截面上的弯矩为

$$M(x)=F(e+y)\tag{1}$$

将式(1) 代入式

$$EI\frac{\mathrm{d}^2 y}{\mathrm{d}x^2}=-M(x)$$

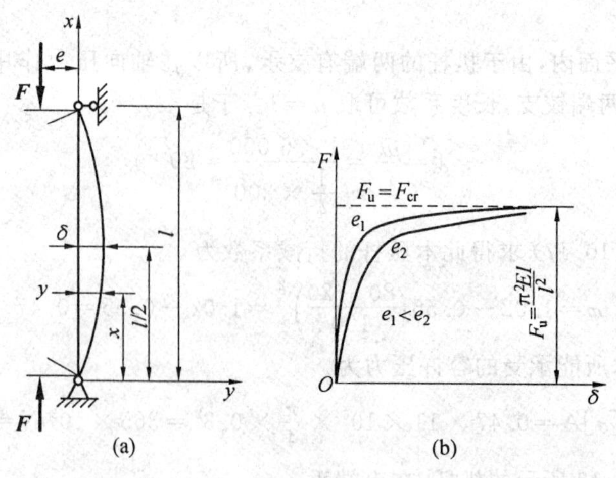

图 10.14

得挠曲线近似微分方程为

$$EI\frac{d^2y}{dx^2}=-F(e+y) \tag{2}$$

即

$$\frac{d^2y}{dx^2}+k^2y=-k^2e \tag{3}$$

式中

$$k^2=\frac{F}{EI} \tag{4}$$

式(3) 的通解为

$$y=A\sin kx+B\cos kx-e \tag{5}$$

利用边界条件 $x=0, y=0$ 和 $x=l, y=0$，由式(5) 得

$$A=\frac{e(1-\cos kl)}{\sin kl}=e\tan\frac{kl}{2}, B=e \tag{6}$$

于是，该压杆的弹性曲线方程为

$$y=e\left(\tan\frac{kl}{2}\sin kx+\cos kx-1\right) \tag{7}$$

压杆中点挠度最大，$y_{\max}=y_{x=l/2}=\delta$，由式(7) 有

$$\delta=y_{x=l/2}=e\left(\sec\frac{kl}{2}-1\right) \tag{8}$$

由式(8) 可见，挠度 δ 与压力不成线性关系(压力 F 含于 $k=\sqrt{F/EI}$ 中)。δ 与 F 的关系曲线如图 10.14(b) 所示。$F-\delta$ 曲线转折点所对应的压力 F 为不同偏心距 e 情况下的极限压力。其值随 e 的减小而增大。当 $e\to 0$ 时，极限压力为 F_u，由式(8) 可知，为使 δ 不为零，必有 $\sec\frac{kl}{2}\to\infty$，于是，最小的 $kl/2$ 值为

$$\frac{kl}{2}=\frac{\pi}{2} \tag{9}$$

从而有

$$k=\sqrt{\frac{F_u}{EI}}=\frac{\pi}{l}$$

即

$$F_u=\frac{\pi^2 EI}{l^2} \tag{10}$$

因为 $e\to 0$ 的小偏心压杆就是轴心受压直杆，所以极限压力 F_u 与临界力 F_{cr} 相等，式(10) 与式(10.1) 相同。

由式(1) 可知，最大弯矩发生在 $y_{max}=\delta$ 的横截面上，并由式(8) 得

$$M_{max}=F(e+\delta)=Fe\sec\frac{kl}{2} \tag{11}$$

杆内的最大压应力发生在跨中截面的凹侧边缘处，即

$$\sigma_{amax}=\frac{F}{A}+\frac{Fe}{W_z}\sec\frac{kl}{2} \tag{12}$$

式中　A—— 压杆横截面积；

W_z—— 对 z 轴的抗弯截面模量。

由式(8)、式(11) 和式(12) 可见，压杆的跨中挠度、最大弯矩及最大压应力均与压力 F 不成线性关系，这表明不能用叠加原理计算。只有当杆的抗弯刚度 EI 非常大时，由

$$\frac{kl}{2}=\frac{l}{2}\sqrt{\frac{F}{EI}}$$

可知，$\frac{kl}{2}$ 将会很小，有理由认为 $\sec\frac{kl}{2}\to 1$，式(12) 才与按叠加原理计算的结果一致。

习　　题

10.1　如图 10.15 所示，各压杆均为细长杆，且横截面形状、尺寸、材料均相同。试判断哪根杆能承受的压力最大。

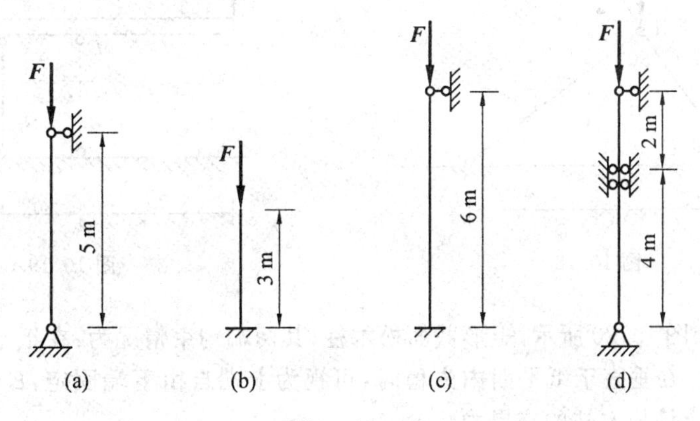

图 10.15

10.2　两端铰支压杆，长 $l=5$ m，截面为 22a 工字钢，$E=2\times10^5$ MPa，比例极限 $\sigma_p=200$ MPa。试求压杆的临界力。

10.3　截面为 100 mm×150 mm 的矩形木柱，$E=1\times10^4$ MPa，长 $l=4$ m，一端固定，另一端为铰支，$\lambda=100$。试求此柱的临界力。

10.4　如图 10.16 所示正方形铰接桁架，各杆 E、I、A 均相等，且均为细长杆。试求达到临界状态时相应的力 F 等于多少。若力 F 的方向改为向外，其值又应为多少？

10.5　如图 10.17 所示，直径为 d、长为 l 的实心杆，两端铰支，若改为直径均为 d 的 4 根焊在一起的组合杆，试比较它们的临界力(均为细长杆)。

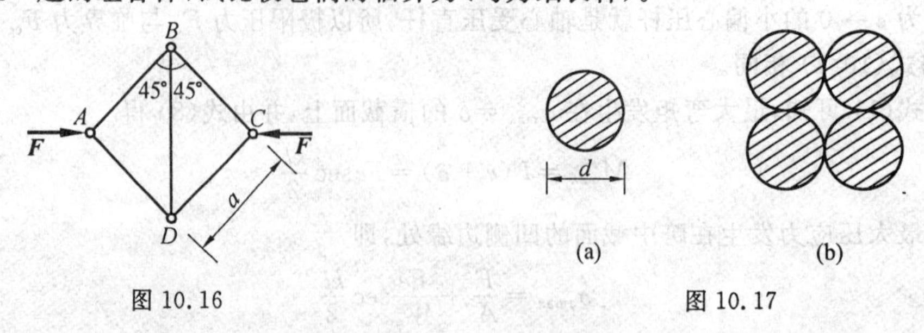

图 10.16　　　　图 10.17

10.6　截面为 20 mm×30 mm 的矩形钢制压杆，一端固定，另一端铰支。$E=2\times10^5$ MPa，$\lambda_p=100$。试求该压杆适用欧拉公式的最小长度。

10.7　如图 10.18 所示，铰接杆系 ABC 由具有相同截面和材料的细长杆组成。若由于杆件在 ABC 平面内失稳而引起破坏，试确定载荷为最大时的角 $\theta(0<\theta<\frac{\pi}{2})$。

10.8　如图 10.19 所示，刚性杆 AB，在点 C 处由 A3 钢制成的杆 ① 支持，$E=2\times10^5$ MPa，$\lambda_p=100$。已知杆 ① 的直径 $d=50$ mm，$l=3$ m。试问：

(1)A 处能施加的最大载荷 F 为多少？

(2) 若在点 D 再加一根与杆 ① 相同的杆 ②，则最大载荷 F 又为多少(只考虑面内失稳)？

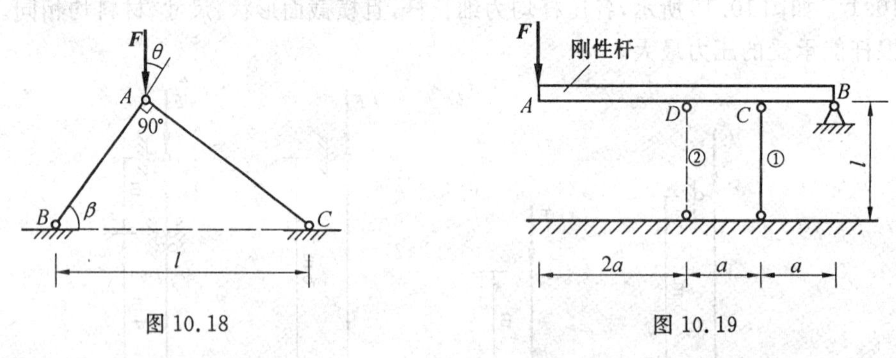

图 10.18　　　　图 10.19

10.9　如图 10.20 所示，矩形截面松木柱，其两端约束情况为：在纸平面内失稳时，可视为两端固定，在垂直于纸平面内失稳时，可视为上端自由下端固定，$E=1\times10^4$ MPa，$\lambda_p=110$。试求该松木柱的临界力。

10.10　如图 10.21 所示构架，两杆均由直径 $d=20$ mm 的 A3 钢制成，$E=2\times10^5$ MPa，$\sigma_p=200$ MPa，$\sigma_s=240$ MPa，强度安全系数 $n=2.0$，稳定安全系数 $n_{st}=2.5$。试验算构架能否安全工作。

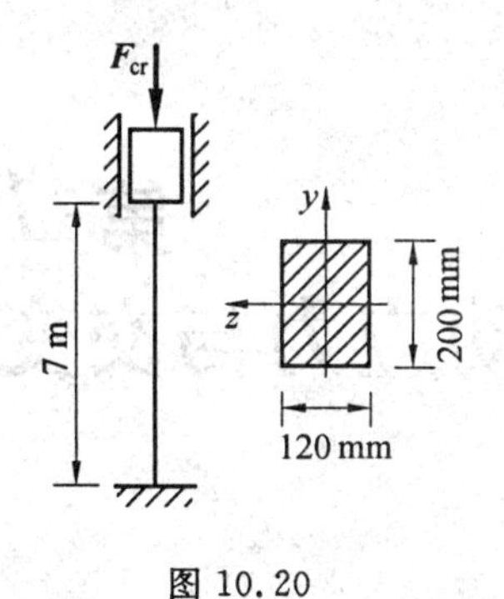

图 10.20

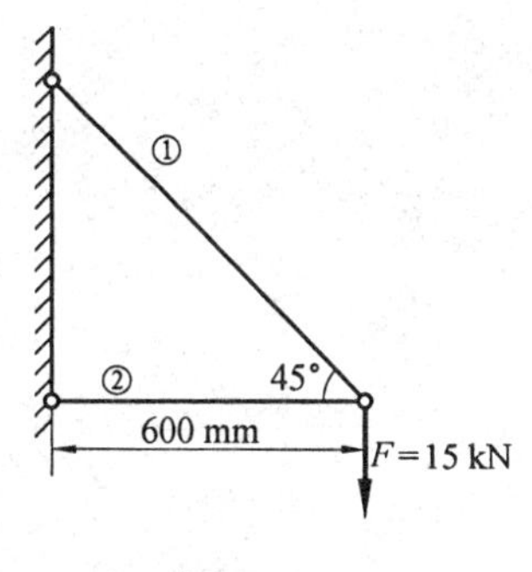

图 10.21

10.11　在稳定计算中，若误用欧拉公式算得中柔度杆的临界压力为 F_{cr}，则实际的临界压力是大于、等于还是小于 F_{cr}？是偏于安全还是偏于不安全。

10.12　一根用 28b 工字钢(A3)制成的立柱，上端自由，下端固定，柱长 $l=2$ m，受轴向压力 $F=250$ kN 作用，$E=2\times10^5$ MPa，材料的强度设计值 $f=215$ MPa，试按稳定系数法作稳定校核。

10.13　如图 10.22 所示，构架的两杆均由内外径分别为 $d=140$ mm、$D=160$ mm 的 A3 钢轧制钢管制成。$E=2\times10^5$ MPa，$\lambda_p=100$。试求：

(1) 此构架的极限载荷 F_{max}；

(2) 按稳定系数法求此构架的容许载荷[F]。

10.14　如图 10.23 所示，两端固定的管道由 A3 钢焊接钢管制成，$\sigma_p=200$ MPa，$E=2\times10^5$ MPa，线膨胀系数 $\alpha=13\times10^{-6}$(1/℃)，若安装管道时的温度为 10 ℃，试求不引起管道失稳的最高温度。

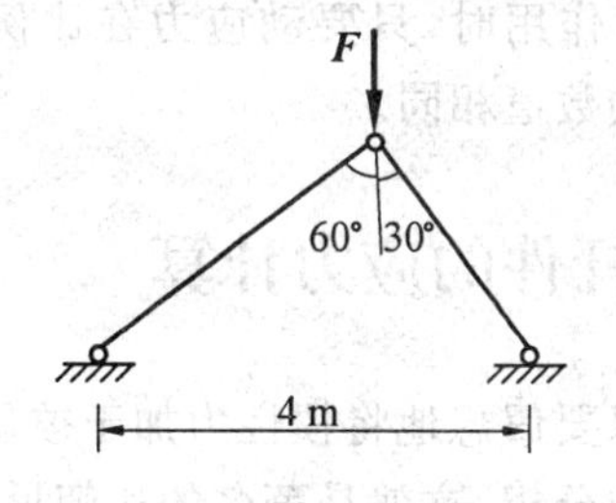

图 10.22

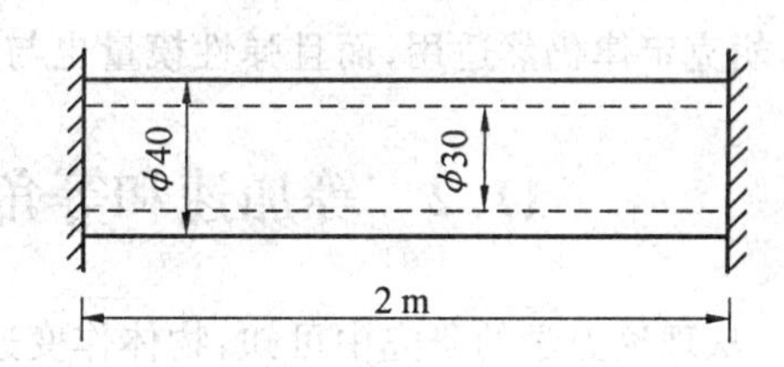

图 10.23

第 11 章 动应力与交变应力

11.1 动应力的概念

前几章讨论了构件在静载荷作用下的强度与刚度问题。所谓静载荷是指载荷值从零缓慢地增加到某一固定值后，再不随时间变化。构件受静载荷作用时，体内各点没有加速度或加速度很小可忽略不计，产生的应力称为静应力。

工程实际中有的载荷明显地随时间而变，或者会使构件受到足够大的加速度，称为动载荷。动载荷作用下的构件，由于具有很大的加速度，会产生很大的惯性力，在对这些构件的强度、刚度和稳定性分析中，必须考虑惯性力的影响，尤其是那些运动着的重要构件。例如高速运动的飞轮，地震时的建筑物，冲击力作用下的构件等，这些构件的安全与否十分重要，又都受到了明显的加速度作用，所以对这些构件的力学分析就不能忽略构件的质量和受力过程中的加速度，而必须考虑动载荷的影响，进行精确的受力分析。

受动载荷作用时，构件中产生的应力称为动应力。在大部分的情况下，动应力在数值上要比相应的静应力大得多。

在静载荷作用时服从胡克定律的材料，受动载荷作用时，只要动应力在比例极限以内，胡克定律仍然适用，而且弹性模量也与静载荷时的数值相同。

11.2 等加速和等角速运动杆件的应力计算

从理论力学的研究中可知，物体作变速运动时，只要假想地将惯性力加于被研究的构件上，即可用静力平衡的方法，对运动的构件进行受力分析，这就是著名的达朗贝尔原理。

下面以钢索匀加速吊起重物为例，说明动应力的求解方法和一般原理。

如图 11.1(a) 所示吊索以等加速度 a 起吊重物 F，求吊索的动应力。一般的吊索重量要比被起吊物的重量小得多，故可忽略不计。取分离体如图 11.1(b) 所示，在分离体上加一与加速度方向相反的惯性力 $\frac{F}{g}a$，由平衡条件 $\sum y=0$，可列出方程

$$F_{\mathrm{Nd}}-F-\frac{F}{g}a=0$$

$$F_{\mathrm{Nd}}=F\left(1+\frac{a}{g}\right) \tag{1}$$

式中 $1+\frac{a}{g}$ 可视为动荷系数，记作

$$K_d = 1 + \frac{a}{g} \tag{11.1}$$

于是式(1) 成为

$$F_{Nd} = K_d F$$

设吊索横截面积为 A，则其动应力为

$$\sigma_d = \frac{F_{Nd}}{A} = K_d \frac{F}{A} = K_d \sigma_{st} \tag{2}$$

式中，$\frac{F}{A} = \sigma_{st}$ 为静应力，可见动应力可表示为静应力乘以动荷系数，所以研究动应力问题常是在研究静应力问题的基础上，研究动荷系数。

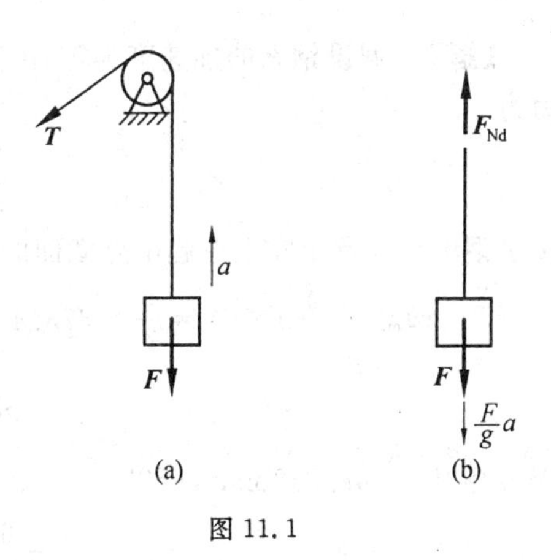

图 11.1

值得一提的是，如果材料的应力不是在线弹性范围内变化，则所得的结果不能简单地应用。因此，动应力问题下的强度条件是，作用在构件上的最大动应力不得超过静载下的许用应力，即

$$\sigma_{d\max} \leqslant [\sigma] \tag{11.2}$$

一般地讲，结构不同，动荷系数也不尽相同，同种结构承受不同载荷时，动荷系数也不一样。这里介绍的基本原理和方法(即求出动荷系数和静载荷下的应力、应变及其他参数，再求相应结构的动应力、动应变等参数的方法)，是对动载荷作用下的构件进行分析的一般方法。

【例 11.1】　一长度 $l=14$ m 的 25a 号工字钢，用两根截面为 $A_1=0.96\ \text{cm}^2$ 的钢索起吊，如图 11.2(a) 所示。并以加速度 $a=10\ \text{m/s}^2$ 上升，试求吊索的动应力和工字钢在危险点处的动应力。

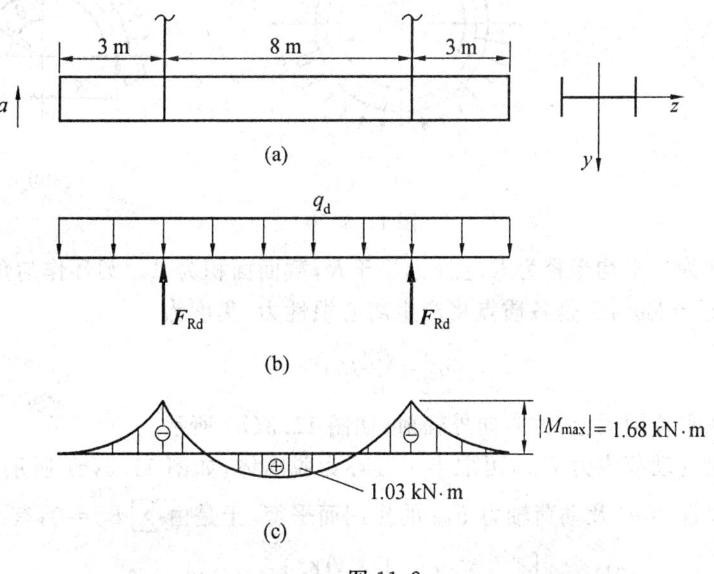

图 11.2

【解】 假设钢索的加速度为零，由型钢表查得工字钢的 $q=373.4\ \text{N/m}$，钢索中的应力为

$$\sigma_1=\frac{ql}{2A_1}=\frac{373.4\times14}{2\times0.96\times10^{-4}}=27.2\ \text{MPa}$$

工字钢中最大弯矩发生在起吊点截面的上下表面，如图 11.2(c) 所示，即

$$M_{\max}=\frac{1}{2}q\times3^2=\frac{1}{2}\times373.4\times3^2=1.68\times10^3\ \text{N}\cdot\text{m}=1.68\ \text{kN}\cdot\text{m}$$

$$\sigma_{2\max}=\frac{M_{\max}}{W_z}$$

查表得 $W_z=48.238\ \text{cm}^3$，所以

$$\sigma_{2\max}=\frac{1.68\times10^3}{4.8238\times10^{-7}}=34.8\ \text{MPa}$$

动荷系数

$$K_d=1+\frac{a}{g}=1+\frac{10}{9.8}\approx2$$

所以钢索和工字钢中的动应力分别为

$$\sigma_{1d}=K_d\sigma_1=2\times27.2=54.4\ \text{MPa}$$

$$\sigma_{2d}=K_d\sigma_{2\max}=2\times34.8=69.6\ \text{MPa}$$

下面讨论圆环绕通过圆心且垂直于圆环平面的轴作匀角速旋转的情况，如图11.3(a)所示。机械里的飞轮或皮带轮等作匀速转动时，若不计轮辐的影响，就是这种情况的实例。

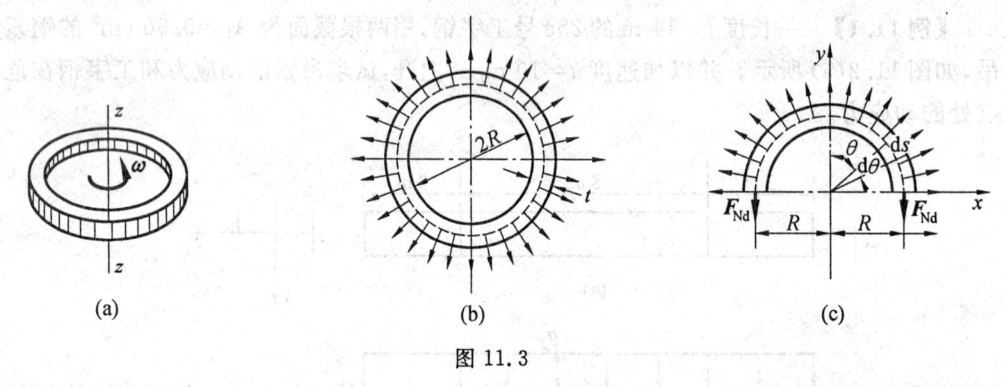

图 11.3

设环的宽度为 t，平均半径为 R，且 t 远小于 R，截面面积为 A。圆环作匀角速转动时，有向心加速度 $a_n=R\omega^2$，于是各质点将产生离心惯性力，集度为

$$q_d=\frac{A\gamma}{g}R\omega^2$$

其作用点假设在平均圆周上，方向向外辐射，如图 11.3(b) 所示。

欲求截面上的动荷内力 F_{Nd}，可取半个圆环为脱离体，如图 11.3(c) 所示，按动静法，脱离体受离心惯性力 q_d 及动荷轴力 F_{Nd} 的作用而平衡，于是由 $\sum F_y=0$，有

$$2F_{Nd}=\int q_d\cos\theta\,ds=\int_{-\frac{\pi}{2}}^{+\frac{\pi}{2}}\frac{A\gamma}{g}\omega^2R\cdot R\,d\theta\cos\theta$$

由此得

$$F_{\mathrm{Nd}}=\frac{A\gamma}{g}\omega^{2}R^{2} \tag{11.3}$$

动荷应力为

$$\sigma_{\mathrm{d}}=\frac{F_{\mathrm{Nd}}}{A}=\frac{\gamma}{g}\omega^{2}R^{2} \tag{11.4}$$

强度条件为

$$\sigma_{\mathrm{d}}=\frac{F_{\mathrm{Nd}}}{A}=\frac{\gamma}{g}\omega^{2}R^{2}\leqslant[\sigma] \tag{11.5}$$

式(11.5)表明，对于同样半径的圆环，其应力的大小与截面面积A的大小无关，而与角速度ω^2成比例。所以，要保证圆环的强度，须限制圆环的转速。

11.3　冲击应力

当物体与构件以一定的相对速度相碰时，在很短时间内，物体（或构件）的速度发生很大变化，因而产生很大的相互作用力，这种现象称为冲击。在冲击过程中，运动中的物体称为冲击物，而阻止冲击物运动的构件称为被冲击物。被冲击构件由于受到冲击物极大的惯性力作用，从而产生很大的应力和变形。由于冲击过程极为短暂，加速度的大小很难精确测定，这就难以用施加惯性力的动静法来求解。在工程中，一般采用偏于安全的能量方法。在被冲击物的刚度小于冲击物的刚度时，为简化计算，假设：

(1) 冲击物的变形很小，视其为刚体。

(2) 被冲击物为无质量的弹性体。

(3) 冲击为完全非弹性碰撞，即两物体一经接触就附着在一起而不回弹。

(4) 冲击过程中无能量损失。

下面以自由落体冲击为例研究冲击问题的计算方法。

如图11.4(a)所示梁，在截面A上方高度h处自由下落重力为F的物体冲击到梁上，当冲击物接触梁后，物体的速度迅速减小到零，与此同时，梁被冲击处的位移达到最大值Δ_{d}，与之相应的冲击载荷为F_{d}，冲击动应力为σ_{d}。

由能量守恒定律可知，冲击物在冲击过程中所减少的动能T与势能V，将全部转化为被冲击物的变形能V_{d}，即

$$T+V=V_{\mathrm{d}} \tag{1}$$

在冲击物自由下落的情况下，冲击物的初速度和末速度都为零，所以动能没有变化，即$T=0$，在如图11.4(a)所示情况下，冲击物减少的势能为

$$V=F(h+\Delta_{\mathrm{d}}) \tag{2}$$

在冲击过程中，被冲击构件得到的变形位能V_{d}等于冲击载荷F_{d}所做的功。由于力F_{d}和相应位移Δ_{d}都是由零开始增加到最终值，在材料服从胡克定律的条件下，F_{d}和Δ_{d}的关系仍然是线性的，所以F_{d}所做的功应为

$$V_d = \frac{1}{2} F_d \Delta_d \tag{3}$$

将式(2)和式(3)代入式(1),得

$$F(h+\Delta_d) = \frac{1}{2} F_d \Delta_d \tag{4}$$

设重物 F 按静载荷的形式作用在构件上,如图 11.4(b)所示,构件相应点的静位移为 Δ_{st},静应力为 σ_{st}。在冲击载荷 F_d 作用下,构件相应点的动位移为 Δ_d,动应力为 σ_d。在线弹性范围内,位移、应力和载荷成正比,即

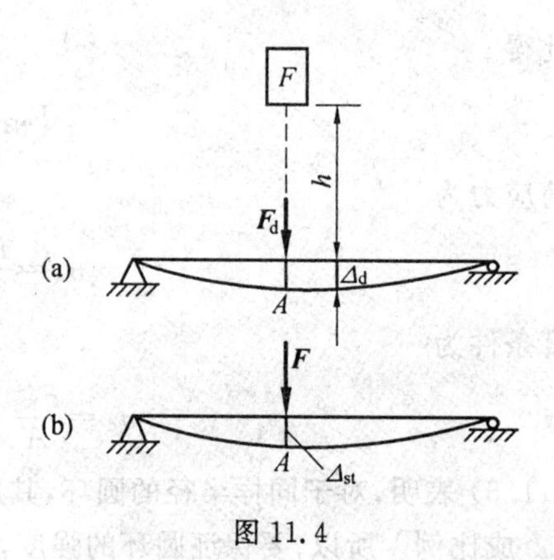

图 11.4

$$\frac{F_d}{F} = \frac{\Delta_d}{\Delta_{st}} = \frac{\sigma_d}{\sigma_{st}} \tag{5}$$

或者写为

$$F_d = F \frac{\Delta_d}{\Delta_{st}} \tag{6}$$

将式(6)代入式(4),得

$$F(h+\Delta_d) = \frac{1}{2} F \frac{\Delta_d^2}{\Delta_{st}}$$

或者写为

$$\Delta_d^2 - 2\Delta_{st}\Delta_d - 2h\Delta_{st} = 0$$

解出

$$\Delta_d = \Delta_{st}\left(1 \pm \sqrt{1+\frac{2h}{\Delta_{st}}}\right)$$

因为 $\Delta_d > \Delta_{st}$,所以上式中应取正号,即

$$\Delta_d = \Delta_{st}\left(1 + \sqrt{1+\frac{2h}{\Delta_{st}}}\right) \tag{7}$$

令

$$K_d = \frac{\Delta_d}{\Delta_{st}} = 1 + \sqrt{1+\frac{2h}{\Delta_{st}}} \tag{11.6}$$

K_d 称为冲击动荷系数。于是式(5)~(7)可写为

$$\left.\begin{aligned} \Delta_d &= K_d \Delta_{st} \\ F_d &= K_d F \\ \sigma_d &= K_d \sigma_{st} \end{aligned}\right\} \tag{8}$$

可见,只要求出动荷系数,冲击时的 Δ_d、F_d、σ_d 都可确定。而动荷系数 K_d(式 11.6)中,h 是冲击物离构件的高度,Δ_{st} 是冲击物作为静载荷作用在冲击点引起的构件在冲击点沿冲击方向的静位移。

冲击形式不同时,动荷系数 K_d 也不同。下面给出几种形式的动荷系数。

(1) 冲击物作为突加载荷作用在弹性体上,此时,$h=0$,由式(11.6)得

$$K_d = 1 + \sqrt{1 + 0} = 2$$

(2) 若重物 F 以水平速度 v 冲击弹性构件时(称水平冲击,如图 11.5 所示),则根据冲击物的动能 $\frac{1}{2}\ \frac{F}{g}v^2$ 全部转变为弹性构件的变形位能,可得动荷系数为

$$K_d = \sqrt{\frac{v^2}{g\Delta_{st}}} \tag{11.7}$$

(3) 重物 F 以等速度下降,突然刹车时,如图 11.6 所示。根据能量守恒,可得动荷系数为

$$K_d = 1 + \sqrt{\frac{v^2}{g\Delta_{st}}} \tag{11.8}$$

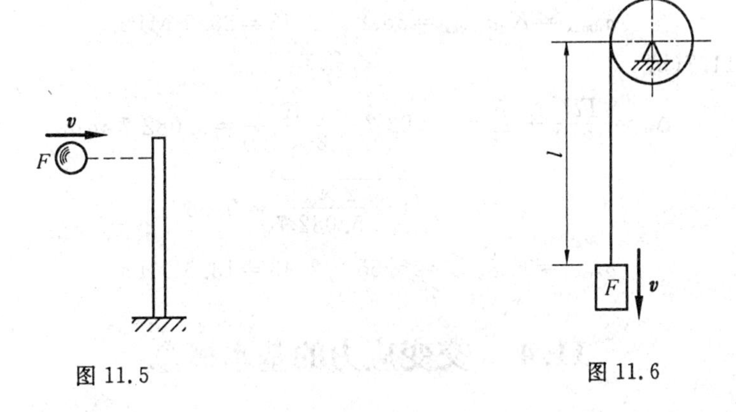

图 11.5　　　　图 11.6

需要注意的是,在以上各式的动荷系数中,Δ_{st} 的物理意义都是相同的,即冲击物作为静载荷作用在冲击点时,在冲击点沿冲击方向的静位移。

从以上公式可以看出:由于动荷系数中的静位移涉及构件的刚度,所以,被冲击构件的应力不但与载荷及构件尺寸有关,而且与构件的刚度有关,这是冲击应力与静应力的根本不同点。

【例 11.2】 如图 11.7 所示,两个相同的钢梁受相同的落体冲击,一个支于刚性支座上,另一个支于弹簧刚度 $k = 100$ N/mm 的弹簧上。已知 $l = 3$ m,$h = 5$ cm,$F = 1$ kN,钢梁的 $I = 3\ 400\ \text{cm}^4$,$W = 309\ \text{cm}^3$,$E = 200$ GPa,试比较二者的冲击应力。

【解】 该冲击属自由落体冲击,动荷系数为

$$K_d = 1 + \sqrt{1 + \frac{2h}{\Delta_{st}}}$$

对于图 11.7(a)

$$\Delta_{st} = \frac{Fl^3}{48EI} = \frac{10^3 \times (3 \times 10^3)^3}{48 \times 200 \times 10^3 \times 3\ 400 \times 10^4} = 0.082\ 7\ \text{mm}$$

$$K_d = 1 + \sqrt{1 + \frac{2 \times 50}{0.082\ 7}} = 35.8$$

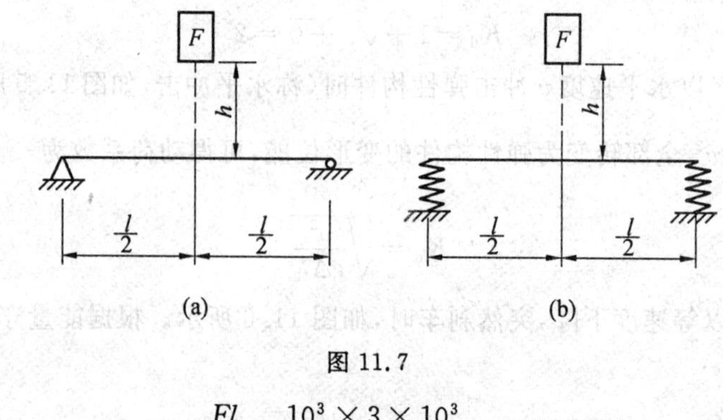

(a)　　(b)

图 11.7

$$\sigma_{\mathrm{stmax}}=\frac{Fl}{4W}=\frac{10^3\times 3\times 10^3}{4\times 309\times 10^3}=2.43\ \mathrm{MPa}$$

所以

$$\sigma_{\mathrm{dmax}}=K_{\mathrm{d}}\sigma_{\mathrm{stmax}}=35.8\times 2.43=86.9\ \mathrm{MPa}$$

对于图 11.7(b)

$$\Delta_{\mathrm{st}}=\frac{Fl^3}{48EI}+\frac{F}{2k}=0.0827+\frac{10^3}{2\times 100}=5.0827\ \mathrm{mm}$$

$$K_{\mathrm{d}}=1+\sqrt{1+\frac{2\times 50}{5.0827}}=5.55$$

$$\sigma_{\mathrm{dmax}}=K_{\mathrm{d}}\sigma_{\mathrm{stmax}}=5.55\times 2.43=13.5\ \mathrm{MPa}$$

11.4　交变应力的基本概念

在工程中有许多构件，工作时承受着随时间作周期性变化的应力。例如，电动机转轴(图 11.8(a))，它的外伸端在皮带拉力 F 的作用下产生弯曲变形。由于轴在转动，所以任意截面 $m-m$ 上的弯曲正应力，随时间作周期性变化。譬如，截面 $m-m$ 上点 A 的应力，当点 A 转至水平位置时，σ_A 为零；点 A 在最低位置时，σ_A 为最大值 $\sigma_{\max}$；点 A 在最高位置时，σ_A 为最小值 $\sigma_{\min}$。因此，在轴转一圈的过程中，点 A 的应力值总是按照从 $0\rightarrow\sigma_{\max}\rightarrow 0\rightarrow\sigma_{\min}\rightarrow 0$ 变化(图 11.8(b))。又如齿轮在工作时(图 11.9(a))，每转一周啮合一次，齿根一侧的弯曲正应力就由零变到最大值，然后再回到零。齿轮不停地转动，应力就不断地作周期性变化(图 11.9(b))。再如图 11.10(a) 所示的梁，在电动机的自重 G 和转子偏心所引起的惯性力 Q 的共同作用下，将在静力平衡位置作强迫振动。在振动过程中，梁横截面上任意点(中性轴除外) 的应力大小，都随时间作周期性变化(图 11.10(b))。

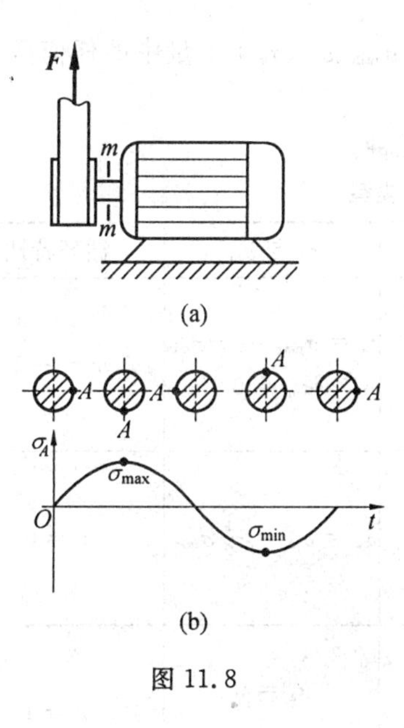

图 11.8

(a)

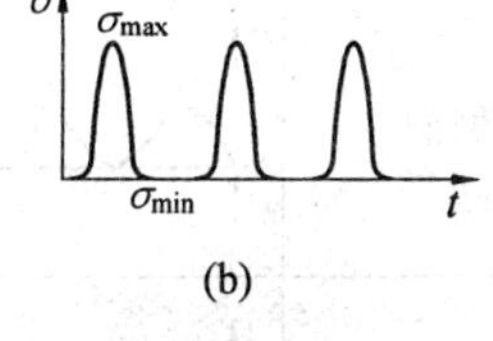

(b)

图 11.9

在上述各例中，第一例载荷保持不变，由于构件本身的旋转，而引起应力随时间而变化。后两例则是由于载荷的变化，而引起应力发生变化。构件中随时间作周期性变化的应力，称为交变应力。

11.4.1　交变应力循环特性及其类型

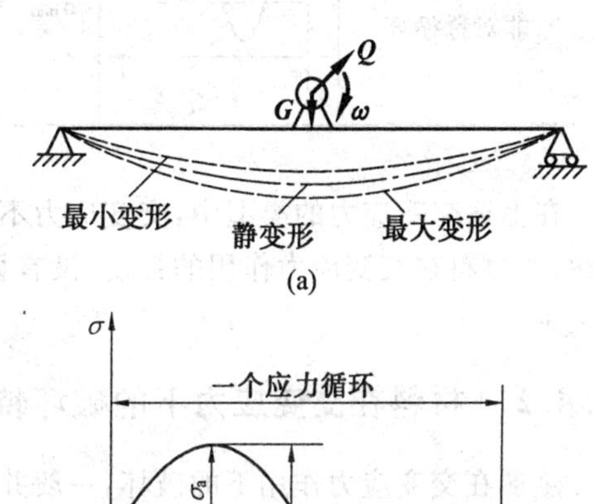

(b)

图 11.10

现以梁的强迫振动为例(图 11.10)，来说明交变应力的一些概念。图 11.10(b) 中交变应力的极值，分别称为最大应力 σ_{max} 和最小应力 σ_{min}。由最小(或最大) 应力变化到最大(或最小) 应力，又变回到最小(或最大) 应力的过程，应力重复一次，称为一个应力循环。重复变化的次数称为循环次数。

最大应力与最小应力的平均值，称为平均应力，用符号 σ_m 表示。

$$\sigma_m=\frac{1}{2}(\sigma_{max}+\sigma_{min}) \qquad (11.9)$$

最大应力与最小应力之差的一半，称为应力幅，用符号 σ_a 表示

$$\sigma_a=\frac{1}{2}(\sigma_{max}-\sigma_{min}) \qquad (11.10)$$

最小应力与最大应力的比值，可以表明应力的变化情况，称为应力循环特性，用符号 r 表示

$$r=\frac{\sigma_{min}}{\sigma_{max}} \qquad (11.11)$$

由上述公式可看出，只要知道应力循环中 σ_{max}、σ_{min}、σ_m、σ_a 4 个量中的任何两个，交变应力的变化规律就可完全确定。

工程中，常见的交变应力有表 11.1 中列出的几种。

表 11.1 交变应力类型

交变应力类型	应力循环图	σ_{max} 与 σ_{min}	σ_a 与 σ_m	循环特性
对称循环		$\sigma_{max}=-\sigma_{min}$	$\sigma_a=\sigma_{max}=-\sigma_{min}$ $\sigma_m=0$	$r=-1$
脉动循环		$\sigma_{max}\neq 0$ $\sigma_{min}=0$	$\sigma_a=\sigma_m=\frac{1}{2}\sigma_{max}$	$r=0$
静应力		$\sigma_{max}=\sigma_{min}$	$\sigma_a=0$ $\sigma_m=\sigma_{max}=\sigma_{min}$	$r=1$
非对称循环		$\sigma_{max}=\sigma_m+\sigma_a$ $\sigma_{min}=\sigma_m-\sigma_a$	$\sigma_a=\frac{\sigma_{max}-\sigma_{min}}{2}$ $\sigma_m=\frac{\sigma_{max}+\sigma_{min}}{2}$	$-1<r<1$

在上述交变应力的类型中，交变应力不一定按正弦曲线变化。实验指出，应力曲线的形状，对材料在交变应力作用的强度，没有显著影响。只要它们的 σ_{max} 和 σ_{min} 相同，可不加区别。

11.4.2 材料在交变应力下的破坏特点及其解释

金属在交变应力作用下的破坏，一般并不是由于金属疲劳而引起的，但习惯上仍称为疲劳破坏。疲劳破坏与静荷破坏有很大不同，其特点是：

(1) 破坏时的最大应力值远小于静荷时的强度极限或屈服极限，即使是静载荷时塑性很好的材料，经过多次的应力循环后，也可能发生突然的脆性破坏。由于破坏的突然性，可能造成重大事故。

(2) 金属疲劳破坏时，其断口处明显地分为两个区域：光滑区和粗糙区，如图 11.11 所示。

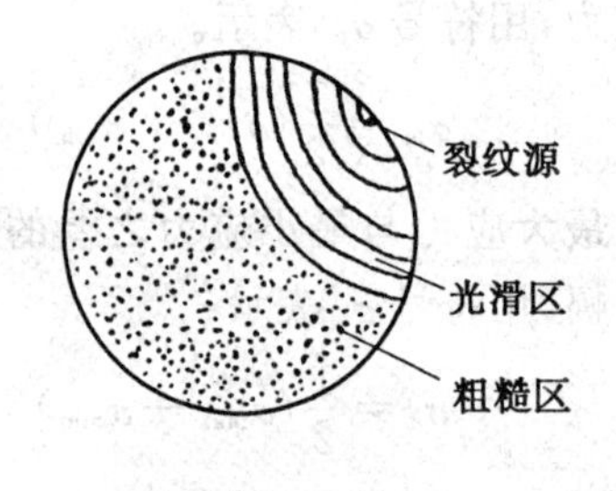

图 11.11

金属疲劳破坏的原因，目前一般的解释是：当构件内交变应力的值超过一定限度后，在应力最大的部位，材料薄弱处逐渐产生微细裂纹，随着应力循环次数的增加，一方面裂纹逐渐扩展，另一方面裂纹经过多次的张开和压缩，就产生类似研磨作用，形成断口处的光滑区。由于裂纹尖端的应力集中，导致裂纹的不断扩展，构件的有效面积也逐渐减小，应力随之增大，当裂纹长度达到临界尺寸后，裂纹以极大速度扩展，从而导致构件突然发生脆性断裂，形成断口的粗糙区域。

11.5　构件疲劳强度计算

11.5.1　材料的疲劳极限

材料在循环应力作用下的强度指标与静载荷下的强度指标不同，需要重新确定。

图 11.12 表示纯弯曲疲劳实验的原理。实验时将材料做成一组（8 ～ 10 根）直径为 7 ～ 10 mm 的标准试件，首先将第一根试件夹装在弯曲疲劳试验机的夹头中，并加一定的载荷（约静载荷时强度极限的 50% ～ 60%）。然后开机使其转动，直至断裂。

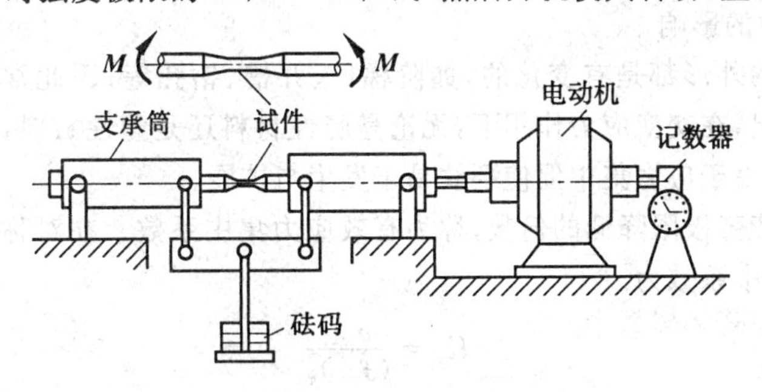

图 11.12

记下断裂时试件所经历的转数，即应力循环的次数 N。同时算出试件中的最大应力 σ_{max}。然后再对第二根试件进行实验，但它的应力要比第一根试件的应力适当减少（约减少 20 ～ 40 MPa），同样记下应力循环次数并算出最大应力。照此，逐次适当减少试件中的应力，对试件进行实验，就可得出一组最大应力和循环次数 N 的数值。然后，以最大应力 σ_{max} 为纵坐标，以应力的循环次数 N 为横坐标，将实验结果绘成曲线，称为疲劳曲线。图 11.13 为钢类试件的疲劳曲线示意图，由图可看出，最大应力越小的试件，应力循环次数 N 越大，当最大应力减低到一定数值时，疲劳曲线趋向于水平线，大约在横坐标 $N_0 = 10^7$ 次时，曲线开始出现水平部分。因此可以认为，钢类试件如果经过 10^7 次应力循环还不发生破坏，再继续下去也不会发生疲劳破坏，所以把 $N_0 = 10^7$ 作为实验基数。金属在交变应力作用下，能承受无限多次应力循环而不破坏的最大应力，称为材料的疲劳极限。弯曲疲劳极限常以 σ_r 表示，下标 r 为循环特性。对称循环应力的疲劳极限以 σ_{-1} 表示，脉动循环应力的疲劳极限以 σ_0 表示。

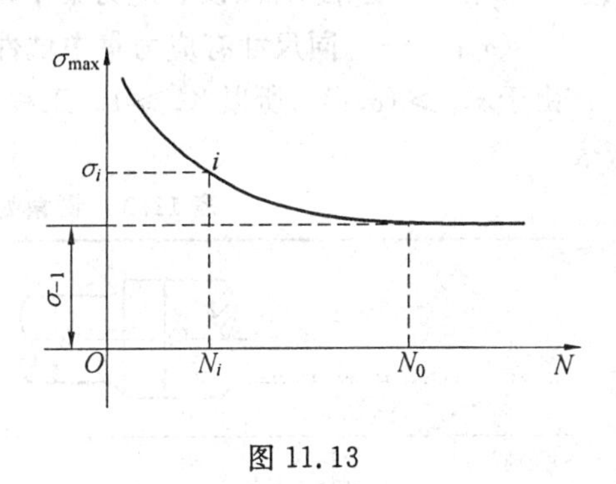

图 11.13

实验证明，变形形式和循环特性不同，材料的疲劳极限也不同。对称循环下的材料疲劳极限为最低。大多数机械零件都承受对称循环的弯曲交变应力，而弯曲疲劳实验，在技术上也最为简单。材料非对称循环的疲劳极限，可通过对称循环的疲劳极限求得，所以对称循环的疲劳极限，是衡量疲劳强度的基本指标。几种钢材在对称循环下的疲劳极限见表 11.2。

表 11.2　几种钢材在对称循环下的疲劳极限　　MPa

钢材牌号	σ_{-1}（拉、压）	σ_{-1}（弯曲）	τ_{-1}（扭转）
Q235	120 ~ 160	170 ~ 220	100 ~ 130
45	190 ~ 250	250 ~ 340	150 ~ 200
16Mn	200	320	—

11.5.2　影响疲劳极限的主要因素

(1) 应力集中的影响

大多数构件的外形都是有变化的，如阶梯形、开槽、钻孔等，因此常出现应力集中现象。实验结果指出，在交变应力作用下，无论是脆性材料还是塑性材料，应力集中将使疲劳极限降低，这是由于应力集中促使裂纹易于发生与扩展。

应力集中使疲劳极限降低的倍数，称为有效应力集中系数。在对称循环交变应力作用下，有效应力集中系数为

$$K_\sigma = \frac{\sigma_{-1}}{(\sigma_{-1})_\alpha} \tag{11.12}$$

式中　σ_{-1}—— 标准试件（没有应力集中）的疲劳极限；

$(\sigma_{-1})_\alpha$—— 同尺寸有应力集中试件的疲劳极限。

由于$\sigma_{-1} > (\sigma_{-1})_\alpha$，所以$K_\sigma > 1$。工程上为了方便，常把$K_\sigma$绘成曲线或图表。其值可查表 11.3。

表 11.3　圆角处的有效应力集中系数

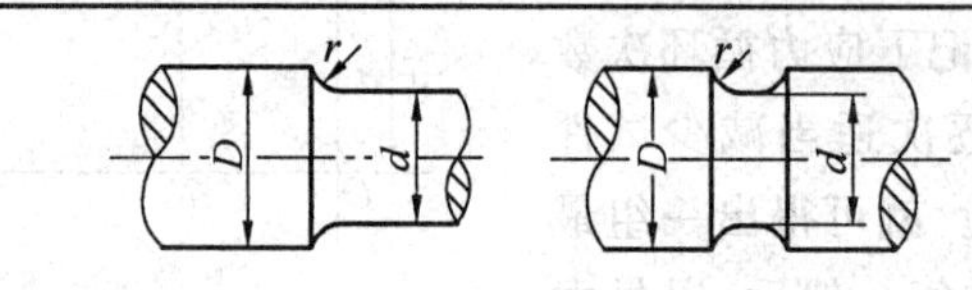

$\frac{D-d}{\gamma}$	$\frac{r}{d}$	K_σ							
		σ_b/MPa							
		392	490	588	686	784	882	980	1 176
2	0.01	1.34	1.36	1.38	1.40	1.41	1.43	1.45	1.49
	0.02	1.41	1.44	1.47	1.49	1.52	1.54	1.57	1.62
	0.03	1.59	1.63	1.67	1.71	1.76	1.80	1.84	1.92
	0.05	1.54	1.59	1.64	1.69	1.73	1.78	1.83	1.93
	0.10	1.38	1.44	1.50	1.55	1.61	1.66	1.72	1.83

续表 11.3

$\frac{D-d}{\gamma}$	$\frac{r}{d}$	K_σ							
		σ_b/MPa							
		392	490	588	686	784	882	980	1 176
4	0.01	1.51	1.54	1.57	1.59	1.62	1.64	1.67	1.72
	0.02	1.76	1.81	1.86	1.91	1.96	2.01	2.06	2.16
	0.03	1.76	1.82	1.88	1.94	1.99	2.05	2.11	2.28
	0.05	1.70	1.76	1.82	1.88	1.95	2.01	2.07	2.19
6	0.01	1.86	1.90	1.94	1.99	2.03	2.08	2.12	2.21
	0.02	1.90	1.96	2.02	2.08	2.13	2.19	2.25	2.37
	0.03	1.89	1.96	2.03	2.03	2.16	2.23	2.30	2.44
10	0.01	2.07	2.12	2.17	2.23	2.28	2.34	2.39	2.50
	0.02	2.09	2.16	2.23	2.30	2.38	2.45	2.52	2.66

(2) 构件尺寸的影响

实验表明，材料的疲劳极限随着试件尺寸的增大而减小。这是因为试件尺寸越大，材料所含的缺陷也相应增多，产生疲劳裂纹的机会就会增加，因而使疲劳极限降低，其影响程度，可用大尺寸试件的疲劳极限$(\sigma_{-1})_d$和在同样条件下的标准试件的疲劳极限σ_{-1}之比(称为尺寸系数)ε_σ表示，即

$$\varepsilon_\sigma=\frac{(\sigma_{-1})_d}{\sigma_{-1}} \tag{11.13}$$

尺寸系数ε_σ是小于 1 的数。常用钢材的尺寸系数见表 11.4。表中ε_σ和ε_τ分别表示对称循环的弯曲和扭转交变应力尺寸系数。实验结果表明，试件尺寸对于轴向拉压交变应力的疲劳极限影响不大。当试件尺寸不太大时(直径不超过 40 mm)，可以不考虑尺寸的影响，而取$\varepsilon_\sigma=1$。

表 11.4　尺寸系数

直径 d/mm		>20~30	>30~40	>40~50	>50~60	>60~70	>70~80	>80~100	>100~120	>120~150	>150~500
ε_σ	碳钢	0.91	0.88	0.84	0.81	0.78	0.75	0.73	0.70	0.68	0.60
	合金钢	0.83	0.77	0.73	0.70	0.68	0.66	0.64	0.62	0.60	0.54
ε_τ	各种钢	0.80	0.81	0.78	0.76	0.74	0.73	0.72	0.70	0.68	0.64

(3) 构件表面质量的影响

随着表面光洁度的降低，构件疲劳极限也随之减小。因为光洁度低的表面有许多刀痕，这些刀痕的根部将产生应力集中，因而降低了构件的疲劳极限。相反，如果对构件表面进行强化处理，则可提高疲劳极限的值。表面质量的影响，用与标准表面情况不同的试件疲劳极限$(\sigma_{-1})_\beta$与标准试件的疲劳极限σ_{-1}之比(称为表面质量系数)β来表示，即

$$\beta=\frac{(\sigma_{-1})_\beta}{\sigma_{-1}} \tag{11.14}$$

当构件表面光洁度低于标准试件时，$\beta<1$；经过各种强化处理的表面，其 $\beta>1$。表面质量系数 β 之值见表 11.5。弯曲和扭转的表面质量系数可视为相等。

表 11.5　表面质量系数

加工方法	表面光洁度	σ_b/MPa		
		400	800	1 200
磨削	$\nabla_9\sim\nabla_{10}$	1	1	1
车削	$\nabla_6\sim\nabla_8$	0.95	0.90	0.80
粗车	$\nabla_3\sim\nabla_5$	0.85	0.80	0.65
未加工表面	—	0.75	0.65	0.45

综合上述 3 种因素的影响，构件在对称循环(或拉压) 交变应力下的疲劳极限为

$$\sigma_{-1}^{0}=\frac{\varepsilon_\sigma\beta}{k_\sigma}\sigma_{-1} \tag{11.15}$$

上面重点讨论了影响构件疲劳极限的几个主要因素。实际上，影响构件疲劳极限的因素还有许多，例如，腐蚀介质、热处理等。

11.5.3　对称循环下构件的疲劳强度计算

计算构件在对称循环下的疲劳强度时，应首先确定构件的许用应力，然后按照静载荷作用下的应力计算公式，计算危险截面上危险点的应力，最后建立其强度条件。

以构件的疲劳极限 σ_{-1} 作为极限应力，除以规定的安全系数 n 后，便得到对称循环下构件的弯曲或拉、压许用应力

$$[\sigma_{-1}]=\frac{\sigma_{-1}}{n}=\frac{\sigma_{-1}\varepsilon_\sigma\beta}{nk_\sigma} \tag{11.16}$$

构件弯曲或拉、压的疲劳强度条件为

$$\sigma_{\max}\leqslant[\sigma_{-1}] \tag{11.17}$$

式中　$\sigma_{\max}$—— 构件危险点上交变应力的最大值。

在疲劳强度计算中，常采用安全系数的形式来表示强度条件，由式(11.17)

$$\sigma_{\max}\leqslant[\sigma_{-1}]=\frac{\sigma_{-1}}{n}$$

可得

$$\frac{\sigma_{-1}}{\sigma_{\max}}\geqslant n \tag{11.18}$$

构件的疲劳极限 σ_{-1} 与构件的最大工作应力 $\sigma_{\max}$ 之比，表明了构件工作时的实际安全储备，称为构件的工作安全系数，常用符号 n_σ 表示。由式(11.18) 可知，当构件的工作安全系数大于或等于规定的安全系数时，就可以保证构件具有足够的疲劳强度。

将式(11.15) 代入式(11.18)，得对称循环下弯曲或拉、压疲劳强度条件的最后表达式

$$n_\sigma = \frac{\varepsilon_\sigma \beta \sigma_{-1}}{K_\sigma \sigma_{\max}} \geqslant n \qquad (11.19)$$

【例 11.3】 有一合金钢制成的阶梯轴，如图 11.14 所示，表面光洁度为 $\triangledown_8$，承受对称循环的最大弯矩 $M_{\max}=700\ \text{N}\cdot\text{m}$，轴直径 $D=48\ \text{mm}$，$d=40\ \text{mm}$，轴的圆角半径 $r=2\ \text{mm}$，它的强度极限 $\sigma_b=882\ \text{MPa}$，疲劳极限 $\sigma_{-1}=400\ \text{MPa}$。若轴的规定安全系数 $n=1.2$，试校核此轴的疲劳强度。

【解】 (1) 计算工作时的最大应力

$$\sigma_{\max}=\frac{M_{\max}}{W}=\frac{700}{\frac{\pi}{32}\times 40^3\times 10^{-9}}=111\ \text{MPa}$$

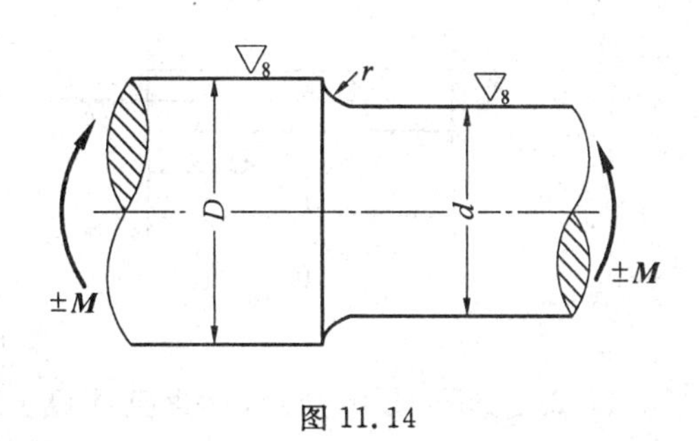

图 11.14

(2) 计算各影响因素系数

由轴的尺寸得

$$\frac{r}{d}=\frac{2}{40}=0.05,\sigma_b=882\ \text{MPa}$$

由表 11.3 得

$$k_\sigma=2.01$$

由 $d=40\ \text{mm}$，查表 11.4 得

$$\varepsilon_\sigma=0.77$$

由表面光洁度为 $\triangledown_8$，查表 11.5，并用线性插值法得

$$\beta=0.9-(0.9-0.8)\frac{882-800}{1\,200-800}=0.879\,5$$

(3) 将上述数据代入式(11.19)，得轴的工作安全系数为

$$n_\sigma=\frac{\varepsilon_\sigma\beta\sigma_{-1}}{K_\sigma\sigma_{\max}}=\frac{0.77\times 0.879\,5\times 400\times 10^6}{2.01\times 111\times 10^6}=1.21>n$$

故此轴的疲劳强度足够。

11.5.4　提高构件疲劳强度的措施

构件的疲劳破坏是由裂纹扩展引起的。实践表明，循环应力作用下构件的裂纹源通常都发生在应力集中部位和构件表面，因此提高构件疲劳强度的措施主要是减少构件的应力集中和提高构件表面加工质量。

(1) 减少构件的应力集中

应力集中是构件产生疲劳破坏的主要因素，通过结构的合理设计尽可能消除和改善应力集中。例如采用较大的过渡圆角半径，若轴的结构不允许增大圆角半径，可在轴承和轴肩之间放置间隔环以加大过渡的圆角半径。另外，在较粗的一段轴上切卸荷槽或退刀槽以使应力平缓过渡。

(2) 提高构件表面加工质量

构件面层的应力一般都较大，而加工刀具的切痕或损伤又会引起应力集中，极易形成裂纹源，因此对疲劳强度要求高或对应力集中敏感的构件表面要精加工，降低表面的粗糙度。

还可对构件面层材料采取一些强化的工艺措施，如热处理、化学热处理，或采用喷丸、滚压等冷加工方法以提高构件的疲劳强度。

习　题

11.1　如图 11.15 所示，两杆件 l、A 及重度 γ 均相同，图 11.15(a) 所示杆一端固定；图 11.15(b) 所示杆置于光滑平面上。在轴向外力作用下，两杆距右端 x 处截面上的轴力各为多少？

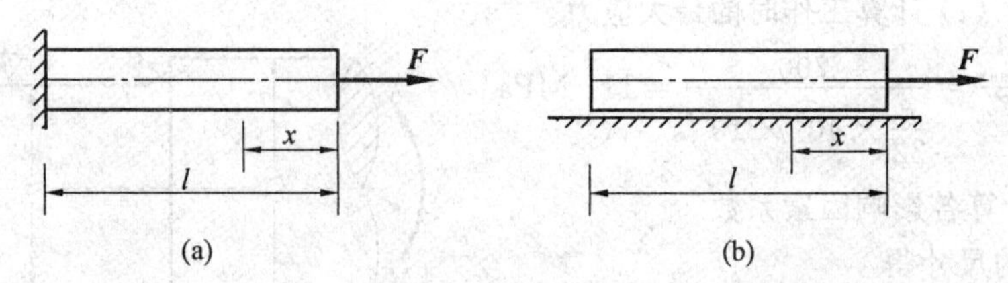

图 11.15

11.2　如图 11.16 所示，起重机重 $Q_1 = 20$ kN，装在两根 32b 工字钢梁上，起吊重物 $Q_2 = 60$ kN。若重物在第一秒内以等加速度上升 2.5 m。试求绳内拉力和梁内最大应力。

11.3　如图 11.17 所示定滑轮，绳索两端分别挂有重量为 Q_1 和 Q_2 的重物，且 $Q_1 > Q_2$。为求绳索内的应力，如何确定动荷系数 K_d。

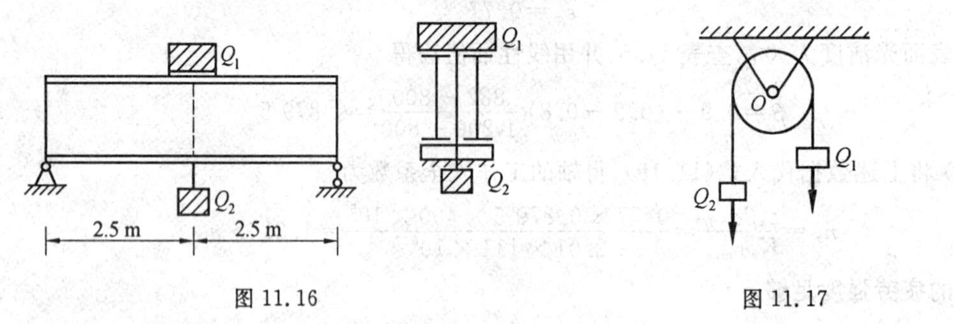

图 11.16　　　　图 11.17

11.4　如图 11.18 所示，机车车轮以 $n=5$ r/s 的转速转动，平行杆 AB 的横截面为矩形，材料的容重 $\gamma=75$ kN/m^3。试确定 AB 杆在最危险位置时杆内的最大应力。

11.5　如图 11.19 所示，一杆以等角速度 ω 绕铅直轴在水平面内转动。杆长为 l，横截面积为 A，弹性模量为 E，重量为 Q_1；另有一重量为 Q 的重物连接在杆的端点。试求杆的伸长。

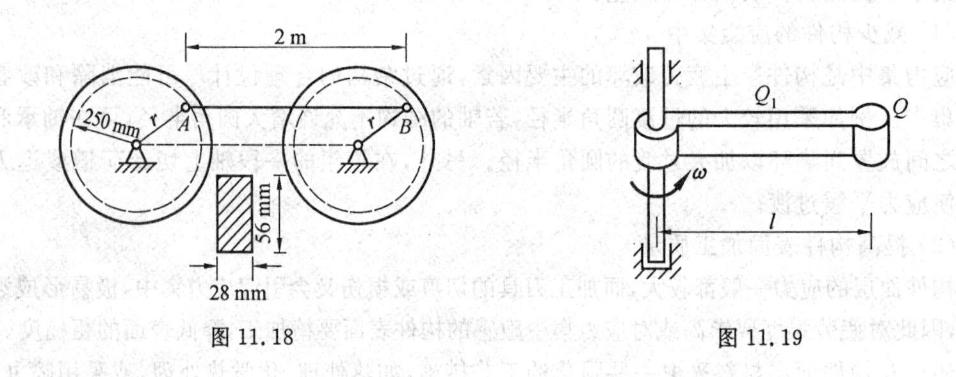

图 11.18　　　　图 11.19

11.6　如图 11.20 所示，重量为 Q 的物体自由下落在刚架上，设刚架的 E、I 及抗弯截面模量 W 均为已知。计算冲击时刚架内的最大正应力(不计轴力影响)。

11.7　如图 11.21 所示，载荷 Q 自高度 $h=10$ cm 处下落，冲击在梁的中点处，梁长 $l=2$ m，由 14a 工字钢构成，$E=2\times10^5$ MPa。试求：

(1) 梁的最大挠度及最大正应力；

(2) 若在梁的右支座上加一刚度系数 $C=50$ kN/cm 的弹簧，此时梁的最大正应力又为多少？

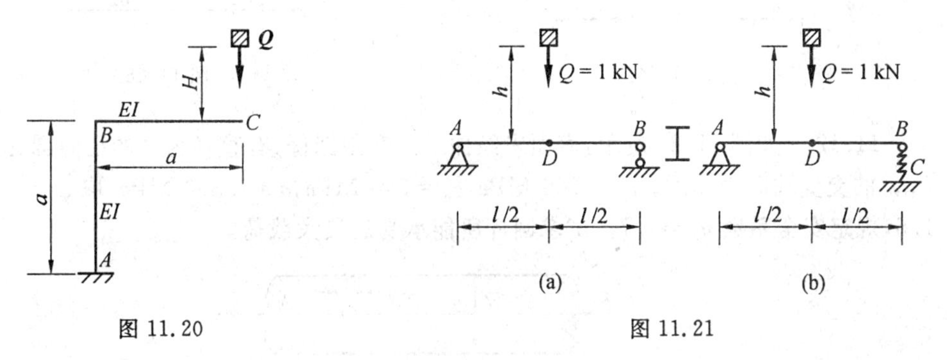

图 11.20　　图 11.21

11.8　如图 11.22 所示，重力为 Q 的重物固结于竖杆的一端，并绕梁的 A 端转动。当竖杆在铅直位置时，重物具有水平速度 v。梁的 EI、l、W_z 均为已知。试求重物落在梁上时，梁内的最大正应力。

11.9　如图 11.23 所示，竖直放置的简支梁承受水平速度 v_0 的质量 m 的冲击。试证明梁内的最大冲击应力与冲击点的位置无关。

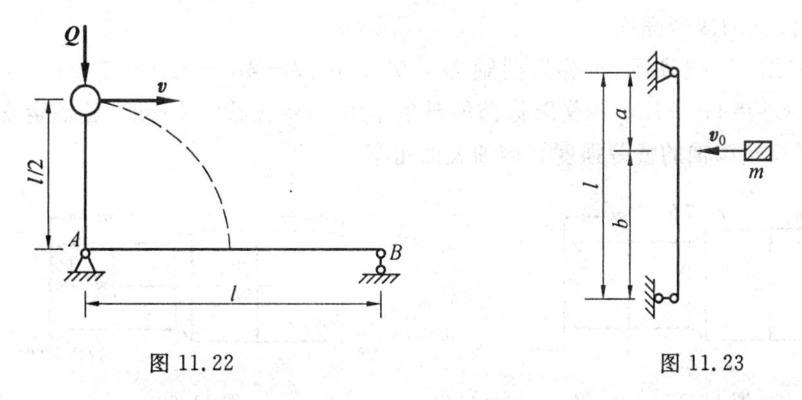

图 11.22　　图 11.23

11.10　机车车轴受力如图 11.24 所示，$a=230$ mm，$l=1\,500$ mm，中段轴直径 $d=14$ cm。若 $F=40$ kN，试求在轴中段截面边缘上任一点的最大应力、最小应力及循环特征，并作出 $\sigma-t$ 曲线。

11.11　如图 11.25 所示，简支梁在电动机重量的作用下，中点挠度 $y=5$ mm。当电动机开动时，由于惯性力的作用使梁振动，中点的振幅 $B=2$ mm。试求梁在下列条件时危险点的循环特征：

(1) 仅考虑电动机的重量；

(2) 仅考虑惯性力；

(3) 同时考虑电动机的重量和惯性力。

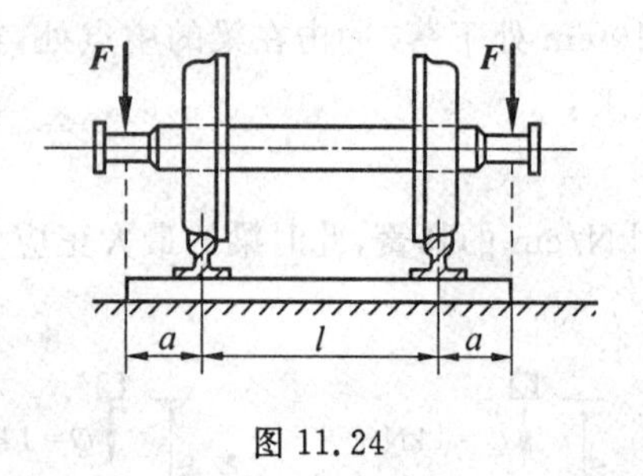

图 11.24

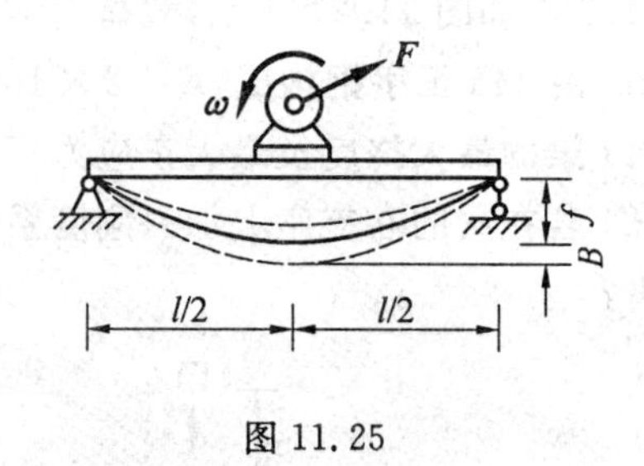

图 11.25

11.12　如图 11.26 所示，表面未经加工的钢制圆杆，有直径为 ϕ 的径向圆孔，受 0～$F_{\max}$ 的交变轴向力作用。$\sigma_b=600$ MPa，$\sigma_s=340$ MPa，$\sigma_{-1}=200$ MPa，取 $\varphi_u=0.1$，$n_s=1.5$，规定安全系数 $n_s=1.7$。试求圆杆所能承受的最大载荷。

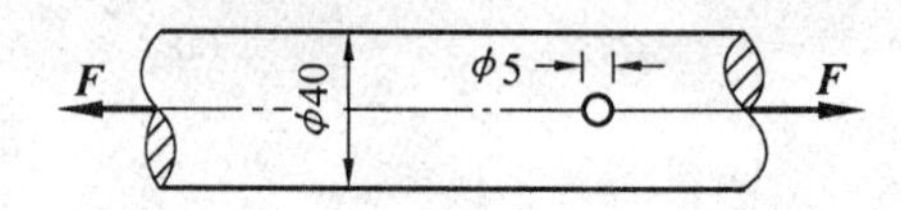

图 11.26

11.13　如图 11.27 所示，旋转阶梯轴上作用一不变弯矩 $m=1$ kN·m，轴表面未经加工。材料 $\sigma_b=600$ MPa，$\sigma_{-1}=250$ MPa。试求该轴的工作安全系数。

11.14　如图 11.24 所示，圆轴，表面磨削，$D=50$ mm、$d=40$ mm、$r=2$ mm，材料 $\sigma_b=600$ MPa，$\sigma_{-1}=275$ MPa，承受不变弯矩 $m=400$ N·m 作用。若规定安全系数 $n=1.8$。试校核轴的疲劳强度。

11.15　如图 11.28 所示，阶梯形圆轴 $D=60$ mm、$d=48$ mm、$r=5$ mm，材料的 $\sigma_b=500$ MPa、$\tau_{-1}=110$ MPa，承受对称循环扭矩作用，$m=\pm 800$ N·m。若规定安全系数 $n=1.5$。试校核该轴的疲劳强度。钢轴表面粗车。

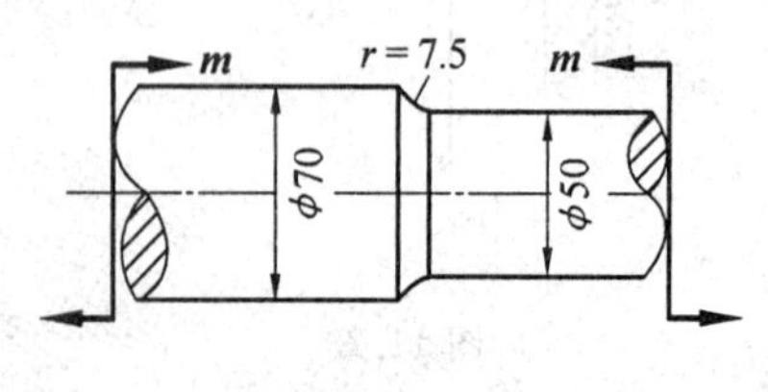

图 11.27

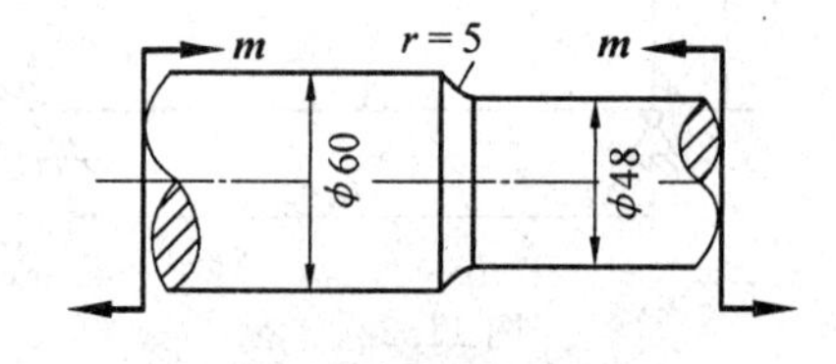

图 11.28

第 12 章 考虑材料塑性时杆件的承载能力

12.1 概　　述

12.1.1 极限载荷法

由于在工程实际中，绝大部分的构件都必须在弹性范围内工作，因此，在前面几章中建立强度条件时，采用了统一表达式

$$\sigma_r \leqslant [\sigma] = \frac{\sigma_u}{n} \tag{12.1}$$

通常把建立这种形式强度条件的方法称为许用应力法。此方法的基本观点是：只要所加载荷使结构中的任一杆件的任一点的相应应力到达极限应力 σ_u 时，就认为该结构失去了承载能力。满足这样的强度条件时，杆件是在弹性范围内工作的，没有产生塑性变形。

这种观点对以强度极限 σ_b 作为极限应力 σ_u 的脆性材料，或对由塑性材料制成的、截面上应力均匀分布的静定杆系符合实际情况。但是，对于由塑性材料制成的超静定杆系，或截面上应力为非均匀分布的杆，不允许结构出现塑性变形的设计方法显然不能充分发挥材料的作用。例如，对于如图 12.1 所示的梁，设材料采用低碳钢。若按许用应力法进行设计，当截面 C 上下边缘处的应力到达极限应力 σ_u($\sigma_u=\sigma_s$) 时，就认为该梁失去了承载能力。但是，这时除截面 C 上下边缘各点外，内部各点在横截面上的正应力都小于屈服极限 σ_s。实际上，该梁仍能继续承载。若梁允许出现较大的塑性变形，该梁还能承担更大的载荷。只有当整个截面 C 上的正应力都达到 σ_s 时，梁才真正失去承载能力而发生破坏。这时的载荷称为塑性极限载荷，记为 F_u。按这种观点，构件可建立强度条件

$$F_{max} \leqslant [F] = \frac{F_u}{n} \tag{12.2}$$

式中　F_{max}—— 结构实际承受的最大载荷。

依据强度条件(12.2) 进行设计的方法，称为极限载荷法。显然，与许用应力法比较，按极限载荷法进行设计要合理得多。因此，这种方法在建筑设计中已得到广泛应用。

12.1.2 应力－应变关系曲线的简化

用极限载荷法对构件进行强度计算时，必须知道材料进入塑性阶段后的工作情况。

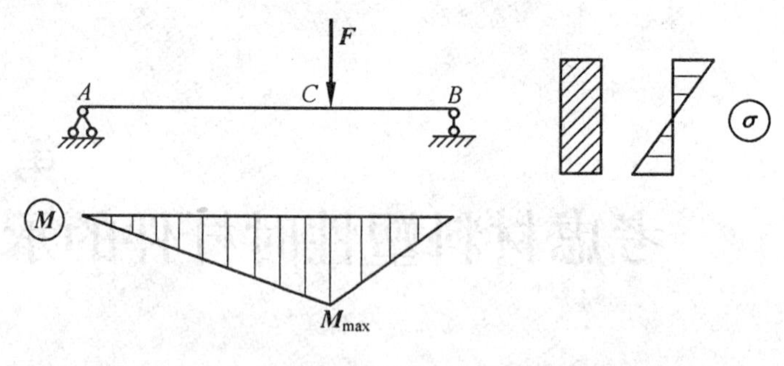

图 12.1

由第 2 章中已讨论过的塑性材料的力学性质可知，材料进入塑性阶段后，应力 — 应变关系变得复杂起来，很难用一个简单的解析表达式把试验曲线精确地描绘出来。

为了使求解弹塑性问题得到简化，常将应力 — 应变关系作必要的简化，得出各种简化模型。通常采用的模型如图 12.2 所示。其中图 12.2(a) 称为理想弹塑性材料；图 12.2(b) 称为线性强化弹塑性材料；图 12.2(c) 称为理想刚塑性材料；图 12.2(d) 称为线性强化刚塑性材料。图中箭头表示卸载时曲线的变化方向。对于某些材料，也可将应力 — 应变曲线近似地用幂函数表达为

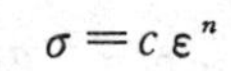

$$\sigma = c\,\varepsilon^{n}$$

式中　c、n—— 材料常数（$0 \leqslant n \leqslant 1$）。

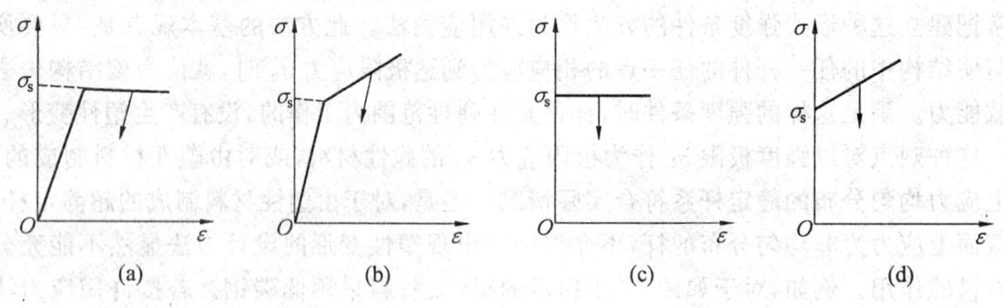

图 12.2

以上是单向应力状态的情况，复杂应力状态下的塑性应力 — 应变关系要复杂一些，这里不再介绍。本章在讨论杆件的承载能力时，一律采用如图 12.2(a) 所示的理想弹塑性材料的模型，同时认为，材料在拉伸和压缩时具有相同的弹性模量值和屈服极限值。凡是材料有较明显的屈服阶段，并且应变不超出这一阶段，或者材料的强化程度不明显时，都可简化为理想弹塑性材料。

12.2　圆轴的弹塑性扭转

在材料为线弹性情况下，圆轴扭转时横截面上的切应力公式为

$$\tau_{\rho} = \frac{T}{I_{p}}\rho \tag{1}$$

其分布如图 12.3(a) 所示。随着扭矩 T 的不断增加，截面边缘处的最大切应力首先达到

剪切屈服极限 τ_s(图 12.3(b)),这时的扭矩为弹性极限扭矩 T_e。由式(1) 可得

$$\tau_s=\frac{T_e}{W_t}$$

即

$$T_e=W_t\tau_s=\frac{\pi d^3}{16}\tau_s \tag{2}$$

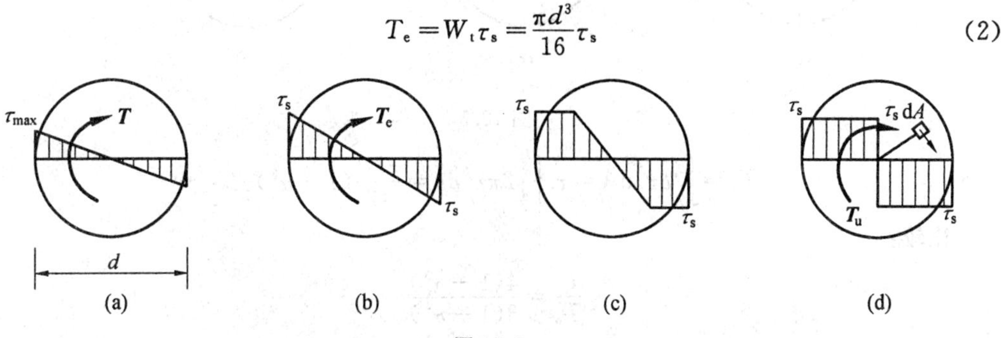

图 12.3

设圆轴材料为理想弹塑性材料,其应力－应变曲线如图 12.4 所示。当继续增大扭矩时,横截面上靠近边缘各点处的切应力相继达到 τ_s 而屈服,形成塑性区;而截面的中间部分仍处在弹性阶段,仍为弹性区。整个截面处于如图 12.3(c) 所示的弹塑性状态。若进一步增大扭矩,横截面上的塑性区由外向内逐渐扩大,弹性区逐渐缩小,直至整个截面上各点的切应力均达到 τ_s,进入塑性极限状态(图 12.3(d))。这时圆轴完全丧失承载能力,相应的扭矩为塑性极限扭矩,用 T_u 表示,其值为

$$T_u=\int_A\rho\tau_s\mathrm{d}A=\tau_s\int_0^{d/2}2\pi\rho^2\mathrm{d}\rho=\frac{\pi d^3}{12}\tau_s \tag{3}$$

比较式(2) 与(3),得

$$\frac{T_u}{T_e}=\frac{4}{3}$$

即按极限载荷法对圆轴扭转进行强度计算时,可将承载能力提高 33.3%。

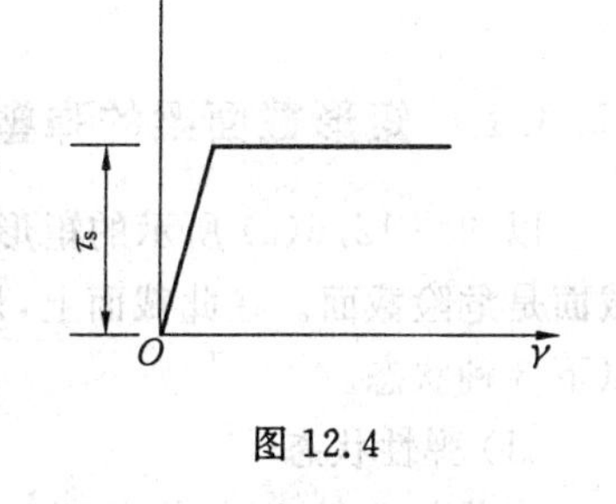

图 12.4

【例 12.1】　空心圆轴如图 12.5(a) 所示,外径为 D,内径为 d,且 $\dfrac{d}{D}=\alpha$,材料剪切屈服极限为 τ_s。试求圆轴的弹性极限扭矩和塑性极限扭矩,并进行比较。

【解】　弹性极限扭矩(图 12.5(b))

由公式

$$\tau_s=\frac{T_e}{W_t}=\frac{T_e}{\frac{1}{16}\pi D^3(1-\alpha^4)}$$

得

$$T_e=\frac{1}{16}\pi D^3(1-\alpha^4)\cdot\tau_s$$

塑性极限扭矩(图 12.5(c)) 为

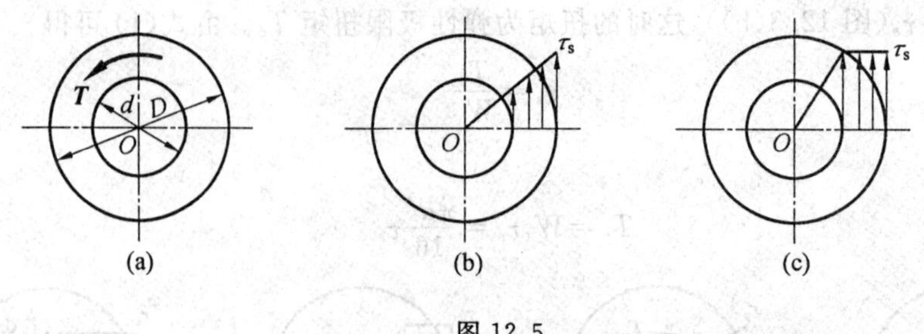

图 12.5

$$T_u=\int_A \rho\tau_s \mathrm{d}A=\tau_s\int_{\frac{d}{2}}^{\frac{D}{2}} 2\pi\rho^2 \mathrm{d}\rho=\frac{\pi D^3}{12}(1-\alpha^3)\tau_s$$

比较：

$$\frac{T_u}{T_e}=\frac{4(1-\alpha^3)}{3(1-\alpha^4)}$$

当 $\alpha=0.8$ 时

$$\frac{T_u}{T_e}=1.10$$

当 $\alpha=0.6$ 时

$$\frac{T_u}{T_e}=1.20$$

结果表明，当圆轴内外径之比 α 取 0.8 和 0.6 时，塑性极限扭矩比弹性极限扭矩分别提高了 10% 和 20%。

12.3 梁的弹塑性弯曲、塑性铰

12.3.1 矩形截面梁的弹塑性分析、塑性铰

以如图 12.6(a) 所示的矩形截面简支梁为例，梁的材料是塑性材料。显然，梁的中间截面是危险截面。在此截面上，最大弯矩 M_{max} 随着载荷 F 的增加而逐渐增大时，将存在以下 3 种状态。

(1) 弹性状态

当载荷 F 较小时，横截面上应力为线性分布，最大正应力

$$\sigma_{max}=\frac{M_{max}}{W_z}\leqslant\sigma_s$$

弹性极限状态是 $\sigma_{max}=\sigma_s$(图 12.6(b))。此时，危险截面的上下边缘各点的材料开始屈服，相应的弯矩 M_e 为弹性极限弯矩，其值为

$$M_e=W_z\sigma_s=\frac{bh^2}{6}\sigma_s \tag{1}$$

(2) 弹塑性状态

继续增大载荷 F 时，$M_{max}>M_e$，危险截面上靠近上下边缘各点的材料相继屈服，形成塑性区，在此区域内各点的正应力为 σ_s。在中性轴附近，却仍为弹性区，$\sigma<\sigma_s$，这部分

横截面上正应力呈现线性分布，如图 12.6(c) 所示。

(3) 塑性极限状态

载荷 F 继续增大时，塑性区扩及整个危险截面，各点正应力均达到 σ_s (图 12.6(d))，梁处于塑性极限状态。

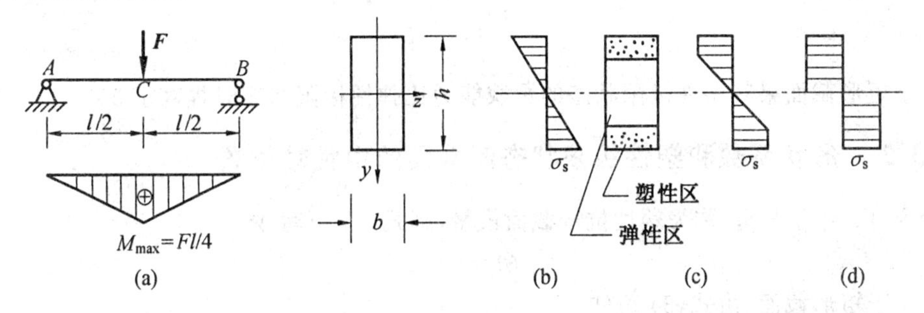

图 12.6

相应的弯矩为塑性极限弯矩 M_u。此时尽管载荷不再增加，而危险截面上各点的应变却继续增大。整个梁将绕此截面的中性轴发生相对转动，就好像在那里出现了一个铰链一样，使梁成为几何可变的机构，梁完全丧失承载能力。把这种截面上全部材料屈服而产生的变形状态称为塑性铰，如图 12.7 所示。

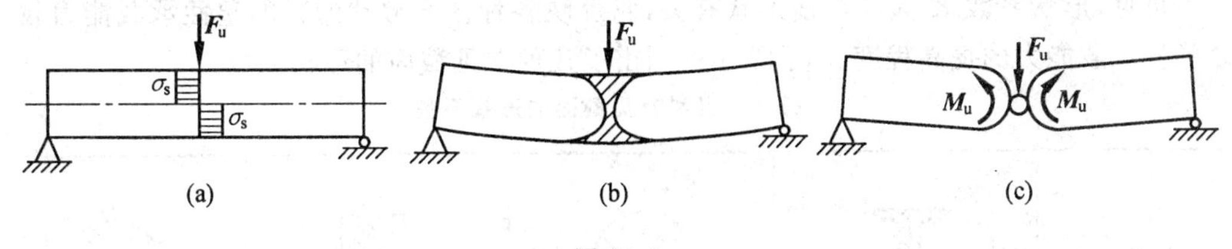

图 12.7

塑性铰与普通铰链的区别在于：塑性铰是单向铰，只有使梁沿继续屈服的方向转动时才无约束，而反向加载时则存在约束；塑性铰可承受 $M=M_u$ 的弯矩，而普通铰链不能承受弯矩。

上述梁的塑性极限弯矩可由式

$$M_u=\int_A \sigma_s y\mathrm{d}A=\int_{At}\sigma_s y\mathrm{d}A+\int_{Ac}\sigma_s y\mathrm{d}A=\sigma_s\left(\int_{At}y\mathrm{d}A+\int_{Ac}y\mathrm{d}A\right)$$

或

$$M_u=\sigma_s(S_t+S_c) \tag{2}$$

求得。式中，A_t 与 A_c 分别代表梁在塑性极限状态时，危险截面上中性轴两侧拉应力区和压应力区的面积；S_t 与 S_c 分别为 A_t 与 A_c 对中性轴的静矩(均按正值计算)。

对于具有两个正交对称轴的截面，例如矩形、工字形、圆形等，其中性轴恒与一个对称轴重合，这时式(2) 中

$$S_t=S_c=S_{max}$$

于是，式(2) 可写成

$$M_u=2S_{max}\sigma_s=2\left(b\times\frac{h}{2}\times\frac{h}{4}\right)\sigma_s$$

即

$$M_u=\frac{bh^2}{4}\sigma_s \tag{3}$$

将式(1) 与(3) 比较,可得

$$\frac{M_u}{M_e}=1.5$$

即对于矩形截面梁其塑性极限状态的承载能力比弹性极限状态时提高了 50%。

12.3.2 形状系数和塑性极限状态时截面的中性轴位置

令 $W_s=S_t+S_c$,称为塑性抗弯截面模量,则式(2) 可写成

$$M_u=W_s\sigma_s \tag{4}$$

对于矩形截面,由式(3) 可知

$$W_s=\frac{bh^2}{4}$$

塑性极限弯矩与弹性极限弯矩之比用 K 表示,称为形状系数,即

$$K=\frac{M_u}{M_e}=\frac{W_s\sigma_s}{W_z\sigma_s}=\frac{W_s}{W_z} \tag{12.3}$$

可见,形状系数 K 只与截面形状有关,它反映各种截面形状的梁的塑性承载能力较之弹性承载能力的提高程度。表 12.1 中列出了几种常见截面的形状系数。

表 12.1 几种常见截面的形状系数

截面形状	(工字形)	(圆环形)	(矩形)	(圆形)
K	1.15～1.17	$\frac{4}{\pi}=1.27$	1.50	$\frac{16}{3\pi}=1.70$

下面讨论塑性极限状态时中性轴的位置。因为梁的横截面上的轴力为零,因此,在塑性极限状态时,梁的危险截面上,恒有

$$F_N=\int_{A_t}\sigma_s\mathrm{d}A-\int_{A_c}\sigma_s\mathrm{d}A=0$$

从而得

$$A_t=A_c$$

若整个横截面积为 A,则应有

$$A_t=A_c=\frac{A}{2} \tag{12.4}$$

式(12.4) 表明,梁的截面处于塑性极限状态时,该截面上拉应力区的面积与压应力区的面积相等。由此,当截面有两个对称轴时(如矩形等),与弹性状态时一样,中性轴为一对称轴(即形心轴)。若截面只有一个对称轴,且载荷作用在此对称平面时,如 T 形、槽形截

面等，由于必须满足式(12.4)的关系，则中性轴必将偏离形心轴。对于图 12.8 所示 T 形截面，中性轴位置如图所示。

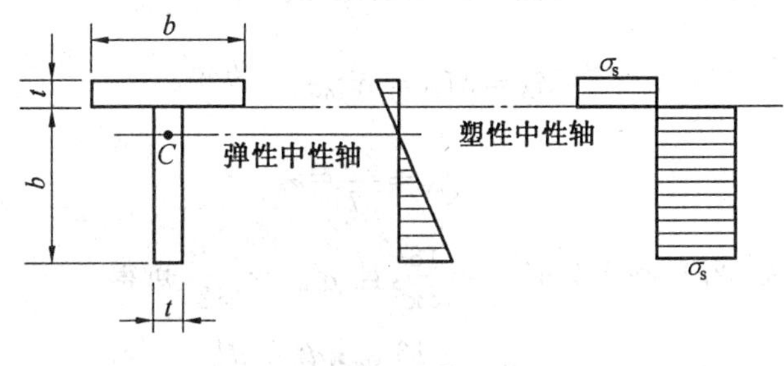

图 12.8

12.3.3　极限载荷的计算

如图 12.6(a) 所示为静定梁，最大弯矩为 $M_{max}=\frac{Fl}{4}$。当 M_{max} 到达塑性极限弯矩 M_u 时，梁就在最大弯矩的截面上出现塑性铰，这时的载荷也就是极限载荷 F_u，即在极限状态下

$$M_{max}=\frac{F_u l}{4}=M_u$$

$$F_u=\frac{4M_u}{l}$$

对矩形截面梁，$M_u=\frac{bh^2}{4}\sigma_s$，于是极限载荷为

$$F_u=\frac{bh^2\sigma_s}{l}$$

【例 12.2】　试求如图 12.9 所示变截面梁的塑性极限载荷 q_u。设 AB 段和 BC 段的截面为圆形，直径分别为 d 和 $d/2$。

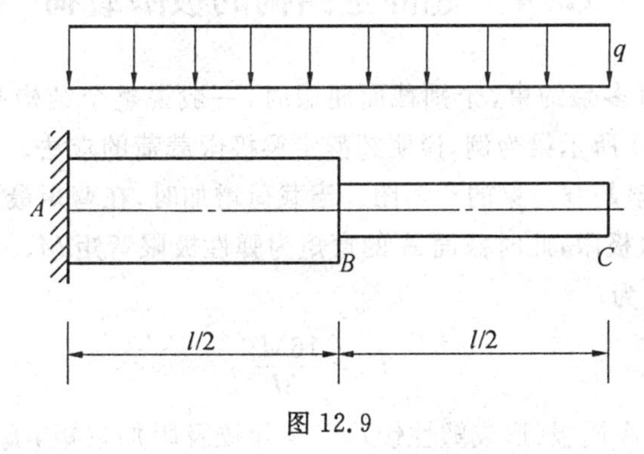

图 12.9

【解】　由于梁的截面是变化的，所以塑性铰既可能首先在 AB 段内出现，也可能首先在 BC 段内出现。

(1)AB 段内

危险截面为 A，$M_A=\frac{ql^2}{2}$，当截面 A 出现塑性铰时

$$M_A=M_{uA}=W_{sA}\sigma_s=\frac{q_{uA}l^2}{2}$$

$$q_{uA}=\frac{2W_{sA}}{l^2}\sigma_s$$

$W_{sA}=KW_{zA}$，由表 12.1，圆形截面 $K=\frac{16}{3\pi}$，且 $W_{zA}=\frac{\pi d^3}{32}$ 可得

$$W_{sA}=\frac{16}{3\pi}\times\frac{\pi d^3}{32}=\frac{d^3}{6}$$

$$q_{uA}=\frac{2W_{sA}}{l^2}\sigma_s=\frac{d^3}{3l^2}\sigma_s$$

(2)BC 段内

危险截面为 B，当截面 B 出现塑性铰时

$$M_B=M_{uB}=W_{sB}\sigma_s=\frac{q_{uB}l^2}{8}$$

$$W_{sB}=\frac{16}{3\pi}\times\frac{\pi}{32}\left(\frac{d}{2}\right)^3=\frac{d^3}{48}$$

$$q_{uB}=\frac{8W_{sB}}{l^2}\sigma_s=\frac{d^3}{6l^2}\sigma_s$$

因此，该梁的塑性极限载荷为

$$q_u=(q_{uA},q_{uB})_{\min}=\frac{d^3}{6l^2}\sigma_s$$

塑性铰将出现在截面 B。

12.4 超静定结构的极限载荷

超静定梁由于有多余约束，个别截面屈服时，一般说整个结构并不一定达到极限状态。现以图 12.10(a) 所示梁为例，说明超静定梁极限载荷的求法。

图 12.10(b) 为该超静定梁的弯矩图。当载荷增加时，在弯矩最大的截面 A 的外边缘的应力首先到达屈服极限，此时截面 A 的弯矩为弹性极限弯矩 M_e，与此相应的载荷为弹性极限载荷 F_e，其值为

$$F_e=\frac{16M_e}{3l} \tag{1}$$

继续增加载荷，截面 A 屈服(形成塑性铰)，以实际铰及附加弯矩 M_e 代替塑性铰的作用，原来的超静定梁(图 12.10(a))便相当于图 12.10(c) 中的静定梁，这时该梁并未丧失承载能力，载荷仍可继续增加，直到截面 C 也形成塑性铰，使该梁成为机构，如图 12.10(d) 所示，到达极限状态。与此相应的载荷即为塑性极限载荷。

由图 12.10(c) 可知，截面 A 形成塑性铰后，截面 C 的弯矩为

$$M_C = \frac{Fl}{4} - \frac{M_u}{2}$$

当 $M_C = M_u$ 时，$F = F_u$，从而求得塑性极限载荷为

$$F_u = \frac{6M_u}{l} \tag{2}$$

实际上，若仅计算塑性极限载荷，一般不需要像前面一样研究梁从弹性到塑性的全过程以及塑性铰出现的先后次序。可以根据弯矩分布规律，确定梁变成机构的极限状态，在形成塑性铰处以实际铰及值为 M_u 的附加力偶来代替。然后，利用静力平衡条件便可求出塑性极限载荷。例如，如图 12.10(a) 所示的梁，根据弯矩分布规律可以确定梁的极限状态如图 12.10(d) 所示。由全梁的平衡方程 $\sum M_A = 0$，得

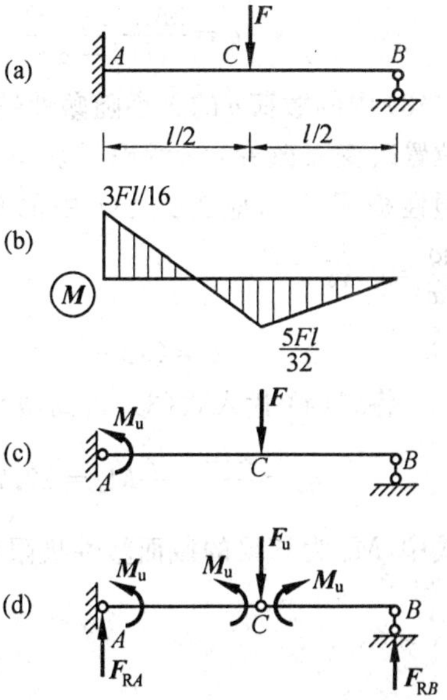

$$F_{RB}l - F_u \cdot \frac{l}{2} + M_u = 0 \tag{3}$$

图 12.10

再由铰链 C 处的弯矩 $M_C = 0$，得

$$F_{RB} \cdot \frac{l}{2} - M_u = 0 \tag{4}$$

解式(3) 和(4)，得

$$F_u = \frac{6M_u}{l}$$

结果与式(2) 相同，但求解过程要简单很多。

由式(1) 和(2) 可得塑性极限载荷与弹性极限载荷的比值为

$$\frac{F_u}{F_e} = \frac{9M_u}{8M_e}$$

其值大于静定梁的比值。这是因为超静定梁在出现塑性铰后，弯矩将重新分配，使结构的承载能力增大。

【例 12.3】　试求如图 12.11(a) 所示梁的塑性极限载荷。

【解】　这是一次超静定梁，要出现两个塑性铰才会使其变成机构。根据图 12.11(a) 的弯矩分布规律，可以判断截面 A 总是会出现塑性铰的，另一个塑性铰将出现在跨中某截面，其位置不能预先确定。设该塑性铰出现在截面 C，它到截面 B 的距离为 x。该梁的极限状态如图12.11(b) 所示。由全梁的平衡方程 $\sum M_A = 0$，得

$$F_{RB}l - q \cdot \frac{l^2}{2} + M_u = 0 \tag{1}$$

再由铰链 C 处的弯矩 $M_C = 0$，得

$$F_{RB}x - \frac{qx^2}{2} - M_u = 0 \tag{2}$$

解式(1) 和(2)，得

$$q=\frac{2M_u(l+x)}{xl(l-x)} \tag{3}$$

式(3)中的载荷q的大小随塑性铰在梁中出现的位置改变而改变，它考虑了所有可能的破坏。塑性极限载荷应为式(3)中的最小载荷。令$\frac{dq}{dx}=0$，得

$$x=(\sqrt{2}-1)l \tag{4}$$

将式(4)代入式(3)，得到塑性极限载荷为

$$q_u=\frac{6+4\sqrt{2}}{l^2}M_u=12.7\frac{M_u}{l^2}$$

式中，M_u为该梁的截面塑性极限弯矩。

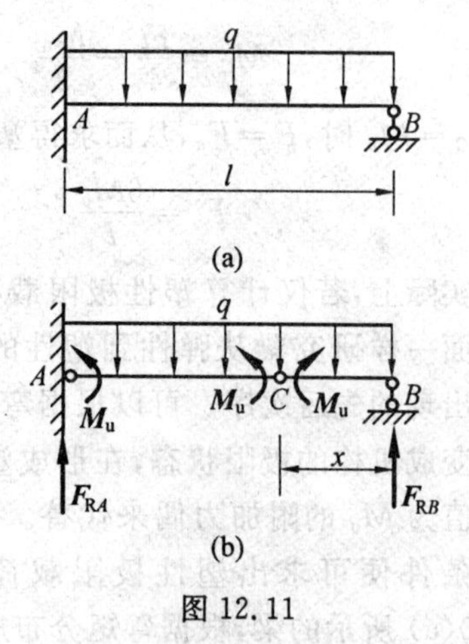

图 12.11

习　　题

12.1　是否按极限载荷法设计的截面面积都比按许用应力法设计的要小？为什么？

12.2　如图12.12所示3种截面形状的梁，当截面上弯矩M向塑性极限弯矩M_u增大时，其中性轴将向哪个方向移动。

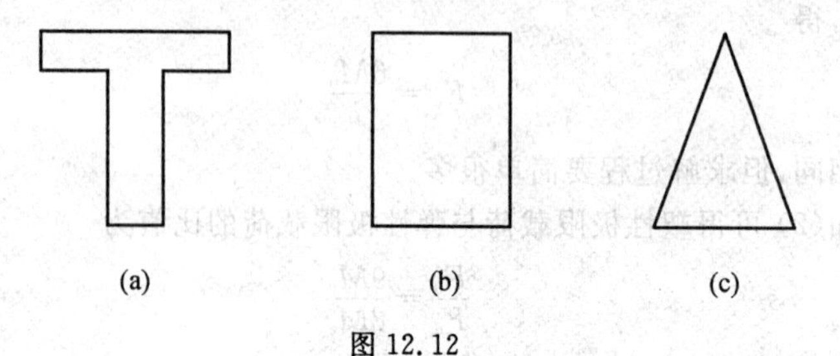

图 12.12

12.3　如图12.13所示结构AB为刚杆，杆①及杆②由同一理想弹塑性材料制成，横截面积均为A，屈服极限为σ_s。试求结构弹性极限载荷F_e和塑性极限载荷F_u。

12.4　如图12.14所示理想弹塑性材料的实心圆轴，直径为d，剪切屈服极限为τ_s。试求m的极限值M_u。

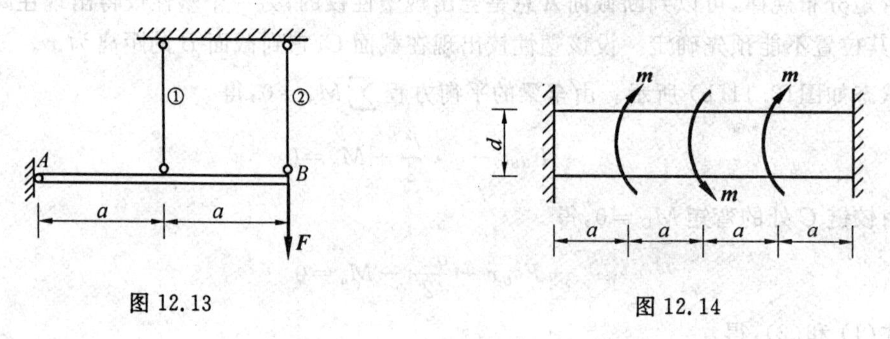

图 12.13　　图 12.14

12.5　由理想弹塑性材料制成的圆轴，受扭时横截面上已形成塑性区，沿半径应力分布如图 12.15 所示。试证明截面扭矩的表达方式

$$T=\frac{2}{3}\pi r^3\tau_s\left(1-\frac{c^3}{4r^3}\right)$$

12.6　如图 12.16 所示，矩形截面简支梁，由理想弹塑性材料制成，屈服极限为 σ_s。试求：

(1) 弹性极限载荷 q_e 和塑性极限载荷 q_u；

(2) 当截面上弹性区坐标高度 $\eta=\frac{h}{2}$ 时，截面上的弯矩值。

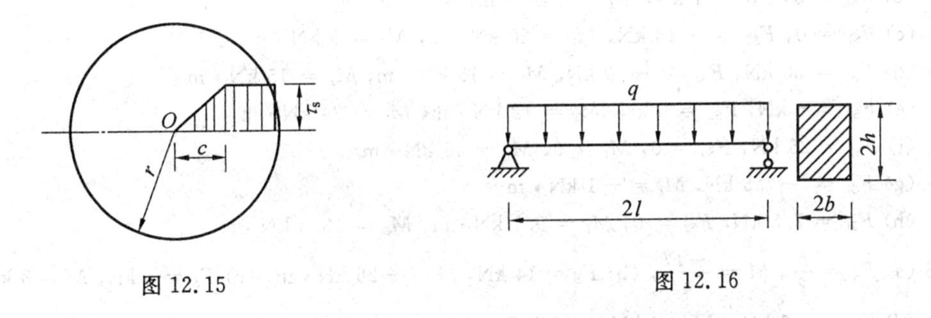

图 12.15　　　图 12.16

12.7　实心圆轴扭转到达塑性极限状态后卸载。试求卸载后的残余应力。

12.8　试求如图 12.17 所示超静定梁的塑性极限载荷。假设截面的塑性极限弯矩 M_u 已知。

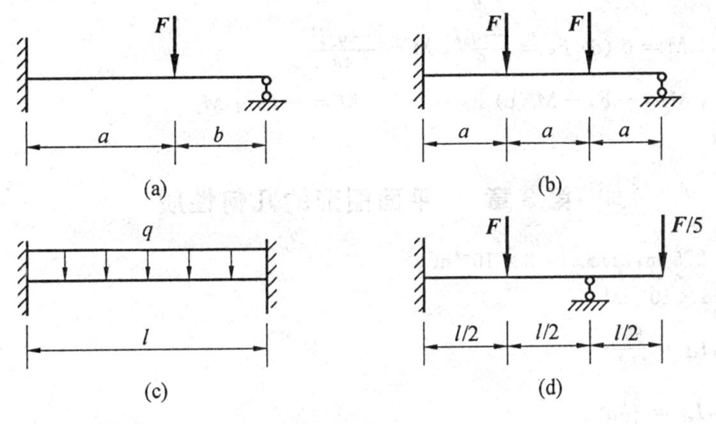

图 12.17

附　录

附录 1　习题答案

第 2 章 内力及内力图

2.5 (a) $F_{S1}=7\ \text{kN}$, $F_{S2}=7\ \text{kN}$, $M_1=-12\ \text{kN}\cdot\text{m}$, $M_2=2\ \text{kN}\cdot\text{m}$

(b) $F_{S1}=0$, $F_{S2}=1\ \text{kN}$, $M_1=2\ \text{kN}\cdot\text{m}$, $M_2=0$

(c) $F_{S1}=0$, $F_{S2}=-10\ \text{kN}$, $M_1=20\ \text{kN}\cdot\text{m}$, $M_2=5\ \text{kN}\cdot\text{m}$

(d) $F_{S1}=30\ \text{kN}$, $F_{S2}=-10\ \text{kN}$, $M_1=15\ \text{kN}\cdot\text{m}$, $M_2=15\ \text{kN}\cdot\text{m}$

(e) $F_{S1}=6\ \text{kN}$, $F_{S2}=6\ \text{kN}$, $M_1=12\ \text{kN}\cdot\text{m}$, $M_2=24\ \text{kN}\cdot\text{m}$

(f) $F_{S1}=26\ \text{kN}$, $F_{S2}=0$, $M_1=0$, $M_2=49\ \text{kN}\cdot\text{m}$.

(g) $F_{S1}=-7.5\ \text{kN}$, $M_1=-1\ \text{kN}\cdot\text{m}$

(h) $F_{S1}=7.5\ \text{kN}$, $F_{S2}=0$, $M_1=9.1\ \text{kN}\cdot\text{m}$, $M_2=13.3\ \text{kN}\cdot\text{m}$

2.6 (a) $F_S=\dfrac{F}{2}$, $M=\dfrac{-Fl}{4}$, (b) $F_S=14\ \text{kN}$, $M=-26\ \text{kN}\cdot\text{m}$, (c) $F_S=4\ \text{kN}$, $M=8\ \text{kN}\cdot\text{m}$

(d) $F_S=-2\ \text{kN}$, $M=4\ \text{kN}\cdot\text{m}$ (e) $F_S=0$, $M_1=Fl/3$ (f) $F_S=-7\ \text{kN}$, $M=17\ \text{kN}\cdot\text{m}$

(g) $F_{S1}=-5\ \text{kN}$, $M=18\ \text{kN}\cdot\text{m}$ (h) $F_S=\dfrac{-q_0 l}{8}$, $M=\dfrac{-q_0 l^2}{48}$

2.7 (a) $F_S=-F-qa$, $M=-Fa-\dfrac{3}{2}qa^2$ (b) $F=-M_e/l$, $M=-M_e/2$

(c) $F_S=\dfrac{ql}{4}$, $M=0$ (d) $F_S=\dfrac{-q_0 l}{8}$, $M=\dfrac{-q_0 l^2}{48}$

2.8 (a) $F_S=F$, $M=-Fa-M_e$ (b) $F_S=-F$, $M=-Fa+M_e$

2.11 $a=0.207l$

第 3 章　平面图形的几何性质

3.1　(1) $y_c=0.275\ \text{m}$, (2) $S_{z0}=2\times10^{-2}\ \text{m}^3$

3.2　$I_{z0}=0.878\times10^{-2}\ \text{m}^4$

3.3　$I_{z0}=\dfrac{bh^3}{36}$, $I_{z1}=\dfrac{bh^3}{12}$

3.4　$I_z=\dfrac{15}{12}a^4$, $I_{z1}=\dfrac{51}{12}a^4$

3.5　$I_z=\dfrac{bh^3}{3}$, $I_{z1}=\dfrac{7}{9}bh^3$

3.6　$a=9.76\ \text{cm}$

第 4 章　应力计算及强度条件

4.1 $\sigma_{1-1}=75\ \text{MPa}$, $\sigma_{2-2}=133.3\ \text{MPa}$

4.2 $\sigma=10\ \text{MPa}$

4.3 $\sigma = 2$ MPa

4.4 (1)$\sigma_{\pi/6} = 0.75$ MPa，$\tau_{\pi/6} = 0.433$ MPa；(2)$\sigma_{max} = 1$ MPa，$\theta = 0°$ ，$\tau_{max} = 0.5$ MPa，$\theta = 45°$

4.5 杆 ①$\sigma = 103$ MPa 杆，②$\sigma = 93.2$ MPa

4.6 $F = 35.3$ kN

4.7 $F = 90$ kN

4.8 (2) $F = 15.7$ kN

4.9 $\sigma_{AB} = 74$ MPa

4.10 $A = \pi dt, A_{bs} = \dfrac{\pi}{4(D^2 - d^2)}$

4.11 $F = 226$ kN

4.12 $d = 21$ mm

4.13 $t = 95.5$ mm

4.15 $\tau = 27.55$ MPa

4.16 $\tau_{max} = 100$ MPa

4.17 $\tau_{max} = 35.7$ MPa

4.18 $d \geqslant 162$ mm, $d_1 = 19$ mm

4.19 $m_a = 19.6$ kN·m

4.20 $\sigma_{max} = 127$ MPa

4.21 $\sigma_{tmax} = 15.1$ MPa,$\sigma_{cmax} = 9.6$ MPa

4.22 $F_{max} = 18.4$ kN

4.23 20a

4.24 $\delta = 24$ mm,$\sigma_t = 28.2$ MPa,$\sigma_c = 84.7$ MPa

4.25 $M = 6.65$ kN·m

4.26 $2a = 1.385$ m

4.27 (1) $2m \leqslant x \leqslant 2.67$ m (2) $50b$

4.28 22b

4.29 16

第5章　变形计算、刚度条件及超静定问题

5.1 $\delta_C = 0.04$ mm，$\delta_F = 0.06$ mm

5.2 (a) $\Delta L = \dfrac{3Fa}{EA}$ (b) $\Delta L = \dfrac{14Fl}{3EA}$

5.3 $\varepsilon_{I} = 0.05\%$ ，$\varepsilon_{III} = -0.05\%$，$\Delta l_{I} = 0.5$ mm ，$\Delta l_{III} = -1$ mm

5.4 $x = \dfrac{4a}{7}$

5.5 $F = 3.2$ kN

5.6 $l = 1.1$ m

5.7 $\tau_{max} = 49.4$ MPa ，$\varphi_{max} = 1.7°/m$

5.8 重量比 0.507,刚度比 1.18

5.9 $\varphi_{BC} = 0.248 \times 10^{-2}$ rad ，$\varphi_{D} = 0.124 \times 10^{-2}$ rad

5.10 $\varphi_B = \dfrac{m_e l^2}{2GI_p}$

5.11 $D = 77$ mm,$d = 62$ mm

5.12 (a) $\theta_B = \frac{-5ql^3}{24EI}$, $y_A = \frac{29ql^4}{384EI}$ (b) $\theta_B = \frac{Fa^2}{2EI}$, $y_A = \frac{Fa^2}{6EI}(3l-a)$

(c) $\theta_B = \frac{3ql^3}{128EI}$, $y_A = \frac{5ql^4}{768EI}$

5.13 $\theta_A = \frac{ql^3}{24EI} - \frac{M_e l}{2EI}$

5.14 $\theta_C = \frac{5Fa^2}{2EI}$, $y_C = \frac{7Fa^3}{2EI}$

5.15 $\theta_C = \frac{ql^3}{144EI}$, $y_C = 0$

5.16 $h/b = \sqrt{3}$

5.17 $D = 155$ mm

5.18 $\frac{m_1}{m_2} = \frac{1}{2}$

5.19 $y_{max} = \frac{2[\sigma]l^2}{3Eh}$

5.20 $F = 1\ 130$ kN, $\sigma = 60$ MPa

5.21 $F_{RB} = \frac{7}{4}F$ $F_{RC} = \frac{5}{4}F$

5.22 $\sigma_{①} = 47.3$ MPa (压应力), $\sigma_{②} = 41$ MPa(拉应力)

5.23 (1)$\varepsilon_1 = \varepsilon_2 = 10^{-6}$ (2)$F_{N1} = F_{N2} = 1.57$ kN (3)$F = 1.57$ kN

5.24 $\alpha = 45°$

5.25 $F_{N1} = \frac{F}{5}$, $F_{N2} = \frac{2F}{5}$

5.26 $\sigma_1 = \frac{FE_2A_2}{(E_1A_1 + E_2A_2)A_1}$, $\sigma_2 = -\frac{FE_2}{E_1A_1 + E_2A_2}$

5.28 $\frac{E_2I_2F}{(E_1I_1 + E_2I_2)}$

5.29 $y_B = \frac{13Fa^2}{8EI}$

第 6 章 能 量 法

6.1 (a)$V = \frac{F^2l^3}{6EI}$ (b)$V = \frac{7F^2l^3}{24EI}$

6.2 $\delta = (\frac{1}{2} + \sqrt{2})\frac{Fl}{EA}$

6.3 $\theta_A = \frac{3ql^3}{8EI}$, $\theta_B = \frac{-5ql^3}{24EI}$

6.4 $\frac{Fl^3}{6EI}$

6.5 $y_C = 0$

6.6 (a) $\theta_C = \frac{9Fl^2}{8EI}$, $y_B = \frac{Fl^3}{6EI}$ (b) $\theta_C = \frac{-2ql^3}{3EI}$, $y_B = \frac{11ql^4}{24EI}$

6.8 (2)$\theta_B = -\frac{7ql^3}{384EI}$, $y_C = \frac{5ql^4}{768EI}$

6.10 $F_{RC} = 3\ m/l$

6.11 $M_A = \frac{ql^2}{8}$, $F_{RB} = \frac{3ql}{8}$

6.12 $F_{N1} = \frac{3F}{5}, F_{N2} = \frac{6F}{5}$

第7章 应力状态分析

7.1 (a)$\tau_A = 101$ kPa, $\tau_B = 50$ kPa, (b)$\sigma_A = -37.5$ MPa, $\tau_A = 5.6$ MPa, $\sigma_B = 12.5$ MPa, $\tau_B = -1.87$ MPa

7.2 (a)$\sigma_{-30^\circ} = -12.5$ MPa, $\tau_{-30^\circ} = 64.9$ MPa, (b)$\sigma_{60^\circ} = -27.3$ MPa, $\tau_{60^\circ} = -27.32$ MPa, (c)$\sigma_{30^\circ} = 52.32$ MPa, $\tau_{30^\circ} = -18.66$ MPa

7.3 (a) (1)$\sigma_1 = 57$ MPa, $\sigma_2 = 0, \sigma_3 = -7$ MPa, $\alpha_0 = 19.33^\circ$, (2)$\tau_{\max} = 32$ MPa, $\sigma_{\alpha_\tau} = 25$ MPa

(b) (1)$\sigma_1 = 25$ MPa, $\sigma_2 = 0, \sigma_3 = -25$ MPa, $\alpha_0 = -45^\circ$, (2)$\tau_{\max} = 25$ MPa, $\sigma_{\alpha_\tau} = 0$

(c) (1)$\sigma_1 = 11.2$ MPa, $\sigma_2 = 0, \sigma_3 = -71.2$ MPa, $\alpha_0 = 38^\circ$

(2)$\tau_{\max} = 41.2$ MPa, $\sigma_{\alpha_t} = -30$ MPa

7.4 (1)$\sigma_{60^\circ} = 1.7$ MPa, $\tau_{60^\circ} = 23.9$ MPa, (2)$\sigma_1 = 85$ MPa, $\sigma_2 = 0, \sigma_3 = -5$ MPa, $\alpha_0 = 13.6^\circ$

7.5 $\sigma_1 = 121.7$ MPa, $\sigma_2 = 0, \sigma_3 = -33.7$ MPa

7.6 $\sigma_1 = 80$ MPa, $\sigma_2 = \sigma_3 = 0$

7.8 (a)$\sigma_1 = 110$ MPa, $\sigma_2 = 60$ MPa, $\sigma_3 = 10$ MPa

(b)$\sigma_1 = 80$ MPa, $\sigma_2 = 50$ MPa, $\sigma_3 = -50$ MPa

7.9 (a)$\tau_{\max} = 50$ MPa

(b)$\tau_{\max} = 65$ MPa

7.10 $\varepsilon_1 = 412 \times 10^{-6}, \varepsilon_3 = -600 \times 10^{-6}, \alpha_0 = 35^\circ$

$\sigma_1 = 56$ MPa, $\sigma_2 = 0, \sigma_3 = -106$ MPa

7.11 $\Delta l = 1.54 \times 10^{-3}$ mm

7.12 $\sigma_x = 81.87$ MPa, $\sigma_y = -72.53$ MPa

7.13 $\sigma_y = -35$ MPa, $\sigma_z = \sigma_x = -11.7$ MPa

7.14 $\varepsilon_{a-a} = \frac{\tau}{E}(1+\mu)$

7.16 $F = 6.4$ kN

7.18 (a) $u = 29.12 \times 10^3$ N·m/m³, $u_v = 13.5 \times 10^3$ N·m/m³, $u_f = 15.63 \times 10^3$ N·m/m³

(b) $u = 31.625 \times 10^3$ N·m/m³, $u_v = 2.67 \times 10^3$ N·m/m³, $u_f = 28.95 \times 10^3$ N·m/m³

第8章 强度理论

8.2 $\sigma_{r1} = \tau, \sigma_{r2} = \tau(1+\mu), \sigma_{r3} = 2\tau, \sigma_{r4} = \sqrt{3}\tau$

8.3 $\sigma_{r3} = 900$ MPa, $\sigma_{r4} = 843$ MPa

8.4 $\sigma_{r3} = 143$ MPa, $\sigma_{r4} = 133$ MPa

8.5 $\alpha_0 = -24^\circ 17'$, $\sigma_1 = 99.2$ MPa, $\sigma_2 = 0, \sigma_3 = -36.98$ MPa, $\sigma_{r4} = 121.1$ MPa

第9章 组合变形

9.2 $\sigma_{\max} = 9.6$ MPa

9.3 $h = 118$ mm, $b = 59$ mm

9.4 $\sigma_{c\max} = 0.263$ MPa

9.5 $\sigma_{max} = 8.5$ MPa

9.6 (1)$\sigma_{tmax} = 0.648$ MPa (2)$h = 372$ mm (3)$\sigma_{cmax} = 4.33$ MPa

9.7 $\sigma_A = 20$ MPa,$\sigma_B = -100$ MPa,$\sigma_C = 20$ MPa,$\sigma_D = 140$ MPa

9.8 $x = 5.2$ mm

9.9 $\sigma_{tmax} = 0.159$ MPa,$\sigma_{cmax} = 0.217$ MPa,$h = 0.64$ m

9.10 $t = 2.65$ mm

9.11 $\sigma_{r3} = 136.5$ MPa

9.12 $\sigma_{r3} = 142.4$ MPa

9.13 $d = 44.3$ mm

9.14 (a) 核心为一四边形,4 个角点坐标为(−58.4,0)、(0,−78.7)、(58.4,0)、(0,22.4);

(b) 核心为一扇形,其 4 个控制点坐标为(0,25)、(0,−25)、(−12.1,0)、(16.5,0)。

9.15 $M_{max} = \dfrac{3\alpha EIAl\Delta t}{3I + Al^2}$

第 10 章　压杆稳定

10.1 (d)

10.2 $F_{cr} = 177.65$ kN

10.3 $F_{cr} = 154$ kN

10.4 $F = \dfrac{\pi^2\sqrt{2}EI}{a^2}$;$F = \dfrac{\pi^2 EI}{2a^2}$(向外)

10.5 $\dfrac{F_{crb}}{F_{cra}} = 20$

10.6 $l_{min} = 0.825$ m

10.7 $\theta = \arctan(\cot^2\beta)$

10.8 (1)$F_{max} = 16.8$ kN;(2)$F_{max} = 50.4$ kN

10.9 $F_{cr} = 40.3$ kN

10.10 杆 ①$\sigma = 67.5$ MPa $< [\sigma]$,杆 ②$n = 2.87 > n_{st}$

10.12 $\lambda_y = 160.4$,$\varphi = 0.275$,$F/\varphi A = 149$ MPa $< [\sigma]$

10.13 (1)$F_{max} = 662$ kN;(2)$[F] = 370$ kN

10.14 $t_{max} = 91.7$ ℃

第 11 章　动应力与交变应力

11.1 (a)$F_N(x) = F$;(b)$F_N(x) = \left(1 - \dfrac{x}{l}\right)F$

11.2 $F_{Nd} = 90.6$ kN,$\sigma_{dmax} = 99.5$ MPa

11.4 $\sigma_{dmax} = 107.5$ MPa

11.5 $\Delta l = \dfrac{\omega^2 l^2}{3EAg}(3Q + Q_1)$

11.6 $\sigma_{dmax} = \left(1 + \sqrt{1 + \dfrac{3EIh}{2Qa^3}}\right)\dfrac{Qa}{W_z}$

11.7 (1)$y_{dmax} = 0.224$ cm,$\sigma_{dmax} = 147.8$ MPa

(2)$\sigma_{dmax} = 85.5$ MPa

11.8 $\sigma_{\mathrm{dmax}}=\frac{Ql}{4W_z}\left[1+\sqrt{1+\frac{48EI(v^2+gl)}{gQl^3}}\right]$

11.10 $\sigma_{\max}=-\sigma_{\min}=34.15\ \mathrm{MPa}, r=-1$

11.11 (1)$r=+1$;(2)$r=-1$;(3)$r=0.43$

11.12 $F_{\max}=89.6\ \mathrm{kN}$

11.13 $n_\sigma=1.6$

11.14 $n_\sigma=2.15$

11.14 $n_\tau=1.7$

第12章　考虑材料塑性时杆件的承载能力

12.3 $F_e=\frac{5}{4}\sigma_s A$;$F_u=\frac{3}{2}\sigma_s A$

12.4 $M_u=\frac{\pi d^3}{18}\tau_s$

12.6 (1)$q_e=\frac{8\sigma_s bh^2}{3l^2}$,$q_u=\frac{3\sigma_s bh^2}{l^2}$;(2)$M=\frac{11}{6}bh^2\sigma_s$

12.7 $(\tau_c)_r=\tau_s$,$(\tau_R)_r=\frac{\tau_s}{3}$

12.8 (a)$F_u=\frac{a+2b}{ab}M_u$;(b)$F_u=\frac{4}{3}\frac{M_u}{a}$;(c)$q_u=16\frac{M_u}{l^2}$;(d)$F_u=\frac{15}{2}\frac{M_u}{l}$

附录2　型钢表

表1　热轧等边角钢(GB 9787—88)

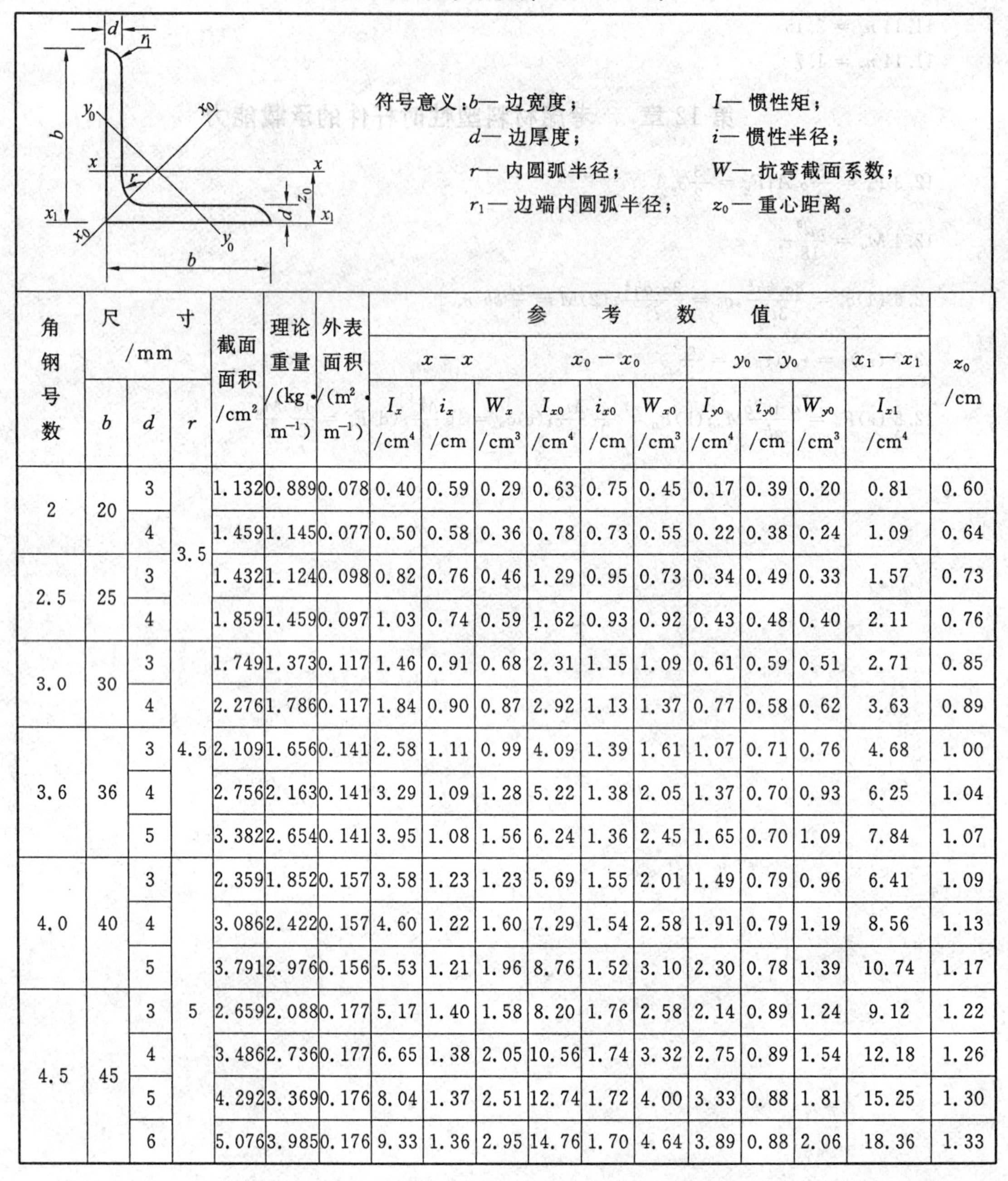

符号意义：b— 边宽度；　　I— 惯性矩；

d— 边厚度；　　i— 惯性半径；

r— 内圆弧半径；　　W— 抗弯截面系数；

r_1— 边端内圆弧半径；　　z_0— 重心距离。

角钢号数	尺寸/mm			截面面积/cm²	理论重量/(kg·m⁻¹)	外表面积/(m²·m⁻¹)	参考数值										z_0/cm
							$x-x$			x_0-x_0			y_0-y_0			x_1-x_1	
	b	d	r				I_x/cm⁴	i_x/cm	W_x/cm³	I_{x0}/cm⁴	i_{x0}/cm	W_{x0}/cm³	I_{y0}/cm⁴	i_{y0}/cm	W_{y0}/cm³	I_{x1}/cm⁴	
2	20	3	3.5	1.132	0.889	0.078	0.40	0.59	0.29	0.63	0.75	0.45	0.17	0.39	0.20	0.81	0.60
		4		1.459	1.145	0.077	0.50	0.58	0.36	0.78	0.73	0.55	0.22	0.38	0.24	1.09	0.64
2.5	25	3		1.432	1.124	0.098	0.82	0.76	0.46	1.29	0.95	0.73	0.34	0.49	0.33	1.57	0.73
		4		1.859	1.459	0.097	1.03	0.74	0.59	1.62	0.93	0.92	0.43	0.48	0.40	2.11	0.76
3.0	30	3	4.5	1.749	1.373	0.117	1.46	0.91	0.68	2.31	1.15	1.09	0.61	0.59	0.51	2.71	0.85
		4		2.276	1.786	0.117	1.84	0.90	0.87	2.92	1.13	1.37	0.77	0.58	0.62	3.63	0.89
3.6	36	3		2.109	1.656	0.141	2.58	1.11	0.99	4.09	1.39	1.61	1.07	0.71	0.76	4.68	1.00
		4		2.756	2.163	0.141	3.29	1.09	1.28	5.22	1.38	2.05	1.37	0.70	0.93	6.25	1.04
		5		3.382	2.654	0.141	3.95	1.08	1.56	6.24	1.36	2.45	1.65	0.70	1.09	7.84	1.07
4.0	40	3	5	2.359	1.852	0.157	3.58	1.23	1.23	5.69	1.55	2.01	1.49	0.79	0.96	6.41	1.09
		4		3.086	2.422	0.157	4.60	1.22	1.60	7.29	1.54	2.58	1.91	0.79	1.19	8.56	1.13
		5		3.791	2.976	0.156	5.53	1.21	1.96	8.76	1.52	3.10	2.30	0.78	1.39	10.74	1.17
4.5	45	3		2.659	2.088	0.177	5.17	1.40	1.58	8.20	1.76	2.58	2.14	0.89	1.24	9.12	1.22
		4		3.486	2.736	0.177	6.65	1.38	2.05	10.56	1.74	3.32	2.75	0.89	1.54	12.18	1.26
		5		4.292	3.369	0.176	8.04	1.37	2.51	12.74	1.72	4.00	3.33	0.88	1.81	15.25	1.30
		6		5.076	3.985	0.176	9.33	1.36	2.95	14.76	1.70	4.64	3.89	0.88	2.06	18.36	1.33

续表 1

角钢号数	尺寸/mm			截面面积/cm²	理论重量/(kg·m⁻¹)	外表面积/(m²·m⁻¹)	参考数值										z_0/cm
							$x-x$			x_0-x_0			y_0-y_0			x_1-x_1	
	b	d	r				I_x/cm⁴	i_x/cm	W_x/cm³	I_{x0}/cm⁴	i_{x0}/cm	W_{x0}/cm³	I_{y0}/cm⁴	i_{y0}/cm	W_{y0}/cm³	I_{x1}/cm⁴	
5	50	3	5.5	2.971	2.332	0.197	7.18	1.55	1.96	11.37	1.96	3.22	2.98	1.00	1.57	12.50	1.34
		4		3.897	3.059	0.197	9.26	1.54	2.56	14.70	1.94	4.16	3.82	0.99	1.96	16.69	1.38
		5		4.803	3.770	0.196	11.21	1.53	3.13	17.79	1.92	5.03	4.64	0.98	2.31	20.90	1.42
		6		5.688	4.465	0.196	13.05	1.52	3.68	20.68	1.91	5.85	5.42	0.98	2.63	25.14	1.46
5.6	56	3	6	3.343	2.624	0.221	10.19	1.75	2.48	16.14	2.20	4.08	4.24	1.13	2.02	17.56	1.48
		4		4.390	3.446	0.220	13.18	1.73	3.24	20.92	2.18	5.28	5.46	1.11	2.52	23.43	1.53
		5		5.415	4.251	0.220	16.02	1.72	3.97	25.42	2.17	6.42	6.61	1.10	2.98	29.33	1.57
		6		8.367	6.568	0.219	23.63	1.68	6.03	37.37	2.11	9.44	9.89	1.09	4.16	46.24	1.68
6.3	63	4	7	4.978	3.907	0.248	19.03	1.96	4.13	30.17	2.46	6.78	7.89	1.26	3.29	33.35	1.70
		5		6.143	4.822	0.248	23.17	1.94	5.08	36.77	2.45	8.25	9.57	1.25	3.90	41.73	1.74
		6		7.288	5.721	0.247	27.12	1.93	6.00	43.03	2.43	9.66	11.20	1.24	4.46	50.14	1.78
		8		9.515	7.469	0.247	34.46	1.90	7.75	54.56	2.40	12.25	14.33	1.23	5.47	67.11	1.85
		10		11.657	9.151	0.246	41.09	1.88	9.39	64.85	2.36	14.56	17.33	1.22	6.36	84.31	1.93
7	70	4	8	5.570	4.372	0.275	26.39	2.18	5.14	41.80	2.74	8.44	10.99	1.40	4.17	45.74	1.86
		5		6.875	5.397	0.275	32.21	2.16	6.32	51.08	2.73	10.32	13.34	1.39	4.95	57.21	1.91
		6		8.160	6.406	0.275	37.77	2.15	7.48	59.93	2.71	12.11	15.61	1.38	5.67	68.73	1.95
		7		9.424	7.398	0.275	43.09	2.14	8.59	68.35	2.69	13.81	17.82	1.38	6.34	80.29	1.99
		8		10.667	8.373	0.274	48.17	2.12	9.68	76.37	2.68	15.43	19.98	1.37	6.98	91.92	2.03
7.5	75	5	9	7.412	5.818	0.295	39.97	2.33	7.32	63.30	2.92	11.94	16.63	1.50	5.77	70.56	2.04
		6		8.797	6.905	0.294	46.95	2.31	8.64	74.38	2.90	14.02	19.51	1.49	6.67	84.55	2.07
		7		10.160	7.976	0.294	53.57	2.30	9.93	84.96	2.89	16.02	22.18	1.48	7.44	98.71	2.11
		8		11.503	9.030	0.294	59.96	2.28	11.20	95.07	2.88	17.93	24.86	1.47	8.19	112.97	2.15
		10		14.126	11.089	0.293	71.98	2.26	13.64	113.92	2.84	21.48	30.05	1.46	9.56	141.71	2.22
8	80	5	9	7.912	6.211	0.315	48.79	2.48	8.34	77.33	3.13	13.67	20.25	1.60	6.66	85.36	2.15
		6		9.397	7.376	0.314	57.35	2.47	9.87	90.98	3.11	16.08	23.72	1.59	7.65	102.50	2.19
		7		10.860	8.525	0.314	65.58	2.46	11.37	104.07	3.10	18.40	27.09	1.58	8.58	119.70	2.23
		8		12.303	9.658	0.314	73.49	2.44	12.83	116.60	3.08	20.61	30.39	1.57	9.46	136.97	2.27
		10		15.126	11.874	0.313	88.43	2.42	15.64	140.09	3.04	24.76	36.77	1.56	11.08	171.74	2.35

续表 1

角钢号数	尺寸/mm			截面面积/cm^2	理论重量/(kg·m^{-1})	外表面积/(m^2·m^{-1})	参考数值										z_0/cm
							$x-x$			x_0-x_0			y_0-y_0			x_1-x_1	
	b	d	r				I_x/cm^4	i_x/cm	W_x/cm^3	I_{x0}/cm^4	i_{x0}/cm	W_{x0}/cm^3	I_{y0}/cm^4	i_{y0}/cm	W_{y0}/cm^3	I_{x1}/cm^4	
9	90	6	10	10.637	8.350	0.354	82.77	2.79	12.61	131.26	3.51	20.63	34.28	1.80	9.95	145.87	2.44
		7		12.301	9.656	0.354	94.83	2.78	14.54	150.47	3.50	23.64	39.18	1.78	11.19	170.30	2.48
		8		13.944	10.946	0.353	106.47	2.76	16.42	168.97	3.48	26.55	43.97	1.78	12.35	194.80	2.52
		10		17.167	13.475	0.353	128.58	2.74	20.07	203.90	3.45	32.04	53.26	1.76	14.52	244.07	2.59
		12		20.306	15.940	0.352	149.22	2.71	23.57	236.21	3.41	37.12	62.22	1.75	16.49	293.76	2.67
10	100	6	12	11.932	9.366	0.393	114.95	3.10	15.68	181.98	3.90	25.74	47.92	2.00	12.69	200.07	2.67
		7		13.796	10.830	0.393	131.86	3.09	18.10	208.97	3.89	29.55	54.74	1.99	14.26	233.54	2.71
		8		15.638	12.276	0.393	148.24	3.08	20.47	235.07	3.88	33.24	61.41	1.98	15.75	267.09	2.76
		10		19.261	15.120	0.392	179.51	3.05	25.06	284.68	3.84	40.26	74.35	1.96	18.54	334.48	2.84
		12		22.800	17.898	0.391	208.90	3.03	29.48	330.95	3.81	46.80	86.84	1.95	21.08	402.34	2.91
		14		26.256	20.611	0.391	236.53	3.00	33.73	374.06	3.77	52.90	99.00	1.94	23.44	470.75	2.99
		16		29.267	23.257	0.390	262.53	2.98	37.82	414.16	3.74	58.57	110.89	1.94	25.63	539.80	3.06
11	110	7	12	15.196	11.928	0.433	177.16	3.41	22.05	280.94	4.30	36.12	73.38	2.20	17.51	310.64	2.96
		8		17.238	13.532	0.433	199.46	3.40	24.95	316.49	4.28	40.69	82.42	2.19	19.39	355 .20	3.01
		10		21.261	16.690	0.432	242.19	3.39	30.60	384.39	4.25	49.42	99.98	2.17	22.91	444.65	3.09
		12		25.200	19.782	0.431	282.55	3.35	36.05	448.17	4.22	57.62	116.93	2.15	26.15	534.60	3.16
		14		29.056	22.809	0.431	320.71	3.32	41.31	508.01	4.18	65.31	133.40	2.14	29.14	625.16	3.24
12.5	125	8	14	19.750	15.504	0.492	297.03	3.88	32.52	470.89	4.88	53.28	123.16	2.50	25.86	521.01	3.37
		10		24.373	19.133	0.491	361.67	3.85	39.97	573.89	4.85	64.93	149.46	2.48	30.62	651.93	3.45
		12		28.912	22.696	0.491	423.16	3.83	41.17	671.44	4.82	75.96	174.88	2.46	35.03	783.42	3.53
		14		33.367	26.193	0.490	481.65	3.80	54.16	763.73	4.78	86.41	199.57	2.45	39.13	915.61	3.61
14	140	10		27.373	21.488	0.551	514.65	4.34	50.58	817.27	5.46	82.56	212.04	2.78	39.20	915.11	3.82
		12		32.512	25.522	0.551	603.68	4.31	59.80	958.79	5.43	96.85	248.57	2.76	45.02	1 099.28	3.90
		14		37.567	29.490	0.550	688.81	4.28	68.75	1 093.56	5.40	110.47	284.06	2.75	50.45	1 284.22	3.98
		16		42.539	33.393	0.549	770.24	4.26	77.46	1 221.81	5.36	123.42	318.67	2.74	55.55	1 470.07	4.06

续表1

角钢号数	尺寸/mm			截面面积/cm^2	理论重量/(kg·m^{-1})	外表面积/(m^2·m^{-1})	参考数值										z_0/cm
							$x-x$			x_0-x_0			y_0-y_0			x_1-x_1	
	b	d	r				I_x/cm^4	i_x/cm	W_x/cm^3	I_{x0}/cm^4	i_{x0}/cm	W_{x0}/cm^3	I_{y0}/cm^4	i_{y0}/cm	W_{y0}/cm^3	I_{x1}/cm^4	
16	160	10	16	31.502	24.729	0.630	779.53	4.98	66.70	1 237.30	6.27	109.36	321.76	3.20	52.76	1 365.33	4.31
		12		37.441	29.391	0.630	916.58	4.95	78.98	1 455.68	6.24	128.67	377.49	3.18	60.74	1 639.57	4.39
		14		43.296	33.987	0.629	1 048.36	4.92	90.95	1 665.02	6.20	147.17	431.70	3.16	68.24	1 914.68	4.47
		16		49.067	38.518	0.629	1 175.08	4.89	102.63	1 865.57	6.17	164.89	484.59	3.14	75.31	2 190.82	4.55
18	180	12	16	42.241	33.159	0.710	1 321.35	5.59	100.82	2 100.10	7.05	165.00	542.61	3.58	78.41	2 332.80	4.89
		14		48.896	38.383	0.709	1 514.48	5.56	116.25	2 407.42	7.02	189.14	621.53	3.56	88.38	2 723.48	4.97
		16		55.467	43.542	0.709	1 700.99	5.54	131.13	2 703.37	6.98	212.40	698.60	3.55	97.83	3 115.29	5.05
		18		61.955	48.634	0.708	1 875.12	5.50	145.64	2 988.24	6.94	234.78	762.01	3.51	105.14	3 502.43	5.13
20	200	14	18	54.642	42.894	0.788	2 103.55	6.20	144.70	3 343.26	7.82	236.40	863.83	3.98	111.82	3 734.10	5.46
		16		62.013	48.680	0.788	2 366.15	6.18	163.65	3 760.89	7.79	265.93	971.41	3.96	123.96	4 270.39	5.54
		18		69.301	54.401	0.787	2 620.64	6.15	182.22	4 164.54	7.75	294.48	1 076.74	3.94	135.52	4 808.13	5.62
		20		76.505	60.056	0.787	2 867.30	6.12	200.42	4 554.55	7.72	322.06	1 180.04	3.93	146.55	5 347.51	5.69
		24		90.661	71.168	0.785	3 338.25	6.07	236.17	5 294.97	7.64	374.41	1 381.53	3.90	166.65	6 457.16	5.87

注：截面图中的 $r_1 = d/3$ 及表中 r 值，用于孔型设计，不作为交货条件。

表 2 热轧不等边角钢(GB 9788—88)

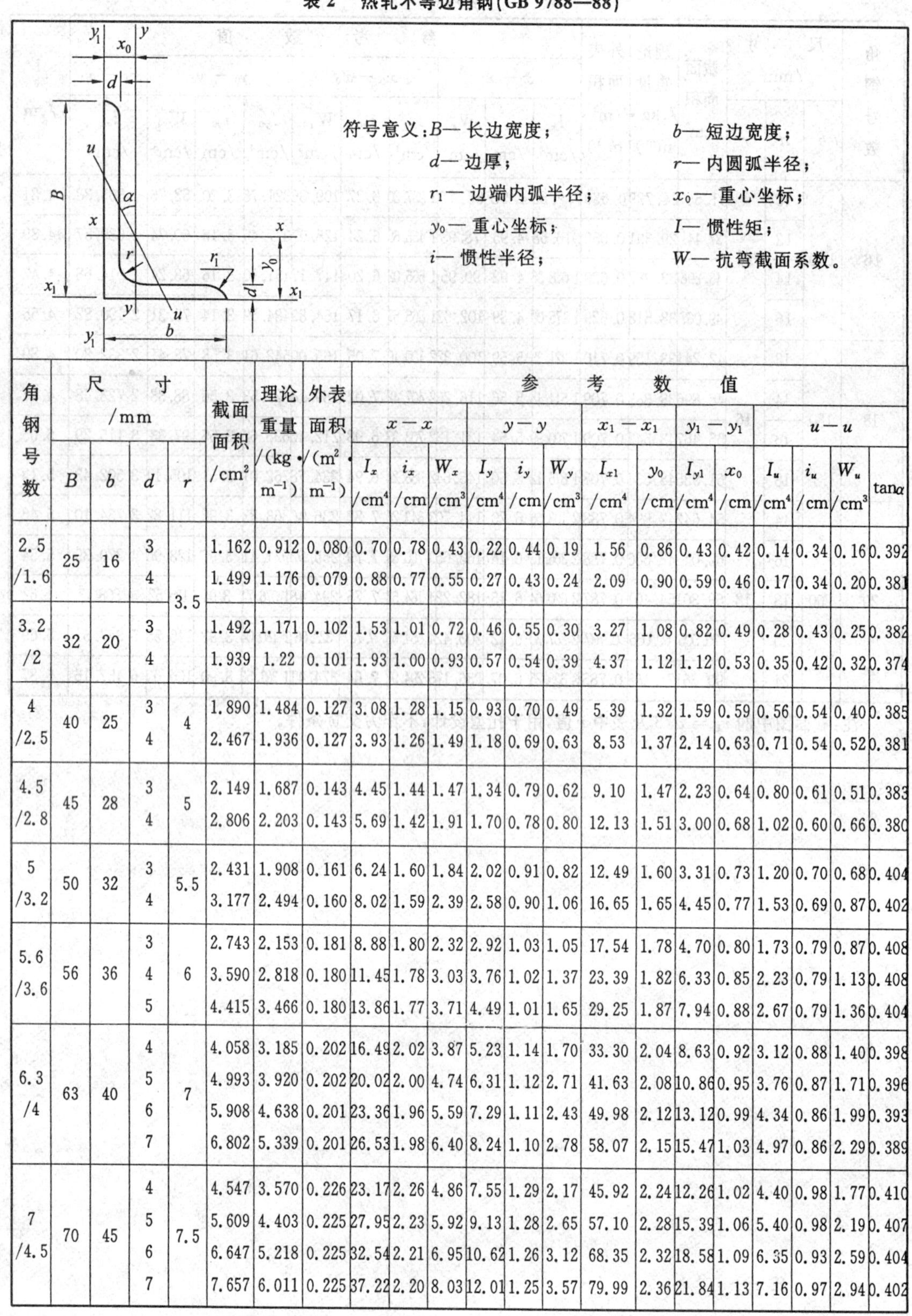

符号意义：B— 长边宽度； b— 短边宽度；
d— 边厚； r— 内圆弧半径；
r_1— 边端内弧半径； x_0— 重心坐标；
y_0— 重心坐标； I— 惯性矩；
i— 惯性半径； W— 抗弯截面系数。

角钢号数	尺寸/mm				截面面积/cm²	理论重量/(kg·m⁻¹)	外表面积/(m²·m⁻¹)	参考数值													
								$x-x$			$y-y$			x_1-x_1		y_1-y_1		$u-u$			
	B	b	d	r				I_x/cm⁴	i_x/cm	W_x/cm³	I_y/cm⁴	i_y/cm	W_y/cm³	I_{x1}/cm⁴	y_0/cm	I_{y1}/cm⁴	x_0/cm	I_u/cm⁴	i_u/cm	W_u/cm³	$\tan\alpha$
2.5/1.6	25	16	3	3.5	1.162	0.912	0.080	0.70	0.78	0.43	0.22	0.44	0.19	1.56	0.86	0.43	0.42	0.14	0.34	0.16	0.392
			4		1.499	1.176	0.079	0.88	0.77	0.55	0.27	0.43	0.24	2.09	0.90	0.59	0.46	0.17	0.34	0.20	0.381
3.2/2	32	20	3		1.492	1.171	0.102	1.53	1.01	0.72	0.46	0.55	0.30	3.27	1.08	0.82	0.49	0.28	0.43	0.25	0.382
			4		1.939	1.22	0.101	1.93	1.00	0.93	0.57	0.54	0.39	4.37	1.12	1.12	0.53	0.35	0.42	0.32	0.374
4/2.5	40	25	3	4	1.890	1.484	0.127	3.08	1.28	1.15	0.93	0.70	0.49	5.39	1.32	1.59	0.59	0.56	0.54	0.40	0.385
			4		2.467	1.936	0.127	3.93	1.26	1.49	1.18	0.69	0.63	8.53	1.37	2.14	0.63	0.71	0.54	0.52	0.381
4.5/2.8	45	28	3	5	2.149	1.687	0.143	4.45	1.44	1.47	1.34	0.79	0.62	9.10	1.47	2.23	0.64	0.80	0.61	0.51	0.383
			4		2.806	2.203	0.143	5.69	1.42	1.91	1.70	0.78	0.80	12.13	1.51	3.00	0.68	1.02	0.60	0.66	0.380
5/3.2	50	32	3	5.5	2.431	1.908	0.161	6.24	1.60	1.84	2.02	0.91	0.82	12.49	1.60	3.31	0.73	1.20	0.70	0.68	0.404
			4		3.177	2.494	0.160	8.02	1.59	2.39	2.58	0.90	1.06	16.65	1.65	4.45	0.77	1.53	0.69	0.87	0.402
5.6/3.6	56	36	3	6	2.743	2.153	0.181	8.88	1.80	2.32	2.92	1.03	1.05	17.54	1.78	4.70	0.80	1.73	0.79	0.87	0.408
			4		3.590	2.818	0.180	11.45	1.78	3.03	3.76	1.02	1.37	23.39	1.82	6.33	0.85	2.23	0.79	1.13	0.408
			5		4.415	3.466	0.180	13.86	1.77	3.71	4.49	1.01	1.65	29.25	1.87	7.94	0.88	2.67	0.79	1.36	0.404
6.3/4	63	40	4	7	4.058	3.185	0.202	16.49	2.02	3.87	5.23	1.14	1.70	33.30	2.04	8.63	0.92	3.12	0.88	1.40	0.398
			5		4.993	3.920	0.202	20.02	2.00	4.74	6.31	1.12	2.71	41.63	2.08	10.86	0.95	3.76	0.87	1.71	0.396
			6		5.908	4.638	0.201	23.36	1.96	5.59	7.29	1.11	2.43	49.98	2.12	13.12	0.99	4.34	0.86	1.99	0.393
			7		6.802	5.339	0.201	26.53	1.98	6.40	8.24	1.10	2.78	58.07	2.15	15.47	1.03	4.97	0.86	2.29	0.389
7/4.5	70	45	4	7.5	4.547	3.570	0.226	23.17	2.26	4.86	7.55	1.29	2.17	45.92	2.24	12.26	1.02	4.40	0.98	1.77	0.410
			5		5.609	4.403	0.225	27.95	2.23	5.92	9.13	1.28	2.65	57.10	2.28	15.39	1.06	5.40	0.98	2.19	0.407
			6		6.647	5.218	0.225	32.54	2.21	6.95	10.62	1.26	3.12	68.35	2.32	18.58	1.09	6.35	0.93	2.59	0.404
			7		7.657	6.011	0.225	37.22	2.20	8.03	12.01	1.25	3.57	79.99	2.36	21.84	1.13	7.16	0.97	2.94	0.402

续表 2

角钢号数	尺寸/mm				截面面积/cm^2	理论重量/(kg·m^{-1})	外表面积/(m^2·m^{-1})	参考数值													
								$x-x$			$y-y$			x_1-x_1		y_1-y_1		$u-u$			
	B	b	d	r				I_x/cm^4	i_x/cm	W_x/cm^3	I_y/cm^4	i_y/cm	W_y/cm^3	I_{x1}/cm^4	y_0/cm	I_{y1}/cm^4	x_0/cm	I_u/cm^4	i_u/cm	W_u/cm^3	$\tan\alpha$
(7.5/5)	75	50	5	8	6.125	4.808	0.245	34.86	2.39	6.83	12.61	1.44	3.30	70.00	2.40	21.04	1.17	7.41	1.10	2.74	0.435
			6		7.260	5.699	0.245	41.12	2.38	8.12	14.70	1.42	3.88	84.30	2.44	25.37	1.21	8.54	1.08	3.19	0.435
			8		9.467	7.431	0.244	52.39	2.35	10.52	18.53	1.40	4.99	112.50	2.52	34.23	1.29	10.87	1.07	4.10	0.429
			10		11.590	9.098	0.244	62.71	2.33	12.79	21.96	1.38	6.04	140.80	2.60	43.43	1.36	13.10	1.06	4.99	0.423
8/5	80	50	5	8	6.375	5.005	0.255	41.96	2.56	7.78	12.82	1.42	3.32	85.21	2.60	21.06	1.14	7.66	1.10	2.74	0.388
			6		7.560	5.935	0.255	49.49	2.56	9.25	14.95	1.41	3.91	102.53	2.65	25.41	1.18	8.85	1.08	3.20	0.387
			7		8.724	6.848	0.255	56.16	2.54	10.58	16.96	1.39	4.48	119.33	2.69	29.82	1.21	10.18	1.08	3.70	0.384
			8		9.867	7.745	0.254	62.83	2.52	11.92	18.85	1.38	5.03	136.41	2.73	34.32	1.25	11.38	1.07	4.16	0.381
9/5.6	90	56	5	9	7.212	5.661	0.287	60.45	2.90	9.92	18.32	1.59	4.21	121.32	2.91	29.53	1.25	10.98	1.23	3.49	0.385
			6		8.557	6.717	0.286	71.03	2.88	11.74	21.42	1.58	4.96	145.59	2.95	35.58	1.29	12.90	1.23	4.18	0.384
			7		9.880	7.756	0.286	81.01	2.86	13.49	24.36	1.57	5.70	169.66	3.00	41.71	1.33	14.67	1.22	4.72	0.382
			8		11.183	8.779	0.286	91.03	2.85	15.27	27.15	1.56	6.41	194.17	3.04	47.93	1.36	16.34	1.21	5.29	0.380
10/6.3	100	63	6	10	9.617	7.550	0.320	99.06	3.21	14.64	30.94	1.79	6.35	199.71	3.24	50.50	1.43	18.42	1.38	5.25	0.394
			7		11.111	8.722	0.320	113.45	3.20	16.88	35.26	1.78	7.29	233.00	3.28	59.14	1.47	21.00	1.38	6.02	0.394
			8		12.584	9.878	0.319	127.37	3.18	19.08	39.39	1.77	8.21	266.32	3.32	67.88	1.50	23.50	1.37	6.78	0.391
			10		15.467	12.142	0.319	153.81	3.15	23.32	47.12	1.74	9.98	333.06	3.40	85.73	1.58	28.33	1.35	8.24	0.387
10/8	100	80	6	10	10.637	8.350	0.354	107.04	3.17	15.19	61.24	2.40	10.16	199.83	2.95	102.68	1.97	31.65	1.72	8.37	0.627
			7		12.301	9.656	0.354	122.73	3.16	17.52	70.08	2.39	11.71	233.20	3.00	119.98	2.01	36.17	1.72	9.60	0.626
			8		13.944	10.946	0.353	137.92	3.14	19.81	78.58	2.37	13.21	266.61	3.04	137.37	2.05	40.58	1.71	10.80	0.625
			10		17.167	13.476	0.353	166.87	3.12	24.24	94.65	2.35	16.12	333.63	3.12	172.48	2.13	49.10	1.69	13.12	0.622
11/7	110	70	6	10	10.637	8.350	0.354	133.37	3.54	17.85	42.92	2.01	7.90	265.78	3.53	69.08	1.57	25.36	1.54	6.53	0.403
			7		12.301	9.656	0.354	153.00	3.53	20.60	49.01	2.00	9.09	310.07	3.57	80.82	1.61	28.95	1.53	7.50	0.402
			8		13.944	10.946	0.353	172.04	3.51	23.30	54.87	1.98	10.25	354.39	3.62	92.70	1.65	32.45	1.53	8.45	0.401
			10		17.167	13.467	0.353	208.39	3.48	28.54	65.88	1.96	12.48	443.13	3.70	116.83	1.72	39.20	1.51	10.29	0.397
12.5/8	125	80	7	11	14.096	11.066	0.403	227.98	4.02	26.86	74.42	2.30	12.01	454.99	4.01	120.32	1.80	43.81	1.76	9.92	0.408
			8		15.989	12.551	0.403	256.77	4.01	30.41	83.49	2.28	13.56	519.99	4.06	137.85	1.84	49.15	1.75	11.18	0.407
			10		19.712	15.474	0.402	312.04	3.98	37.33	100.67	2.26	16.56	650.09	4.14	173.40	1.92	59.45	1.74	13.64	0.404
			12		23.351	18.330	0.402	364.41	3.95	44.01	116.67	2.24	19.43	780.39	4.22	209.67	2.00	69.35	1.72	16.01	0.400
14/9	140	90	8	12	18.038	14.160	0.453	365.64	4.50	38.48	120.69	2.59	17.34	730.53	4.50	195.79	2.04	70.83	1.98	14.31	0.411
			10		22.261	17.475	0.452	445.50	4.47	47.31	146.03	2.56	21.22	913.20	4.58	245.92	2.21	85.82	1.96	17.48	0.409
			12		26.400	20.724	0.451	521.59	4.44	55.87	169.79	2.54	24.95	1096.09	4.66	296.89	2.19	100.21	1.95	20.54	0.406
			14		30.456	23.908	0.451	594.10	4.42	64.18	192.10	2.51	28.54	1279.26	4.74	348.82	2.27	114.13	1.94	23.52	0.403

续表 2

角钢号数	尺寸/mm				截面面积/cm^2	理论重量/($kg\cdot m^{-1}$)	外表面积/($m^2\cdot m^{-1}$)	参考数值													
								$x-x$			$y-y$			x_1-x_1		y_1-y_1		$u-u$			
	B	b	d	r				I_x/cm^4	i_x/cm	W_x/cm^3	I_y/cm^4	i_y/cm	W_y/cm^3	I_{x1}/cm^4	y_0/cm	I_{y1}/cm^4	x_0/cm	I_u/cm^4	i_u/cm	W_u/cm^3	$\tan\alpha$
16/10	160	100	10	13	25.315	19.872	0.512	668.69	5.14	62.13	205.03	2.85	26.56	1 362.89	5.24	336.59	2.28	121.74	2.19	21.92	0.390
			12		30.054	23.592	0.511	784.91	5.11	73.49	239.09	2.82	31.28	1 635.56	5.32	405.94	2.36	142.33	2.17	25.79	0.388
			14		34.709	27.247	0.510	896.30	5.08	84.56	271.20	2.80	35.83	1 908.50	5.40	476.42	2.43	162.23	2.16	29.56	0.385
			16		39.281	30.835	0.510	1 003.04	5.05	95.33	301.60	2.77	40.24	2 181.79	5.48	548.22	2.51	182.57	2.16	33.44	0.382
18/11	180	110	10	14	28.373	22.273	0.571	956.25	5.80	78.96	278.11	3.13	32.49	1 940.40	5.89	447.22	2.44	166.50	2.42	26.88	0.376
			12		33.712	26.464	0.571	1 124.72	5.78	93.53	325.03	3.10	38.32	2 328.35	5.98	538.94	2.52	194.87	2.40	31.66	0.374
			14		38.967	30.589	0.570	1 286.91	5.75	107.76	369.55	3.08	43.97	2 716.60	6.06	631.95	2.59	222.30	2.39	36.32	0.372
			16		44.139	34.649	0.569	1 443.06	5.72	121.64	411.85	3.06	49.44	3 105.15	6.14	726.46	2.67	248.84	2.38	40.87	0.369
20/12.5	200	125	12		37.912	29.761	0.641	1 570.90	6.44	116.73	483.16	3.57	49.99	3 193.85	6.54	787.74	2.83	285.79	2.74	41.23	0.392
			14		43.867	34.436	0.640	1 800.97	6.41	134.65	550.83	3.54	57.44	3 726.17	6.62	922.47	2.91	326.58	2.73	47.34	0.390
			16		49.739	39.045	0.639	2 023.35	6.38	152.18	615.44	3.52	64.69	4 258.86	6.70	1 058.86	2.99	366.21	2.71	53.32	0.388
			18		55.526	43.588	0.639	2 238.30	6.35	169.33	677.19	3.49	71.74	4 792.00	6.78	1 197.13	3.06	404.83	2.70	59.18	0.385

注：1. 括号内型号不推荐使用。

2. 截面图中的 $r_1=d/3$ 及表中 r 值，用于孔型设计，不作为交货条件。

表3 热轧槽钢(GB 707—88)

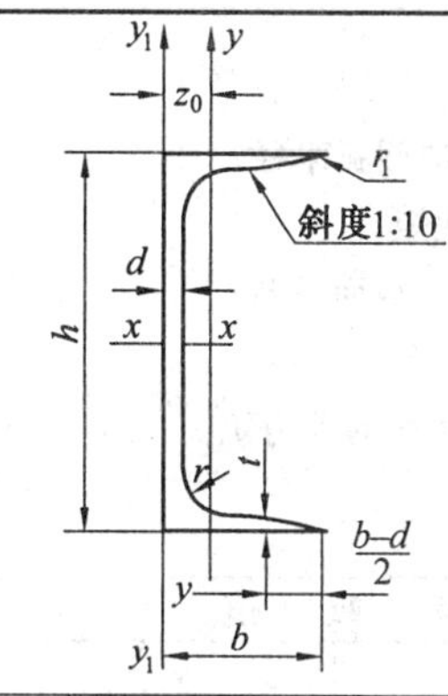

符号意义:h— 高度;
b— 腿宽度;
d— 腰厚度;
t— 平均腿厚度;
r— 内圆弧半径;
r_1— 腿端圆弧半径;
I— 惯性矩;
W— 抗弯截面系数;
i— 惯性半径;
z_0—$y-y$ 轴与 y_1-y_1 轴间距。

型号	尺寸/mm						截面面积/cm²	理论重量/(kg·m⁻¹)	参考数值							
									$x-x$			$y-y$			y_1-y_1	z_0/cm
	h	b	d	t	r	r_1			W_x/cm³	I_x/cm⁴	i_x/cm	W_y/cm³	I_y/cm⁴	i_y/cm	I_{y1}/cm⁴	
5	50	37	4.5	7	7.0	3.5	6.928	5.438	10.4	26.0	1.94	3.55	8.30	1.10	20.9	1.35
6.3	63	40	4.8	7.5	7.5	3.8	8.451	6.634	16.1	50.8	2.45	4.50	11.9	1.19	28.4	1.36
8	80	43	5.0	8	8.0	4.0	10.248	8.045	25.3	101	3.15	5.79	16.6	1.27	37.4	1.43
10	100	48	5.3	8.5	8.5	4.2	12.748	10.007	39.7	198	3.95	7.8	25.6	1.41	54.9	1.52
12.6	126	53	5.5	9	9.0	4.5	15.692	12.318	62.1	391	4.95	10.2	38.0	1.57	77.1	1.59
14a	140	58	6.0	9.5	9.5	4.8	18.516	14.535	80.5	564	5.52	13.0	53.2	1.70	107	1.71
14b	140	60	8.0	9.5	9.5	4.8	21.316	16.733	87.1	609	5.35	14.1	61.1	1.69	121	1.67
16a	160	63	6.5	10	10.0	5.0	21.962	17.240	108	866	6.28	16.3	73.3	1.83	144	1.80
16	160	65	8.5	10	10.0	5.0	25.162	19.752	117	935	6.10	17.6	83.4	1.82	161	1.75
18a	180	68	7.0	10.5	10.5	5.2	25.699	20.174	141	1 270	7.04	20.0	98.6	1.96	190	1.88
18	180	70	9.0	10.5	10.5	5.2	29.299	23.000	152	1 370	6.84	21.5	111	1.95	210	1.84
20a	200	73	7.0	11	11.0	5.5	28.837	22.637	178	1 780	7.86	24.2	128	2.11	244	2.01
20	200	75	9.0	11	11.0	5.5	32.837	25.777	191	1 910	7.64	25.9	144	2.09	268	1.95
22a	220	77	7.0	11.5	11.5	5.8	31.846	24.999	218	2 390	8.67	28.2	158	2.23	298	2.10
22	220	79	9.0	11.5	11.5	5.8	36.246	28.453	234	2 570	8.42	30.1	176	2.21	326	2.03
25a	250	78	7.0	12	12.0	6.0	34.917	27.410	270	3 370	9.82	30.6	176	2.24	322	2.07
25b	250	80	9.0	12	12.0	6.0	39.917	31.335	282	3 530	9.41	32.7	196	2.22	353	1.98
25c	250	82	11.0	12	12.0	6.0	44.917	35.260	295	3 690	9.07	35.9	218	2.21	384	1.92
28a	280	82	7.5	12.5	12.5	6.2	40.034	31.427	340	4 760	10.9	35.7	218	2.33	388	2.10
28b	280	84	9.5	12.5	12.5	6.2	45.634	35.823	366	5 130	10.6	37.9	242	2.30	428	2.02
28c	280	86	11.5	12.5	12.5	6.2	51.234	40.219	393	5 500	10.4	40.3	268	2.29	463	1.95
32a	320	88	8.0	14	14.0	7.0	48.513	38.083	475	7 600	12.5	46.5	305	2.50	552	2.24
32b	320	90	10.0	14	14.0	7.0	54.913	43.107	509	8 140	12.2	59.2	336	2.47	593	2.16
32c	320	92	12.0	14	14.0	7.0	61.313	48.131	543	8 690	11.9	52.6	374	2.47	643	2.09
36a	360	96	9.0	16	16.0	8.0	60.910	47.814	660	11 900	14.0	63.5	455	2.73	818	2.44
36b	360	98	11.0	16	16.0	8.0	68.110	53.466	703	12 700	13.6	66.9	497	2.70	880	2.37
36c	360	100	13.0	16	16.0	8.0	75.310	59.118	746	13 400	13.4	70.0	536	2.67	948	2.34
40a	400	100	10.5	18	18.0	9.0	75.068	58.928	879	17 600	15.3	78.8	592	2.81	1 070	2.49
40b	400	102	12.5	18	18.0	9.0	83.068	65.208	932	18 600	15.0	82.5	640	2.78	1 140	2.44
40c	400	104	14.5	18	18.0	9.0	91.068	71.488	986	19 700	14.7	86.2	688	2.75	1 220	2.42

表 4　热轧工字钢(GB 706—88)

符号意义：h— 高度；
b— 腿宽度；
d— 腰厚度；
t— 平均腿厚度；
r— 内圆弧半径；
r_1— 腿端圆弧半径；
I— 惯性矩；
W— 抗弯截面系数；
i— 惯性半径；
S— 半截面的静力矩。

型号	尺寸/mm						截面面积	理论重量	参考数值						
									$x-x$				$y-y$		
	h	b	d	t	r	r_1	$/cm^2$	$/(kg\cdot m^{-1})$	I_x $/cm^4$	W_x $/cm^3$	i_x $/cm$	$I_x:S_x$ $/cm$	I_y $/cm^4$	W_y $/cm^3$	i_y $/cm$
10	100	68	4.5	7.6	6.5	3.3	14.345	11.261	245	49.0	4.14	8.59	33.0	9.72	1.52
12.6	126	74	5.0	8.4	7.0	3.5	18.118	14.223	488	77.5	5.20	10.8	46.9	12.7	1.61
14	140	80	5.5	9.1	7.5	3.8	21.516	16.890	712	102	5.76	12.0	64.4	16.1	1.73
16	160	88	6.0	9.9	8.0	4.0	26.131	20.513	1 130	141	6.58	13.8	93.1	21.2	1.89
18	180	94	6.5	10.7	8.5	4.3	30.756	24.143	1 660	185	7.36	15.4	122	26.0	2.00
20a	200	100	7.0	11.4	9.0	4.5	35.578	27.929	2 370	237	8.15	17.2	158	31.5	2.12
20b	200	102	9.0	11.4	9.0	4.5	39.578	31.069	2 500	250	7.96	16.9	169	33.1	2.06
22a	220	110	7.5	12.3	9.5	4.8	42.128	33.070	3 400	309	8.99	18.9	225	40.9	2.31
22b	220	112	9.5	12.3	9.5	4.8	46.528	36.524	3 570	325	8.78	18.7	239	42.7	2.27
25a	250	116	8.0	13.0	10.0	5.0	48.541	38.105	5 020	402	10.2	21.6	280	48.3	2.40
25b	250	118	10.0	13.0	10.0	5.0	53.541	42.030	5 280	423	9.94	21.3	309	52.4	2.40
28a	280	122	8.5	13.7	10.5	5.3	55.404	43.492	7 110	508	11.3	24.6	345	56.6	2.50
28b	280	124	10.5	13.7	10.5	5.3	61.004	47.888	7 480	534	11.1	24.2	379	61.2	2.49
32a	320	130	9.5	15.0	11.5	5.8	67.156	52.717	11 100	692	12.8	27.5	460	70.8	2.62
32b	320	132	11.5	15.0	11.5	5.8	73.556	57.741	11 600	726	12.6	27.1	502	76.0	2.61
32c	320	134	13.5	15.0	11.5	5.8	79.956	62.765	12 200	760	12.3	26.3	544	81.2	2.61
36a	360	136	10.0	15.8	12.0	6.0	76.480	60.037	15 800	875	14.4	30.7	552	81.2	2.69
36b	360	138	12.0	15.8	12.0	6.0	83.680	65.689	16 500	919	14.1	30.3	582	84.3	2.64
36c	360	140	14.0	15.8	12.0	6.0	90.880	71.341	17 300	962	13.8	29.9	612	87.4	2.60
40a	400	142	10.5	16.5	12.5	6.3	86.112	67.598	21 700	1 090	15.9	34.1	660	93.2	2.77
40b	400	144	12.5	16.5	12.5	6.3	94.112	73.878	22 800	1 140	16.5	33.6	692	96.2	2.71
40c	400	146	14.5	16.5	12.5	6.3	102.112	80.158	23 900	1 190	15.2	33.2	727	99.6	2.65
45a	450	150	11.5	18.0	13.5	6.8	102.446	80.420	32 200	1 430	17.7	38.6	855	114	2.89
45b	450	152	13.5	18.0	13.5	6.8	111.446	87.485	33 800	1 500	17.4	38.0	894	118	2.84
45c	450	154	15.5	18.0	13.5	6.8	120.446	94.550	35 300	1 570	17.1	37.6	938	122	2.79
50a	500	158	12.0	20.0	14.0	7.0	119.304	93.654	46 500	1 860	19.7	42.8	1 120	142	3.07
50b	500	160	14.0	20.0	14.0	7.0	129.304	101.504	48 600	1 940	19.4	42.4	1 170	146	3.01
50c	500	162	16.0	20.0	14.0	7.0	139.304	109.354	50 600	2 080	19.0	41.8	1 220	151	2.96
56a	560	166	12.5	21.0	14.5	7.3	135.435	106.316	65 600	2 340	22.0	47.7	1 370	165	3.18
56b	560	168	14.5	21.0	14.5	7.3	146.635	115.108	68 500	2 450	21.6	47.2	1 490	174	3.16
56c	560	170	16.5	21.0	14.5	7.3	157.835	123.900	71 400	2 550	21.3	46.7	1 560	183	3.16
63a	630	176	13.0	22.0	15.0	7.5	154.658	121.407	93 900	2 980	24.5	54.2	1 700	193	3.31
63b	630	178	15.0	22.0	15.0	7.5	167.258	131.298	98 100	3 160	24.2	53.5	1 810	204	3.29
63c	630	180	17.0	22.0	15.0	7.5	179.858	141.189	102 000	3 300	23.8	52.9	1 920	214	3.27

注：截面图和表中标注的圆弧半径 r 和 r_1 值，用于孔型设计，不作为交货条件。

附录3　模拟试题及答案

模拟试题1

一、填空(每小题3分,共15分)

1.铆钉连接如图1所示。已知外力为F,两个铆钉直径均为d,板厚度为t_1、t_2($t_1<t_2$)。若校核铆钉强度,铆钉的切应力$\tau=$________,挤压应力$\sigma_{bs}=$________。

2.如图2所示,边长为$2a$的大正方形,中间挖去一个边长为a的小正方形,y、z两轴沿小正方形的对角线,阴影部分面积对y轴的静矩及对z轴的惯性矩分别为$S_y=$________,$I_z=$________。

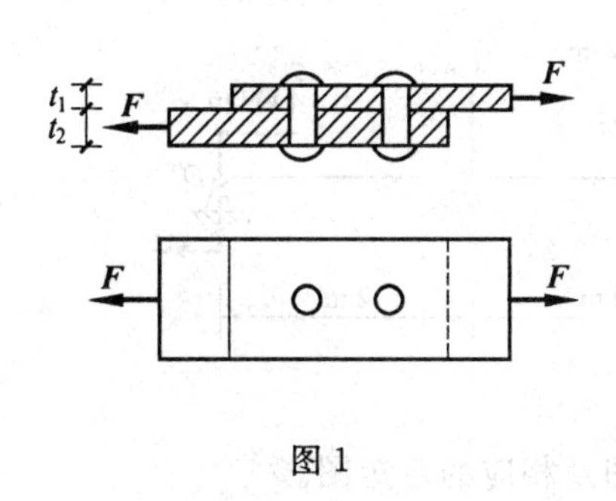

图1

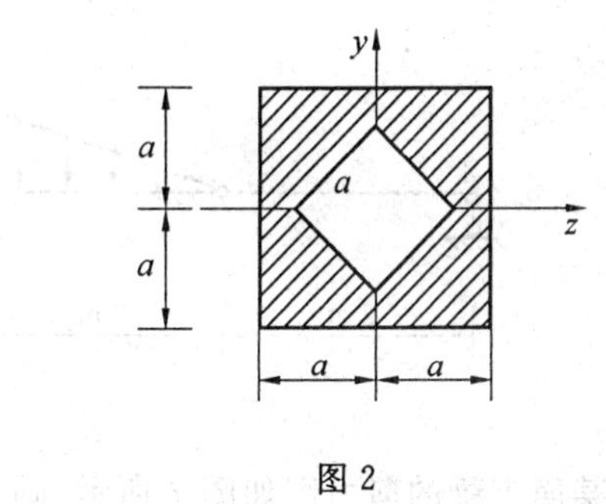

图2

3.图3所示单元体,已知切应力τ_x,弹性模量E,泊松比μ。该单元体沿45°及−45°两个方向线应变$\varepsilon_{45°}=$________,$\varepsilon_{-45°}=$________。

4.某点应力状态如图4所示。该点的主应力为$\sigma_1=$________,$\sigma_2=$________,$\sigma_3=$________。

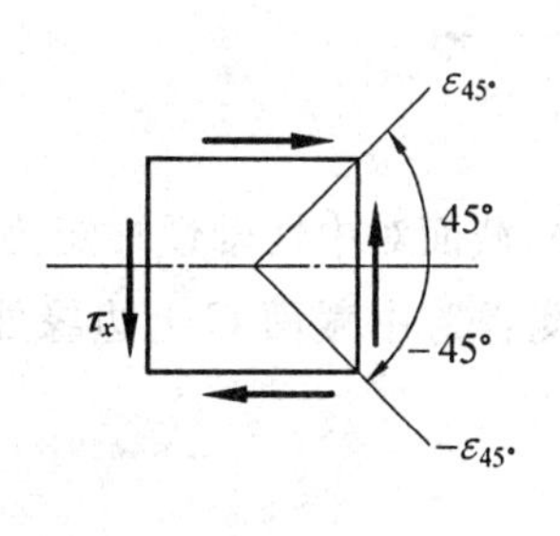

图3

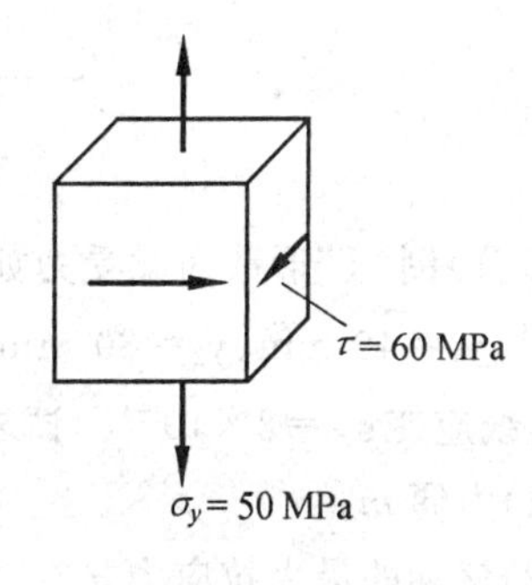

图4

5.有一个两端固定的大柔度压杆,若其他因素不变,将其约束变为一端固定,一端自由,临界力是原来的________。

二、(12分)如图5所示结构,已知F、a,AB为刚性杆,1、2两杆抗拉刚度EA相等。求①、②两杆内力F_{N1}、F_{N2}。

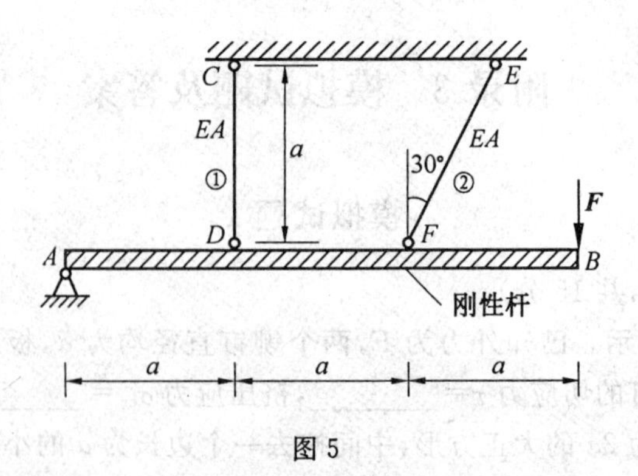

图 5

三、作图(每小题 6 分,共 12 分)

1. 画出如图 6 所示的梁的剪力图和弯矩图。

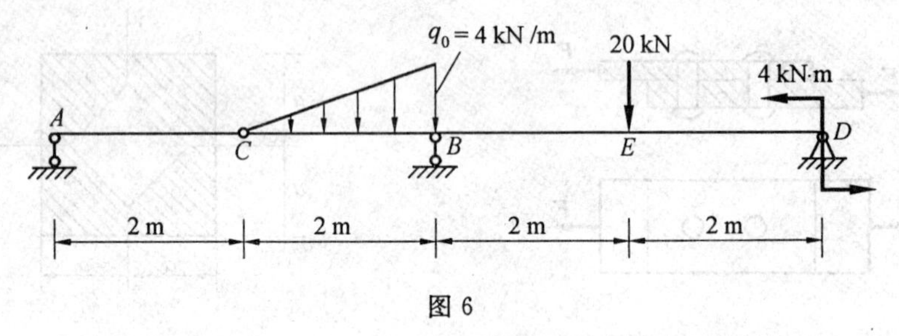

图 6

2. 已知某简支梁的剪力图如图 7 所示,画出载荷图及相应的弯矩图。

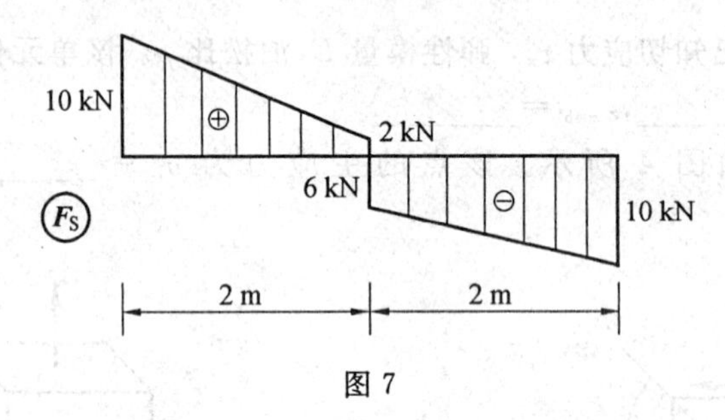

图 7

四、(12 分)倒"T"形截面梁受力如图 8 所示,z 为中性轴,截面对中性轴惯性矩为 $I_z=5\times10^{-6}\,\mathrm{m}^4$,$y_1=40$ mm、$y_2=80$ mm、$E=2\times10^5$ MPa,现测得跨中截面 C 上边缘处点 K 沿轴向的线应变 $\varepsilon_K=2\times10^{-4}$。试求:

(1) 力偶 m;

(2) 该梁的最大拉应力 σ_{tmax}。

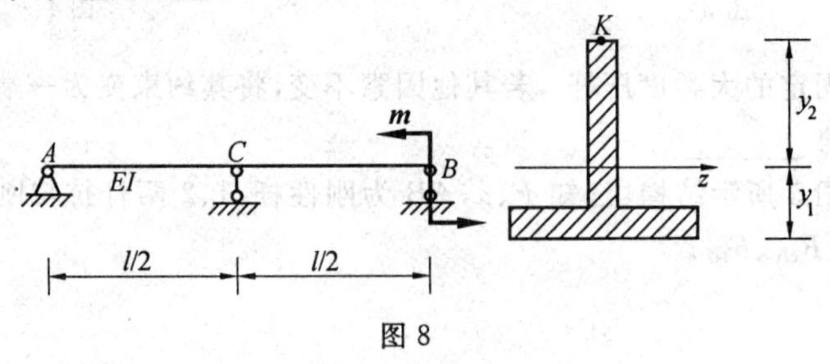

图 8

五、(12 分)如图 9 所示，已知 q、a、EI，BD 杆的抗拉刚度 $EA=2EI/(3a^2)$。试求：

(1)BD 杆的轴力 F_{NBD}；

(2)E 截面的挠度 V_E。

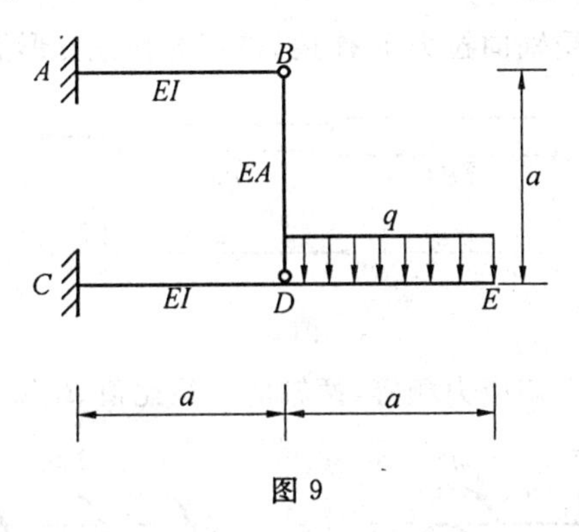

图 9

六、(12 分)悬臂梁受力如图 10 所示，用卡式第二定理求 C 截面转角 θ_C(必须用指定方法求解，否则不得分)。

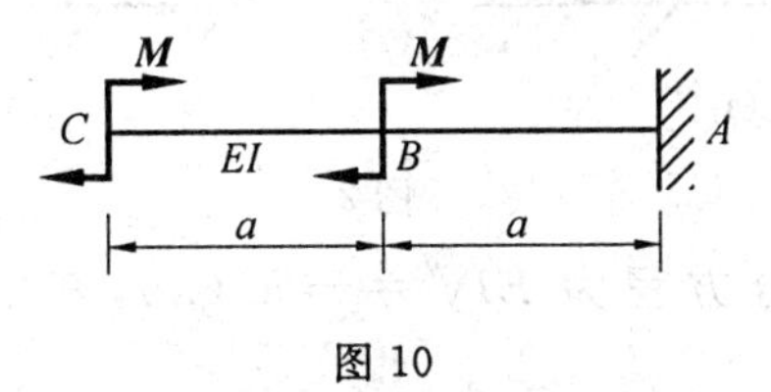

图 10

七、(13 分)如图 11 所示，直径为 d 的悬臂梁受集中力 F、F_1 及转矩 m 共同作用，若该梁许用正应力为$[\sigma]$，列出该梁按照第三强度理论校核强度时的强度条件。

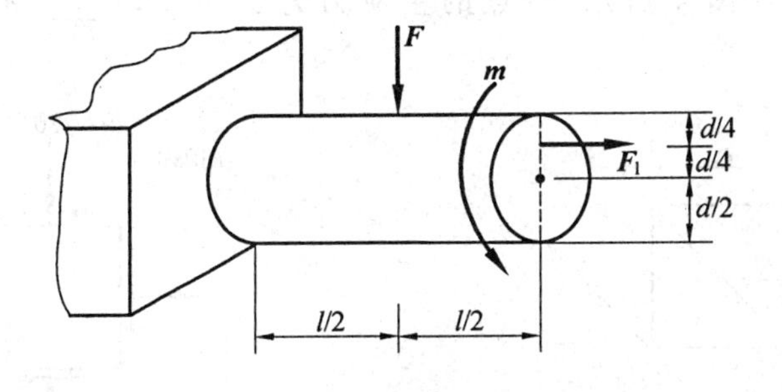

图 11

八、(12 分)两根大柔度压杆，材料、横截面面积、长度、约束条件均相同。一根是边长为 a 的正方形压杆，另一根是直径为 d 的圆杆，试通过计算说明哪一根杆的临界力大。

模拟试题 2

一、填空题(每小题 3 分,共 15 分)

1. 如图 1 所示变截面杆承受轴向拉力 F 作用,该杆的弹性变形能 $V=$________。

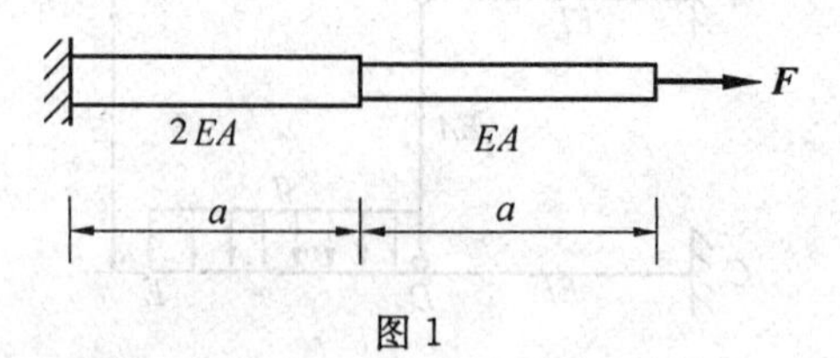

图 1

2. 若如图 2 所示两圆轴最大切应力相等,两轴的直径比值 $d_1/d_2=$________。

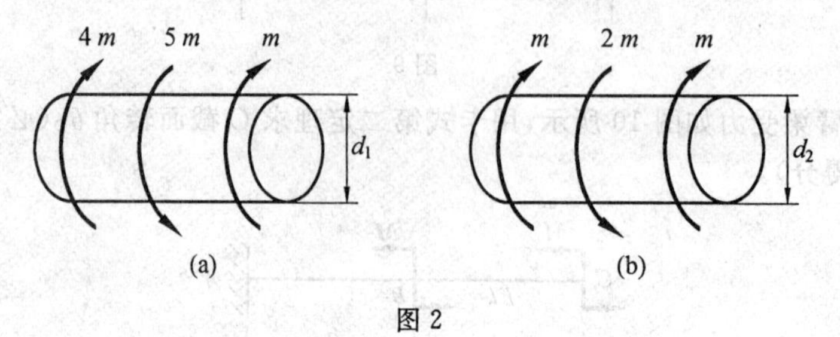

图 2

3. 梁的挠曲线的近似微分方程为 $EIy''=-M(x)$,其中主要近似的两个方面为____________________和____________。

4. 如图 3 所示正方形边长为 a,x 轴沿正方形对角线,x_1 轴过顶点且与 x 轴平行。该截面对 x 轴的静矩为 $S_x=$________,对 x_1 轴的惯性矩为 $I_{x1}=$________。

5. 某点应力状态如图 4 所示,该点的主应力为 $\sigma_1=$________,$\sigma_2=$________,$\sigma_3=$________。

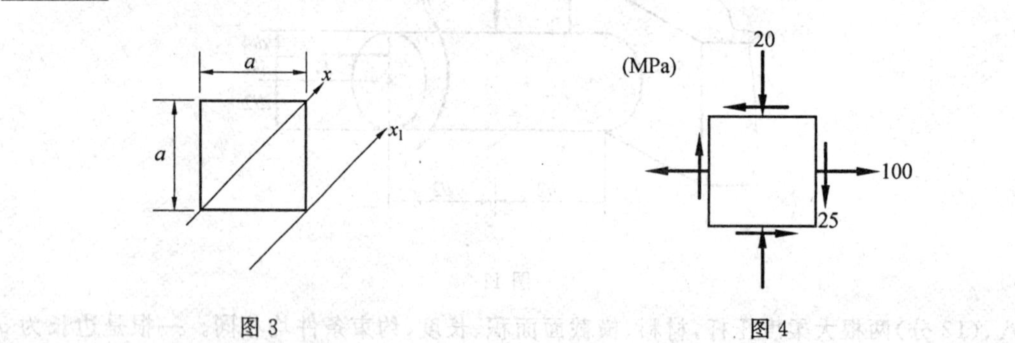

图 3　　　　图 4

二、作图(每小题 6 分,共 12 分)

1. 绘如图 5 所示梁的剪力图及弯矩图。

2. 图 6 为某简支梁的剪力图,画出该梁的载荷图及弯矩图。

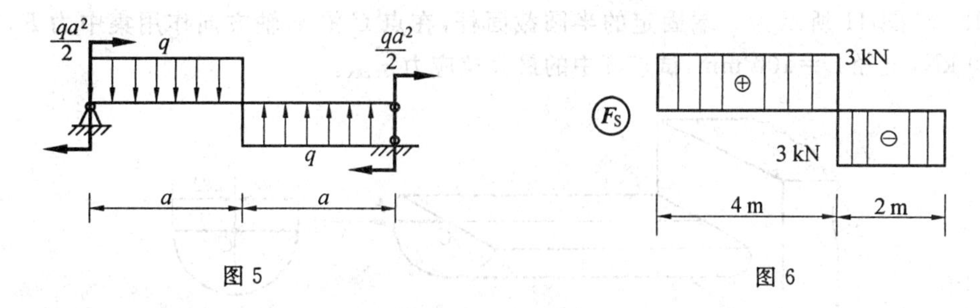

图 5　　　　　　　　　　图 6

三、(12 分)如图 7 所示结构，横梁 BC 视为刚体，①、②两杆刚度 EA 及长度相同，若两杆横截面面积 $A=100\ \text{mm}^2$，容许应力$[\sigma]=160$ MPa。试求许用载荷 F。

四、(12 分)悬臂梁受力如图 8 所示，用卡式第二定理求截面 C 的转角 θ_C(必须用指定方法求解，否则不得分)。

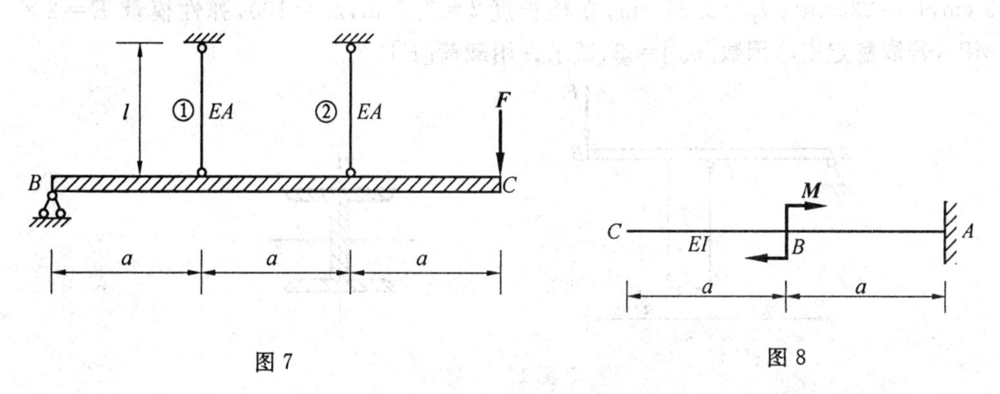

图 7　　　　　　　　　　图 8

五、(12 分)实心圆轴受力如图 9 所示，该轴直径 $D=100$ mm，材料的弹性模量 $E=2\times10^5$ MPa，泊松比 $\mu=0.25$，若该轴表面一点 K 沿与水平方向成 30°方向的线应变 $\varepsilon_{30^\circ}=2\times10^{-4}$，试求转矩 m。

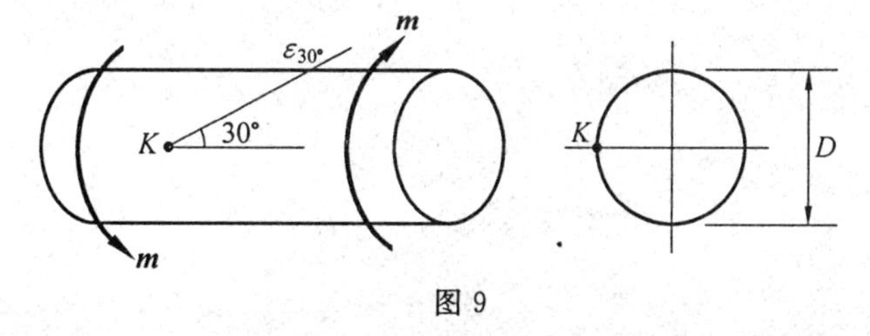

图 9

六、(12 分)矩形截面简支钢梁受力如图 10 所示，若已知 $F=9$ kN，$l=3$ m，容许应力$[\sigma]=160$ MPa，$b=30$ mm，$h=2b$，试校核 1—1 截面上点 K 的强度。

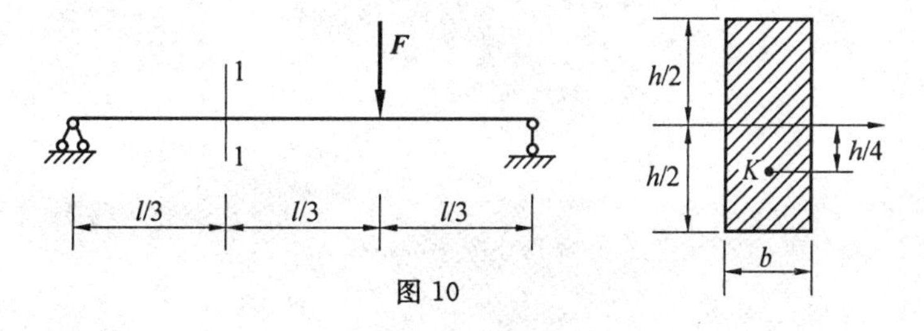

图 10

七、(12分)图11所示为一端固定的半圆截面杆，在点C沿x轴方向作用集中力F，若$F=10$ kN，直径$D=100$ mm，试求杆中的最大拉应力σ_{tmax}。

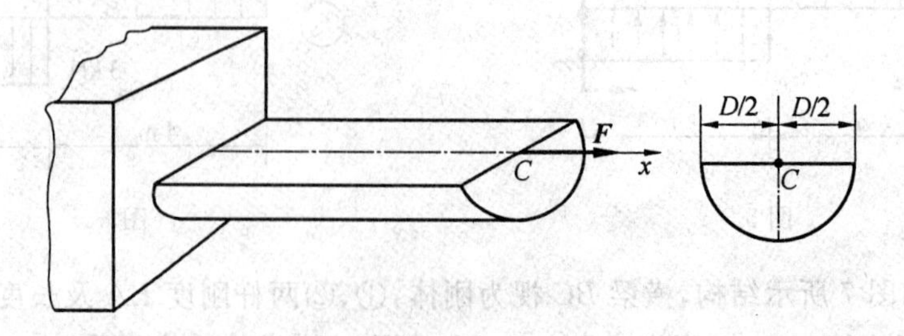

图11

八、(13分)如图12所示结构中立柱CD为22a号工字钢。其几何性质为$I_z=3\ 400\ cm^4$，$i_z=9$ cm，$I_y=225cm^4$，$i_y=2.31$ cm，立柱长度$l=3.5$ m，$\lambda_P=100$，弹性模量$E=2\times10^5$ MPa，若取稳定安全因数$[n_{st}]=3$，试求许用载荷$[F]$。

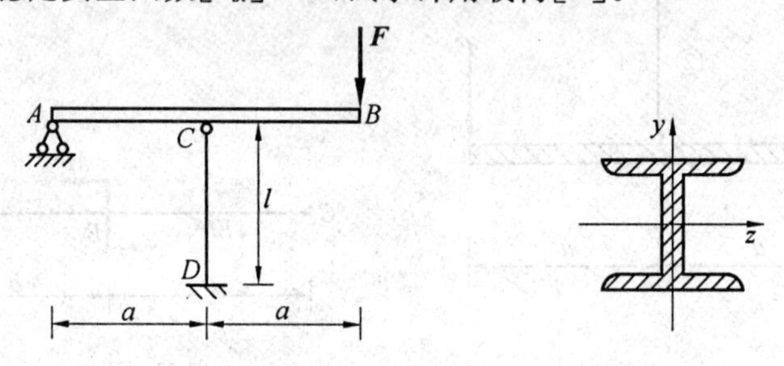

图12

模拟试题 3

一、填空题(每小题 3 分,共 9 分)

1. 如图 1 所示,冲床冲力为 F,冲头直径为 d,所冲剪钢板厚度为 δ。在冲力作用下,钢板的切应力为________,挤压应力为________。

2. 悬臂梁受力如图 2 所示,该梁的边界条件为____________________________,变形连续条件为____________________________。

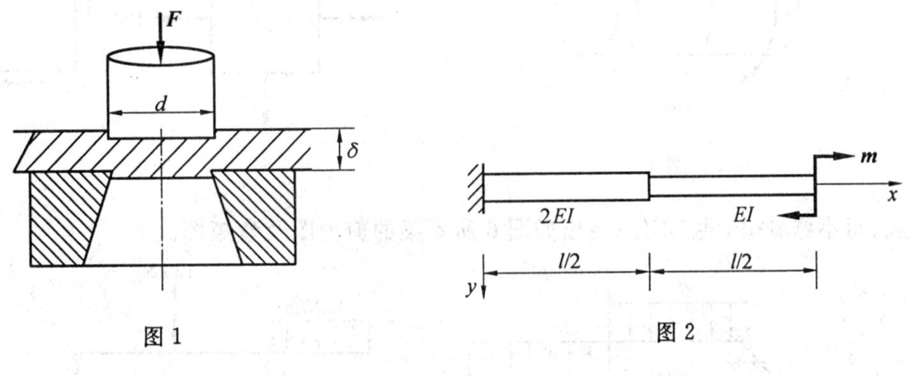

图 1　　　　图 2

3. 压杆的柔度 λ=________,其物理意义为________________________________。

二、单项选择题(每小题 3 分,共 9 分)

1. 如图 3 所示杆件受到沿轴线均匀分布拉力 q 作用,正确的轴力图为(　　)。

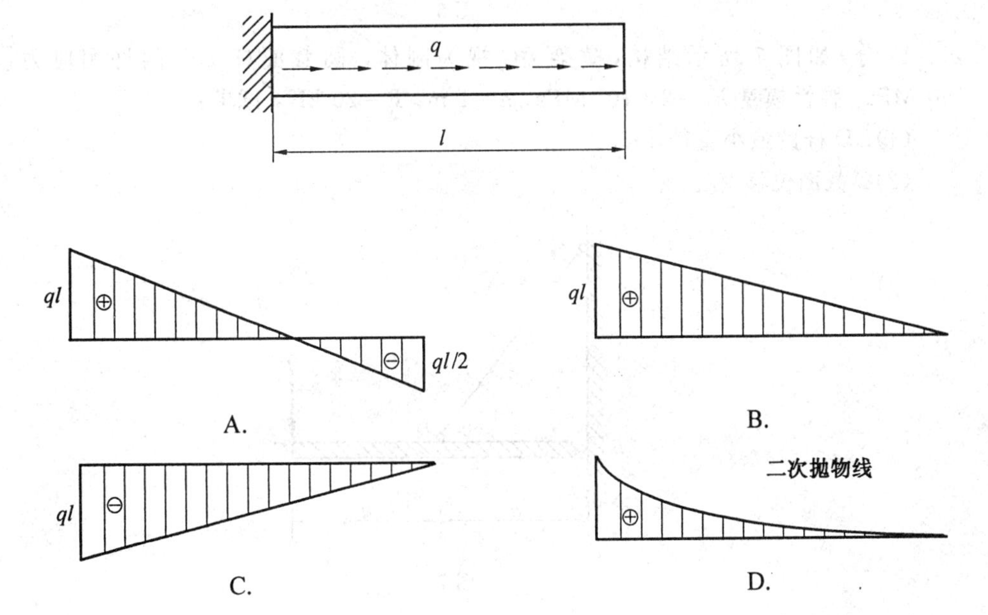

图 3

2. 如图 4 所示,直径为 D 的实心圆轴,该圆轴的最大切应力为(　　)。

A. $\tau_{\max}=\dfrac{3m}{\dfrac{\pi D^3}{16}}$　　B. $\tau_{\max}=\dfrac{3m}{\dfrac{\pi D^3}{32}}$　　C. $\tau_{\max}=\dfrac{2m}{\dfrac{\pi D^3}{16}}$　　D. $\tau_{\max}=\dfrac{m}{\dfrac{\pi D^3}{16}}$

3. 若如图 5 所示两单元体的最大切应力相等，则(　　)。

A. $\tau_x=30$ MPa　　B. $\tau_x=40$ MPa　　C. $\tau_x=50$ MPa　　D. $\tau_x=70$ MPa

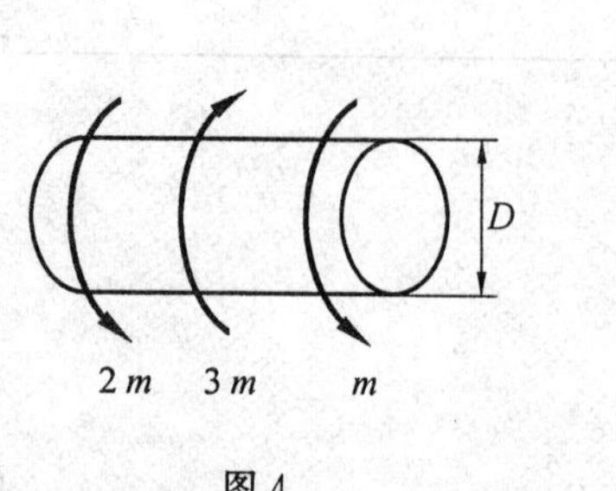

图 4

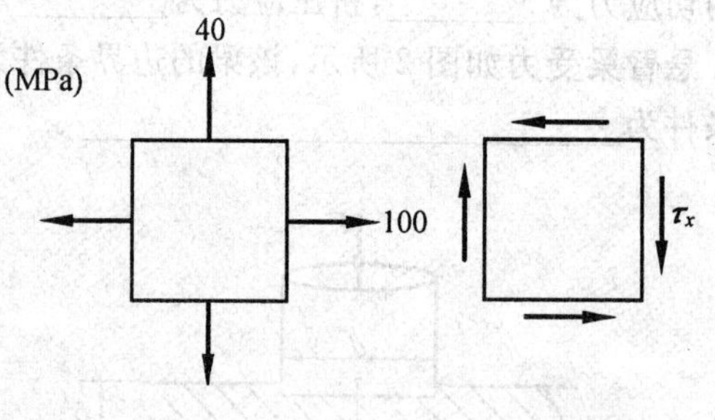

图 5

三、(每小题 6 分，共 12 分)绘出如图 6 所示梁的剪力图及弯矩图。

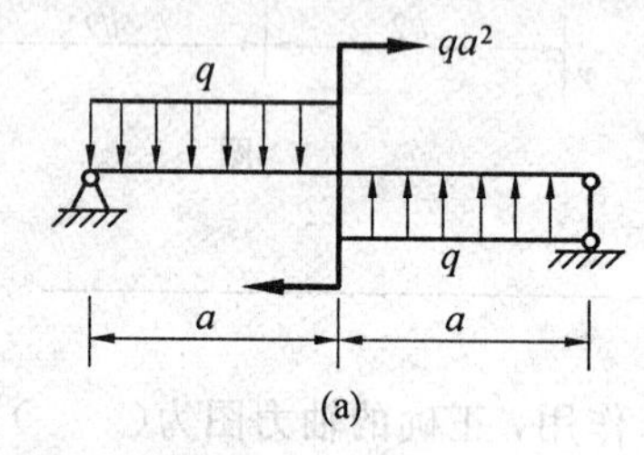

图 6

四、(11 分)如图 7 所示结构，横梁 BC 视为刚体，圆截面杆 ED 的许用应力$[\sigma]=160$ MPa，弹性模量 $E=2\times10^5$ MPa，$a=1$ m，$F=20$ kN，试求：

(1)ED 杆的最小直径 d；

(2)C 截面位移 V_C。

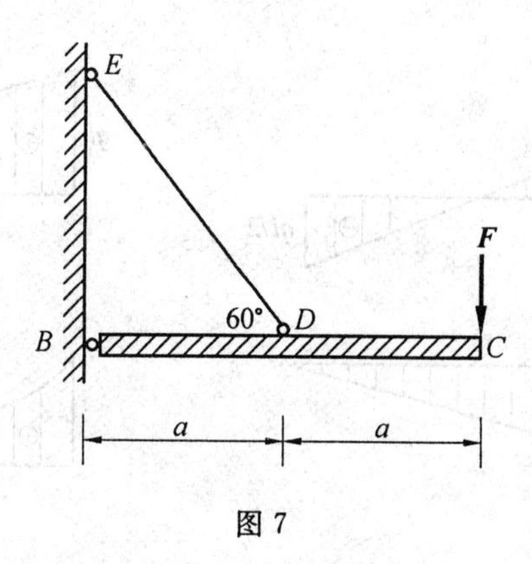

图 7

五、(11 分)倒“T”形截面梁受力如图 8 所示。z 轴为中性轴，截面对中性轴的惯性矩为 $I_z=6\times10^{-5}\ \mathrm{m}^4$，$y_1=210$ mm，$y_2=70$ mm，试求该梁的最大拉应力 σ_{tmax}。

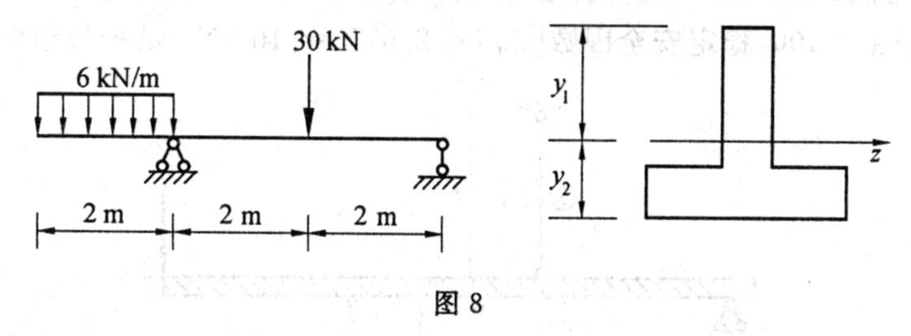

图 8

六、(12 分)悬臂梁受力如图 9 所示，用卡式第二定理求截面 B 的挠度 V_B（必须用指定方法求解，否则不得分）。

七、(12 分)矩形截面简支梁受力如图 10 所示，截面宽度 $b=20$ mm，高度 $h=2b$，材料的弹性模量 $E=2\times10^5$ MPa，泊松比 $\mu=0.25$，若该梁中性轴上一点 K 沿与水平方向成 45° 方向的线应变 $\varepsilon_{45^\circ}=2\times10^{-4}$，试求外力 F。

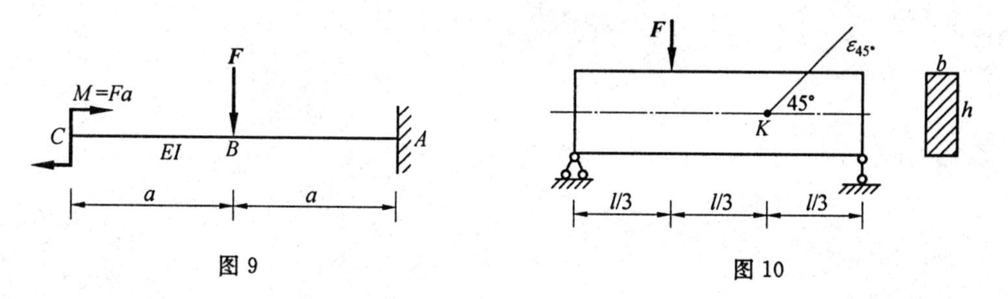

图 9　　　　图 10

八、(12 分)如图 11 所示，直径为 $d=100$ mm 的悬臂梁受与梁的轴线平行的集中力 $F=50$ kN 及转矩 $m=5\ \mathrm{kN\cdot m}$ 的共同作用，若该梁许用正应力$[\sigma]=160$ MPa，校核该梁的强度。

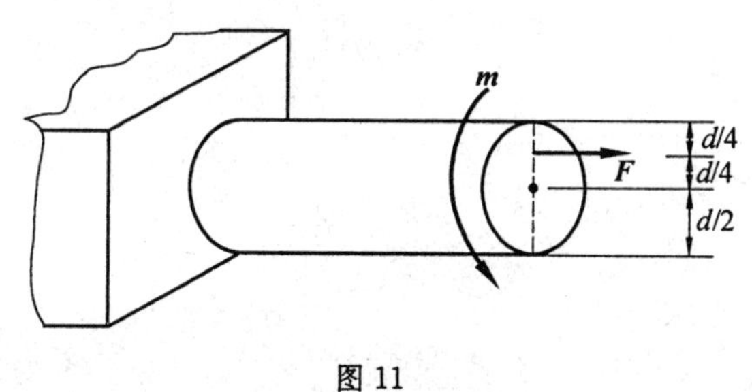

图 11

九、(12 分)图 12 所示结构中横梁 BC 为刚性杆。①、②两杆材料、长度及直径均相同，长度 $l=0.6$ m，直径 $d=20$ mm，弹性模量 $E=2\times10^5$ MPa，若②杆许用应力$[\sigma]=$ 160 MPa，①杆 $\lambda_p=100$，稳定安全因数$[n_{st}]=2.5$，$F=10$ kN，试校核该结构是否安全。

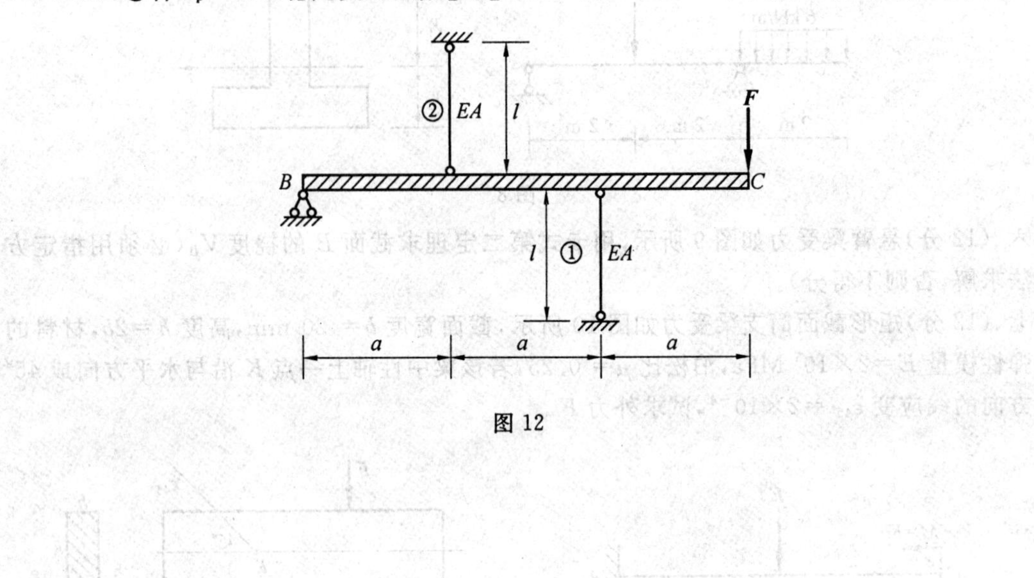

图 12

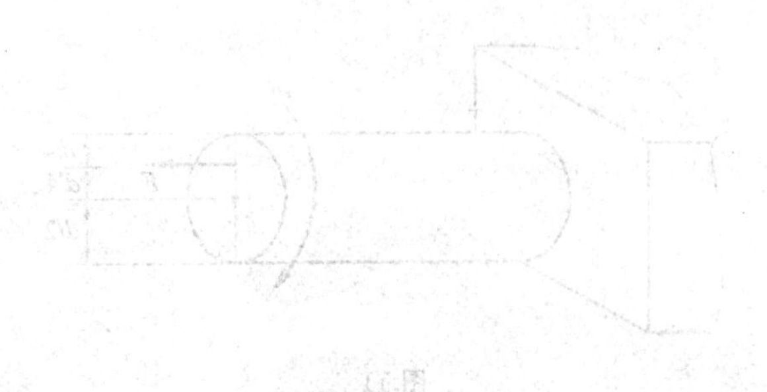

模拟试题答案

模拟试题 1

一、填空

1. $\tau=\dfrac{2F}{\pi d^2}$ $\sigma_{bs}=\dfrac{F}{2dt_1}$ 2. $S_y=0$ $I_z=\dfrac{5}{4}a^4$ 3. $\varepsilon_{45^\circ}=\dfrac{1+\mu}{E}\tau_x$，$\varepsilon_{-45^\circ}=-\dfrac{1+\mu}{E}\tau_x$ 4. $\sigma_1=60$ MPa $\sigma_2=50$ MPa $\sigma_3=-60$ MPa 5. $\dfrac{1}{16}$

二、$F_{N1}=0.834F$ $F_{N2}=1.25F$

三、1. 2.

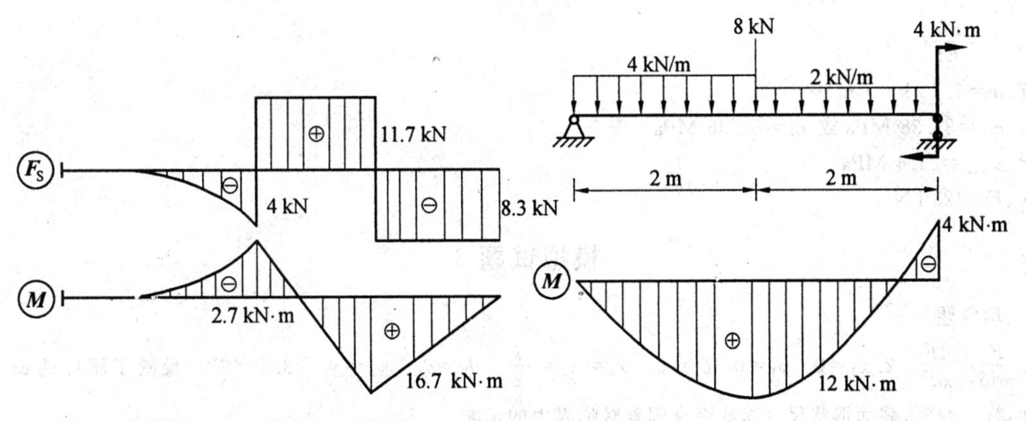

四、(1)$m=10$ kN·m (2)$\sigma_{t\max}=80$ MPa

五、(1)$F_{NBD}=\dfrac{7}{26}qa$ (2)$V_E=1.48\dfrac{qa^4}{EI}$

六、$\theta_c=\dfrac{3Ma}{EI}$

七、$\sigma_{r3}=\sqrt{\left(\dfrac{16Fl}{\pi d^3}+\dfrac{12F_1}{\pi d^2}\right)^2+\dfrac{64m}{\pi d^3}}$

八、正方形压杆临界力大

模拟试题 2

一、填空

1. $\dfrac{3F^2a}{4EA}$ 2. $\sqrt[3]{4}$ 3. 不计剪力影响，不计 y'^2 4. $S_x=0$ $I_{x_1}=\dfrac{7}{12}a^4$ 5. $\sigma_1=105$ MPa $\sigma_2=0$ $\sigma_3=-25$ MPa

二、1. 2.

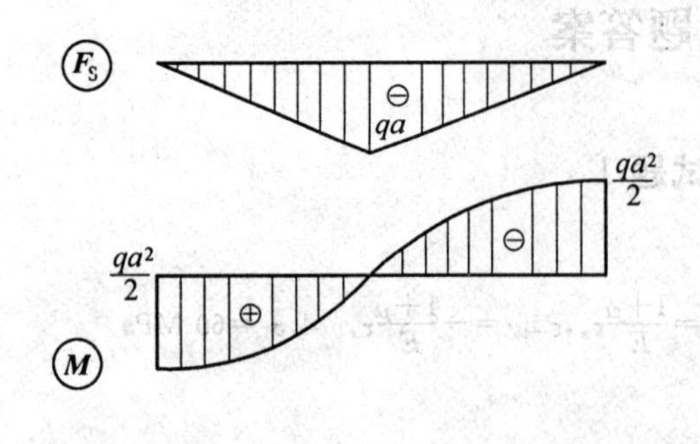

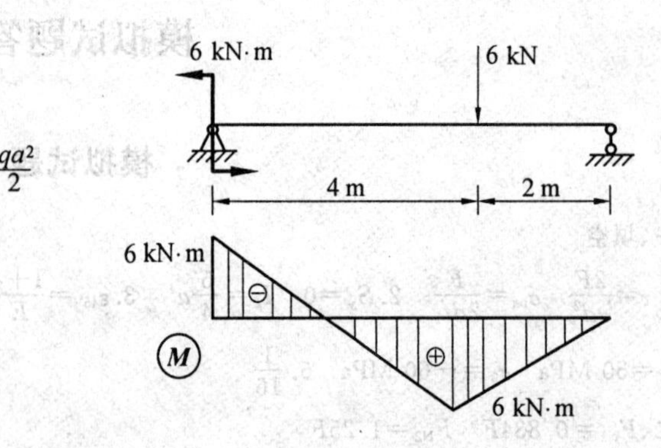

三、$F=13.3$ kN

四、$\theta_c=\frac{Ma}{EI}(\downarrow)$

五、$m=7.25$ kN·m

六、$\sigma_{r3}=83.38$ MPa 或 $\sigma_{r4}=83.36$ MPa 安全

七、$\sigma_{tmax}=23.4$ MPa

八、$F=123$ kN

模拟试题 3

一、填空题

1. $\frac{F}{\pi d\delta}$ $\frac{4F}{\pi d^2}$ 2. $x_1=0$ $y_1=0$ $\theta_1=0$ $x_1=x_2=\frac{l}{2}$ $\theta_1=\theta_2$ $y_1=y_2$ 3. $\lambda=\frac{\mu l}{i}$ 反映了压杆的长度，杆端约束，截面形状尺寸这些综合因素对临界力的影响。

二、单项选择题

1. B 2. C 3. C

三、1. 2.

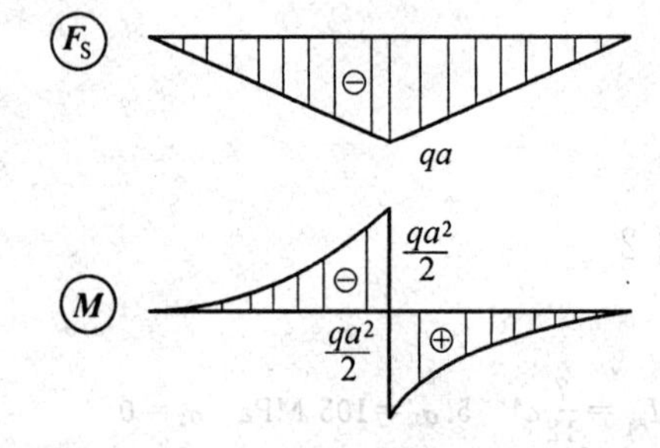

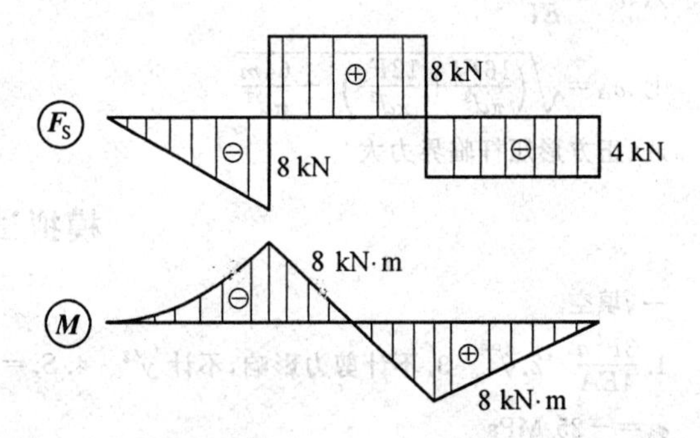

四、(1) $d=19.2$ mm (2) $V_c=3.7$ mm

五、$\sigma_{tmax}=42$ MPa

六、$V_B=\frac{Fa^3}{6EI}$

七、$F=51.2$ kN

八、$\sigma_{r3}=54.5$ MPa 或 $\sigma_{r4}=48.2$ MPa 安全

九、2 杆 $\sigma_{②}=19.1$ MPa 1 杆 $n_{st}=3.58>[n_{st}]$ 安全

参 考 文 献

[1] 张如三. 材料力学[M]. 北京：中国建筑工业出版社，1993.
[2] 干光瑜，秦惠民. 建筑力学第二分册：材料力学[M]. 4 版(秦惠民、王秋生、刘钊修订). 北京：高等教育出版社，2006.
[3] 张少实. 新编材料力学[M]. 北京：机械工业出版社，2002.
[4] 张如三. 材料力学[M]. 北京：中国建筑工业出版社，1996.
[5] 范钦珊. 材料力学[M]. 北京：高等教育出版社，2002.